KB091052

기본 기술부터 유명 점포의 기술과 비법까지!

스시기술 교본

| 에도마에즈시 편 |

기본 기술부터 유명 점포의 기술과 비법까지!

스시기술 교본

| 에도마에즈시 편 |

일본전국스시상생활위생동업조합연합회 감수 | 이성희 감역 | 홍희정 옮김

BM 성안당

발간에 부쳐

일본의 스시는 이제 전 세계로 퍼져, 장소를 불문하고 애호가들이 점점 많아지고 있습니다. 건강과 인류의 식생활에 있어 가장 중요한 두 가지 이념을 모두 담고 있기 때문입니다. 그런데 기본도 챙기지 않은 채 손님에게 스시를 제공하는 해외의 현실이 극히 우려됩니다.

일본 음식을 대표하는 '스시'는 오랜 전통을 가진 조리 기술을 통해 발전해 왔습니다. 스시는 다루기 힘든 어패류를 재료로 쓰면서도 식중독이 가장 적은 식품이기도 합니다. 그 이유는 식초와 와사비, 간장, 미소, 때로는 대잎, 초생강, 찻물까지도 살균과 항균 작용을 하며, 부패 방지에 중요한 역할을 하기 때문입니다. 이런 모든 과정을 이해하고 응용해서 만드는 음식이 바로 스시입니다.

한편 잘못된 정보들이 범람하는 오늘날, 전 세계의 스시 애호가들의 안전과 행복을 위해, 본고장 일본에서 올바르고 새로운 기술을 정리하고 후세에 남기는 것은 크게 보면 평화 외교이기도 할 것입니다.

이 책을 통해 스시와 어패류에 대한 지식 및 조리 기술을 올바른 해설과 사진으로 알기 쉽게 한 권의 책으로 정리했습니다. 이 책이 전 세계의 스시 장인과 스시 애호가 들의 필독서가 되리라 확신하는 바입니다.

일본전국스시상생활위생동업조합연합회
회장 야마가타 타다시(山縣 正)

스시기술 교본 에도마에즈시 편

기본 기술부터 유명 점포의 기술과 비법까지!

차례

제2장 마키즈시, 지라시즈시, 스시동 기술 ·····187

제3장 스시를 담는 기술 ·····209

외래어 표기법에 대해서
- 생선 이름과 스시명 등은 현장에서 실제로 쓰는 단어를 살려 번역했다.
- 스시 앞에 단어가 붙어 복합어가 되면 '즈시'로 읽는다.
  예) 니기리스시(×) 니기리즈시(○)

스시의 역사

'나레즈시'에서 '니기리즈시'로

오우미 지방의 '후나즈시'

일본 비와 호의 붕어를 사용한 '후나즈시'는 현존하는 가장 오래된 스시라고 알려져 있다. 원형은 천 년 이상 거슬러 올라가 비와 호 북부와 동부에서 전해져 내려왔다. 알 밴 붕어로 만든 '후나즈시'는 술안주나 오차즈케 등으로 먹으면 맛이 아주 뛰어난 진미다. 손도 많이 가고 시간도 많이 걸리지만, 지방의 특산품으로서 지금까지 전해져 내려오고 있다.

■ 시가 현「우오지 고리안」

스시의 뿌리

현존하는 가장 오래된 스시는 일본 시가 현 부근인 오우미 지방에서 전해지는 '후나즈시(붕어 스시)'다. 일본 시가 현의 비와 호에서 잡은 붕어를 소금에 절인 후에 구워 밥과 함께 자연 발효시킨다. 생선을 보존하는 방법 중 하나로 예로부터 전해져 내려온 방식이다. 벼의 경작과 함께 동남아시아에서 전해졌다고 하는 '도조즈시(장어 스시)'나 '후나즈시' 등이 가장 오래된 스시의 뿌리다.

유산균 등이 생선의 발효를 촉진하고 밥에 신맛을 더해, 절묘한 맛이 조화를 이루는 '나레즈시'나 '나마나레즈시'도 이즈음 등장했다. 일본 와카야마 지방의 '고등어 나레즈시'나 나라 지방의 '쓰루베즈시(두레박 스시)' 등이 유명하다.

다양한 향토 스시가 각 지방에서 태어나다

이후, 일본 각지에서 향토 식재료를 살린 향토 스시가 다양하게 등장한다. 생선을 발효시켜 먹기 쉽게 만들기 위해 쓰였던 밥을 그대로 함께 먹는 '이즈시', '이이즈시'라고 불리는 종류가 바로 그것이다. 아키타 지방의 '하타하타즈시'나 가나자와 지방의 '가부라즈시' 등도 있다. '고등어 나레즈시'에서 이어진 '방어 마키즈시'나 '삼치 마키즈시' 등도 일본 지방에 남아 있는 독특한 형태의 향토 스시다.

나무틀로 만든 상자에 음식을 꽉 채워 누른 와카야마의 '고케라즈시'나 '가가미즈시'도 있고, 나뭇잎으로 싸서 누름돌이나 상자에 넣어 누른 나라의 '가키노하즈시(감잎 스시)', 신주 지방의 '신겐즈시' 등은 옛날부터 각 가정으로 전해져 내려와 특별한 경사나 제사 때 먹

두레박 모양의 통은 등나무 끈을 둘러 매듭을 묶은 모양이 실용적이며 아름다울 뿐더러, 밥을 먹고 난 후에는 차를 마시는 그릇으로 사용되기도 했다.

나라 지방의 쓰루베즈시

927년에 편찬한 일본의 율령집에도 은어 스시를 발견할 수 있다. 두레박 형태의 둥근 통에 소금에 절인 은어와 밥을 채워 넣는다. 등나무 끈으로 꽉 묶고, 누름돌로 눌러 스시를 만든다. 가부키 공연 중에는 '쓰루베즈시 가게'를 다룬 것도 있다.

■ 나라 현「쓰루베즈시 야스케」

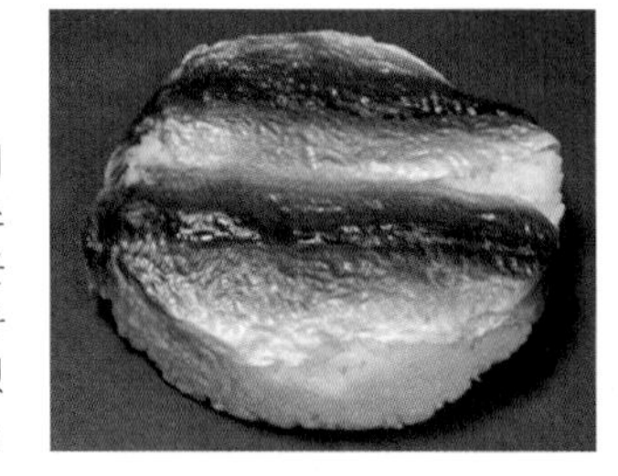

와카야마 지방의 고등어 나레즈시

무로마치 시대(1338~1573년)부터 내려온 조리법으로 만든 '고등어 나레즈시'. 고등어는 소금으로 절이고, 물에 담가 소금기를 우린 뒤, 고등어 속에 밥을 채우고 갈댓잎으로 싸서 나무통에 담는다. 산간 지방에서 전해져 내려오는 귀중한 나레즈시다.

■ 와카야마「현 야스케즈시」

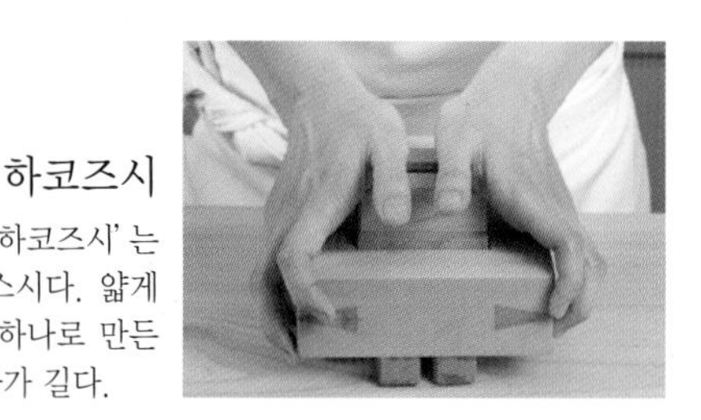

하코즈시

사각형 나무틀로 누르는 '하코즈시'는 간사이 지방을 대표하는 스시다. 얇게 자른 재료와 샤리를 눌러 하나로 만든다. '니기리즈시'보다 역사가 길다.

는 음식으로 남아 있다.

또한, 식초 대신 '야쿠모치슈(액막이술)'를 사용한 가고시마의 '사케즈시' 등 개성적인 향토 스시도 꽤나 독특하다.

'오시즈시'에서 '하야즈시'로

시간을 들여 발효시켜야 하는 '나레즈시'에서 보다 빨리 먹을 수 있도록 고안된 것이 '오시즈시'다. 생선 중에는 소금과 식초를 쳐 밥과 함께 상자에 채워 넣고 나무 뚜껑을 누른 뒤 누름돌로 맛이 배게 한다.

바로 간사이 지방의 '오시즈시(누름 스시)'와 '하코즈시(상자 스시)'의 등장이다.

일본에서는 에도 시대(1608~1868년)에 접어들어서야 식초가 널리 보급되기 시작해, 분카·분세이 시대(1804~1830년)에 생선과 밥에 소금과 식초를 사용해 만들자마자 바로 먹을 수 있도록 고안된 '하야즈시(빨리 만든 스시)'가 등장한다. 스시 재료인 생선과 샤리(식초물을 넣은 밥, 초밥)를 손으로 쥐어 밀착시키고, 한입에 먹을 수 있도록 만든 '니기리즈시'가 바로 이때 탄생한다.

에도 시대에는 스시 가게나 노점도 등장해 일반 서민들에게도 익숙해진 모습을 볼 수 있다. '니기리즈시'와 함께 향토 스시나 가정식 스시라고도 부를 수 있는 '이나리즈시(유부초밥)' '마키즈시' '지라시즈시' 등도 도입되어 현대 스시의 다양한 메뉴가 갖춰졌다.

바야흐로 스시는 일식의 글로벌화와 함께 전 세계에 자랑할 만한 일본 식문화의 대표 메뉴로서 명성을 떨치고 있다.

가고시마 지방의 사케즈시

가고시마 지방의 야쿠모치슈를 사용해 독특한 풍미를 살린 향토 스시다. 이 지방의 특산물인 샛줄멸과 사쓰마아게(어육을 갈아 소금, 설탕, 녹말을 넣고, 다시 잘게 썬 당근, 우엉 등을 섞어 기름에 튀긴 음식) 등을 화려하게 장식한다. 사진 속 스시는 종래의 사케즈시를 가고시마 지방의 스시 상조합에서 먹기 쉽게 개량한 것이다.

■ 가고시마 현 「야스케즈시」

에도의 스시 상인

에도(지금의 도쿄)의 거리를 돌아다니며 스시를 팔던 '스시 상인' 그림. 전어 스시나 이나리즈시 등을 어깨에 매고 팔러 다니는 상인이 등장했다. 당시 스시의 인기를 짐작할 수 있다.

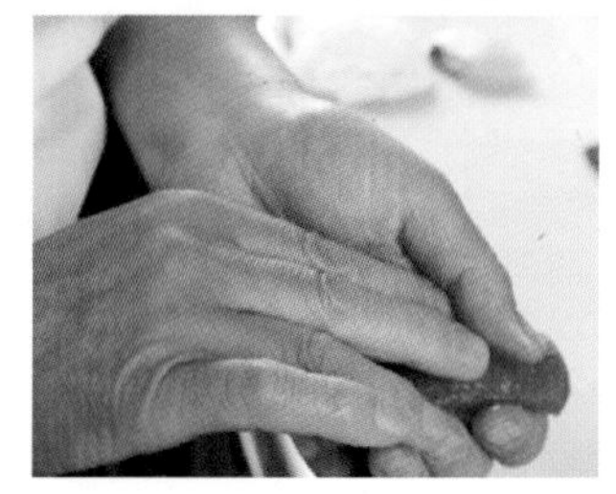

식초가 보급되면서 '하야즈시'가 탄생했다. 스시 재료와 샤리를 쥐어 즉석에서 만들어 먹는 니기리즈시가 등장해, 지금의 '에도마에즈시'에 이르렀다.

에도마에즈시의 원점

'모리코미'와 '주하코즈메'에서 배우다

전통 기술에서 배우는 에도마에즈시의 미(美)

에도 시대에 완성된 '에도마에즈시'의 원점은 '모리코미(접시에 담아낸 스시)'와 '주하코즈메(찬합에 담아낸 스시)'다. 1880년 창업한 노포 '요시노즈시 본점'에서 접시에 가득 담아낸 형태의 모리코미를 재현했다. 주하코즈메는 에도 시대에 창업한 스시 가게 '요시노'의 주인이 우치미세에서 수련하던 시절부터 이어져 내려온 메뉴 중 하나다. 사진 속 스시는 모두 1960년대 후반에 만든 것이다.

지금까지도 높이 평가받는 훌륭한 스시에는 칼 쓰는 법, 스시 만드는 기술이 곳곳에 담겨 있다. 쥐고, 말고, 접시에 담아내는 기술까지 모든 스시 기술의 비법이 전수되고 있다.

옛날에 먹던 스시가 시대를 초월한 것이다. 우치미세에서 발전시켜 온 '주하코즈메'는 현대에는 거의 자취를 감췄다. 원래는 주문하는 사람의 집에 있던 찬합을 빌려와 스시를 담아 배달했다고 한다. 대나무 잎으로 구획을 나눠 질서정연하게 스시를 담는데, 색색으로 화려한 스시만의 독특한 미의식이 찬합 속에 채워져 있다.

현대에는 '오리즈메(종이 상자에 담은 음식)'로 변용되었다. 그릇에 쌓아 올리는 기술이 현대의 '나가시모리(왼쪽 상단에서 오른쪽 하단으로 음식을 담는 기술)'로 변화하고, 찬합이 '오리바코(종이로 만든 얇은 상자)'로 변해도 전통 기술 속에는 배울 점이 많다.

우치미세와 야타이미세

메이지(1868~1912년), 다이쇼(1912~1926년), 쇼와

오래된 전통의 '모리코미'

커다랗고 화려한 접시에 담은, 19세기 후반~20세기 초반 스타일의 '모리코미'를 복원한 스시. 당시의 스시를 훌륭하게 재현했다.

■ 도쿄 도 니혼바시「요시노스시 본점」

우치미세의 '주하코즈메'

현대 '오리즈메'의 모범이라 불리는 '주하고즈메'다. 손님이 맡기고 간 찬합에 주문받은 스시를 배색에 신경 써서 담는다. 뚜껑 안쪽에 물기를 꽉 짠 면보를 붙여 스시가 마르지 않도록 한다. 품격 넘치는 작품이다.

■ 도쿄 도「교바시 요시노」

야타이미세

노상에서 영업하는 야타이미세. 서서 집어 먹던 스시는 당시의 패스트 푸드나 다름없었다. 간장은 덮밥 그릇에 담아 공용으로 썼다. 찻잔의 크기가 커진 것도 이때부터다.

(1926~1989년) 시대의 스시의 역사를 거슬러 올라가다 보면, 제2차 세계대전 전후로 가게의 형태가 크게 변화한다.

메이지, 다이쇼 시대를 거쳐 쇼와 초기까지 스시를 파는 가게는 '우치미세'와 '야타이미세'로 나뉘었다. 우치미세는 다다미 반 장(1/4평) 정도의 좁은 공간에 '쓰케다이(손님에게 스시를 만들어서 내놓는 대)'를 두고, 주로 단골손님을 상대로 장인이 스시를 만들어 배달을 하던 가게다. 야타이미세는 노상에서 스시를 팔았는데, 손님은 서서 음식을 먹었다. 스시를 찍어 먹는 간장 '쓰케죠유'도 큰 그릇에 내놓았다. 우치미세는 좀더 고급스런 이미지로 스시의 가격도 높았고, 야타이미세는 일반 손님을 대상으로 대중적인 가게로 간단한 식사 대용으로 싼 가격에 스시를 팔았다. 스시 1간(스시를 세는 단위)의 크기는 현재의 3배 정도였다고 한다. 근대 일본의 유명 소설가 시가 나오야의 단편 소설『어린 점원의 신』에 등장하는 스시 가게도 이런 야타이미세다. 그 후 카운터의 쓰케다이에서 서서 먹는 형태의 스시 가게가 대성황을 이루게 되었다. 하지만 우치미세는 점차 사라지고, 테이블 석과 카운터 석 양쪽 모두 갖춘 현대의 스시 가게가 주류가 되었다.

우치미세의 주방, 쓰케바

다다미 반 장 정도의 좁은 공간의 마루방에 설치된 '쓰케다이'. 안쪽에서 본 그림(위). 도마가 놓인 쓰케다이에 작은 책상이 붙어 있다. 방석 위에 앉아 정성스레 스시를 쥐어, 단골손님에게 배달을 했다. 손님은 자신의 찬합 등을 맡겨 두고 주문을 했다(아래, 손님 쪽에서 본 그림).

에도마에즈시의 전통 기술

긍지 높은 '명품 스시'

에도마에즈시의 전설, '명품 스시'의 전당을 빛내다

19세기 후반에 그려진 그림 〈료고쿠 요헤이〉를 통해 당시 스시의 모습을 확인할 수 있다.

가와바타 교쿠쇼가 그린 이 오래된 그림은 스시의 역사 속에서도 특히나 귀중한 자료로 남아 있다. 이 그림에 그려진 15종의 스시는 1880년대 전후 에도 니기리즈시의 실제 모습을 매우 잘 담고 있다. 도미, 전어, 전갱이, 보리멸처럼 등 푸른 생선은 식초에 절이고, 찐 오징어 속을 채운 스시나 달걀구이 올린 스시에는 김가루나 박고지 등을 샤리 안에 넣었다. 모든 스시가 자세하게 그려진 이 그림은 사료 이상의 '보물'이라 해도 과언이 아니다.

이 그림과 잘 어울리게도, 긴자의 노포 '스시코 본점'에서 100년 전 '그리운 도쿄의 스시'를 재현한 것이 오른쪽 사진 속 스시다. 각각의 스시가 전부 예술이라 일컬을 정도로 에도마에즈시의 명품이다. 전통 기술의 맥을 이어 온 이 스시들은 앞으로도 일본의 긍지로서 그 빛을 발할 것이다.

〈료고쿠 요헤이〉 속 스시

〈식초 바르는 법〉의 권두화로 쓰인 그림이다. 가와바타 교쿠쇼가 그렸다. 19세기 후반의 스시 모습이 세밀하게 묘사되어 있다. 도쿄 료고쿠 지방의 '하나야 요헤이'는 니기리즈시의 창안자라 알려져 있다. 이 그림은 지금까지 전해져 내려오는 귀중한 사료다.

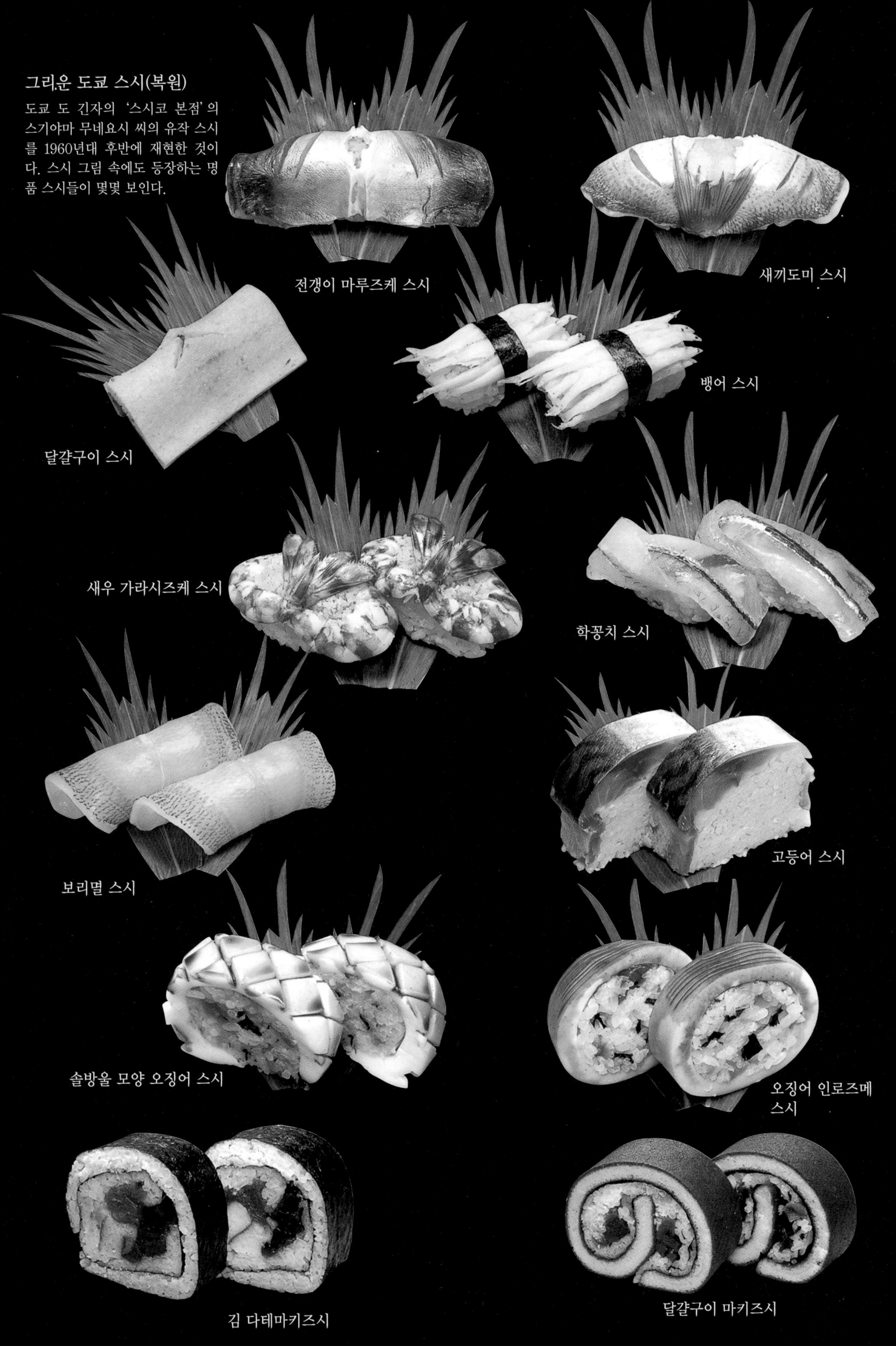

그리운 도쿄 스시(복원)

도쿄 도 긴자의 '스시코 본점'의 스기야마 무네요시 씨의 유작 스시를 1960년대 후반에 재현한 것이다. 스시 그림 속에도 등장하는 명품 스시들이 몇몇 보인다.

전갱이 마루즈케 스시

새끼도미 스시

뱅어 스시

달걀구이 스시

새우 가라시즈케 스시

학꽁치 스시

보리멸 스시

고등어 스시

솔방울 모양 오징어 스시

오징어 인로즈메 스시

김 다테마키즈시

달걀구이 마키즈시

일러두기

- 제1장 '어종별 스시 기술'의 각 어종별 기초 지식 속에서 명칭이나 제철, 산지 등은 일본에서의 일반적인 예를 소개했지만, 지역에 따라서는 상이한 경우도 있을 수 있다.

생선 손질하는 법에 관한 용어에 대해서
- 생선의 머리를 왼쪽, 배를 손 앞에 두었을 경우, 중골부터 위쪽을 '우와미(윗살)', 그 아래를 '시타미(아랫살)'라고 부른다.
- 이 책에서 소개하는 절차 중 하나인 '밑손질하기'는 생선 비늘을 벗긴 후, 아가미 머리, 내장을 처리하고 접시를 깨끗하게 씻어 두기까지의 기본 밑손질을 전부 포함한다.

조리 순서, 시간에 대해서
- 재료의 분량이나 조리 시간은 어디까지나 표준을 따른다. 각각의 상황이나 취향에 맞춰 가감할 수 있다.

계량 단위와 재료에 대해서
- 1큰술은 15mℓ, 1작은술은 5mℓ, 1홉은 약 180mℓ, 1되는 약 1.8ℓ를 가리킨다.
- 간장이라고 쓰여 있을 경우에는 '진간장'을 가리킨다.
- '다시지루'는 기본적으로 다시마와 가다랑어를 우린 국물을 쓴다.

■ 감수 전국스시상생활위생동업조합연합회
야마가타 타다시 회장
야마자키 히로아키 기술위원장

■ 기본 기술 세키네야마 요시히로 후나즈 히로미

■ 기술 협력 다카하시 카즈오 마쓰모토 히토시 다카하시 유스케
이토 히토시 스가노 슈이치 후나즈 타다시
나카노리 요헤이 오오바야시 준노스케 와타나베 노리요시
시미즈 테루오 우메자와 쇼지 스즈키 마사루
하시모토 가쓰히로 하세 노부하루

제1장

어종별 스시 기술

붉은 살 스시

다랑어 [마구로/鮪]
가다랑어 [가쓰오/鰹, 堅魚]
연어 [사케/鮭]

붉은살 스시의 종류

'붉은 살 생선'으로 만든 스시는 글자 그대로 붉은 살 어종으로 만드는 스시를 포괄한 총칭이다. 어디까지나 에도마에즈시의 분류 기준을 따랐기 때문에 어류학상의 분류와는 별개의 개념이다.

붉은 살 생선으로 만든 대표 스시는 '다랑어(마구로)'다. 예나 지금이나 에도마에즈시 중에 다랑어를 빼면 그 매력을 말할 수 없을 것이다. 명실상부한 스시의 주인공이라고 해도 과언이 아니다.

하지만 옛 사료를 살펴보면 다랑어의 지방 부분은 버리고 먹을 정도로 인기가 없었다고 한다.

스시의 꽃, 스시의 주인공

다랑어를 필두로, 가다랑어, 연어 등을 '붉은 살 생선' 으로 분류하며, 아름답고 화려해서 이른바 스시의 꽃이다. 붉은색은 식욕을 돋우고, 화려한 스시의 자태는 가히 주인공이라 칭할 만하다. 스시는 접시에 담아낼 때, '청, 황, 적, 백, 흑' 오색의 밸런스를 잘 살리는 것이 원칙인데, 이때 다랑어로 대표되는 붉은 살 스시의 위치는 특히나 중요하다. 흰 살 생선으로 만든 스시와의 홍백의 대조를 고려하거나 다른 색 스시와도 서로 긴밀한 조화를 이뤄야 하는데, 이는 눈으로 보았을 때 느껴지는 색채의 아름다움뿐만 아니라 각각의 맛도 조화를 이루기 때문이다.

절대적인 인기를 자랑하는 붉은 살 생선

다랑어는 부위에 따라 그 풍미가 달라 취향이 갈리는 편이지만, 다양한 연령층에서 폭넓게 사랑을 받고 있다. 향이 좋고 깔끔한 단맛을 자랑하는 붉은 살 생선은 특히나 입안에서 사르르 녹는 식감을 자랑하는 중뱃살(주토로), 대뱃살(오토로) 등 각각의 부위의 특징을 이해하고 스시를 만드는 것이 중요한 포인트다. 가다랑어와 연어도 마찬가지여서 부위에 따라 풍미가 다르다. 각 어종별 항목을 보고 지식을 익히도록 하자.

현대적으로 해석하여 가능성을 넓히다

연어 스시는 특히 젊은 손님층에 인기가 높다. 다랑어의 뱃살에 가까운 지방이 많고 부드러운 살을 선호한다. 뱃살 부분은 '토로 연어'라는 별칭으로도 불린다. 연어나 송어는 일본의 향토 스시인 '가키노하즈시' 나 '오시즈시' 등에도 널리 쓰이는 본디 스시와 궁합이 좋은 어종이다. 한편, 해외에서는 연어로 만든 스시가 다랑어 스시 이상으로 인기가 높다. 연어 스시는 색과 맛이 화려해서 인기를 얻기 시작하여 해외에서는 가장 빠르게 연어 스시가 정착했다.

그 결과, 마요네즈나 서양의 채소 등과 조화를 이뤄 현대적인 창작 스시가 탄생하면서 일본의 젊은 세대에게도 익숙해졌다.

옛날부터 내려온 다랑어 스시 중 '즈케(간장 절임)'는 근래에 다시 한 번 주목받고 있고, 불을 사용하는 '다다키'나 '아부리' 기법도 붉은 살 스시의 매력을 한층 더 한다. 단순한 서양식 스시, 창작 스시란 개념을 뛰어넘어 스시 가게의 기본 메뉴가 되어 버린 스시가 속속 등장해 붉은 살 생선으로 만든 스시는, 앞으로도 스시의 가능성을 넓히고 계속 진화할 것이다.

다랑어 경매장 풍경

일본 근해뿐만 아니라 원양 어선에서 잡은 다랑어는 수산 시장에 모여 경매에 붙여진다. 일본시장 만의 독특한 풍경이 이른 아침에 펼쳐지는데, 꼬리 단면의 색과 지방이 오른 정도를 보고 중매인이 다랑어의 등급을 가리고, 가치를 매기는 식으로 경매가 진행된다. 몇 백 종의 어종 중에서도 다랑어는 특별 취급을 받는다. 스시 가게들은 중매인을 통해 생선을 매입하는 경우가 많지만, 본인 역시 감정안을 갖춰야 제값에 흥정을 잘할 수 있다.

다랑어 [마구로/鮪]

분류 : 농어목 고등엇과 다랑어속
영어명 : tuna

기초 지식

참다랑어(구로마구로/黒鮪, 혼마구로/本鮪)

- 별명 : 혼마구로/시비 • 유어 : 메지마구로/요코와
- 크기 : 3m 전후

다랑어 가운데서도 가장 크고 맛도 최고다. 등이 검은색이어서, 일본에서는 '구로마구로(흑다랑어)' 란 이름이 붙었다. 통칭은 혼마구로다. 유어는 '메지', 중간 크기는 '추보'라고 부른다. 회유하는 참다랑어는 순간적으로 시속 80~90km의 빠른 속도로 헤엄치며, 지느러미 옆의 살이나 등뼈 부분의 검붉은 살 주위와 붉은살도 맛이 강하다.

참다랑어 스시

눈다랑어(메바치마구로/目鉢鮪)

- 별명 : 바치 • 유어 : 다루마
- 크기 : 2m 전후

눈다랑어 스시

눈이 커서 눈다랑어다. 줄여서 '바치'라고도 부른다. 다랑어 중에서도 깊은 바다에서 서식하는 종이다. 크기는 약간 작지만, 몸통이 땅딸막하고 통통해 '다루마(달마)'라는 별칭으로도 불린다. 붉은 살과 뱃살 부분이 비교적 나뉘어 있어, 주토로(중뱃살)는 적은 편이다. 제철은 참다랑어와 같이 겨울철이다.

종류와 생태

스시 재료로 주로 쓰이는 다랑어는 위 사진 속 5종-참다랑어(구로마구로, 혼마구로), 남방참다랑어(미나미마구로, 인도마구로), 눈다랑어(메바치마구로), 황다랑어(기하다마구로, 기와다마구로), 날개다랑어(빈나가마구로)인데, 괄호 안은 일본에서 불리는 이름이다.

이들 다랑어류에 더해 새치류도 종종 쓰인다.

다랑어의 종류별 특징은 위의 내용을 참조 바란다.

참다랑어의 생태는 대략 태평양, 대서양에 각각 산지가 있어, 몇 년씩 무리 이동을 하며 유어에서 성어로 성장한다.

일본 근해로 접근해 오키나와에서 태평양 쪽으로 구로시오 해류를 타고 북상하는 구로시오 루트와 동해 쪽을 북상하는 쓰시마 해류 루트로 이동하는데, 남방참다랑어는 규슈 방면 고토 열도나 쓰시마, 나가사키 현 근처 이키 앞바다에서 니가타 현의 사도 앞바다를 지

황다랑어(기하다마구로/黄肌鮪)

- 별명 : 기와다
- 유어 : 기메지
- 크기 : 2m 전후

기하다, 기와다, 긴히레라 불리게 된 유래는, 몸통 가운데 부분과 지느러미가 노란색이기 때문이다. 참다랑어 다음으로 쳐주는 대형종이지만, 60~70kg 정도가 맛있다고 한다. 일본 근해에서 잡히는 종의 제철은 여름에서 가을, 유어는 '기메지'라 불린다. 비교적 담백한 맛으로 간사이 지방에서 선호도가 높다. 어획량은 많은 편이다.

황다랑어 스시

날개다랑어(빈나가마구로/鬢長鮪)

- 별명 : 빈초/돈보
- 크기 : 1m 전후

가슴지느러미가 긴 것이 특징이다. '빈나가', '빈초', '돈보' 등의 일본명은 여기에서 유래한다. 살의 색이 연한 핑크색에 가깝다. 그 때문인지 바다의 치킨이라고도 불리며, 가열한 재료 혹은 통조림 등에 사용되는 경우가 많다. 요즘에는 지방이 많은 부분을 '빈토로'라고 부르며, 스시 재료로 인기가 높다.

날개다랑어 스시

남방참다랑어(미나미마구로/南鮪)

- 별명 : 인도마구로
- 유어 : 고슈마구로
- 크기 : 2m 전후

남반구에 분포하는 다랑어다. 참다랑어와 매우 닮았지만, 붉은 살의 색이 더 짙고, 맛도 깊다. 그러나 변색이 빨라 다루기가 어려워 난점이 있다. 오스트레일리아, 뉴질랜드 등에서 유어를 포획해 몇 년 정도 축양하기도 한다. '고슈마구로'라고도 불린다.

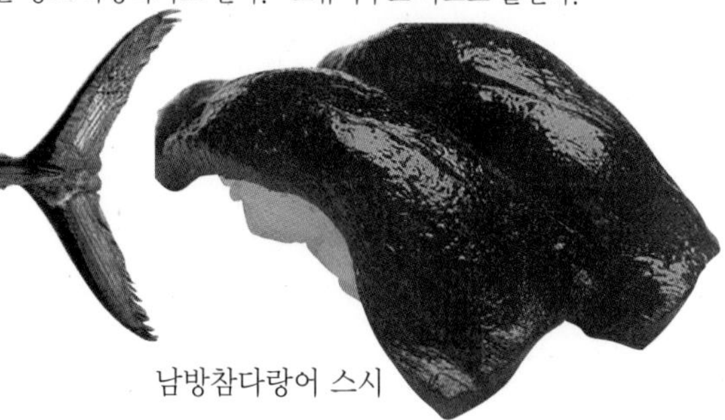
남방참다랑어 스시

나 홋카이도로 향하는 쓰시마 해류 루트를 탄다.

일본에서는 각각의 루트를 따라 다랑어 어업이 활발하다. 구로시오 루트는 고치 현 도사 앞바다에서 가쓰우라, 시즈오카의 야이즈, 미야기의 가마이시, 게센누마 등이다. 아오모리 현 쓰가루 해협의 오오마 등을 포함해 일본 각지의 고유 브랜드가 붙은 다랑어는 높은 가격에 거래되는 편이다.

근해어업과 원양어업

근해에서 잡은 참다랑어는 최고 품질을 자랑하며 고가에 거래되지만, 원양어업을 통해 잡은 다랑어 역시 수산 시장에 입하된다.

북반구를 회유하는 태평양, 대서양산 참다랑어, 혹은 뉴질랜드산 남방참다랑어 등은 일본의 다랑어 수요 확대와 함께 원양어선에서 대량으로 어획되어 시장에서 거래되고 있다. 참다랑어, 남방참다랑어 다음으로 시장 가격이 높은 것은 눈다랑어다.

한편, 옛날부터 일본 간사이 지방에서 인기가 높은 종은 황다랑어다. 붉은색이 곱고, 느끼하지 않은 맛이 대중의 입맛을 사로잡았다.

날개다랑어는 복숭아빛에 가까운 색이 다른 다랑어류와 달라 한눈에 구별이 쉽다.

축양 다랑어와 완전 양식 다랑어

요즘에는 다랑어 자원이 감소하는 추세라 전 세계적으로 어획량을 제한하고 있다. 이 때문에 축양을 하거나 양식과 관련된 연구가 활발히 진행되고 있다.

오스트레일리아 등에서는 어린 남방참다랑어를 포획해 기르는 축양 어업이 성행 중이다.

게다가 일본에서는 독자적인 연구를 계속해 다랑어 완전 양식에 성공했다. 고도의 기술력을 바탕으로 양식 다랑어 시장은 앞으로 점점 확대될 것으로 보인다.

시장 거래

일본 근해에서 잡힌 다랑어는 산지의 항구에서 거래된다.

그러나 원양어선에서 포획된 참치를 포함해 대부분은 도쿄의 쓰키지 어시장에 모인다. 전문 업자가 경매에 나온 다랑어를 감정해 값을 매긴다. 어체를 샅샅이 살펴보는 것은 물론이고 꼬리의 단면으로 육질과 지방이 오른 정도를 확인한다. 숙련된 중매인에 의해 선택된 다랑어는 그 후 해체되어 각 덩어리별로 팔리게 된다.

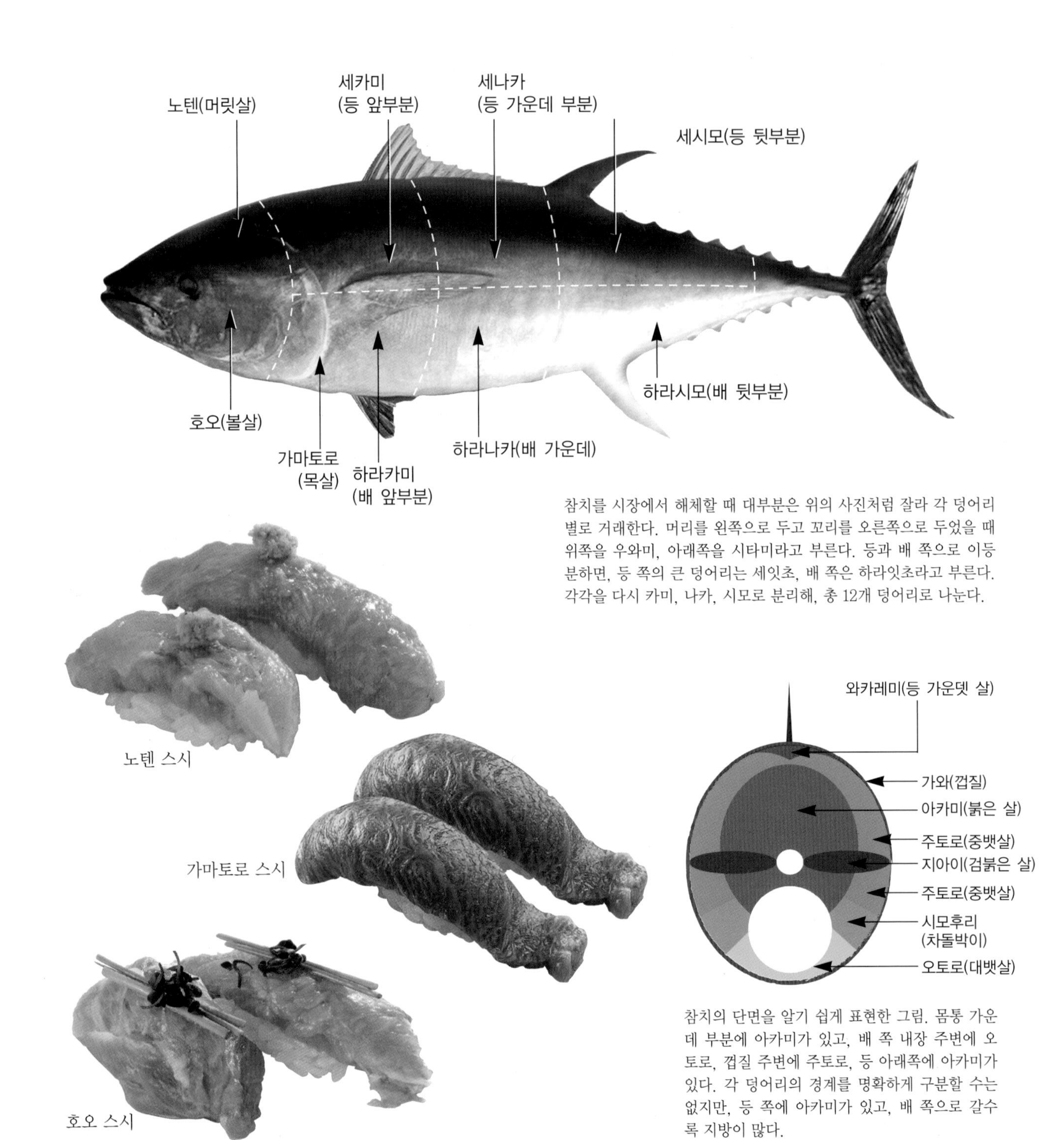

참치를 시장에서 해체할 때 대부분은 위의 사진처럼 잘라 각 덩어리별로 거래한다. 머리를 왼쪽으로 두고 꼬리를 오른쪽으로 두었을 때 위쪽을 우와미, 아래쪽을 시타미라고 부른다. 등과 배 쪽으로 이등분하면, 등 쪽의 큰 덩어리는 세잇초, 배 쪽은 하라잇초라고 부른다. 각각을 다시 카미, 나카, 시모로 분리해, 총 12개 덩어리로 나눈다.

참치의 단면을 알기 쉽게 표현한 그림. 몸통 가운데 부분에 아카미가 있고, 배 쪽 내장 주변에 오토로, 껍질 주변에 주토로, 등 아래쪽에 아카미가 있다. 각 덩어리의 경계를 명확하게 구분할 수는 없지만, 등 쪽에 아카미가 있고, 배 쪽으로 갈수록 지방이 많다.

덩어리 해체하기

참다랑어를 예로 들어 보자. 몸길이가 2~3m나 되고, 무게도 몇 백kg이나 나가서 해체한 뒤에 거래된다.

일반적으로는 1마리를 옆 페이지의 사진처럼 중골(가운데 뼈)을 경계로, 우와미(윗살)와 시타미(아랫살)로 나눈다. 그다음 각각을 등과 배 쪽으로 2등분하여 등 쪽의 큰 덩어리를 '세잇초', 배 쪽을 '하라잇초'라고 부른다.

이제 고작 4등분되었지만, 아직도 너무 커서 머리에 가까운 쪽부터 '카미(上)', '나카(中)', '시모(下)'로 자른다. 세잇초를 카미, 나카, 시모로 자르고, 하라잇초를 카미, 나카, 시모로 잘라 6덩어리로 나눈다. 우와미와 시타미를 모두 합치면 다랑어 1마리 당 총 12개의 큰 덩어리가 나온다.

배 쪽에는 지방이 많은 주토로(중뱃살), 오토로(대뱃살)가 많고, 등 쪽에는 아카미(붉은 살)가 많다. 각 부위별로 가격 차이가 나는 것은 당연하고, 12개의 덩어리를 더 작게 잘라 소매상에 팔려 나간다.

근해에서 잡은 자연산, 원양어선에서 잡거나 축양한 다랑어는 시장에서 동시에 거래된다. 따라서 다랑어에 관한 기본 지식을 익힘과 동시에 신뢰를 쌓은 업자들과 교류하며, 매입하는 요령을 쌓아나가도록 하자.

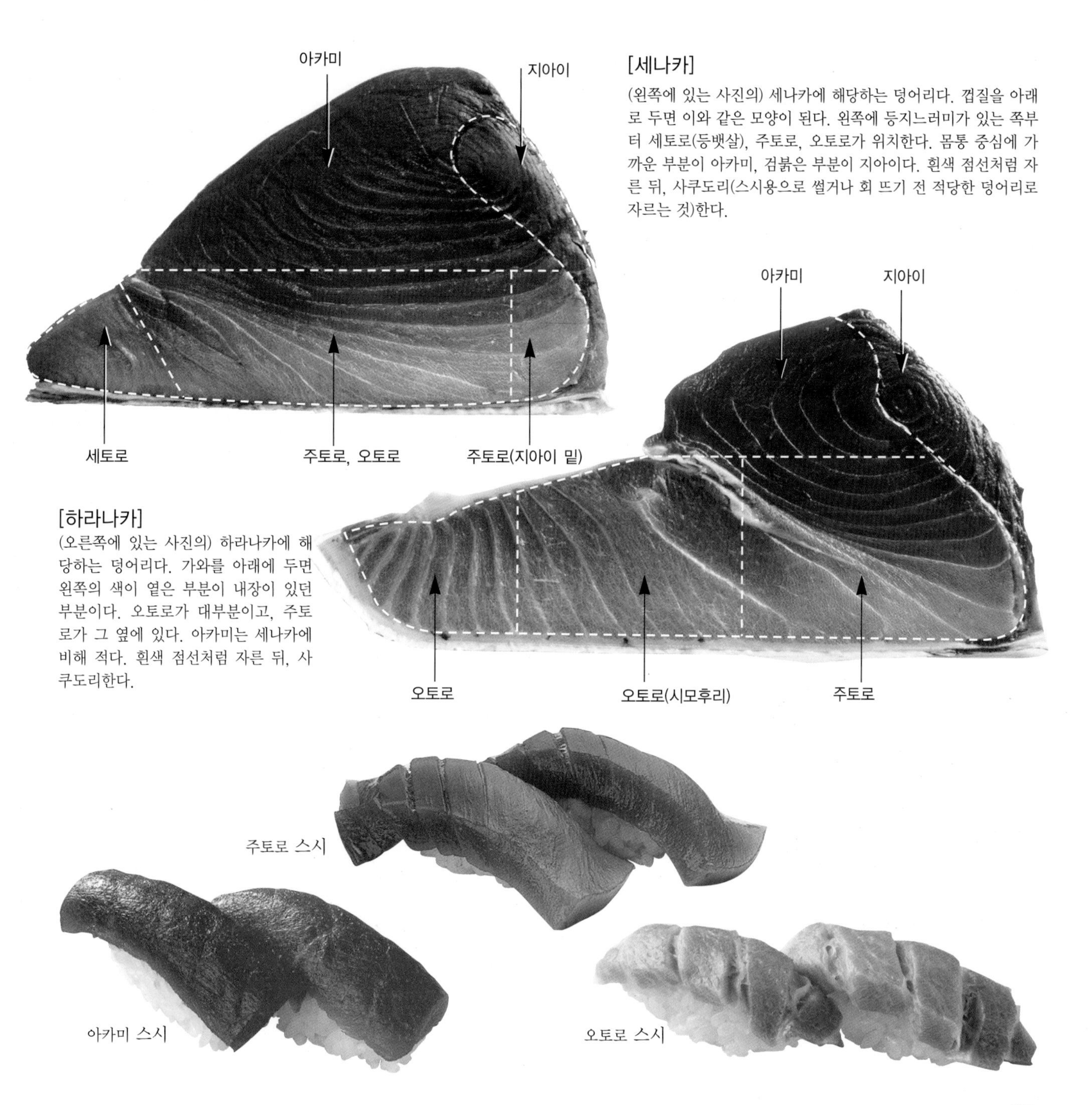

[세나카]
(왼쪽에 있는 사진의) 세나카에 해당하는 덩어리다. 껍질을 아래로 두면 이와 같은 모양이 된다. 왼쪽에 등지느러미가 있는 쪽부터 세토로(등뱃살), 주토로, 오토로가 위치한다. 몸통 중심에 가까운 부분이 아카미, 검붉은 부분이 지아이다. 흰색 점선처럼 자른 뒤, 사쿠도리(스시용으로 썰거나 회 뜨기 전 적당한 덩어리로 자르는 것)한다.

[하라나카]
(오른쪽에 있는 사진의) 하라나카에 해당하는 덩어리다. 가와를 아래에 두면 왼쪽의 색이 옅은 부분이 내장이 있던 부분이다. 오토로가 대부분이고, 주토로가 그 옆에 있다. 아카미는 세나카에 비해 적다. 흰색 점선처럼 자른 뒤, 사쿠도리한다.

다랑어 손질하기

다랑어 손질은 사쿠도리 기술이나 다름없다. 사쿠도리는 원래 스시 재료로 썰기 전까지의 상태로 만드는 것이다. 큰 덩어리를 낭비 없이, 단단한 힘줄 등을 발라낸 뒤 스시 재료로 알맞은 크기로 자르느냐가 관건이다.

기껏 비싼 재료를 손에 넣었는데, 버리는 부분이나 스시로 만들지 못하는 부분이 많이 나오면 손해가 크다. 아카미, 주토로, 오토로 등의 부위를 적당하게 잘라 사쿠도리한다. 스시 가게별로 독자적인 '데자쿠(생선을 스시용으로 손질했을 때 기준이 되는 길이인 7.5cm 정도로 손질하는 것)'나 '나가자쿠(사쿠도리할 때 세로 방향으로 길게 손질하는 것)' 방법을 연구해 사쿠도리의 효율을 높일 수 있다.

손질 순서

지아이 처리하기
▼
각 부위 분리하기
▼
사쿠도리하기
▼
썰기

지아이 처리하기

지아이를 제거한다

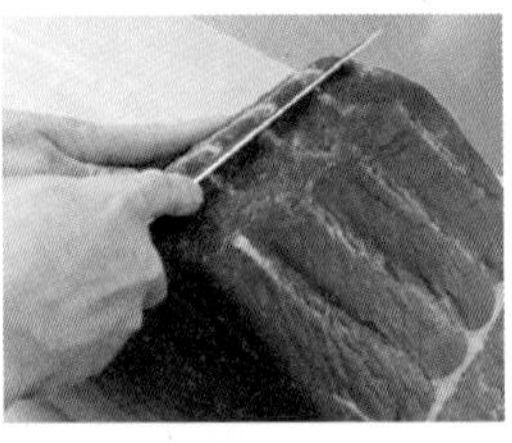

1
우선 껍질을 아래로 두고 세나카 덩어리에서 검붉은 지아이 부분을 눈으로 확인하며 자른다.

2
지아이와 아카미 사이에 칼을 넣어 떼어낸다. 자른 단면이 매끄럽도록 칼을 길게 쓴다.

3
지아이를 여러 차례 나눠 자른다. 잘라낸 지아이에도 먹을 수 있는 부분이 있으니, 자투리 살은 함부로 버리지 않는다.

4
껍질 쪽을 향해 지아이 부분만 얇게 잘라낸다.

5
아래를 향해 지아이가 붙어 있는 부분을 도려내듯 잘라낸다. 껍질은 벗기지 말고 남겨 둔다.

각 부위 분리하기

알맞은 높이로 손질한다

1
지아이를 모두 제거했더라도, 다시 한 번 표면의 얇은 막이나 오염된 부분을 확인하고 잘라낸 뒤 덩어리 형태를 가다듬는다.

2
앞서 지아이를 제거한 단면을 매끄럽게 만들기 위해 얇게 잘라낸다.

3
해체 시 절단면이 오염됐을 수도 있으므로 반대쪽 표면도 얇게 잘라낸다.

4
덩어리가 깔끔하게 정리됐으면, 아래에서 1자(손가락 4개 정도) 높이를 측정한다.

5
측정한 높이에 맞춰 수평으로 칼을 넣어 자른다. 살이 뭉개지지 않도록 주의한다.

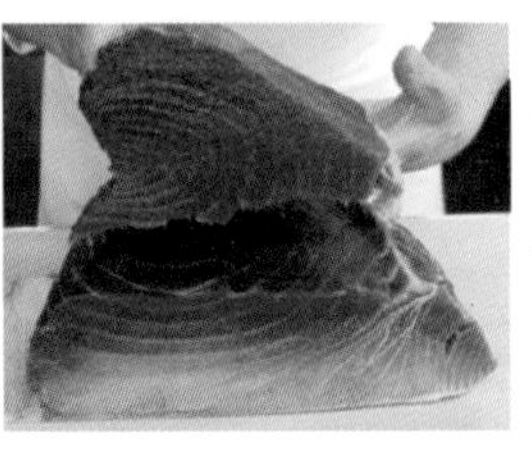

6
껍질이 붙어 있는 아래쪽이 1자 분량의 주토로, 위의 산처럼 생긴 부분이 아카미다.

지아이
아카미
Ⓒ
1자 분량
(손가락 4개 정도 높이)
Ⓐ
Ⓑ
주토로(지아이 밑)
주토로
오토로
와카레미

사쿠도리하기

주토로를 사쿠도리한다(Ⓐ부분)

1
1자 분량은 껍질이 붙어 있는 채로 사쿠도리한다. 끝 부분은 사쿠도리하기 전에 잘라낸다.

2
끝 부분을 수직으로 잘라 나눈다. 이 부분은 고기의 두께나 형태가 직사각형이 되지는 않아, 마키즈시 등을 만들 때 사용한다.

3
단면이 수직이 되는 지점부터 사쿠도리에 들어간다. 스시 재료로 쓰기에 적합한 두께로 자른다.

4
칼을 수직으로 넣어, 껍질을 남기고 잘라낸다.

5
일정한 두께로 사쿠도리한다. 와카레미 부분까지 자른다.

6
와카레미 부분이 시작 1자보다 작게 자른다. 적당한 크기로 자른다.

와카레미를 자른다(Ⓑ부분)

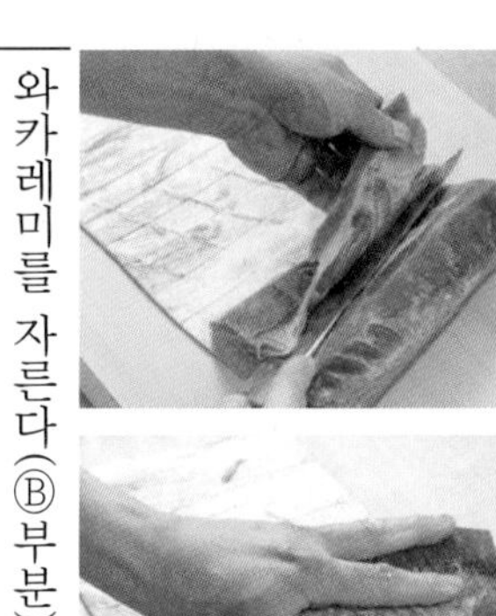

7
와카레미라 불리는 부분은 단단한 힘줄 같은 것이 붙어 있기 때문에, 그 부분을 잘라야 한다.

8
와카레미가 삼각형으로 남게 되면, 껍질과 고기 사이에 칼을 넣어 껍질을 분리한다.

9
잘라낸 와카레미의 끝 부분을 정리한다.

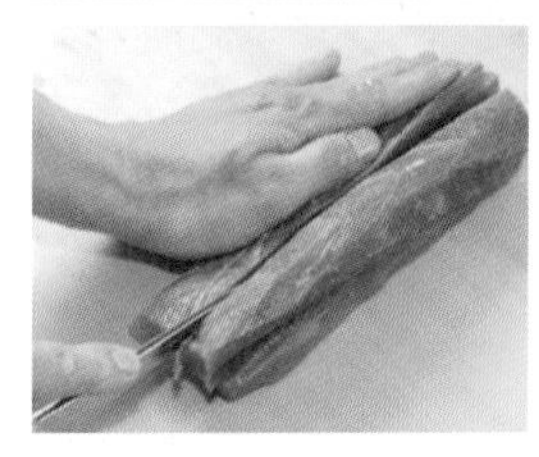

10
삼각형 모양의 와카레미를 2등분한다. 주토로와 비슷한 맛을 내는 부위라서, 니기리즈시 이외의 요리에 활용한다.

Ⓐ와 Ⓑ 부분(주토로와 오토로 사쿠도리)

[세나카]를 나눠, Ⓐ와 Ⓑ를 사쿠도리했다. 주토로의 데자쿠와 오토로 부분이 섞인 나가자쿠로 사쿠도리할 수 있다.

아카미를 사쿠도리한다(Ⓒ부분)

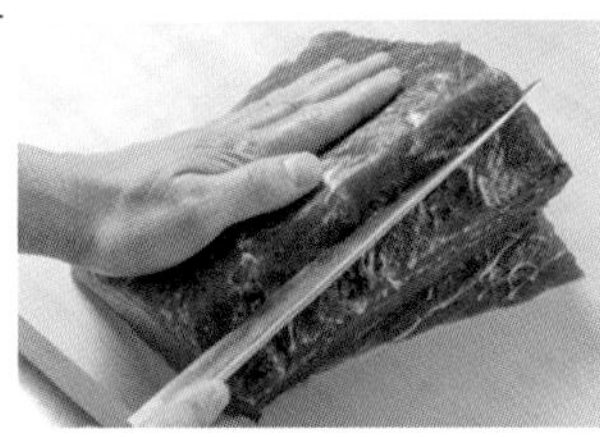

1
산 모양으로 잘라낸 아카미 덩어리를 사쿠도리한다. 경사면을 따라 스시 재료로 쓰기 적당한 두께로 자른다.

2
두께가 일정하게 계속 잘라낸다.

3
두께가 일정하도록 신경 쓰며 잘라낸다.

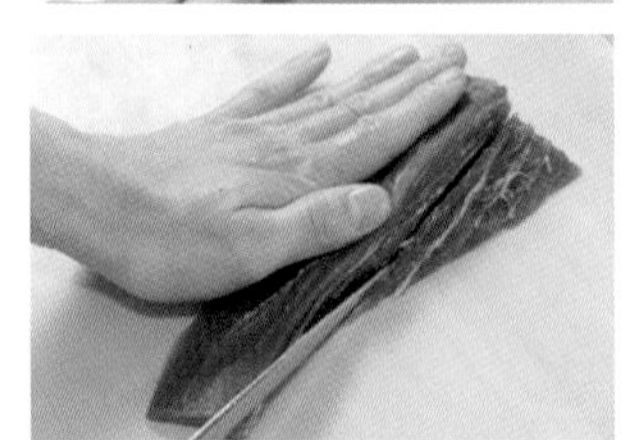

4
마지막까지 두께가 동일하게 잘라야 한다.

5
마지막에 남은 삼각형 덩어리는 끝 부분을 깔끔하게 정리해 둔다.

6
제일 처음에 크게 잘라낸 덩어리는 폭이 넓기 때문에 1자 정도로 다시 자른다.

7
잘라낸 덩어리가 클 경우에는 다시 한 번 1자 분량으로, 데자쿠 크기로 자른다.

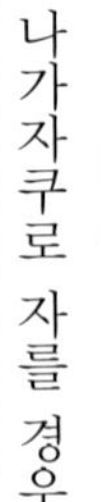

8
똑같은 아카미 덩어리를 나가자쿠로 사쿠도리한다. 우선 끝 부분을 도련한다.

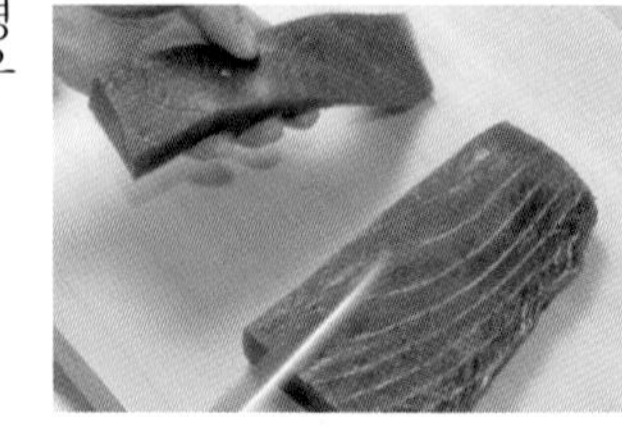

9
데자쿠보다 조금 작게 손가락 3개 정도의 폭으로 자르고, 나가자쿠로 사쿠도리한다.

Ⓒ부분(아카미 사쿠도리)

아카미 부분은 1자 분량으로 잘라 나누기 때문에 자투리 살의 형태가 일정하지 않다. 이 부분을 '덴파'라고 부르는데, 사쿠도리 방법은 딱히 정해지지 않아 임기응변으로 적당하게 요리에 사용하면 되는데, 뎃카마키 등의 재료나 지라시즈시, 다른 반찬 등으로 활용할 수 있다.

다랑어 보관하기

사쿠도리한 다랑어는 흡수 시트 등으로 감싼 다음 마르지 않도록 랩으로 싸서 냉장고에 보관한다. 사쿠도리하기 전까지 청결하게 보관하는 것은 물론이고, 자른 단면이 깔끔하지 않으면 잡균이 번식할 가능성이 크기 때문에 깔끔하게 자르는 것이 매우 중요하다.

썰기, 스시 쥐기

아카미(데자쿠)

데자쿠로 자른 덩어리를 스시용으로 자른다. 약지 4개 정도의 폭(1자)이라, 스시 재료 두께로 썰면 스시 하나 분량으로 자를 수 있다. 다랑어처럼 고기의 결이 없는 생선은, 자를 때에 칼을 세워 보기 좋게 각을 살려 잘라낸다.

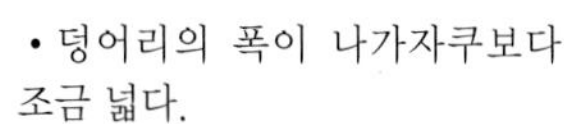

- 덩어리의 폭이 나가자쿠보다 조금 넓다.
- 자를 때는 똑바르게, 약간 수직으로 자른다.
- 잘라낸 다랑어의 단면은 직사각형 모양이다.

아카미(나가자쿠)

나가자쿠로 자른 덩어리를 스시용으로 자른다. 폭이 좁기 때문에 사선으로 칼을 넣어 자른다. 사다리꼴로 자르면 스시 한 점 분량으로 자를 수 있다. 나가자쿠로 잘라 두면 사시미로도 만들 수도 있다.

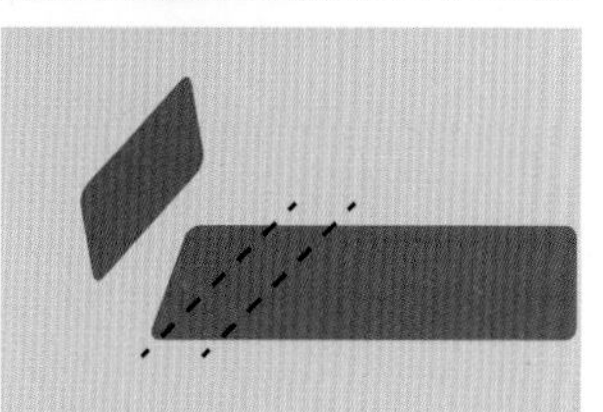

- 덩어리의 폭은 데자쿠의 2/3 정도다.
- 자를 때는 사선으로 자른다(자른 단면을 넓게 확보하기 위함이다).
- 잘라낸 다랑어의 단면은 평행사변형 모양이다.

다랑어 아카미 스시(데자쿠)

다랑어 아카미 스시(나가자쿠)

주토로(나가자쿠)

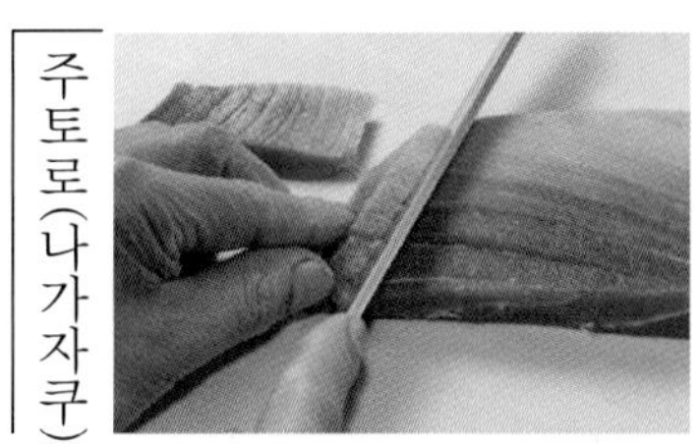

주토로 부분은 나가자쿠를 스시용으로 쓴다. 사선으로 칼을 넣어 자를 때에 칼날을 세워 잘라야 한다. 칼을 세워 각을 살리면 스시의 모양이 예뻐진다.

오토로(나가자쿠)

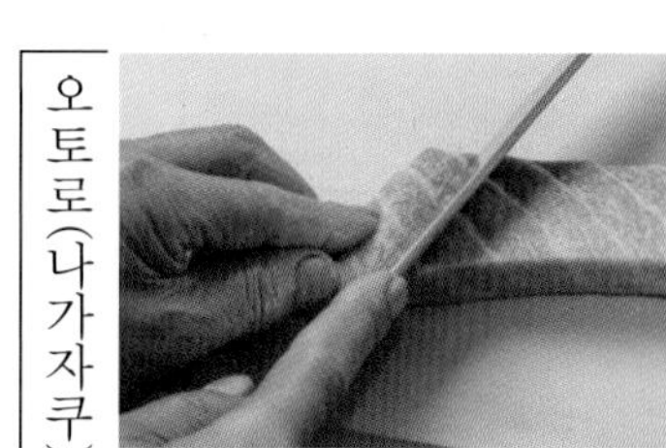

오토로는 살이 분리되기 쉬운 부위다. 자를 때에도, 스시를 쥘 때에도 살이 떨어지지 않도록 주의한다. 지방이 많은 부위는 고추냉이를 조금 많이 넣어야 맛의 밸런스가 잘 맞는다.

다랑어 주토로 스시(나가자쿠)

다랑어 오토로 스시(나가자쿠)

데자쿠와 나가자쿠

데자쿠, 나가자쿠처럼 스시 가게 나름의 사쿠도리 방법에는 스시 기술의 지혜가 담겨 있다. 데자쿠는 스시를 만들기 좋은 사쿠도리다. 나가자쿠는 데자쿠보다 폭이 좁아서 사선으로 썰어야 니기리즈시 한 개 분량이 된다. 데자쿠는 사시미용 다랑어 손질법이기도 해서, 스시와 사시미 모두 만들 수 있다.

데자쿠　　나가자쿠

다랑어로 만든 여러 가지 스시

참다랑어
오토로 스시

■ 도쿄 도 긴자 「스시코 본점」

1 사쿠도리한 오토로 표면에 붙어 있는 여분의 지방을 떼어낸다.

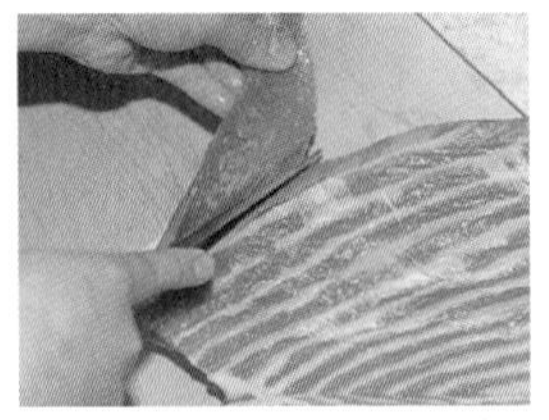

2 힘줄을 분리하며 평행으로 잘라, 고기에 힘줄이 남지 않았는지 확인한다.

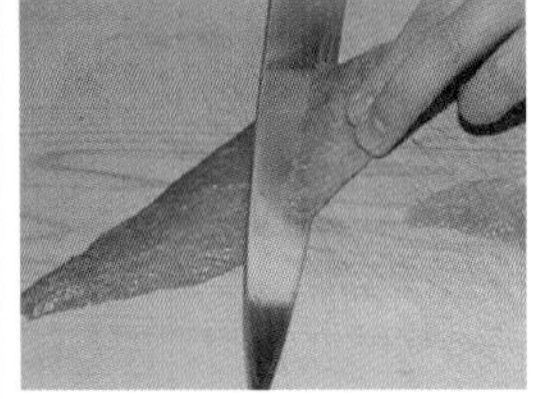

3 힘줄을 분리한 오토로의 단면을 매끄럽게 정리하고, 사선으로 얇게 자른다.

4 스시를 쥐고, 간장과 미림, 술을 섞어 만든 니키리 쇼유를 바른다.

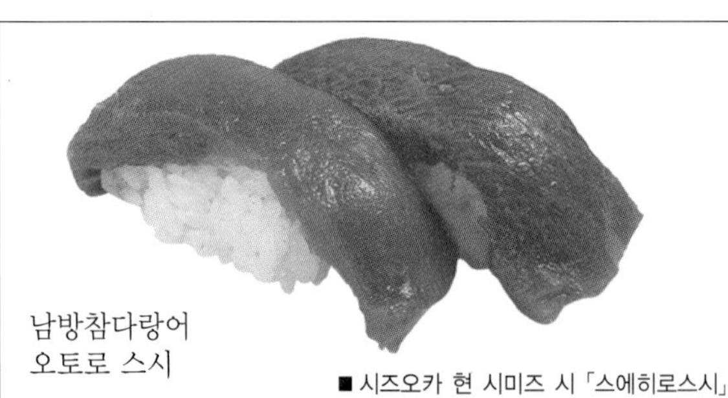

남방참다랑어
오토로 스시

■ 시즈오카 현 시미즈 시 「스에히로스시」

1 꼬리와 가까운 부위는 발골한 뒤, 힘줄을 하나하나 떼어내고, 살코기 부분을 얇게 자른다.

2 필요한 길이로 얇게 자른 살은 사선으로 잘라 스시를 만든다.

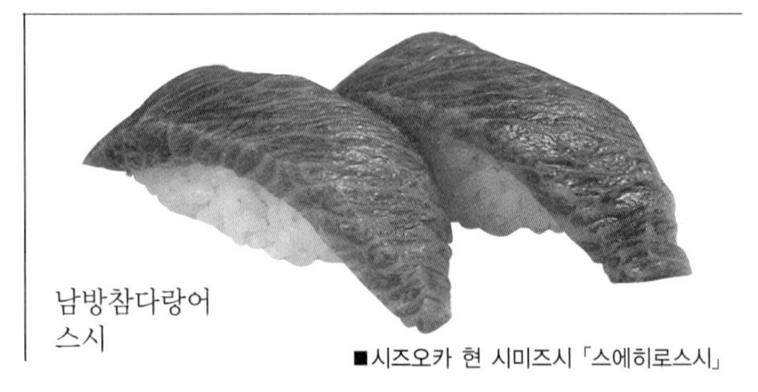

남방참다랑어
스시

■ 시즈오카 현 시미즈시 「스에히로스시」

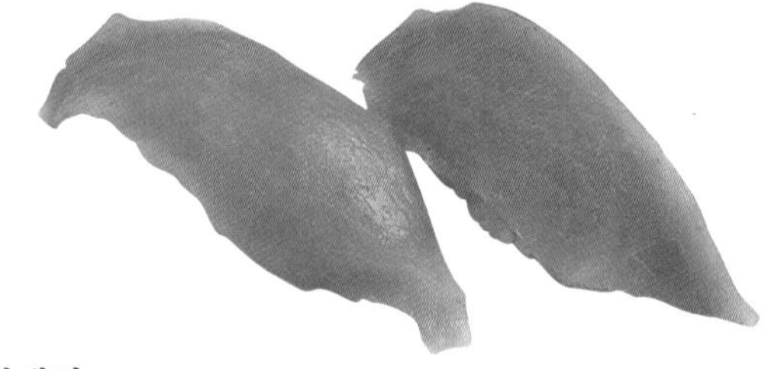

청새치

일본에선 다랑어로 취급하지만, 다랑어는 아니다. 다만 신선한 아카미는 지방이 풍부해 맛도 강하다. 다시마에 절이면 맛있다.

황새치

황새치는 새치류 중에서도 가장 큰 크기를 자랑한다. 신선할수록 지방이 많고, 맛이 강한 것이 특징이다.

니키리란?

제2차 세계대전 전의 스시에는 붉은 살, 흰 살, 조개류 스시 등 거의 모든 종류의 스시를 간장에 찍어 먹는 대신 니키리를 발랐다고 한다.

미림과 술 등을 끓여 알코올 성분을 날리는 것을 '니키리'라고 하는데, 니키리('니키리 쇼유'라고도 함)는 간장을 기본으로 하고 미림을 넣는데, 가게에 따라 술이나 가쓰오부시 등을 추가하기도 한다. 한소끔 끓인 뒤 그대로 식혀 맛을 깊게 한다. 쓰케죠유나 다랑어 즈케 스시 등에도 쓰이지만, 요즘은 니키리를 준비하는 가게의 수가 적다. 니키리를 살짝 발라 스시를 내놓는 전통 방식이 스시의 맛을 더하면서 새삼 재평가받고 있다.

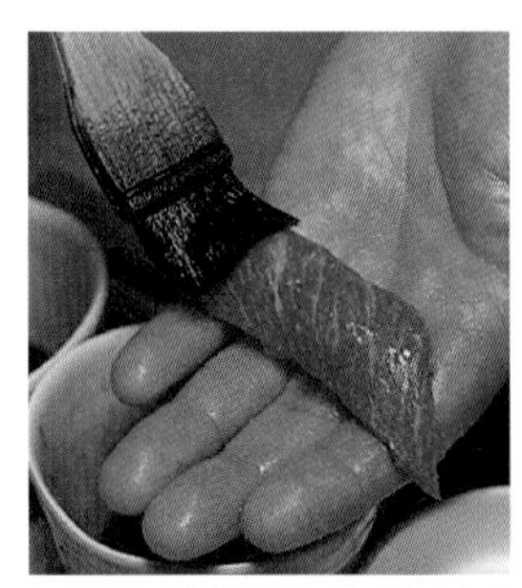

스시에 니키리를 한 번 발라 손님에게 내놓는다. 순한 맛이 간장을 대신한다.

즈케 스시

아카미 즈케 스시

■ 도쿄 도 롯폰기 「롯폰기 나카히사」

1 냄비에 소금을 약간 넣고 물을 끓인다.

2 아카미 데자쿠를 조심스레 냄비 안에 넣고, 표면을 살짝 익힌다.

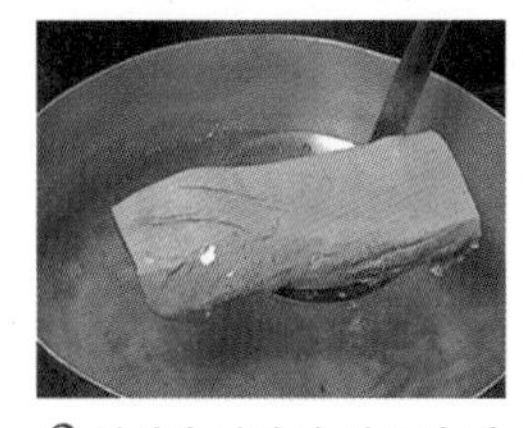
3 전체가 하얗게 익으면 건져올린다.

4 바로 준비해 둔 얼음물에 넣어 열을 식힌다.

5 식으면 흡수지로 싼 뒤 손으로 가볍게 두드려 수분을 제거한다.

6 니키리 쇼유와 미림을 섞은 소스에 넣고 흡수지를 덮어둔다.

7 냉장고에 넣고 약 10시간 재워둔다. 사선으로 잘라 스시를 만든다.

주오치 즈케 스시

■ 도쿄 도 긴자 「스시코 본점」

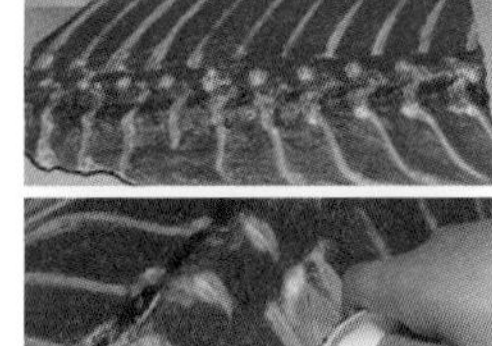

1 참다랑어의 중골에서 조개껍데기를 이용해 적당한 길이로 살을 깎아낸다.

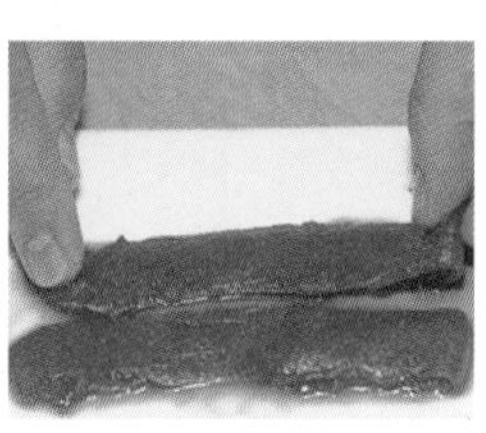
2 깎아 낸 살코기를 니키리 쇼유에 2~3분간 재워둔 다음, 스시를 만든다.

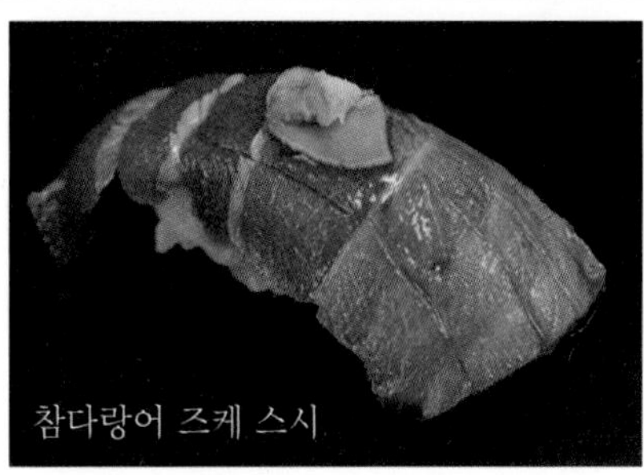
참다랑어 즈케 스시

그냥 먹어도 맛있지만, 참다랑어의 주토로를 마늘 간장에 재웠다.

■ 홋카이도 삿포로 시 「스시큐」

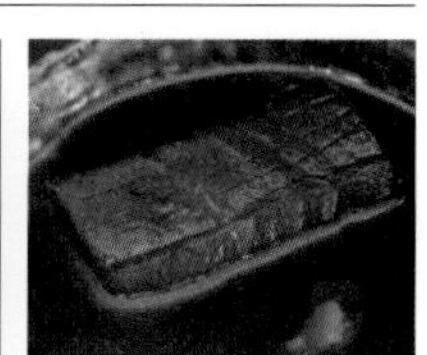
니키리 쇼유에 마늘을 더한 특별 소스.

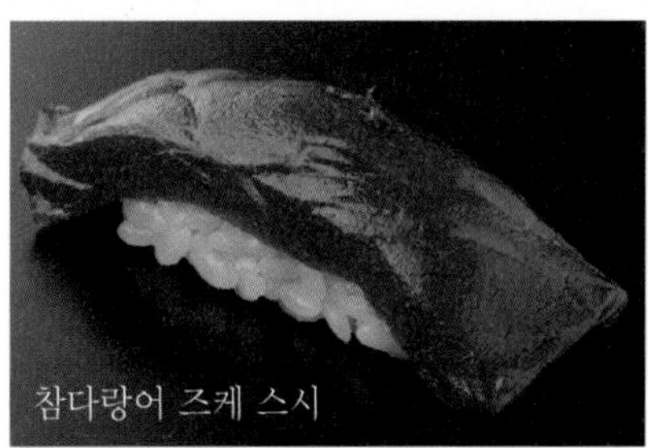
참다랑어 즈케 스시

간장에 아카자케(구마모토 지방의 특산 술)을 넣고, 잘게 다진 차조기 잎으로 향을 입힌 소스에 생선 살을 재운 뒤 사용한다.

■ 도쿄 도 긴자 「스시 오지마」

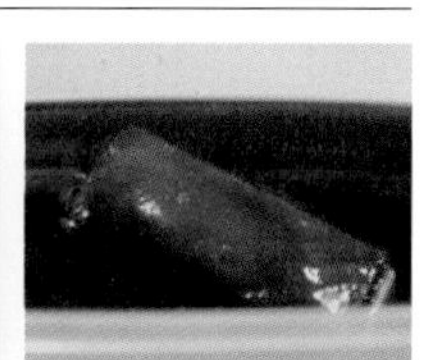
다랑어를 스시용으로 작게 잘라, 양념에 약 5분간 재워둔다.

가다랑어 [가쓰오 / 鰹, 堅魚]

분류 : 농어목 고등엇과 가다랑어속
영어명 : bonito, skipjack

기초 지식

봄철 하쓰가쓰오와 가을철 모도리가쓰오

가다랑어는 대회유를 하는 회유어다. 3월 중순에서 일본 규슈 지방의 마쿠라자키, 시코쿠, 도사 연안, 기이 반도에 북상해, 5~6월경에는 이즈 반도 연안에서 보소 반도를 지나 긴카야마 연안, 홋카이도까지 북상한다. 풍부한 먹이 때문에 지방이 올라 성장한 가다랑어는 다시 남하해 9~10월 경에는 다시 보소 연안까지 내려온다. 초여름 경 어린 가다랑어는 북상하는 가다랑어로 '하쓰가쓰오'라 불린다. 17세기부터 에도 사람들이 좋아하는 생선이었다고 한다.

하쓰가쓰오의 제철은 초여름에서 늦여름까지, 모도리가쓰오의 제철은 가을이다. 각각 지방이 오른 정도가 달라서, 향이 좋고 깔끔한 맛을 자랑하는 여름철 하쓰가쓰오와 지방이 오른 가을철 모도리가쓰오를 좋아하는 취향이 나뉘기도 한다.

껍질 부분도 다다키(불에 살짝 굽는 조리법)하면, 향이 좋고 생으로 먹는 것과는 다른 별미를 낸다. 또한 에도 시대의 가다랑어 사시미를 겨자와 함께 먹었다는 기록도 남아 있는데, 스시로 만들 때에는 고추냉이보다 생강 등의 향신료가 잘 어울린다.

종류와 영양가

보슈(지금의 지바 현 남부)나 도사(지금의 고치 현)에서의 잇폰즈리 어법(낚싯줄 하나에 바늘 하나를 달아 가다랑어 등을 낚는 낚시 방법)이 유명한데, 가다랑어 무리에 긴 장대를 꽂아 한 마리씩 낚기도 한다. 어망 등을 이용하기도 한다.

본종 외에도 약간 더 크고, 배의 줄무늬가 없는 줄삼치(하가쓰오)와 작은 물치다랑어(소다가쓰오)도 가다랑어로 분류한다. 모두 본종보다 약간 맛이 떨어진다.

가다랑어의 살의 붉은 성분은 다랑어 등과 같은 미오글로빈으로 지아이를 포함해 고단백질이며, 비타민이 풍부해 영양가가 높다.

한편 가다랑어는 상하기 쉬워 신선도가 빨리 떨어진다. 재빠르게 손질한 뒤, 최대한 빨리 소진하거나 냉동 보관해야 한다.

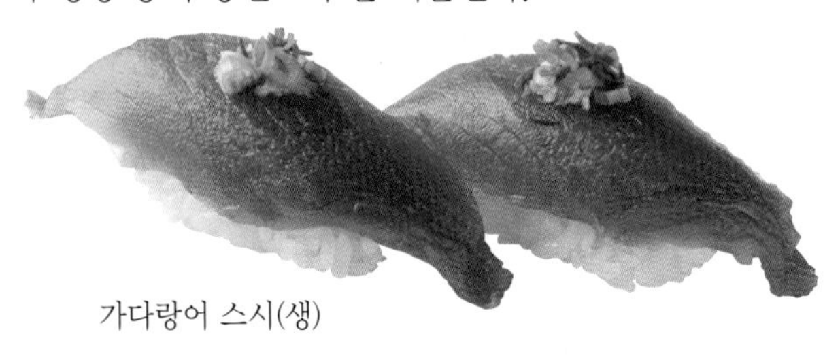

가다랑어 스시(생)

가다랑어 스시(다다키)

가다랑어 손질하기

가다랑어는 신선도가 굉장히 빨리 떨어지기 때문에 손질을 재빨리 해야 한다. 딱딱한 비늘이 가슴지느러미와 그 아래의 희고 단단한 껍질 부근에 있기 때문에 비늘은 칼로 깎아내듯 손질해야 한다. 살은 부드러워 자를 때에 뭉개지지 않도록 주의가 필요하다.

가다랑어의 껍질은 딱딱해 생으로 스시를 만들지 않지만, 살짝 불에 구워 다다키로 만들면 맛있게 먹을 수 있다.

손질 순서

밑손질하기
▼
3장 뜨기
▼
분리하기
▼
썰기

밑손질하기

비늘이 단단한 부분을 제거한다

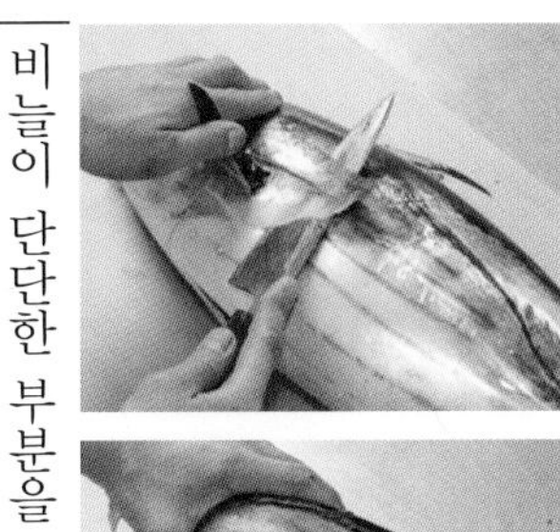

1
가슴지느러미를 들어 올려, 아래에 있는 단단한 부분을 제거한다. 반대편도 똑같이 제거한다.

2
배지느러미 아래도 동일하게 깎아내듯 단단한 부분을 제거한다.

머리와 배를 갈라 내장을 꺼낸다

3
등을 아래로 두고, 가슴지느러미 부근부터 사선으로 깊게 칼을 넣는다. 아가미 주변에서 머리 밑동의 뼈까지 V자로 자른다.

4
꼬리지느러미 부근에 칼을 거꾸로 넣어 배를 가른다.

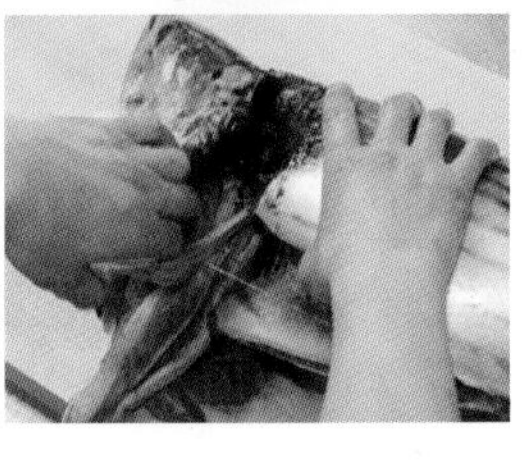
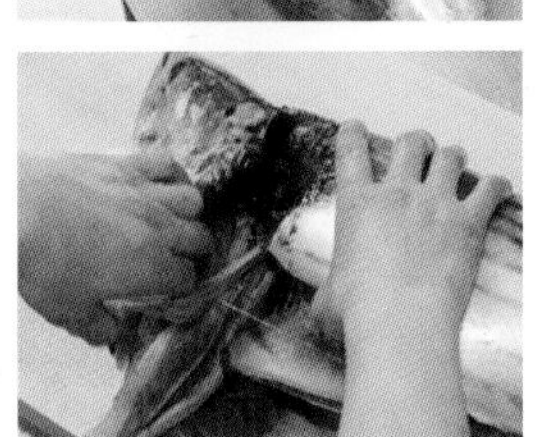

5
손으로 몸통을 꽉 누른 뒤, 다른 한 손으로 머리를 쥐고 앞으로 당기며 머리를 분리한다.

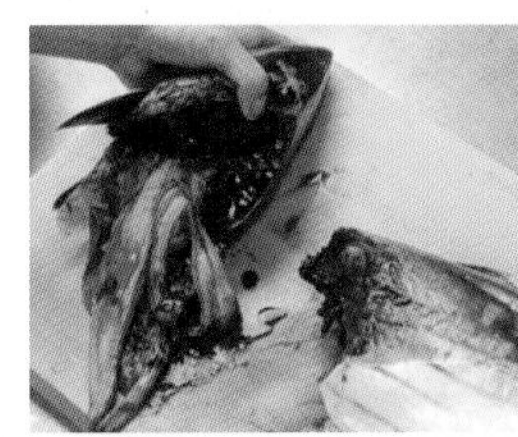

6
머리와 함께 내장도 꺼내 제거한다.

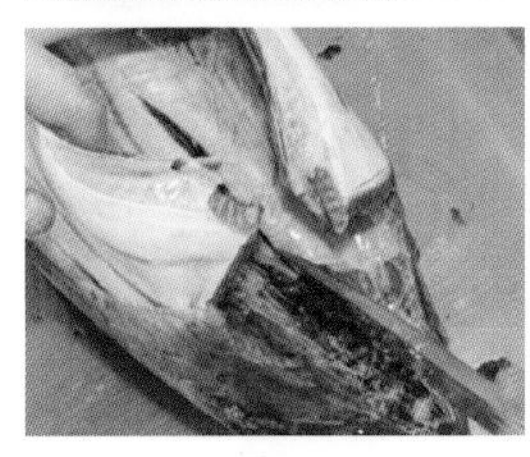

7
배 속에 남은 내장이 있으면 꺼내고, 지아이 부분도 칼끝으로 긁어낸 뒤, 깨끗하게 씻어낸다.

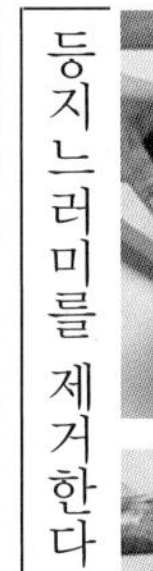

3장 뜨기

등지느러미를 제거한다

1
등지느러미를 따라 칼집을 낸다.

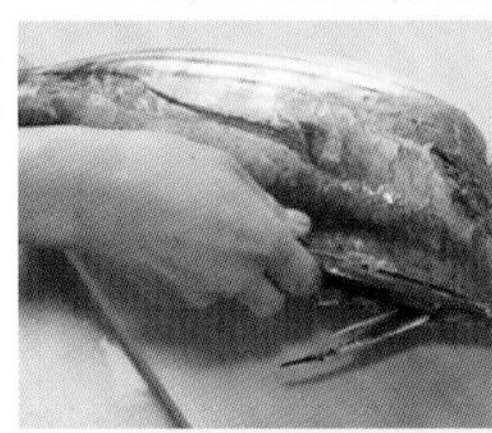

2
반대쪽도 똑같이 칼집을 낸다.

3
꼬리를 잡고 칼날로 쳐가며 등지느러미를 뽑아내듯 제거한다.

반쪽을 분리한다

4
머리를 오른쪽, 배를 아래로 두고, 배에서 꼬리까지 가운데뼈를 따라 중심까지 칼을 깊숙이 넣어 자른다.

5
방향을 바꿔 등을 아래로 두고, 꼬리에서 머리까지 가운데뼈를 따라 자른다.

6
꼬리 밑동을 쥐고, 가운데뼈에 붙어 있는 살을 분리한다.

나머지 반쪽을 분리한다

7
등뼈를 위로 두고, 꼬리에서 머리 방향을 향해 가운데뼈를 따라 자른다.

8
방향을 바꿔 반대쪽도 똑같이 머리에서 꼬리를 향해 가운데뼈를 따라 자른다.

9
마지막으로 가운데뼈에 붙어 있는 살을 분리한다.

[3장 뜨기] 왼쪽부터 ①시타미, ②등뼈, ③우와미

등살과 뱃살 분리하기

배뼈를 제거한다

1
시타미는 배뼈 밑동 부근에 칼을 거꾸로 넣어 배뼈를 발라낸다.

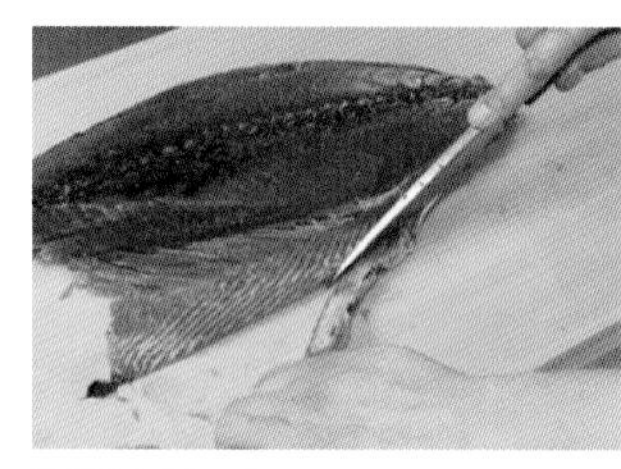

2
먼저 칼집을 냈던 부분에 칼을 눕혀 배뼈를 깔끔하게 제거한다.

3
마지막은 칼끝을 세워 자르면 좋다.

4
우와미도 똑같이 칼을 눕혀 살을 깎아내듯 배뼈를 깔끔하게 제거한다.

각각의 살을 2장으로 나눈다

5
분리한 1장의 살을 가운데에 있는 뼈의 흔적을 따라 세로로 자른다.

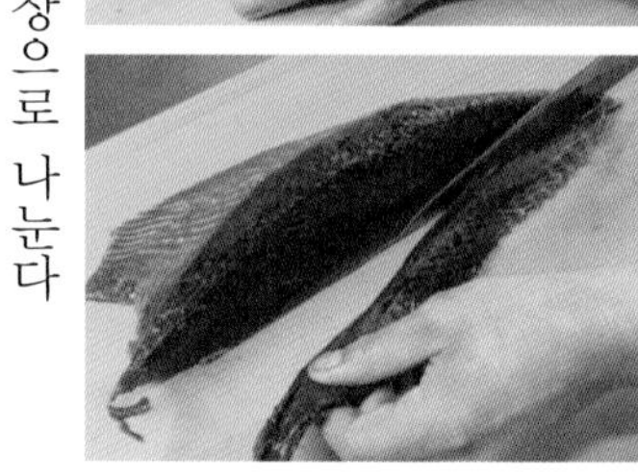

6
1장을 2개의 덩어리로 나눈다. 나머지 1장도 똑같이 2개의 덩어리로 나눈다.

[분리한 살]
왼쪽부터 우와미(①등살, ②뱃살), 시타미(③뱃살, ④등살).
가다랑어 1마리에서 4개의 덩어리가 나온다.

썰기, 스시 쥐기

응용 다다키 만들기

1
3장 뜨기한 살의 윗부분을 잘라낸다.

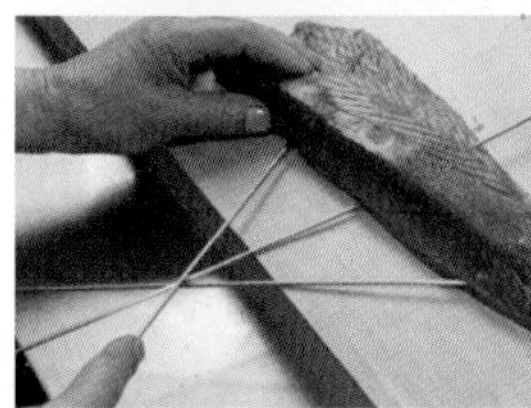

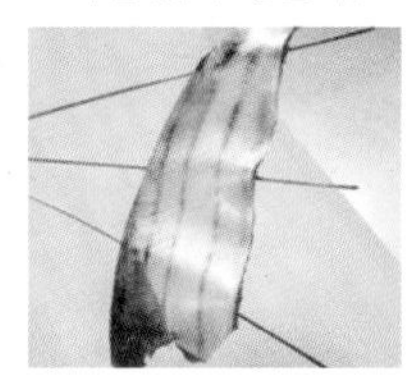

2
껍질과 가까운 쪽에 꼬치를 꽂아 넣는다.

3
껍질을 직화구이해 훈연 향을 입힌다.

4
미리 준비해 둔 얼음물에 넣어 꼬치를 살살 돌려가며 뺀다.

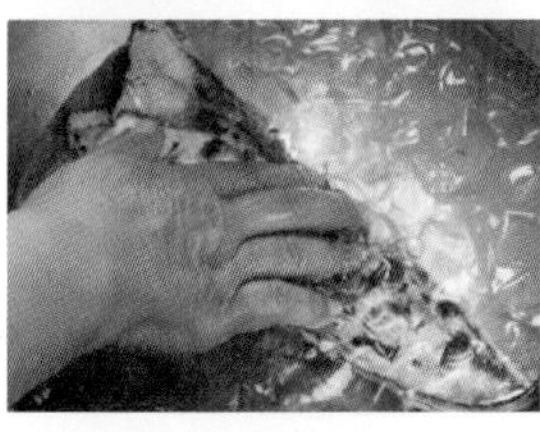

5
얼음물에 가다랑어 전체를 담근다.

6
재빨리 가다랑어를 건져 올리고, 물기를 꼼꼼하게 닦아낸다.

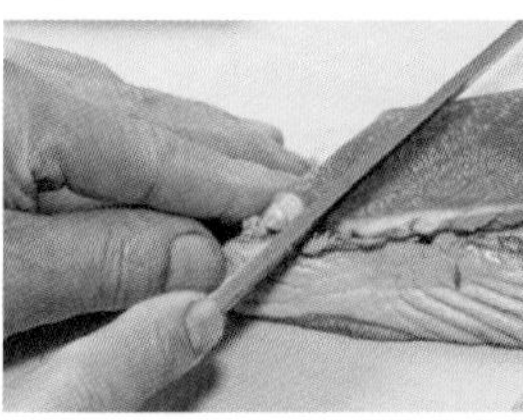

7
머리쪽부터 사선으로 자른다.

가다랑어 스시(다다키)

등살과 뱃살

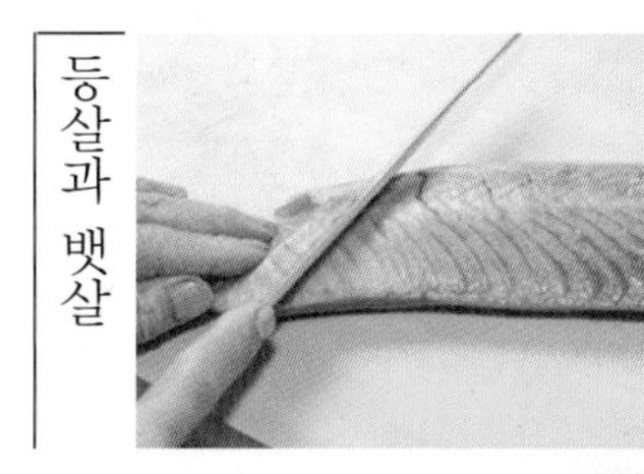

생으로 쓸 때에는 껍질을 벗기고 윗부분의 뾰족한 살을 정리한 뒤, 사선으로 자른다.

가다랑어 스시(등살)

가다랑어 스시(뱃살)

자투리 살

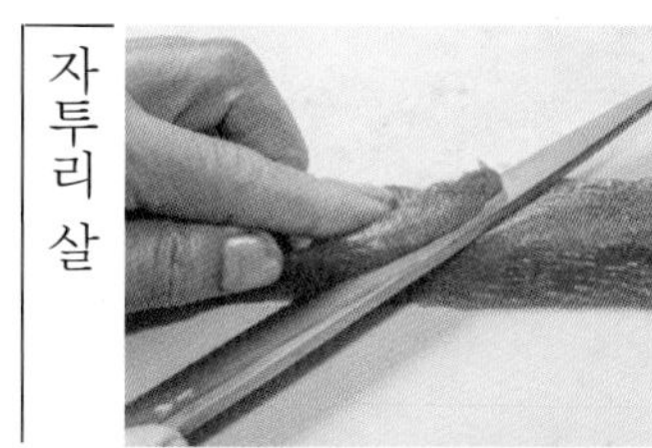

1
스시용으로 살을 정리하여 나온 자투리 살은 폭이 좁으니 약간 두텁게 자른다.

2
두터운 부분을 반으로 갈라 펼치면, 자투리 살로도 스시를 만들 수 있다.

가다랑어 스시(자투리 살)

가다랑어 스시

가다랑어 스시(뱃살)
지방이 많은 가다랑어의 뱃살을 살짝 구워, 향신료(실파, 마늘, 간 생강)를 올렸다.

연어 [사케/鮭]

분류 : 연어목 연어과 연어속
영어명 : salmon

기초 지식

다양한 종류와 별칭

최근 다랑어 다음으로 가장 인기가 높은 어종으로 종류가 매우 다양하다. 가장 어획량이 많은 것은 속칭 '시로자케(dog salmon)'로, 회유 시기와 성장 속도에 따라 명칭이 달라진다. '아키아지', '도키시라즈', '게이지' 등의 별명으로 불리는 경우도 있다. '가라후토마스' 역시 시로자케와 비슷하게 어획량이 많다. '킹 샐먼'이라 불리는 종은 일본에서는 '마스노스케(왕연어)'라 불리며, '은연어', '베니자케'와 함께 살이 붉어 많은 사랑을 받고 있다.

연어나 송어는 회유하거나 강을 역류하는 등 생김새나 생태가 많이 닮았다. 일본인의 식생활에도 깊이 뿌리내려, 도야마의 송어 스시나 나라의 가키노하즈시 등 향토 스시에도 많이 쓰여 익숙한 생선이다.

활용하기 쉬운 양식 연어

수입산 '대서양연어(atlantic salmon)'가 스시 재료의 주류가 되며, 북유럽 노르웨이나 핀란드, 혹은 칠레나 오스트레일리아 등에서도 바다 양식이 성행하고 있다. 바다 양식 연어는 사료만 먹고 자라기 때문에, 기생충 문제가 전혀 없고 내장 등을 처리해서 수입된다. 살이 아름다운 '샐먼 핑크'색을 띠며, 손질이 쉽고 지방이 풍부한 뱃살이 마치 다랑어의 뱃살 같은 식감이라 샤리와의 상성도 좋은 편이다. 양식 대서양 연어는 노르웨이 연어나 오로라 연어 등 브랜드 명으로 불리기도 한다.

연어는 어종에 상관없이 모두 생으로 먹을 수 있기 때문에, 많은 가게에서 스시 재료로 양식 연어를 활용한다. 물론 일본산 연어도 잘 관리되어, 게이지나 도키시라즈 등은 감정을 거친 후 고급 스시로 만들어진다.

연어 스시(뱃살)

연어 스시(등살)

연어 손질하기

스시 재료로 주로 쓰이는 것은 양식 대서양연어로, 내장 처리 후 수입되는 것이 많다. 어체가 크고 폭이 넓어, 3장 뜨기 후 사쿠리도리한다. 살이 부드러워 자를 때 칼날 전체를 사용해야 한다. 또한 칼에 지방이 끼기 쉬우므로 칼 관리에도 주의해야 한다. 아부리(구이)나 여러 가지 방법으로 요리할 수 있는 점 또한 매력이다.

손질 순서

밑손질하기
▼
3장 뜨기
▼
분리하기
▼
썰기

밑손질하기

비늘과 머리를 제거한다

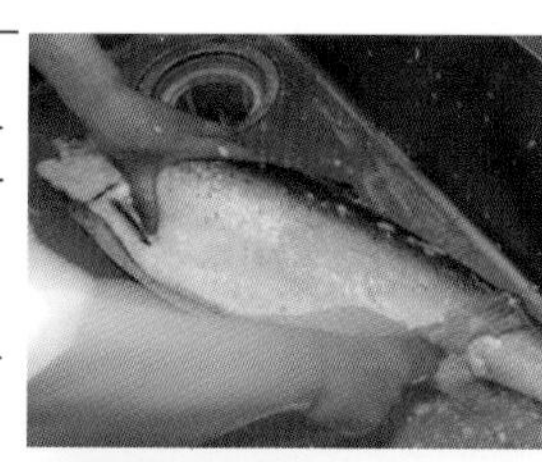

1
비늘제거기를 꼬리에서 머리 방향으로 움직여 비늘을 제거하고 씻는다.
※내장을 처리한 연어를 사용한다.

2
가슴지느러미를 쥐고, 칼을 넣어 배지느러미 쪽으로 자른다.

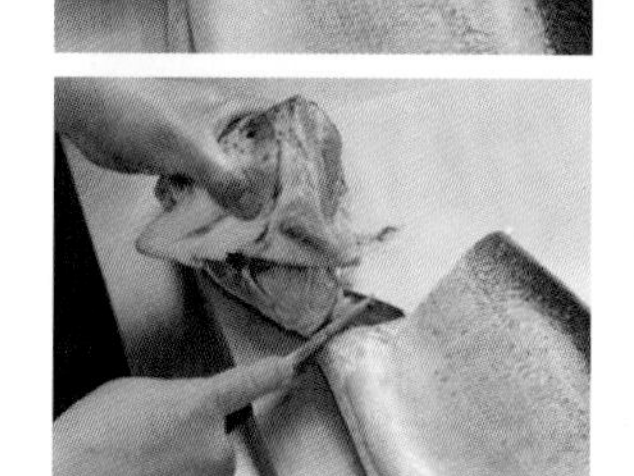

3
몇 번 칼질을 반복하며, 머리를 분리한다.

3장 뜨기

반쪽을 분리한다

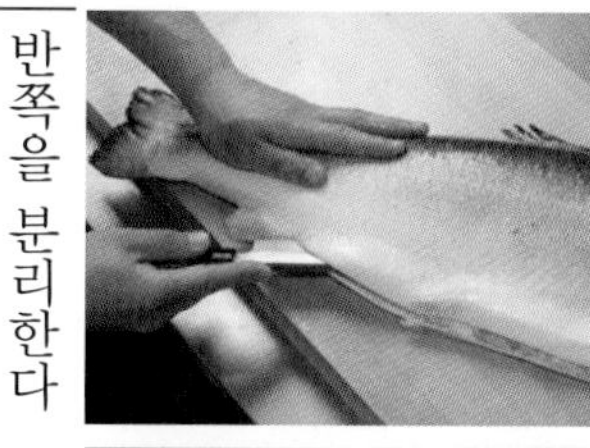

1
머리를 오른쪽, 배를 아래로 두고, 배에서 꼬리까지 가운데뼈를 따라 칼을 눕혀 넣어 자른다.

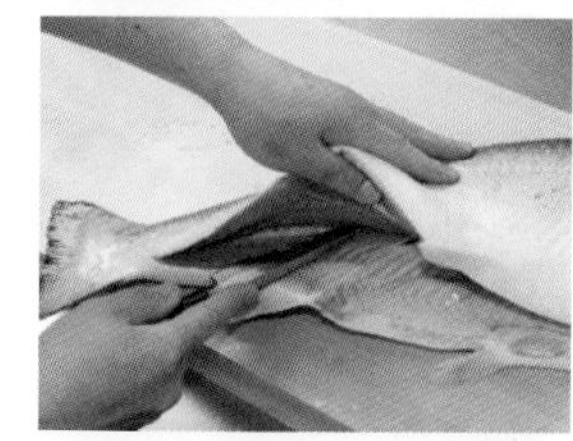

2
살을 잡고, 칼날을 사용해 몇 번 더 자른다.

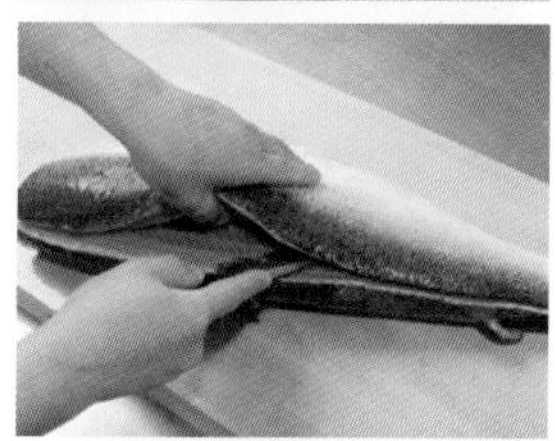

3
꼬리 밑동에 칼집을 넣고, 가운데뼈에 붙은 살을 잘라낸다.

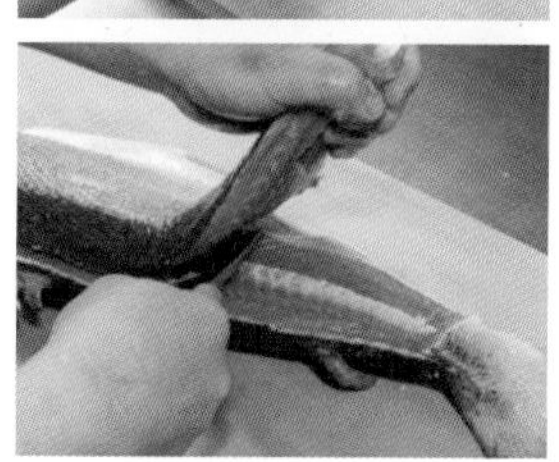

4
살을 쥐고, 꼬리쪽에서 머리를 향해 칼을 넣어 가운데뼈를 따라 살을 잘라 분리한다.

나머지 반쪽을 분리한다

5
방향을 바꾸지 않고, 꼬리에서 머리쪽으로 가운데뼈 아래에 칼을 넣어 중앙까지 자른다.

6
머리를 오른쪽, 꼬리를 왼쪽으로 놓고, 반대쪽에서도 똑같이 가운데뼈 아래로 칼을 넣어 자른다.

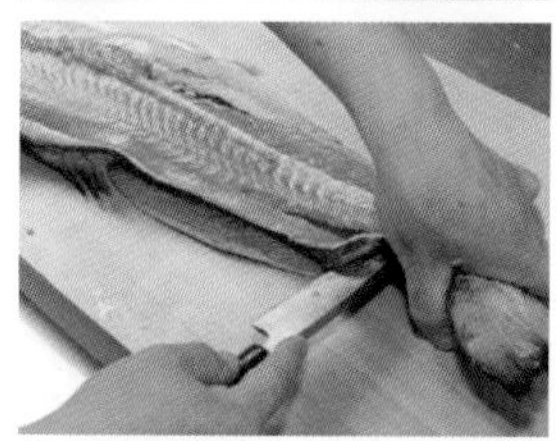

7
마지막으로 꼬리 밑동에 칼을 눕혀 넣어, 가운데뼈와 살이 붙은 부분을 잘라 분리한다.

8
연어 3장 뜨기(우와미, 가운데뼈, 시타미) 완료.

배뼈를 제거한다

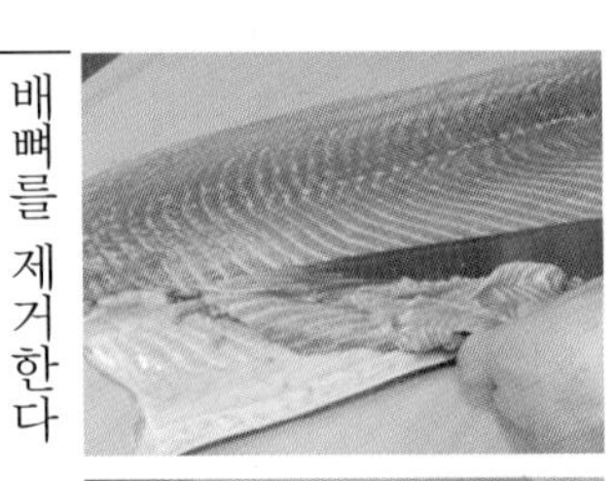

9
칼을 눕혀 배뼈를 발라낸다.

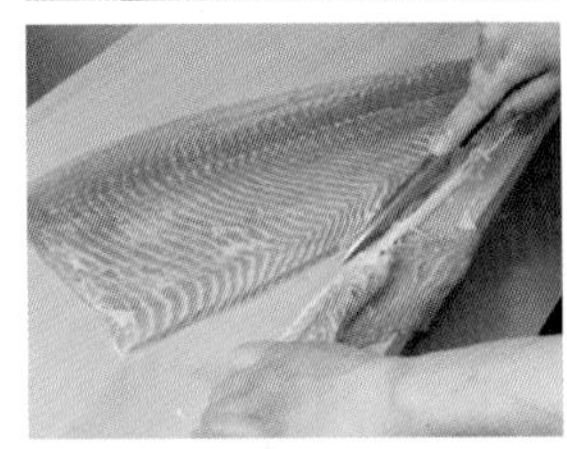

10
마지막에는 칼을 세워 칼날로 배뼈를 껍질째 잘라내고 모양을 가다듬는다.

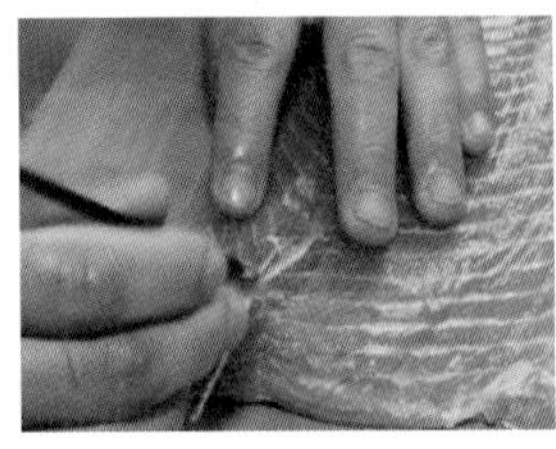

11
잔뼈가 있기 때문에, 핀셋 등을 사용해 하나하나 뽑아낸다.

등살과 뱃살 분리하기

분리한 살에서 껍질을 벗긴다

1
가운데뼈의 흔적을 따라 껍질을 벗긴다. 껍질이 붙은 부분을 아래로 두고, 꼬리 끝부터 칼날로 칼집을 내가며 껍질을 벗긴다.

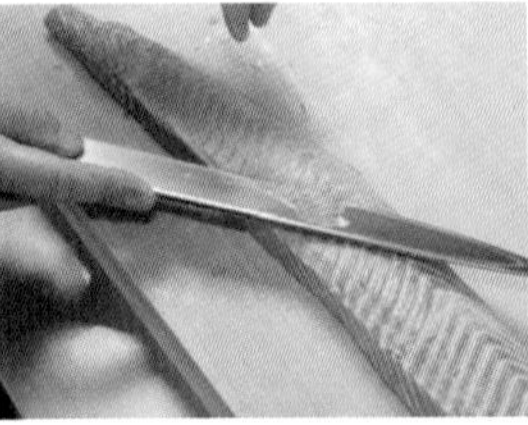

2 포인트
껍질을 벗겨낸 부분을 위로 두고, 껍질 아래에 있던 갈색 부분을 잘라낸다. 이렇게 하면 스시로 만들었을 때 보기 좋다.

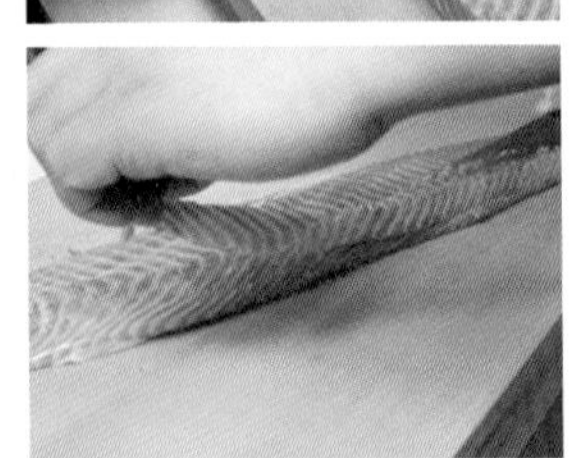

3
배 쪽의 잔가시가 붙은 살을 얇게 잘라낸다.

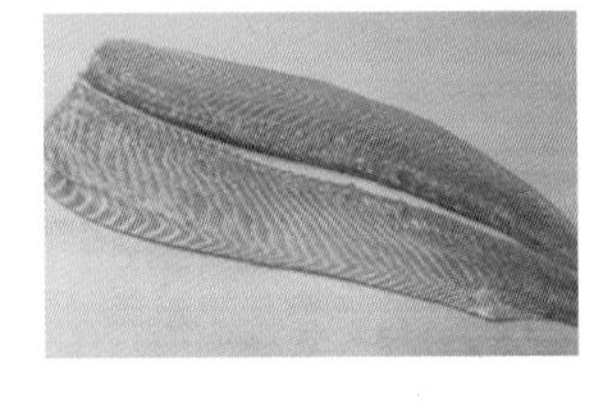

배 쪽(겉)과 등 쪽(안)의 껍질을 벗겨 포로 뜬 상태. 우와미와 시타미에서 총 4장의 덩어리가 나온다.

포인트

껍질을 벗길 때에는 껍질이 붙은 부분을 아래에 두고 꼬리쪽부터 칼을 넣어, 껍질을 잡아당기며 벗기는 게 좋다.

썰기, 스시 쥐기

나가자쿠

껍질이 붙어 있던 쪽을 아래로 두고, 꼬리쪽부터 결과 반대 방향으로 자른다.

연어 스시(나가자쿠)

데자쿠

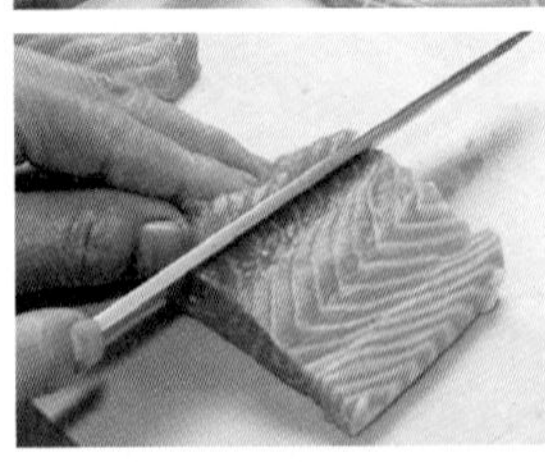

1
손질한 덩어리를 1자 분량(손가락 4개 정도의 폭)으로 잘라 데자쿠로 만든다.

2
힘줄을 끊어내듯 자른다.

연어 스시(데자쿠)

나가자쿠(오토로)

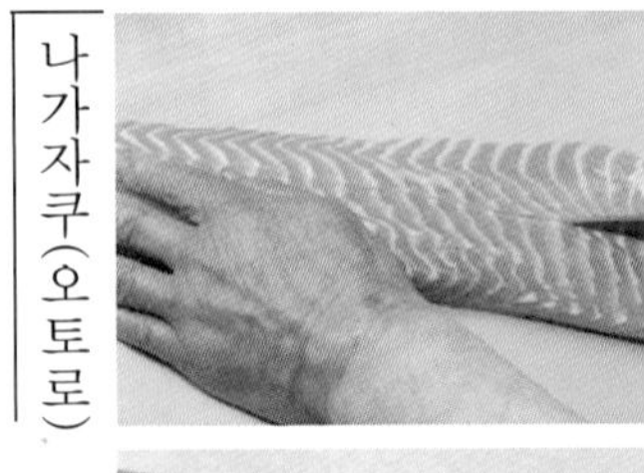

1
덩어리로 만든 뱃살 가운데를 세로로 잘라 2등분한다.

2
뱃살은 등살보다 얇기 때문에, 칼을 좀 더 눕혀 표면적을 넓게 자른다.

연어 오토로 스시(나가자쿠)

여러 가지 연어 스시

킹 샐먼 스시

일본에서는 오스케, 마스노스케 등으로 불리는데, 노르웨이산이 많다. 어체가 크고, 지방질이 많아 인기가 높다.

신주 연어 스시

일본 나가노 현 수산시험장에서 개발한, 선명한 주황색이 특징인 연어다. 살이 많고 손질이 쉬우며, 지방의 맛이 순하다. 유자후추를 뿌리거나 아부리 스시를 만드는 경우도 있다.

대서양연어 스시

아틀랜틱 샐먼이라고도 불리며, 노르웨이나 칠리 등지에서 수입한 양식 연어가 많다. 오렌지색을 띠며, 지방이 많고 부드럽다.

노르웨이산 연어 스시

노르웨이산 연어는 다랑어의 오토로와 비슷한 식감을 내서, 지방이 잘게 들어간 뱃살을 사용해 스시를 만든다. 비린내가 거의 없지만, 아부리 스시로 만들어도 좋다.

게이지 스시

연어 1만 마리 당 1~2마리밖에 안 나오는 '환상의 연어'로, 연어 중에서 최상급 재료다. 입안에서 녹아들 듯 지방이 많은 것이 특징이다.

연어 오토로 스시

연어는 건강에 좋은 지방이 많아 느끼함이 없다. 사진의 예는 연어 1마리 당 스시가 4~5 점밖에 안 나오는 하라스 부위를 사용한 스시다.

어니언 샐먼 스시

연어와 궁합이 좋은 양파와의 조합. 슬라이스한 양파를 물에 담가 매운맛을 죽이고, 위에 마요네즈를 올려 내놓는다.

연어 샤부토로 스시

지방이 오른 노르웨이산 연어를 사용한다. 뱃살 부위를 잘라 뜨거운 물에 넣어 살짝 흔들어 살짝 익힌 뒤 스시로 만든다. 폰즈오로시를 위에 올린다.

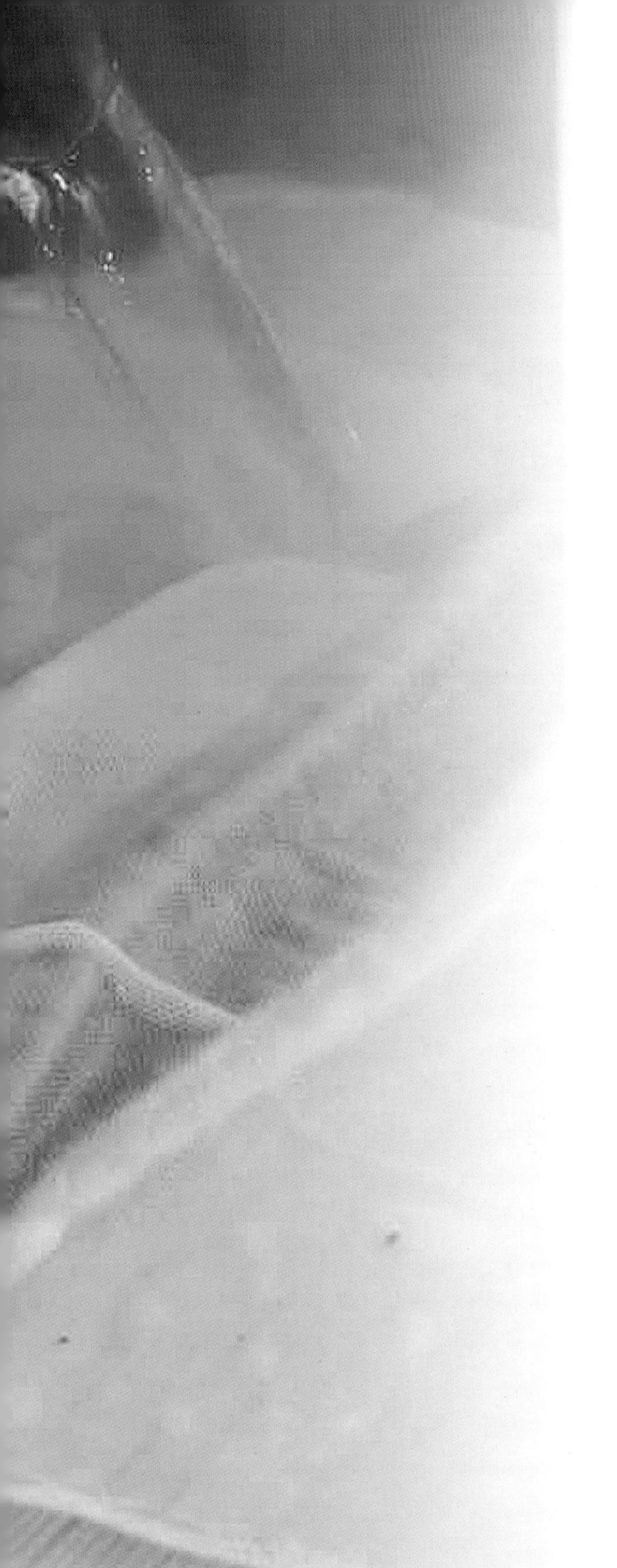

흰살 스시

도미 [다이/鯛]
광어 [히라메/平目, 鮃]
가자미 [가레이/鰈]
농어 [스즈키/鱸]
흑점줄전갱이 [시마아지/縞鯵]
잿방어 [간파치/間八, 勘八]
부시리 [히라마사/平政]
방어 [부리/鰤]

담백하고 품격 높은 맛이 일품

붉은 살 생선이 스시의 화려한 주인공이라면, 흰 살 생선으로 만든 스시는 그 상대로 걸맞는 담백한 주인공이다. 맛의 조화를 끌어올리는 필수 재료라 할 수 있다.

스시를 먹을 때는 우선 가장 담백한 '흰 살 생선으로 만든 스시'로 시작해서 서서히 맛이 진한 스시로 옮겨 가는 것이 좋다는 의견이 많다.

진한 맛을 먼저 입에 넣으면 담백한 맛을 느끼기 힘들어지기 때문이다. 그러나 먹는 방식은 개인의 자유다. 흰 살 생선으로 만든 스시 중에도 깔끔하고 담백한 맛을 내는 것부터 살짝 지방이 오른 맛이 나는 것도 있다. 붉은 살 생선으로 만든 스시나 등 푸른 생선으로 만든 스시 사이에 다양한 흰 살 생선 스시를 즐길 것을 추천한다.

손님들에게 "흰 살 생선 중에 오늘의 추천 메뉴는 뭔가요?"라는 질문을 많이 받는다. 붉은 살 생선이나 어패류 등과 달리 흰 살 생선은 손질한 후에 도미인지, 광어인지 한눈에 알아보기 힘들기 때문이다.

계절에 따라 '흰 살 생선으로 만든 스시'의 맛과 식감의 차이 등을 즐기려면 흰 살 생선의 어종별 특징을 알아두는 것이 중요하다.

흰 살 생선의 종류

흰 살 생선으로 만든 스시의 종류는 굉장히 다양하다. 이 책에서 소개하는 어종 외에도 각지에서 잡힌 특산어가 많다.

이 책에서는 도미, 광어, 가자미, 농어, 전갱이, 부시리, 잿방어, 방어 등 주요 흰 살 생선을 중심으로 손질 방법을 자세한 사진과 함께 알기 쉽게 해설했다.

흰 살 생선은 크기에 따라 다르지만 3장 뜨기를 중심으로 해체 기술을 마스터해야 한다.

또한 어체의 폭이 넓은 경우에는 등살, 뱃살을 나누어 손질해 준비한다.

제철에 따른 맛의 차이와 손질 방법

도미는 일 년 내내 즐길 수 있는 생선인데 반해 여름이 제철인 전갱이와 농어, 그리고 겨울이 제철인 방어와 광어 등 계절에 따른 맛의 차이를 섬세하게 구별해야 한다. 또한 시장에는 자연산과 양식이 혼재해 유통되기 때문에, 각각의 이점을 파악하고 장점을 살리는 것도 중요하다.

흰 살 생선은 어종에 따라 살이 단단하고 부드러운 정도가 다르다. 약간 단단한 살은 얇게 떠서 스시를 만든다. 어종별로 씹히는 식감을 만끽하기 위해서는 두께에 맞게 샤리와의 일체감을 꾀해야 한다. 조금 도톰하게 손질하는 붉은 살 생선과는 다른 손질이 필요하다.

다양한 조리법, 곁들이는 재료에 대한 연구

흰 살 생선은 담백한 맛 때문에 일식 조리사들은 여러 가지 기술을 고안해 냈다.

예를 들어, 복 우스즈쿠리(얇게 뜬 사시미)는 무와 와사비를 강판에 갈아 산파를 함께 곁들이고, 폰즈쇼유(폰즈 소스와 간장을 섞은 소스)에 찍어 먹는다. 흰 살 생선은 일반적으로 이렇게 먹는데, 특히 복 외에도 쑤기미나 쥐치 등의 스시는 절묘한 맛을 낸다. 한편, 방어나 마래미(새끼 방어)처럼 다른 흰 살 생선에 비해 지방이 많은 생선은 도톰하게 잘라서 내야 한다.

담백한 맛 때문에 '곤부지메(다시마 절임)'한 스시 역시 맛의 경지를 올릴 수 있다. 도미나 새끼도미(가스고), 금눈돔 등은 곤부지메를 하면 맛을 한층 더 끌어올려 깊은 풍미가 탄생한다. 또한 수분기를 제거해 살성을 단단하게 만들면 맛 또한 응축되고 스시로 만들기도 쉽다.

흰 살 생선을 활용해 맛의 변화를 꾀하는 방법은 곤부지메뿐만이 아니다. 레몬이나 유자 등의 감귤류의 껍질을 곁들이거나, 과즙을 짜서 뿌리고, 천연 소금을 뿌리는 등 곁들이는 재료를 통해 다양한 맛을 연출할 수 있다.

도미 [다이 / 鯛]

분류 : 농어목 도밋과 참돔속
영어명 : red seabream

기초 지식

참돔

종류와 여러 가지 이름

도미는 일본인들의 식생활 가운데 각종 경사나 연회 자리에 빠지지 않는 존재로, 수많은 생선 중에서도 특별한 위치를 차지한다. 일본어에서 '경사스럽다(오메데타이)'란 단어에 '도미(다이)'란 발음이 들어가 있는 탓도 있지만, 머리와 꼬리가 당당하게 밸런스를 이루고 있는 자태에 몸체의 붉은색도 화려하고, 맛까지 좋아 실로 '바다의 왕자', '축어(祝魚)'란 별명이 잘 어울린다.

도미 가운데에서도 대표격은 참돔(마다이, 真鯛)으로, 일반적으로 일컫는 돔류는 그 외에도 붉돔(지다이, 血鯛)과 황돔(기다이, 黄鯛)이 있다. 또한 색이 거무스름한 청돔(헤다이, 平鯛)과 감성돔(구로다이, 黒鯛) 역시 돔류에 속한다.

붉돔은 '지고다이, 하나다이' 등으로도 불리는데, 참돔보다 붉은색이 강하고, 비늘도 아름답다.

황돔은 '렌코다이'라는 별칭으로도 잘 알려져 있다. 머리와 등에 노란색이 섞인 오렌지 계열의 무늬가 있고, 참돔보다 몸통이 조금 두텁고 땅딸막하다.

도미의 유어인 가스고는 초절임해 스시를 만드는데, 흰 살이 아니라 등 푸른 생선으로 취급한다.

제철과 산지

도미는 봄철에 산란을 위해 근해의 얕은 바다로 무리지어 온다. 이 시기에 참돔은 혼인색 특유의 붉은빛을 띠기 때문에, 계절에 맞춰 '사쿠라다이(벚꽃돔)', '하나미다이(꽃구경돔)'라고도 불린다. 아름다운 색이 더더욱 돔의 가치를 올린다. 일반적으로 12~4월, 겨울에서 봄까지를 제철이라 본다.

산란을 마친 늦봄에서 초여름까지는 맛이 떨어져, '무기와라다이(지푸라기돔)'이라고 불린다. 보리가 여무는 계절에서 따온 이름이다.

그러나 도미는 산지나 종류에 따라 제철이 미묘하게 다르다. 흔히 참돔은 여름에 맛이 떨어진다고 하지만, 붉돔은 9월~11월이 제철이다. 때문에 여름은 붉돔이 참돔을 대신하는 경우도 적지 않다.

붉돔

황돔

그렇기는 하지만, 철이 지나면 급격하게 맛이 떨어지는 다른 어종과는 달리, 돔류는 비교적 그 차이가 적어 일 년 내내 스시 재료로 쓰인다.

도미는 홋카이도 아래 남쪽 연해에 생식하지만, 그 중에서도 동해와 세토 내해(혼슈 섬과 시코쿠 섬, 규슈 섬 사이의 좁은 바다)에서 잡힌 것을 최고로 친다. 나루토, 기탄, 아카이시 해협 등의 거센 해류를 견디다 보면 살이 꽉 들어찬다.

향도 좋고 품격 높은 맛으로 씹는 맛이 일품이어야 최고급 참돔이라 할 수 있다. 이런 참돔을 일본에서는 '나루토다이', '아카이시다이' 등이라 부르며 높이 평가한다.

자연산과 양식 도미

근래에 자연산 도미가 예전처럼 많이 잡히지 않는다고 한다. 도미의 성장은 느린 편이어서 10년이 지나야 50cm 정도 자란다고 하니, 수요에 비해 공급이 따라주지 않을 수밖에 없다. 따라서 양식 돔을 찾는 사람이 많아지는 것이 현실이다. 실제로 유통되고 있는 도미의 80~90%가 양식어다.

일본의 양식 기술은 아주 뛰어나다. 다만, 자연산과의 차이점이 있다면 양식 돔의 꼬리는 아주 좁고 가장자리가 거무스름하다. 비록 생김새의 차이는 있지만, 색이나 맛은 자연산에 비해 손색이 없다. 일반적으로 양식어는 지방이 많고, 맛이 진하다고 한다. 요즘은 양식어의 맛에 익숙한 손님도 많다. 가격 면에서도 월등히 차이가 나서 굳이 자연산을 고집할 필요는 없다.

경사에 잘 어울리는 흰 살 생선 스시

일본인들이 축하할 만한 경사 때 도미를 유독 많이 먹는다는 사실은 이미 언급했다. 이 때문에 돔이라는 이름이 붙은 생선이 《일본어류대도감》에 무려 100종류 이상 실려 있다. 스시 재료로 자주 접하는 생선만도 대충 20종류 이상이다.

이런 물고기들의 특징은 크게 2가지로 들 수 있다. 형태와 생김새가 도미와 비슷할 것. 색이 붉고, 도미를 닮은 색일 것.

그런 어류학적인 분류는 별개로 치고, 어떤 종류가 있는지 살펴보자.

녹줄돔(히레코다이), 돌돔(이시다이), 샛돔(이보다이), 자리돔(스즈메다이), 연어병치(메다이), 강담돔(이시가키다이), 피리돔(후에다이) 등이 유명하고, 몸체가 붉은 금눈돔(긴메다이), 옥돔(아마다이), 오나가(오나가다이), 도화돔(에비스다이) 등등 아주 많다.

일본 각지에서 돔이라는 이름이 붙은 지방 어류는 흰 살 생선으로 만든 스시 재료로 많은 사랑을 받고 있다. 각각의 특징을 살려 만든 스시가 '흰 살 생선으로 만든 스시'의 영역을 확장해 나가고 있는 사실만큼은 확실하다.

도미 스시(껍질을 벗긴 것)

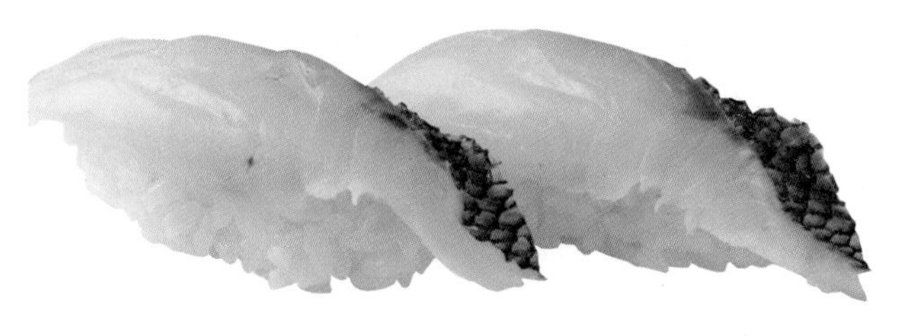

도미 스시(유지모)

도미 손질하기

도미는 광어와 함께 품격 높은 흰 살 생선 스시 재료다. 단단한 골격에 비해 살이 부드러워 손질할 때 기술이 필요하다. 손질할 때에는 보통 '3장 뜨기'를 하는데, 이는 가운데뼈를 중심으로 위아래 살을 분리해 1마리를 우와미, 시타미, 가운데뼈까지 총 3장으로 나누는 기술이다. 대부분의 생선에 활용할 수 있는 기본 기술이니, 확실하게 익혀 두면 좋다. 스시용으로 재료를 손질할 때에는 살을 얇게 떠야 한다. 생으로 손질할 때나 껍질이 가진 풍미를 살리는 유지모(湯霜, 재료에 뜨거운 물을 뿌려 겉을 살짝 익히는 조리법), 곤부지메 등을 통해 맛을 더하는 기술도 있다. 도미는 아름다운 껍질도 가치가 있기 때문에, 껍질이 상하지 않게 손질하는 것이 중요하다.

손질 순서

밑손질하기 ▼ 3장 뜨기 ▼ 뱃살 분리하기 ▼ 썰기

밑손질하기

비늘을 제거한다

1
꼬리에서 머리 쪽을 향해 비늘제거기로 비늘을 벗긴다. 뒤집어 반대편도 똑같이 비늘을 제거하고 물로 씻는다.

머리와 내장을 제거하고 씻어낸다

2
머리를 왼쪽, 배를 아래로 두고, 가슴지느러미 아래부터 배지느러미를 향해 사선으로 칼을 넣어 자른다.

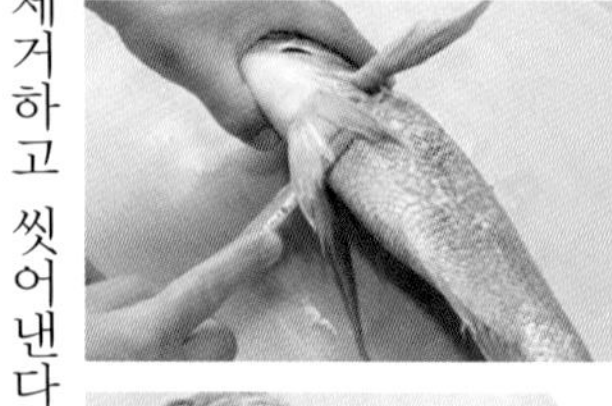

3
배가 위를 향하게 하고, 배지느러미 밑에서 칼을 넣은 뒤, 가슴지느러미 아래에서 배지느러미를 향해 자른다.

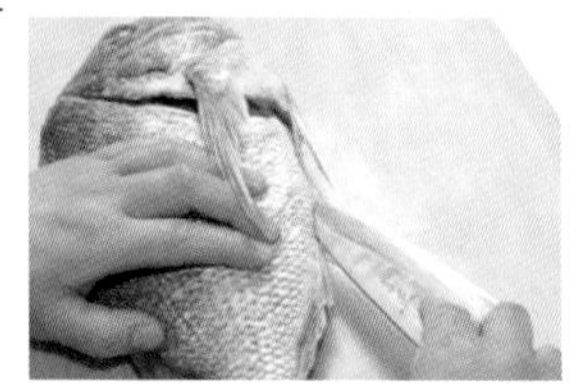

4
등을 아래로 하고, 칼을 거꾸로 잡아 턱 밑동을 자르고, 항문에서 턱을 향해 칼끝으로 칼집을 낸다.

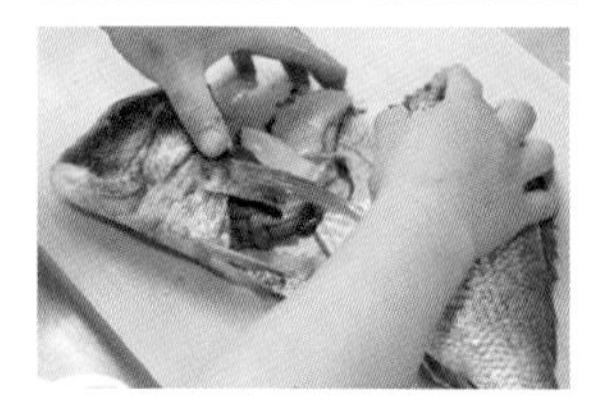

5
다시 배가 아래를 향하게 생선을 돌려, 손으로 머리를 통째로 뽑아 내장을 꺼낸다.

포인트

내장을 제거할 때 담낭을 건드리면 맛이 써지므로 주의한다.

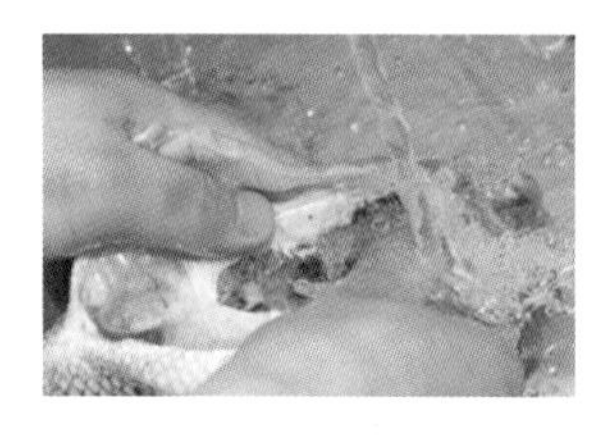

6
지아이 부분도 칼끝으로 긁어내고, 흐르는 물에 깨끗이 씻는다.

3장 뜨기

1장을 뜬다

1
머리를 왼쪽, 등을 아래로 두고, 꼬리에서 등지느러미까지 칼집을 내고, 다시 칼을 깊게 넣어 가운데뼈까지 잘라 펼친다.

2
머리가 오른쪽, 배가 아래로 오도록 방향을 바꾼다. 살을 들어올려 가운데뼈 위에 칼을 대고 배를 가른다.

3
꼬리 밑동까지 칼을 밀어 자른다.

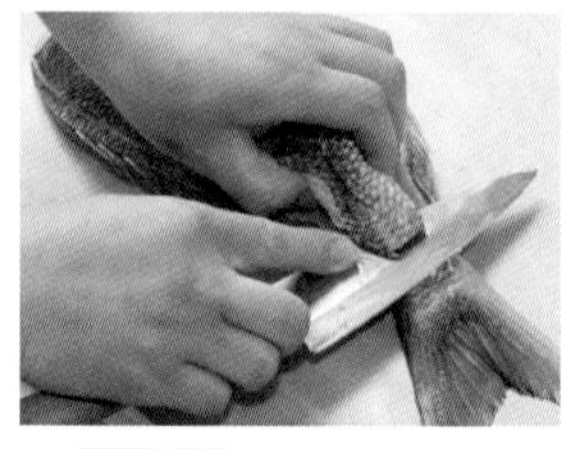

4
머리가 왼쪽, 등이 아래에 오도록 다시 방향을 바꾼다. 꼬리 밑동에 칼집을 넣고, 칼등으로 살을 분리한다.

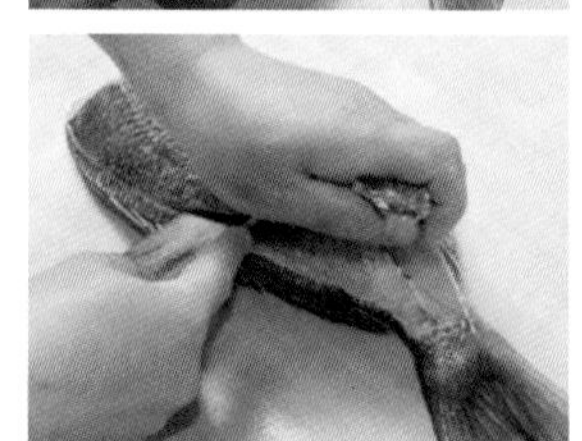

5
꼬리 밑동의 칼집부터 가운데뼈 위를 따라 살을 갈라 가며, 1장을 뜬다.

6
마지막까지 살을 갈라 연 뒤, 배뼈와 가운데뼈가 이어진 부분을 잘라 마무리한다.

나머지 1장을 뜬다

7
6을 거꾸로 뒤집어, 머리가 왼쪽, 등을 아래로 하고 칼집을 넣은 후, 가운데뼈 부근까지 깊게 가른다.

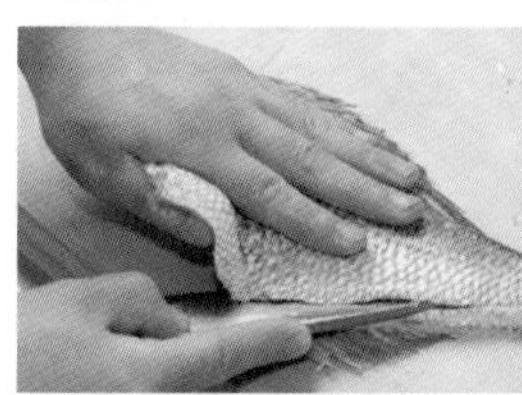

8
배가 아래로 오도록 다시 방향을 바꿔, 가운데뼈를 따라 칼을 넣어 살을 가른다.

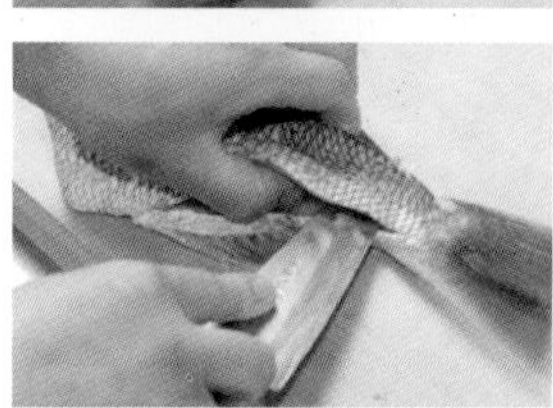

9
꼬리 밑동을 향해 가운데뼈 위로 칼을 넣어 살을 분리한다.

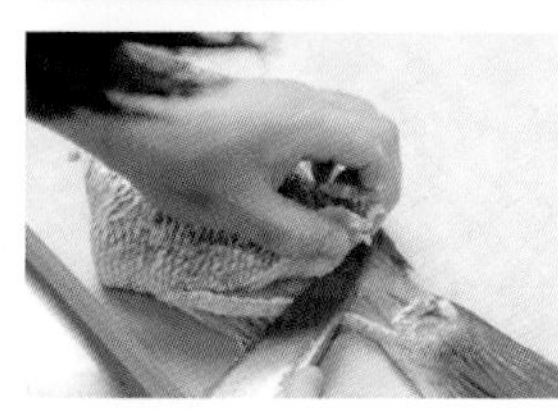

10
꼬리 밑동부터 가운데뼈 가까이 칼을 눕혀 바짝 붙이듯 자른다.

11
배뼈와 가운데뼈가 이어진 부분을 자른다.

배뼈를 제거한다

12
칼등으로 배뼈의 앞부분을 제거한다.

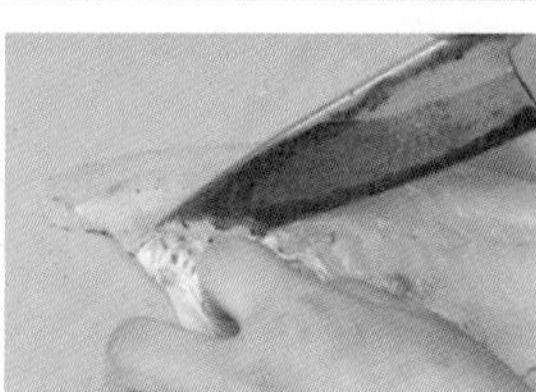

13
도미는 배뼈가 살 속 깊이 들어가 있기 때문에 꼼꼼히 제거해야 한다.

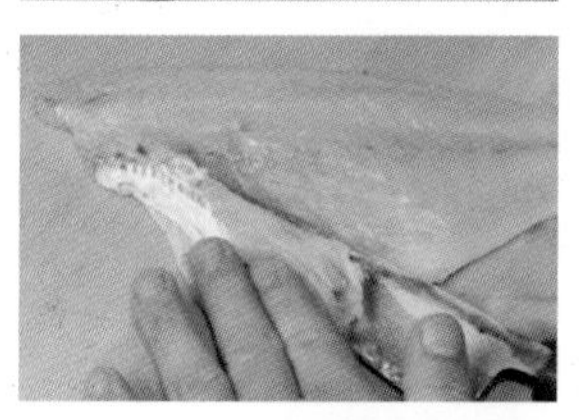

14
칼날을 눕혀 깍아내듯 배뼈를 깔끔하게 제거한다.

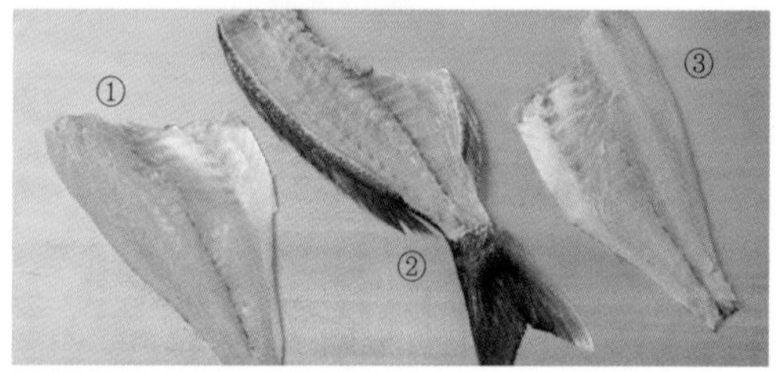

[3장 뜨기] 왼쪽부터 ① 우와미, ② 가운데뼈, ③ 시타미

덩어리로 나누기

1장을 2덩어리로 나눈다

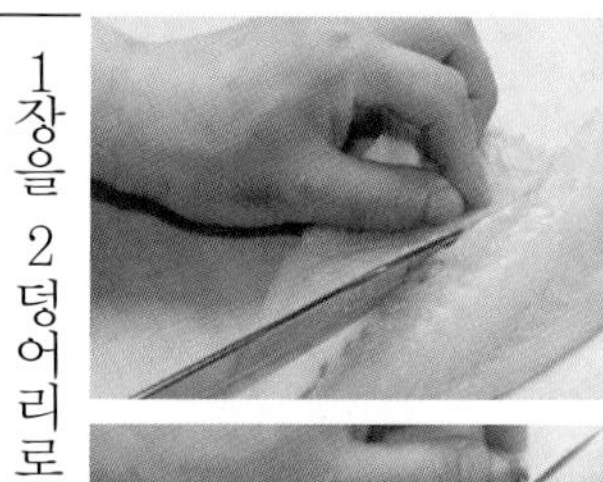

1
3장 뜨기한 것 중 1장의 껍질 부분을 아래로 둔다. 힘줄(가운데뼈의 흔적)에 칼을 넣어 끊어내듯 자른다.

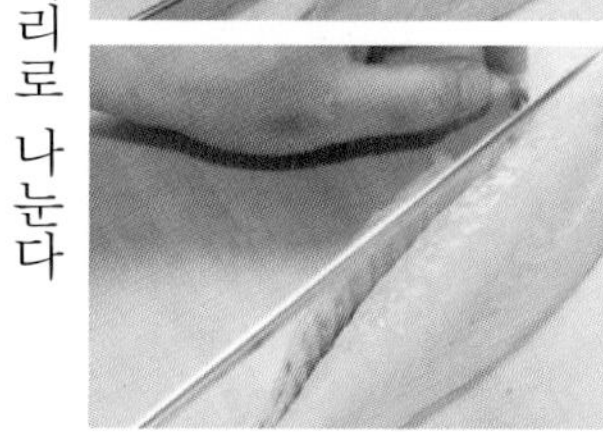

2
배쪽의 잔가시가 있는 부분을 얇게 뜬다. 나머지 1장 역시 똑같은 방법으로 자른다.

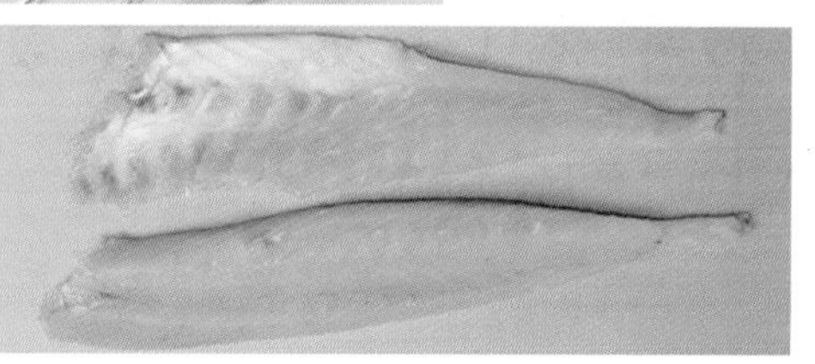

우와미, 시타미를 각각 2덩어리로 나눠, 총 4덩어리가 나왔다.

응용 도미 데치는 법

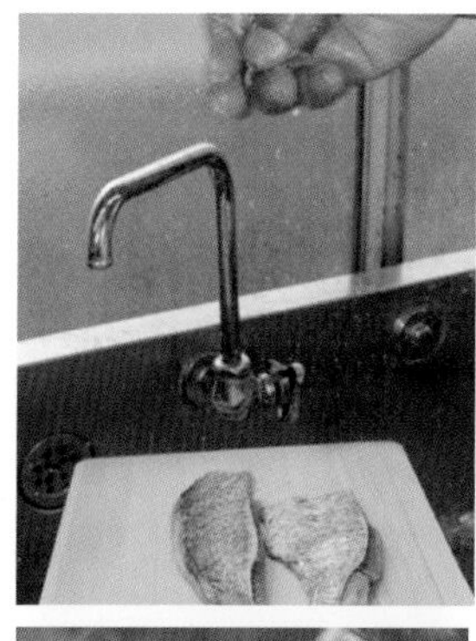

1
도미의 껍질 부분을 위로 두고, 소금을 가볍게 뿌린다.

2
면보를 덮고, 도마를 조금 기울인 뒤, 껍질이 오그라들 때까지 꼬리에서 머리 방향을 향해 뜨거운 물을 붓는다. 도마를 기울여야 뜨거운 물이 잘 흐른다.

3
껍질 색이 변하며 껍질이 오그라들면 재빨리 얼음물에 넣어 식힌 뒤 꺼낸다.

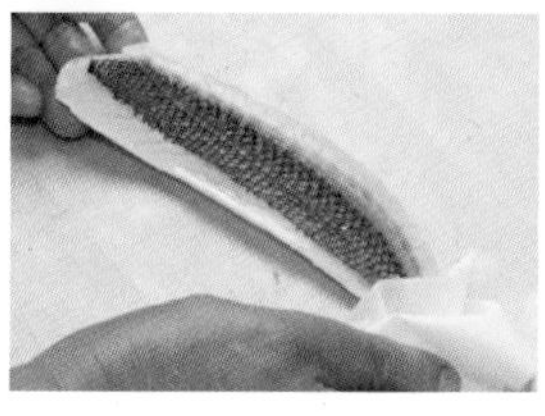

4
물기를 면보로 정성스레 제거한다. 껍질만 데친 시모후리 상태가 된다. 껍질의 무늬 때문에, '소나무껍질 만들기'라 불리기도 한다.

썰기, 스시 쥐기

껍질을 벗긴 것

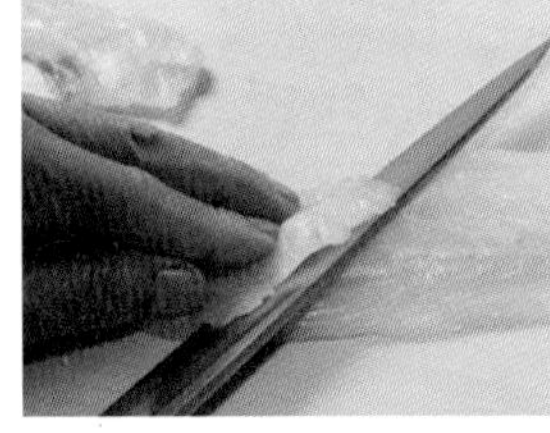

1
껍질 부분을 아래로 두고, 회칼로 얇게 회를 뜬다.

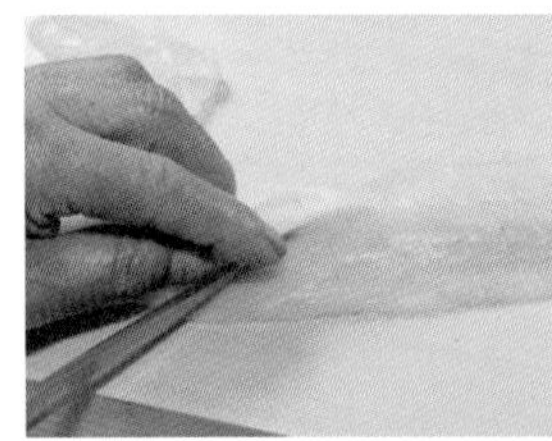

2
도미를 비롯한 흰 살 생선의 살은 단단하고 탄력이 있다. 씹기 좋게 조금 얇게 잘라야 좋다.

도미 스시(껍질을 벗긴 것)

유지모

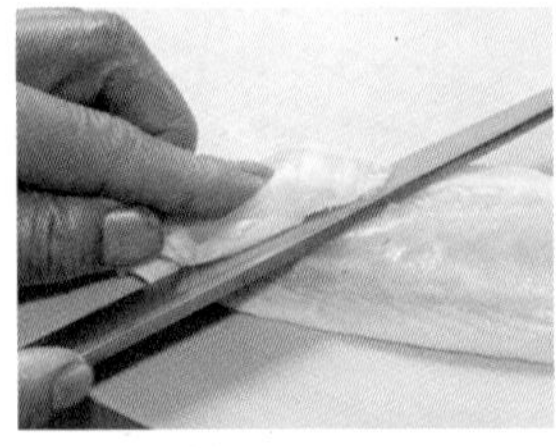

1
껍질 부분을 아래로 두고 얇게 회를 뜬다.

2
칼 밑동으로 칼집을 낸다. 이렇게 하면 입에 넣었을 때에 먹기 좋을 뿐더러 간장이 잘 스며든다.

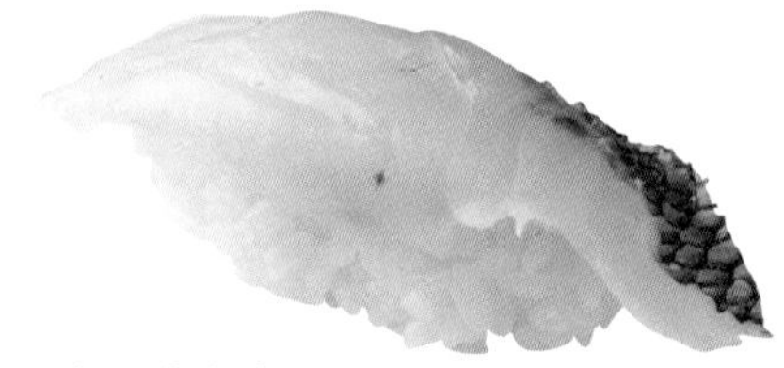

도미 스시(유지모)

여러 가지 도미 스시

향신료를 곁들인 도미 스시

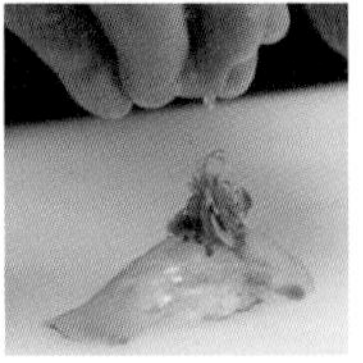

마지막에 일본 오이타 지방의 유자즙을 뿌려 상큼한 향을 더한다.

도미에 니키리 간장을 바르고, 실파와 모미지오로시, 아삭한 식감을 더하기 위해 잘게 썬 생강순을 올린 뒤 유자즙을 뿌려 낸다.

■ 후쿠오카 현 후쿠오카 시 「스시갓포 시미즈」

간즈리 소스를 곁들인 도미 스시(유지모)

동해에서 잡은 자연산 도미로 만든 스시. 고추와 유자를 누룩으로 숙성, 발효시킨 니가타 특산 향신료인 '간즈리'를 위에 올려 담백한 맛을 강조한다.

■ 니가타 현 니가타 시 「스시 갓포 마루이」

도미 스시(유지모)

품격 있는 단맛과 탱글탱글한 식감을 최대한 살렸다. 유지모 스시는 껍질의 단맛을 살리고, 옅은 붉은색이 아름답다.

■ 도쿄 도 스가모 「스시도코로 자노메」

광어(넙치) [히라메/平目, 鮃]

분류 : 가자미목 넙칫과 넙치속
영어명 : flounder / bastard halibut

기초 지식

광어의 생태와 특징

광어는 바다 밑 모래와 진흙 속으로 파고들어 누워 사는 생선이다. 치어일 때에는 다른 물고기처럼 측면에 눈이 있으며 등을 위로 하고 헤엄친다. 조금 더 성장하면 눈이 위로 이동하고, 바닥에 붙어 생활하게 되는데, 눈이 있는 위쪽의 껍질이 검게 변하고, 바닥에 붙어 눈이 없는 쪽은 하얗게 된다.

검은 껍질 부분은 모래나 진흙의 색과 같은 보호색인데, 몸을 감추고 먹이를 잡기에 유리하다. 가자미도 재미있는 생태는 비슷하지만, 광어와 가자미의 차이는 '왼쪽이 광어(넙치), 오른쪽이 가자미'란 통설처럼, 눈이 있는 방향을 위로 했을 때 눈이 왼쪽에 몰려 있으면 광어, 오른쪽에 있으면 가자미다.

가끔 예외도 있지만, 그 외의 특징으로는 '입이 크면 광어'라는 말처럼 광어는 입이 크고, 가자미는 입이 작다.

광어는 담백하고 품격 높은 맛 때문에 흰 살 생선 중에서도 도미보다 한 수 위의 맛이라고 평가하는 사람도 많다. 두 말 할 것 없는 고급 어종인데, 특히 지느러미 옆의 살, 통칭 '엔가와'라 불리는 부위가 귀해서 1마리에 몇 점밖에 안 나오는 드문 재료다. 엔가와 살은 운동량이 많아 살이 탱글탱글하고 씹는 맛이 좋다. 피부 미용에 좋은 콜라겐이 풍부해 여성 손님이나 노년층에게도 인기가 많다.

겨울철 '간비라메'와 여름철 '소게'

광어의 제철은 10월부터 2~3월까지 겨울철인데, 이때 잡힌 광어는 '간비라메'라 부르며 맛도 좋다. 1.5kg 이하의 작은(2년산) 광어를 시장에서는 '소게'라고 부르는데, 소게는 여름철에도 비교적 맛이 떨어지지 않는다. 소게는 간비라메의 훌륭한 대체어다.

어체가 납작하고 몸의 폭이 넓은 광어는, 가운데뼈에서 양측으로 갈라 2장으로 뜨는 '5장 뜨기' 방법을 쓴다.

따라서 껍질을 벗겨내는 기술, 5장 뜨기, 엔가와 뜨기 등을 수련해야 한다.

광어 스시

광어 스시(엔가와)

광어 손질하기

광어나 가자미처럼 납작하고 폭이 넓은 생선은 몸 가운데에 칼집을 넣고 좌우로 펼쳐, 우와미(껍질이 검은 부분)의 뱃살과 등살, 시타미(껍질이 하얀 부분)의 뱃살과 등살, 그리고 가운데뼈까지 모두 5장으로 분리하는 '5장 뜨기'를 한다.

광어의 비늘은 굉장히 얇고 딱 달라붙어 있어서 회칼로 비늘 전체를 얇게 떠서 벗겨내는데, 비늘 아래의 껍질까지 제거하지 않도록 주의해야 한다. 또한 등지느러미와 배지느러미의 밑동 부분인 '엔가와'는 한 마리 당 4점밖에 나오지 않는 희소 부위인데, 적절하게 지방이 오르고 맛과 식감이 뛰어난 진미다. 엔가와의 경계를 손가락으로 표시해 두면 분리하기 쉽고, 엔가와를 깔끔하게 분리해 내는 요령이다.

손질 순서

밑손질하기
▼
5장 뜨기
▼
엔가와 처리하기
▼
썰기

밑손질하기

비늘을 제거한다

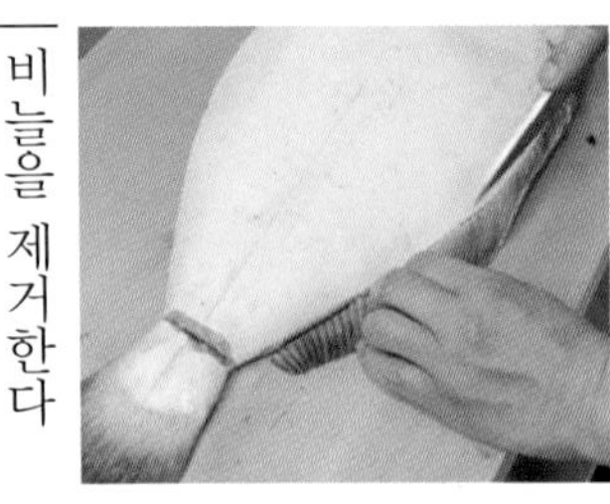

1
배지느러미를 자른다. 뒤집어 동일한 방법으로 등지느러미도 잘라낸다.

2
검은 껍질 부분의 표면을 상처입히지 않도록, 칼을 눕혀 위아래로 움직이며 비늘을 벗긴다.

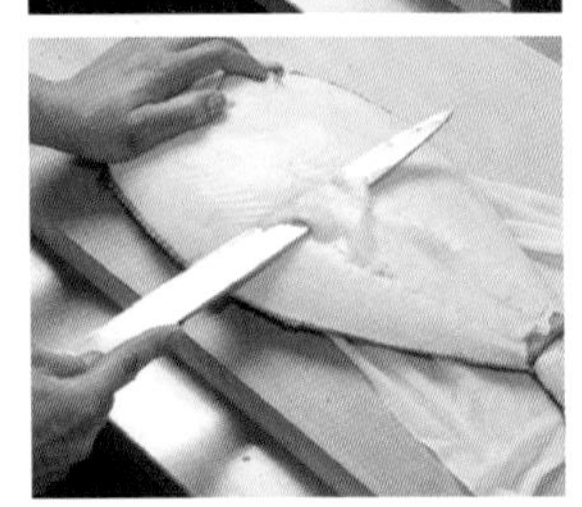

3
생선을 뒤집어, 하얀색 껍질쪽도 똑같은 방법으로 비늘을 벗긴다. 칼을 위아래로 움직이면 비늘을 벗기기 쉽다.

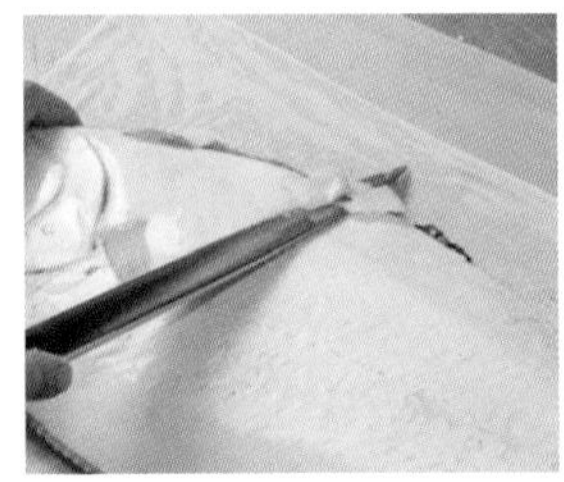

4
칼날이 잘 들어가지 않는 등지느러미 부근도 칼날을 세심하게 써서 깔끔하게 비늘을 벗긴다.

포인트 비늘 벗기기

광어나 부시리, 방어 등 비늘이 얇은 껍질처럼 딱 붙어 있는 생선은 회칼처럼 좁고 긴 칼을 사용해 비늘을 벗긴다. 껍질이 상하지 않도록 주의한다.

머리와 배지느러미를 제거하고, 물로 씻는다

5
검은 쪽을 위로 향하고, 가슴지느러미 아래에서 머리를 따라 데바 식칼로 자른다.

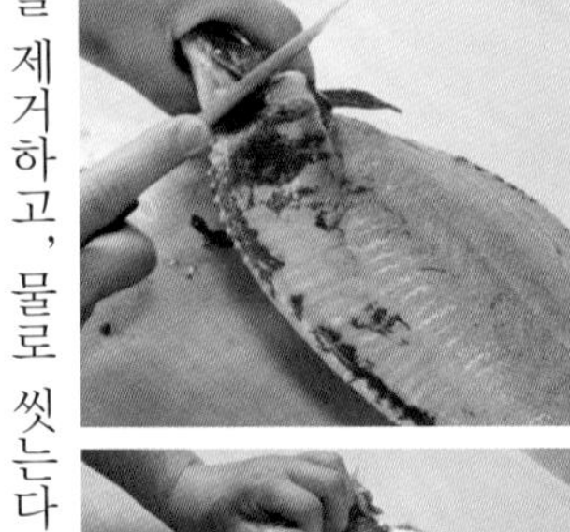

6
그대로 배쪽에도 칼집을 낸다.

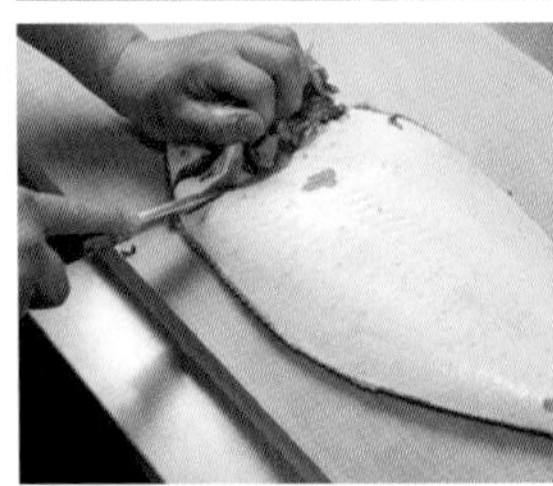

7
하얀 쪽을 위로 하고, 똑같이 머리 주변을 자른다.

8
손에 힘을 주어 머리를 분리한다. 이때 내장도 함께 뽑아내 제거한다.

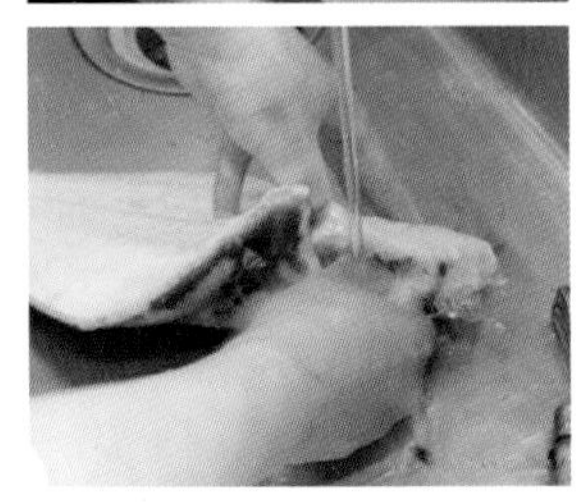

9
지아이와 남은 내장을 떼어내고, 흐르는 물에 깨끗하게 씻어낸다.

5장 뜨기

검은 쪽 살을 분리한다

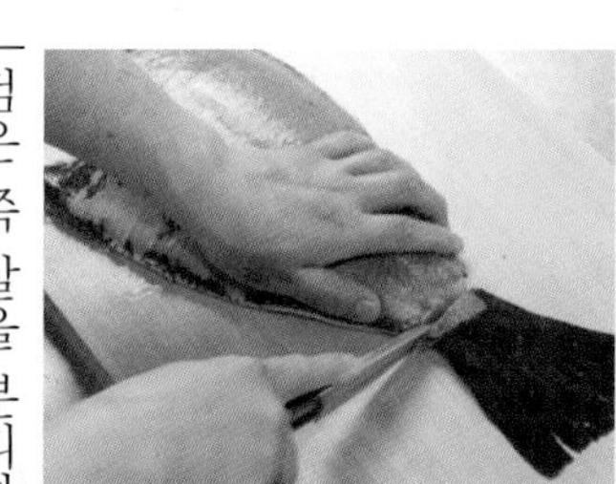

1
물기를 닦아내고 꼬리를 잘라낸다.

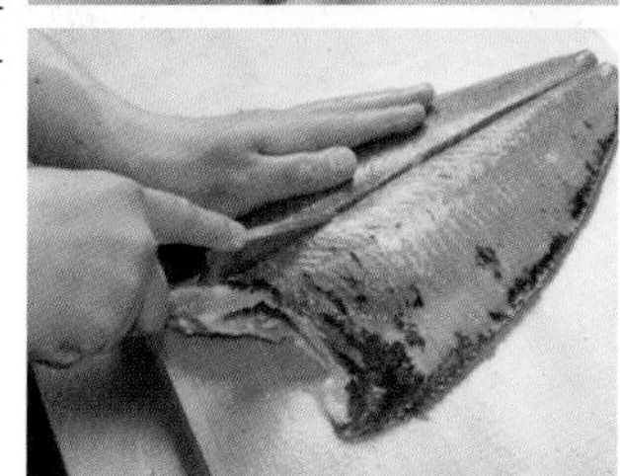

2
검은 쪽 등살을 분리한다. 꼬리를 도마 위쪽에 두고, 꼬리에서 머리쪽으로 가운데에 세로로 칼을 넣어 칼집을 낸다.

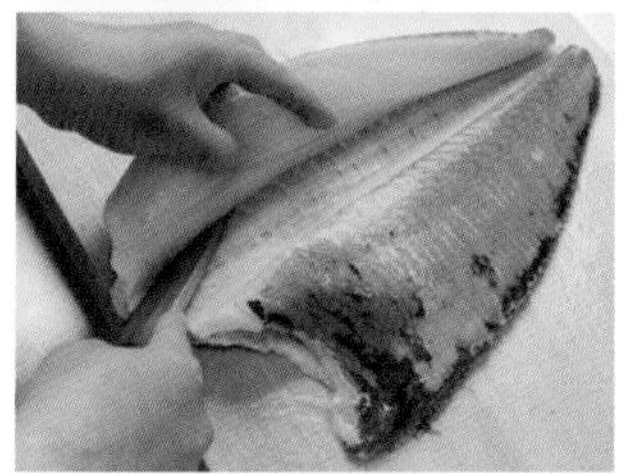

3
가운데 칼집을 따라 칼을 눕혀 넣어, 살을 들어 올리면서 살을 갈라 펼친다.

4
엔가와까지 가르면, 칼을 살짝 세워 살을 분리한다.

5
검은 쪽 뱃살을 분리한다. 위아래 방향을 바꿔, 머리를 도마 위쪽에 두고 반대쪽도 똑같이 가운데부터 살을 분리한다.

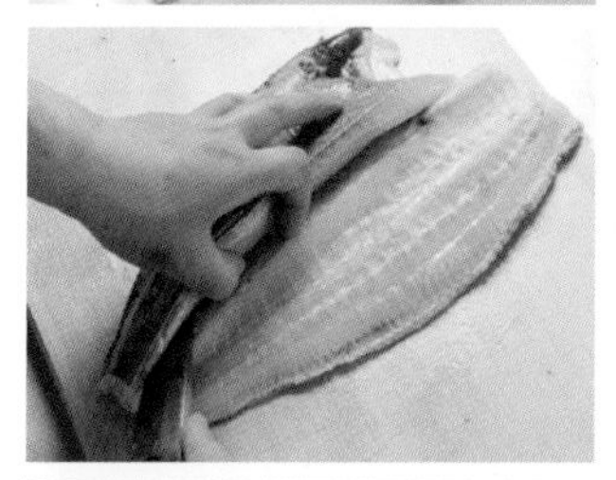

6
살을 들어올리며, 뼈를 따라 칼을 진행시킨다.

7
마지막으로 칼을 살짝 세워 살을 분리한다.

하얀 쪽 살을 분리한다

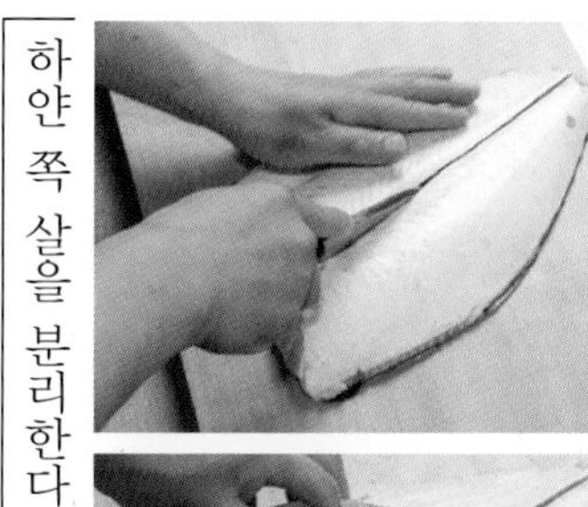

8
하얀 쪽 뱃살을 분리한다. 7을 뒤집어 꼬리를 도마 위쪽에 두고, 똑같이 가운데에 세로로 칼집을 낸다.

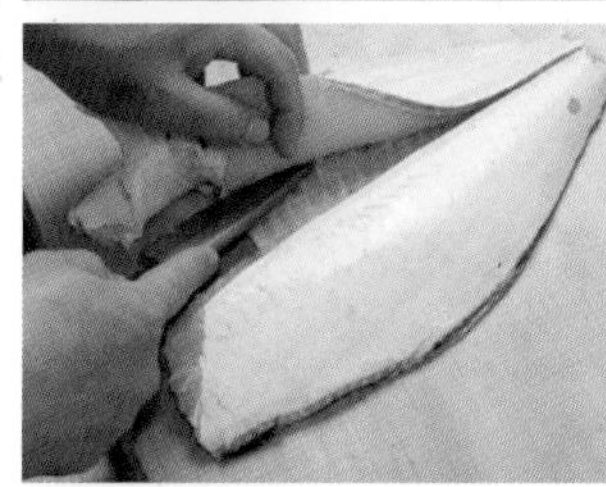

9
살을 들어올리며 칼날을 눕혀 뼈를 따라 살을 갈라 펼친다.

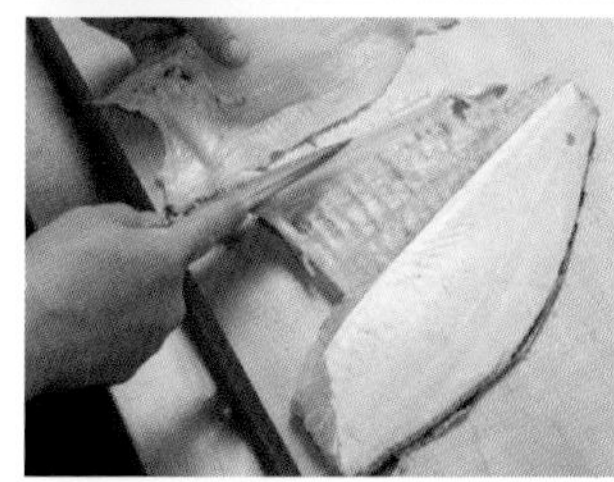

10
마지막까지 잘라내면, 칼을 살짝 세워 살을 분리한다.

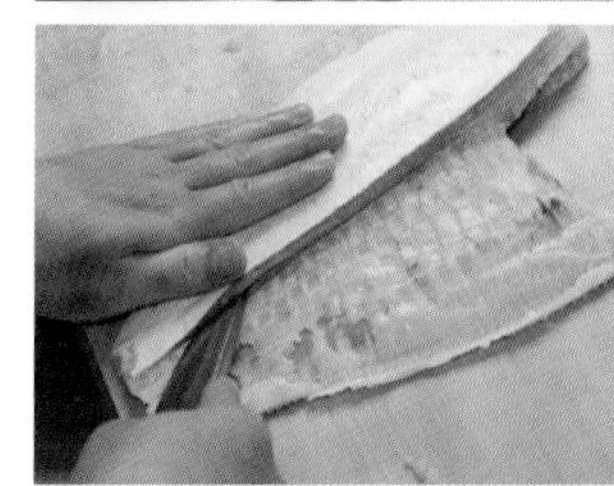

11
하얀 쪽 등살을 분리한다. 위아래 방향을 바꿔, 반대쪽도 똑같이 가운데부터 칼을 넣어 살을 갈라 펼친다.

12
칼날을 눕혀 칼끝으로 살을 분리한다.

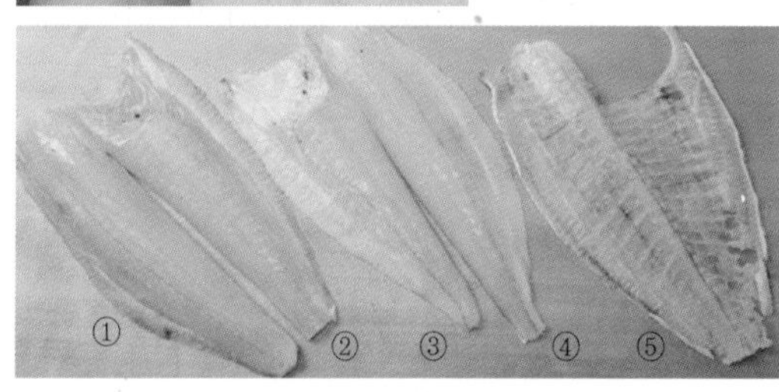

[5장 뜨기] 왼쪽부터 검은 쪽 ①등살, ②뱃살,
하얀 쪽 ③등살, ④뱃살, ⑤가운데뼈

엔가와 처리하기

엔가와 부분을 분리한다

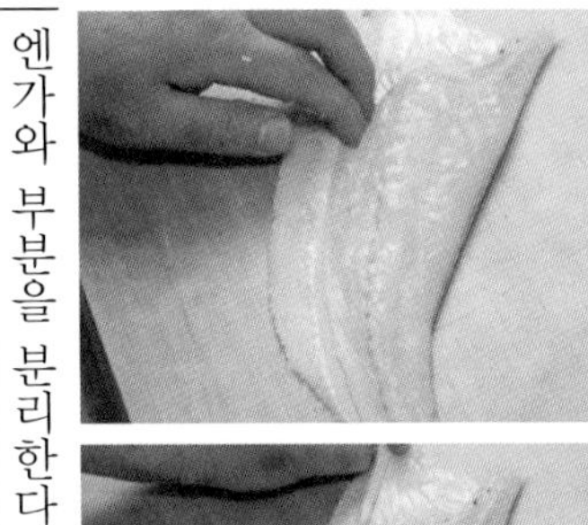

1
분리한 뱃살에서 엔가와를 손끝으로 눌러 경계를 표시한다.

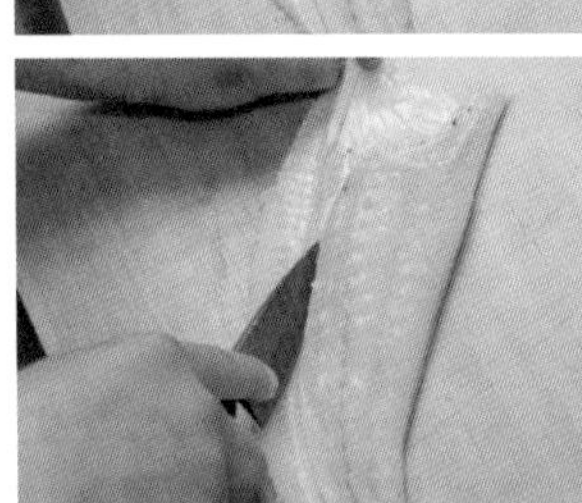

2
표시해 둔 자리를 따라 엔가와를 잘라낸다.

3
배뼈 부분을 썰어내듯 자른다.

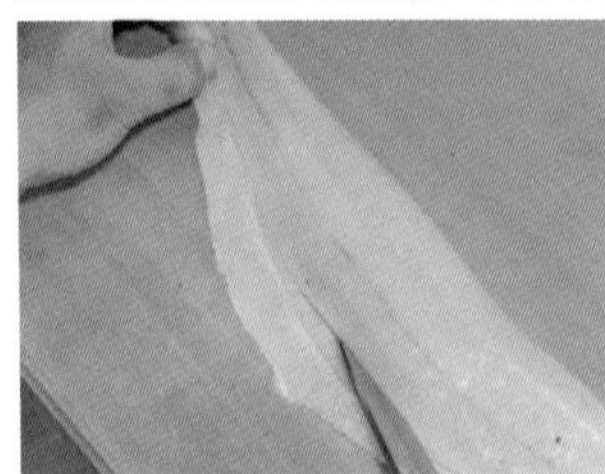

4
등살도 똑같이 살과 엔가와의 경계를 손끝으로 표시해 잘라낸다.

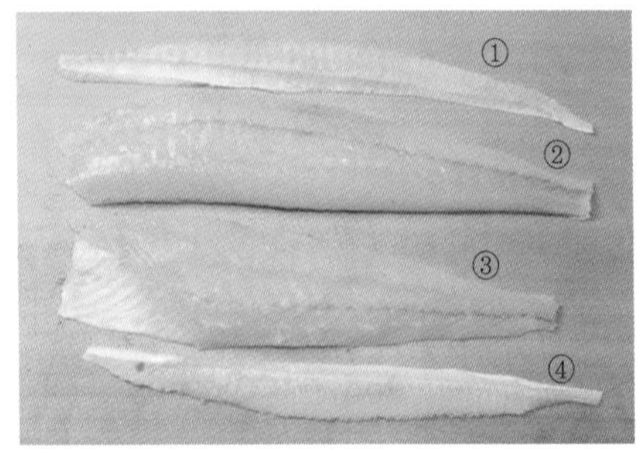

광어 1마리에서 4장의 덩어리와 4점의 엔가와가 나온다. 사진은 위에서부터 ①등 쪽 엔가와, ②등살, ③뱃살, ④배 쪽 엔가와

포인트

이 책에서는 엔가와의 경계를 손끝으로 눌러 자르는 방법을 소개했지만, 5장 뜨기 전에 엔가와 부분을 잘라내는 기술도 있다. 이 경우엔 꼬리 쪽부터 잘라 엔가와 부분의 껍질을 벗긴다.

썰기, 스시 쥐기

덩어리를 뜬다

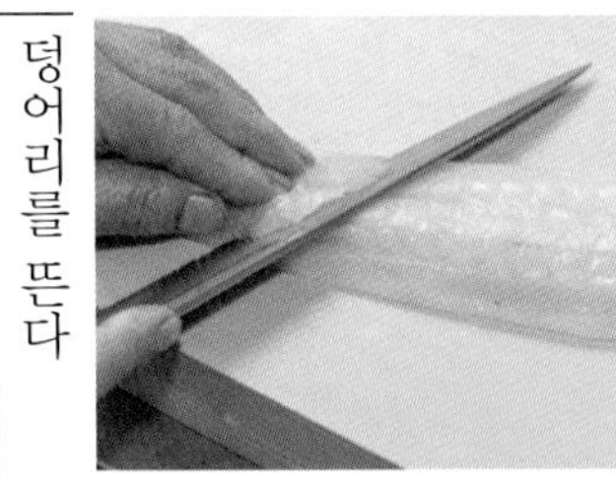

각 덩어리의 껍질을 벗기고, 사선으로 얇게 뜬다. 칼날을 넣어 단숨에 자르는 것이 요령이다.

광어 스시
(소기키리, 얇게 뜬 스시)

엔가와를 자른다

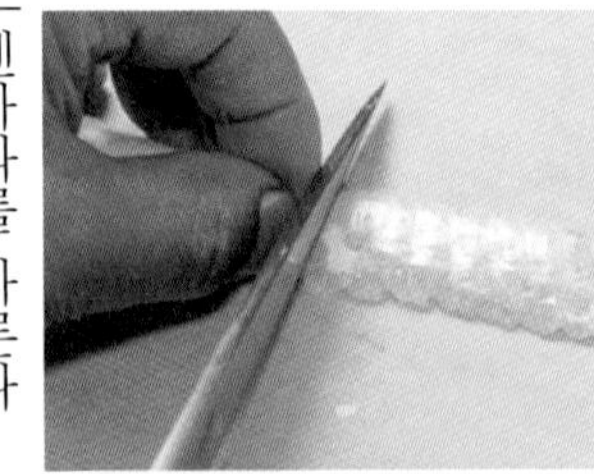

1
가장자리 부분을 잘라낸다. 스시 폭에 맞춰 엔가와를 자른다.

2
칼을 눕혀 얇게 포를 뜨듯이 자른다.

광어 스시(엔가와)

여러 가지 광어 스시

두껍게 자른 광어를 식초에 설탕을 약간 섞어 절인 홋카이도산 두툼한 다시마 사이에 끼워 12시간 정도 재워둔 뒤에 스시를 만든다.

■ 도쿄 도 긴자 「나카타」

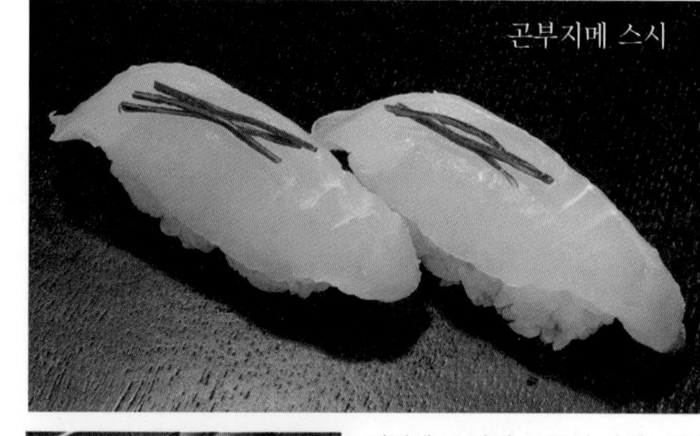

광어에 소량의 소금과 술을 뿌린 뒤, 히다카에서 채취한 다시마 사이에 끼워둔다. 광어를 다시마절임하면, 맛의 차이를 즐길 수 있다.

■ 아오모리 현 아오모리 시 「잇파치즈시」

동해에서 잡은 자연산 광어를 사용했다. 자르지 않은 큰 덩어리째 다시마 사이에 끼워넣어 하룻밤 재워둔다. 아주 가는 파(메네기)와 얇게 자른 다시마(도로로곤부)를 올려 손님에게 낸다.

■ 니가타 현 니가타 시 「스시 갓포 마루이」

아오모리 현의 서쪽 해안이나 연안에서 잡힌 자연산 광어를 사용했다. 스시 위의 장식은 계절감을 내기 위해 산초나무 순이나 영귤(스다치)을 올린다.

■ 아오모리 현 아오모리 시 「잇파치즈시」

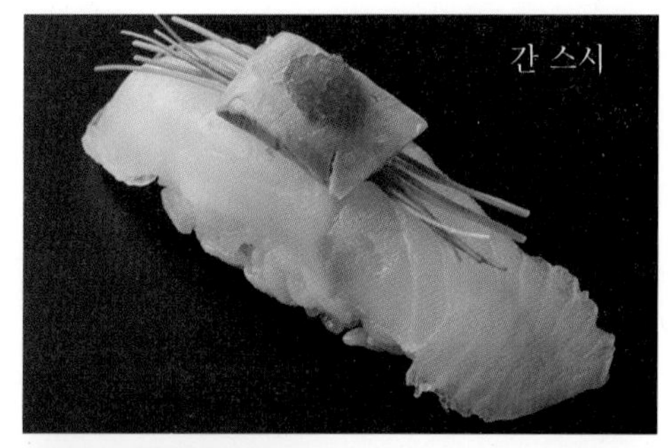

신선한 광어 간을 술에 쪄, 광어 스시 위에 메네기, 모미지오로시와 함께 올려 담백함에 진한 맛을 더한다.

■ 니가타 현 니가타 시 「스시 갓포 마루이」

엔가와는 광어 1마리에 4점밖에 나오지 않는 귀한 재료로, 스시 위를 산초나무 순으로 장식했다. 지방이 오른 살이 혀 위에서 녹아내린다.

■ 아오모리 현 아오모리 시 「잇파치즈시」

가자미 [가레이/鰈]

분류 : 가자미목 가자밋과 가자미속
영어명 : flounder / flatfish

기초 지식

문치가자미

가자미의 종류

가자미는 일본 연안 어디서나 잡히는데, 어획량이 감소하고 있는 추세다. 가자미의 종류는 다양해서, 대표적인 것만으로도 20종류가 넘는다. 참가자미(마가레이), 문치가자미(마코가레이), 범가자미(호시가레이), 도다리(메이타가레이), 돌가자미(이시가레이), 노랑가자미(마쓰가와가레이) 등이 있다. 종에 따라 지느러미 부분에 줄무늬나 별무늬, 도트 무늬 등이 있기도 하고, 색도 미묘하게 다르다. 생김새는 광어와 매우 비슷하지만, 눈의 위치로 구분할 수 있다.

일본에서는 오이타 현 히노데마치에서 잡히는 '시로시타가레이'가 맛이 좋아 하나의 활어 브랜드처럼 여겨지는데, 문치가자미의 일종이다.

종류에 따라 달라지는 제철

가자미철은 5~8월경이라 하지만, 종류에 따라 광어와 비슷하게 겨울인 경우도 있다.

손질법은 광어에 기준해서 '5장 뜨기'를 하지만, 신선도가 떨어지지 않도록 재빠르게 손질해야 흰 살 생선 특유의 맛을 살릴 수 있다. 또한 감귤계의 산미를 더하거나 다시마 절임 등으로 강한 맛을 더하기도 한다.

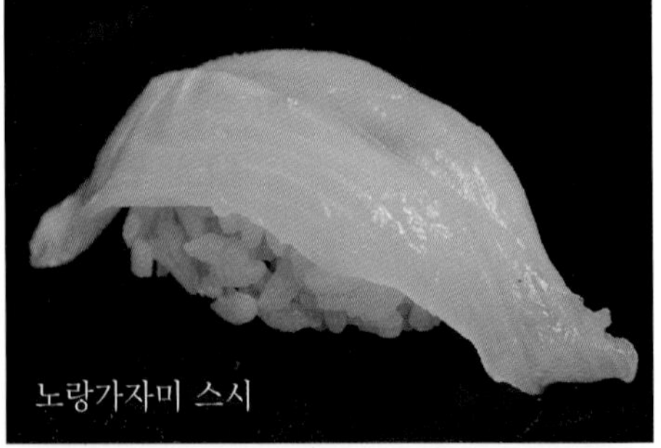

일본 히다카 근처에서 잡히는 고급 어종으로, 광어보다 맛이 좋다. 샤리와 생선 사이에 소금으로 절인 다시마를 껴넣고 조린 술을 발라 내놓는다.

■ 홋카이도 삿포로 시 「스시큐」

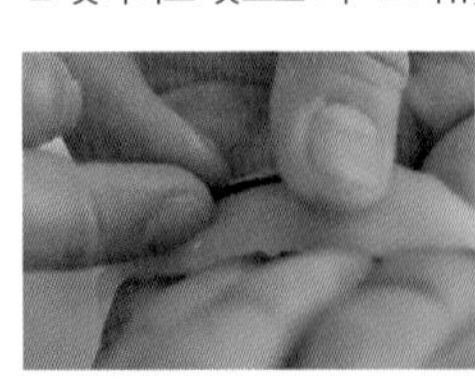

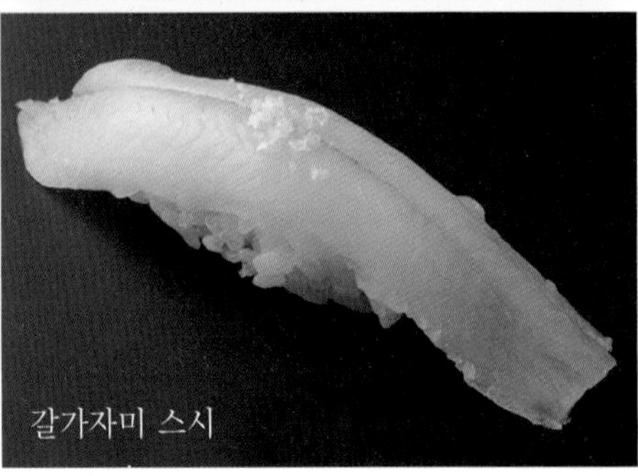

일본 니가타에서 브랜드화를 진행하고 있는 갈가자미로 만들었다. 살성이 치밀해 단단하고, 맛이 좋은 것이 특징이다. 지방 특산물인 갈가자미를 사용해 인기가 높은 스시다.

■ 니가타 현 니가타 시 「스시 갓포 마루이」

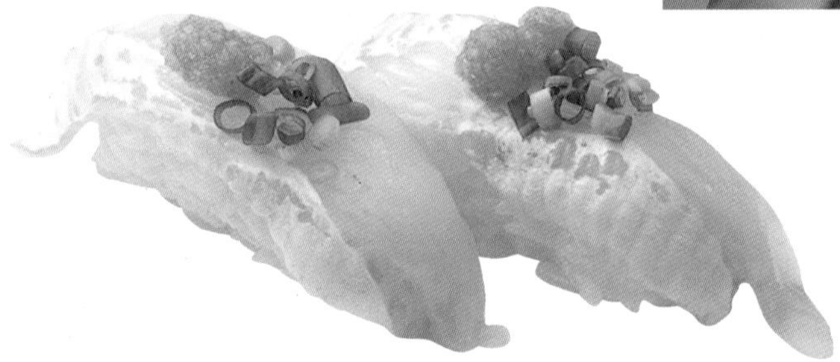

가자미 스시(향신료 더한 것)

참가자미, 문치가자미, 범가자미 등 종류가 다양한 가자미 스시는 폰즈와 모미지오로시를 더해 단단한 식감과 담백한 맛을 살렸다.

농어[스즈키/鱸]

분류 : 농어목 농엇과 농어속
영어명 : sea bass

기초 지식

여름철 흰 살 생선 가운데 으뜸

도미, 광어 등 흰 살 생선은 보통 겨울이 제철이지만, 여름철 흰 살 생선 가운데 으뜸은 바로 농어다. 일본에서는 시마네 현 신지코 호수의 농어가 유명한데, 담수가 섞인 수역에서도 살 수 있기 때문에 특유의 맛이 있다. 비린내를 빼고 담백한 맛을 더하기 위해 예로부터 얼음물에 씻는 방식으로 손질한다. 일본에서 '입을 가시다(스스구)'란 단어에서 이름이 유래했다는 설도 있다. 또한 시마네 현 마쓰에의 특산품인 닥종이로 싸서 구운 '농어 닥종이 구이'도 유명하다.

성장에 따라 바뀌는 명칭

일본에서는 20cm 전후의 1년산 농어는 '세이고', 40~50cm 정도의 2~3년산은 '훗코', 60cm 이상인 4년산 이상 성어를 '스즈키'라 구분해 부른다. 산지나 시장에서 부르는 호칭이 크기에 따라 달라지며, 각각의 시기에 따라 지방이 오른 정도나 맛도 다르다. 이에 관한 지식을 쌓으려면 훗코와 농어의 맛의 차이를 많이 경험해야 할 것이다.

넙치농어는 겨울이 제철

농어는 둥글고 통통한 것을 상품으로 치지만, 몸통이 납작한 '넙치농어'란 별종이 있다. 원양에서 잡히는 넙치농어는 농어보다 냄새가 덜하고, 겨울이 제철이라 계절에 따라 구분해 쓸 수 있다. 양쪽 모두 스시 재료로서는 고급 어종이다.

크기에 따른 호칭 변화

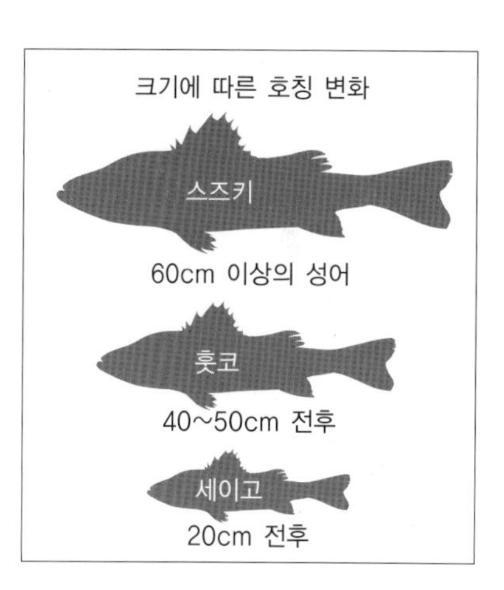

농어 스시(레몬을 곁들인 것)

여름철 대표 스시 중 하나. 하구 부근에서 잡혀 독특한 냄새가 있는데, 얇게 썬 레몬 조각을 올려 상큼함을 더했다.

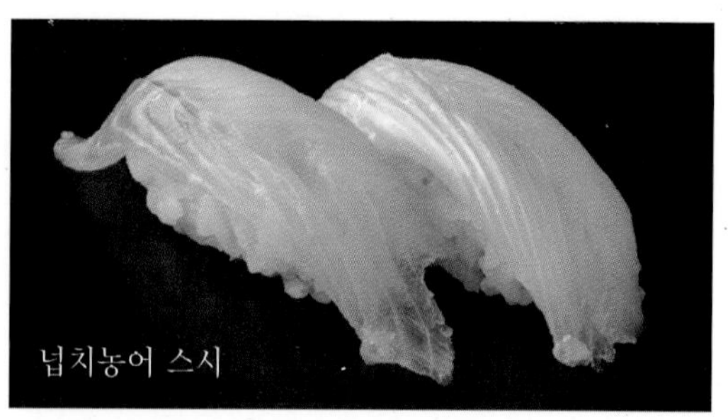

넙치농어는 파도가 거친 바다에서 잡혀, 몸통이 조금 납작한 것이 특징이다. 일반 농어보다 단맛이 나고 씹히는 맛도 좋아 인기가 많다.

■ 도쿄 도 스가모 「스시도코로 자노메」

흑점줄전갱이 [시마아지/縞鯵]

분류 : 농어목 전갱잇과 흑점줄전갱이속
영어명 : striped jack / white trevally

기초 지식

특징과 이름의 유래

전갱잇과에 속하며, 성어의 몸길이는 1m 정도로 크다. 이른바 대형 전갱이로, 외형은 보통의 전갱이보다 넓적하고, 제1등지느러미가 제2등지느러미보다 높은 것이 특징이다. 몸통 옆에 노란 줄무늬가 있고, 딱딱한 '모비늘(제이고)'이 달린 것도 전갱이와 비슷하다.

한편, 몸 색깔은 차이가 있다. 흑점줄전갱이가 좀 더 유백색으로, 붉은색을 띠는 전갱이 등의 등 푸른 생선과는 다르다.

지방이 올랐어도 비린내가 없는 흰 살 생선의 맛 덕분에 스시 분류상 흰 살 생선으로 취급한다.

흑점줄전갱이는 일본에서 '섬전갱이(시마아지)' 라 불리는데, 반도 근처의 바다나 '섬(시마)' 주위에 서식하기 때문이라는 설과 몸통 옆의 '줄무늬(시마)' 때문이라는 설이 있다.

여름이 제철인 고급 재료

흑점줄전갱이는 6~8월 여름이 제철이어서, 광어나 방어 같은 겨울철 어류와 교대로 스시 재료로 쓰인다.

특히 요즘은 자연산 어획량이 줄어들어, 고가로 거래되는 고급 어종이 되어버렸다. 그 때문에 양식어도 많아졌지만, 결코 싼 가격은 아니다.

살이 단단하고, 탱글탱글한 식감이 흰 살 생선 중에서도 특히 돋보여 인기가 많다.

얇은 껍질을 벗기면 진주처럼 빛나는 은백색 살이 드러난다. 이 은피를 잘 살려 스시를 만들면 유백색의 탱탱한 살과 은색 껍질의 조화가 스시를 한층 더 돋보이게 만든다. 은피가 상하지 않게 조심스레 손질하는 것이 중요하다.

흑점줄전갱이 스시(뱃살)

흑점줄전갱이 스시(등살)

흑점줄전갱이 손질하기

적당하게 지방이 오르고, 품위 있는 맛이 매력적인 흑점줄전갱이는 흰 살 생선 가운데 여름철 고급 재료로 널리 알려져 있다. 흑점줄전갱이는 무엇보다 아름다운 은피를 살려 손질하는 것이 가장 중요한 포인트다. 껍질을 벗길 때에는 비늘 아래 은피가 상하지 않도록 칼을 도마에 딱 붙여 가능한 얇게 벗겨내야 한다. 스시 기술이라고 부를 수도 없는 아주 기본적인 사항이지만, 평편한 도마와 잘 드는 칼을 준비하는 것이 중요하다.

손질 순서: 밑손질하기 ▶ 3장 뜨기 ▶ 분리하기 ▶ 썰기

밑손질하기

비늘을 벗긴다

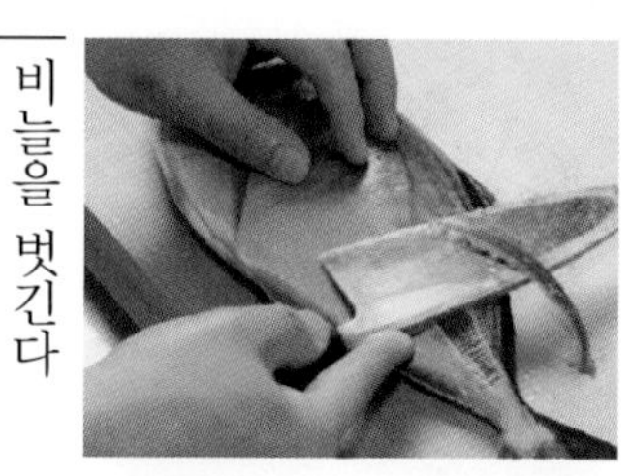

1
꼬리 밑동에서 머리 방향으로 몸통 옆의 딱딱한 모비늘을 깍아내듯 자른다. 반대쪽도 동일하게 모비늘을 제거한다.

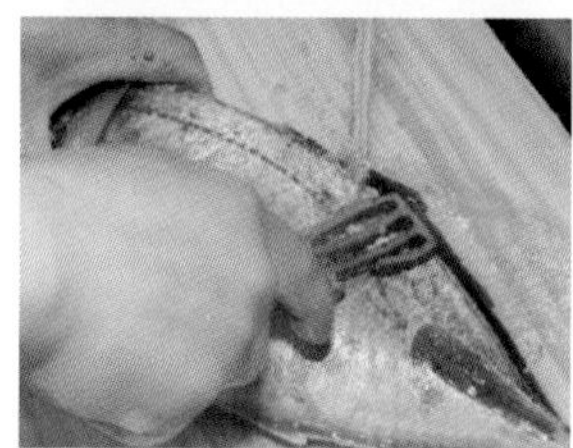

2
비늘제거기로 비늘을 깨끗하게 벗겨내고 물로 씻는다.

머리와 내장을 제거하고 씻는다

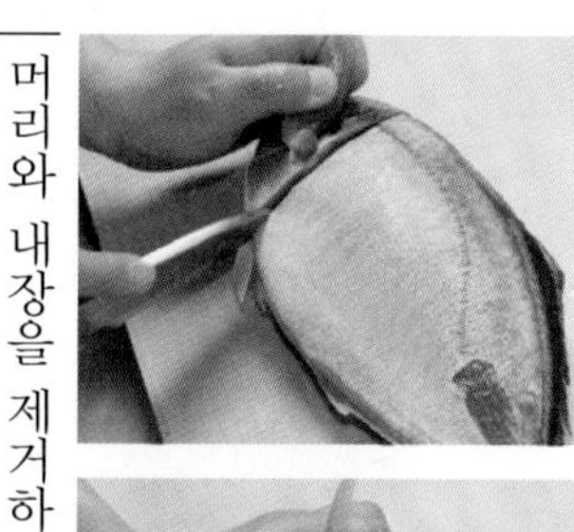

3
머리를 왼쪽, 배를 도마 아래쪽으로 둔 뒤, 가슴지느러미를 들어 올려, 배지느러미쪽으로 가운데뼈 부근까지 칼을 넣어 자른다.

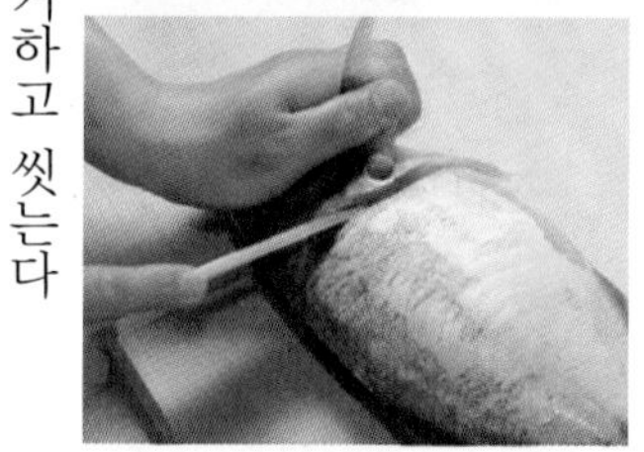

4
머리는 그대로 두고, 등이 도마 아래쪽으로 올 수 있게 방향을 바꿔, 가슴지느러미 아래로 칼을 넣어 *3*처럼 자른다.

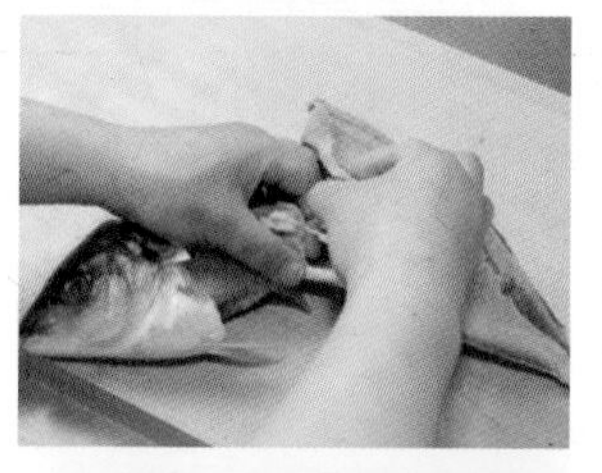

5
배를 다시 도마 아래쪽으로 오게 방향을 바꾸고, 꼬리지느러미 근처에서 머리까지 배를 가른 뒤, 손으로 머리와 내장을 잡아당긴다.

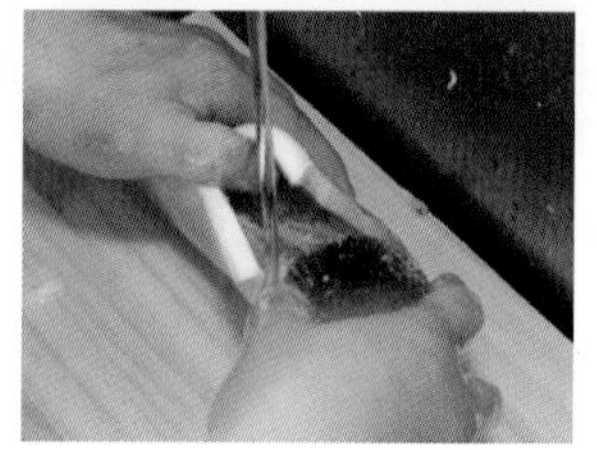

6
지아이 부분은 칼끝으로 긁어내듯 제거하고, 배 안쪽을 흐르는 물로 깨끗하게 씻어낸다.

3장 뜨기

3장으로 분리한다

1
머리를 오른쪽, 배를 도마 아래로 두고 머리에서 꼬리를 향해 가운데뼈까지 칼을 넣어 가른다.

2
등을 도마 아래로 두고, 꼬리에서 머리를 향해 등지느러미를 따라 칼을 넣어 자른다.

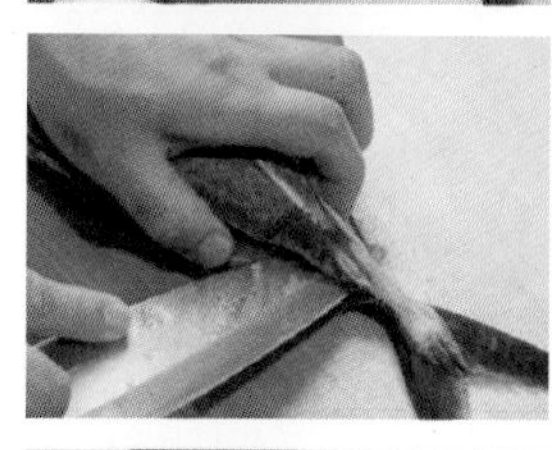

3
머리까지 칼집을 냈으면, 그대로 칼을 뒤집어 꼬리까지 칼을 밀어 살을 분리한다.

4
다시 한 번 꼬리에서 칼을 넣어, 살을 들어 올리며 가운데뼈와 살을 분리한다.

5
반대편도 똑같은 방법으로, 등에서 가운데뼈까지 칼을 넣어 살을 잘라낸다.

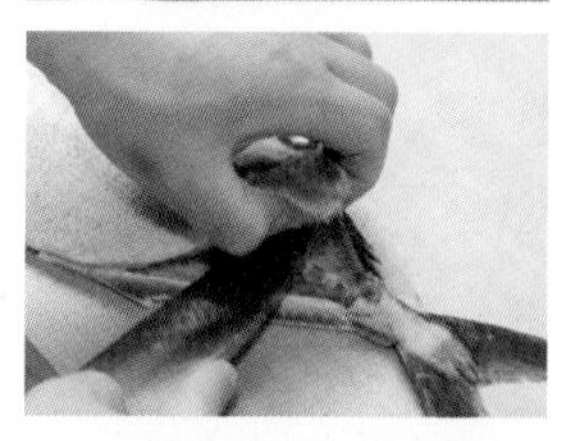

6
배쪽으로도 칼을 넣고 꼬리까지 잘랐다가, 다시 꼬리부터 가운데뼈와 이어진 부분을 잘라 3장 뜨기를 마무리한다.

[3장 뜨기] ①우와미, ②가운데뼈, ③시타미

덩어리로 나누기

배뼈를 제거한다

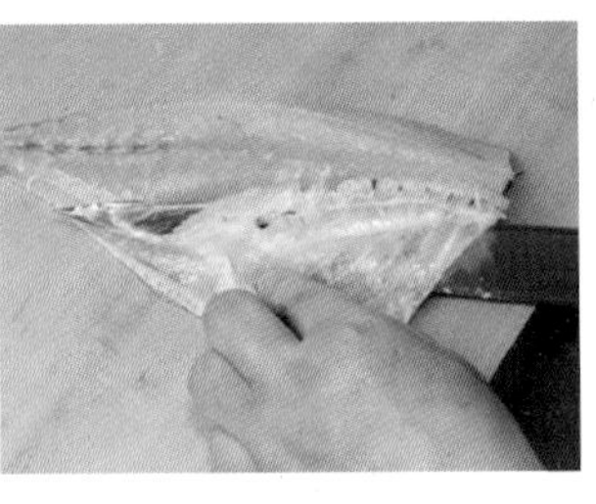

1
배뼈를 제거할 때는 뱃살은 가능한 많이 남길 수 있도록 주의하며 박피(복막)도 제거한다.

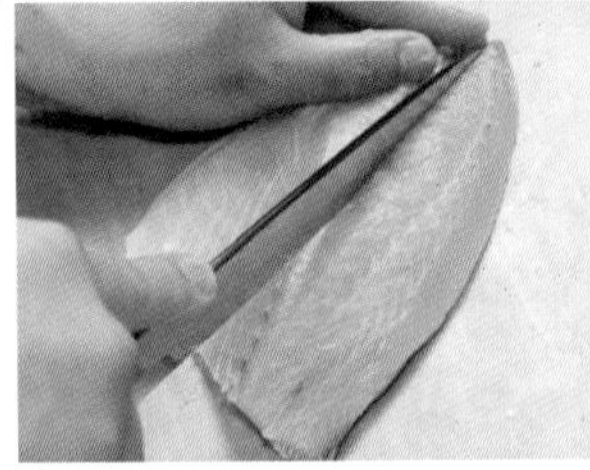

2
가운데뼈의 흔적을 따라 자른다. 이때 잔가시가 있는 부분을 등살이나 뱃살 어느 한 쪽에 몰아넣는다는 느낌으로 자른다.

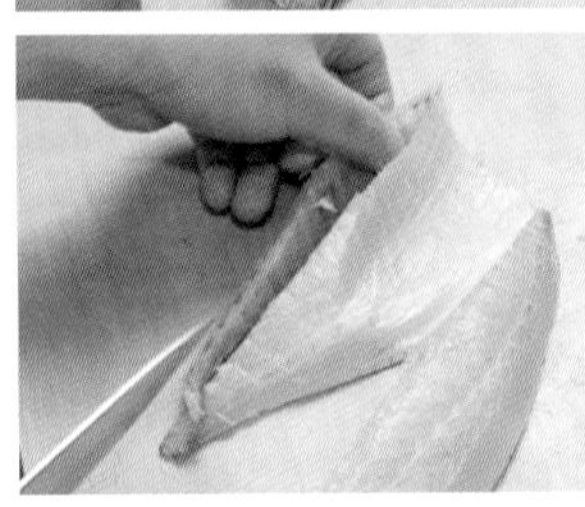

3
잔가시가 있는 가운데 부분을 얇게 떠서 제거하고, 등살과 뱃살을 나눈다. 우와미와 시타미를 각각 2덩어리로 나누면 1마리 당 총 4덩어리가 나온다.

4
껍질 부분을 아래로 두고, 칼끝으로 꼬리 쪽 껍질과 살 사이를 조금씩 갈라, 그 부분부터 칼을 조금씩 밀어가며 분리한다.

5
껍질을 왼손으로 잡아 당기며, 도마에 붙이듯 칼을 밀어 가며 가능한 한 얇게 껍질을 벗긴다.

썰기, 스시 쥐기

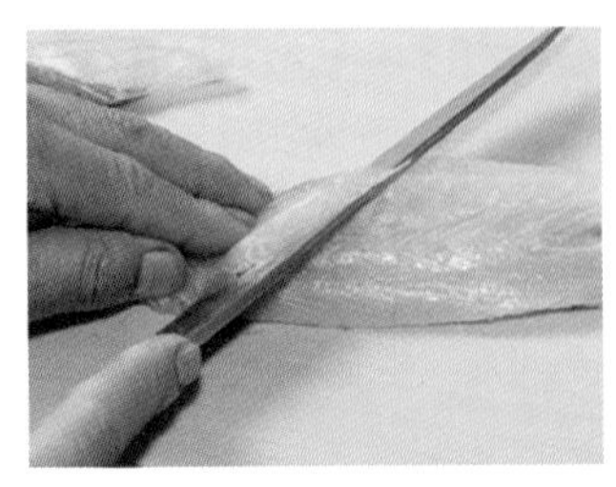

껍질 부분을 아래로 두고 살을 뜬다. 껍질 부분에 가까워지면 칼을 세워 자른다. 살이 단단한 편이어서, 붉은 살 생선보다 얇게 썬다.

흑점줄전갱이 스시(등살)

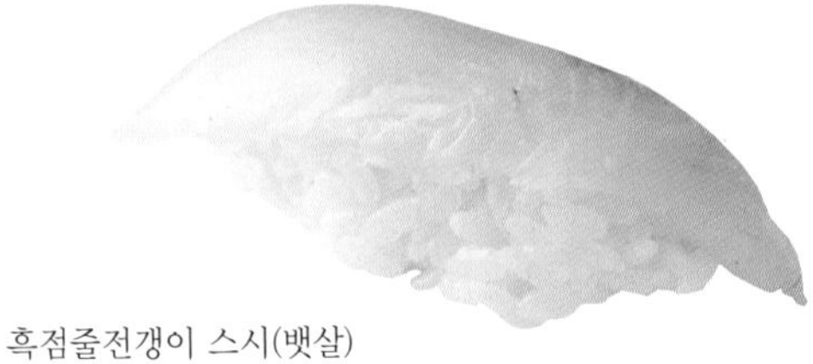

흑점줄전갱이 스시(뱃살)

흑점줄전갱이 스시

흑점줄전갱이 스시

여름철 대표 스시인 흑점줄전갱이 고유의 은피가 잘 보일 수 있도록, 껍질을 얇게 벗겨 은피를 돋보이게 연출한다.

■ 도쿄 도 스가모「스시도코로 자노메」

잿방어 [간파치 / 間八, 勘八]

분류 : 농어목 전갱잇과 방어속
영어명 : greater amberjack

기초 지식

특징과 제철

잿방어는 방어류와 생김새는 매우 닮았지만, 눈 위치나 크기 등이 약간 다르다. 또한 성어는 2m나 되는 대형어다.

부리가 방어보다 둥글고 몸통은 좀 더 땅딸막하다.

제철은 여름에서 가을까지인데, 6~8월의 산란기와 약간 겹친다.

방어보다는 지방이 적고 살이 단단하다. 요즘은 양식어가 많이 나와 유통되고 있어 일 년 내내 즐길 수 있지만, 자연산과 양식어의 차이를 구분해 스시를 만들 수 있으면 좋다.

잿방어의 일본명 '간파치'는 도쿄를 중심으로 불리는 이름이며, 간사이나 규슈 지방은 '아카하나', '아카바나' 등으로 부르고, 호쿠리쿠 지방에서는 '아카이오' 등으로도 불린다. 살의 색이 약간 붉은색을 띠고 있어 붙은 이름이다.

잿방어는 특히 도쿄 사람들이 좋아하는 생선으로, 비슷하게 생긴 부시리는 간사이 지방에서 많이 먹는다.

치어의 이름은 '숏코'

성어는 다 크면 20kg까지 나가지만, 주로 시장에서 유통되는 것은 10kg 전후가 많다. 가게에 따라서는 전부 소진하는 것이 힘든 경우도 있다.

잿방어의 치어 가운데 1kg 이하의 것은 '숏코'라고 부른다. 숏코는 살이 단단하고, 지방이 오른 정도가 적당해 담백한 맛이 꽤나 좋은 편이다. 자연산은 고급 어종이지만, 성어인 잿방어보다 치어인 숏코가 크기도 적당하고 손질하기 쉽다는 의견도 있다.

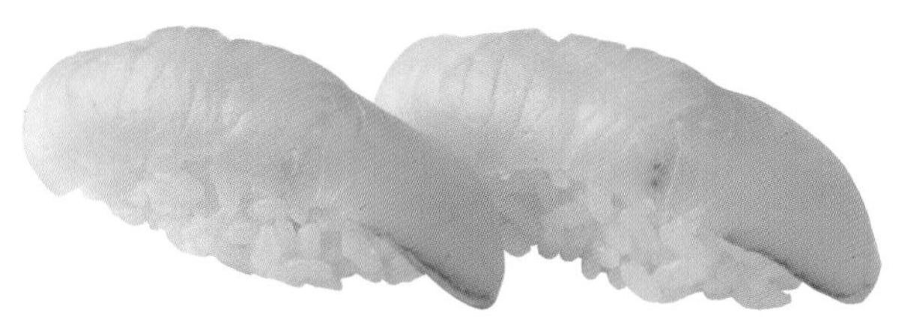

잿방어 스시(등살)

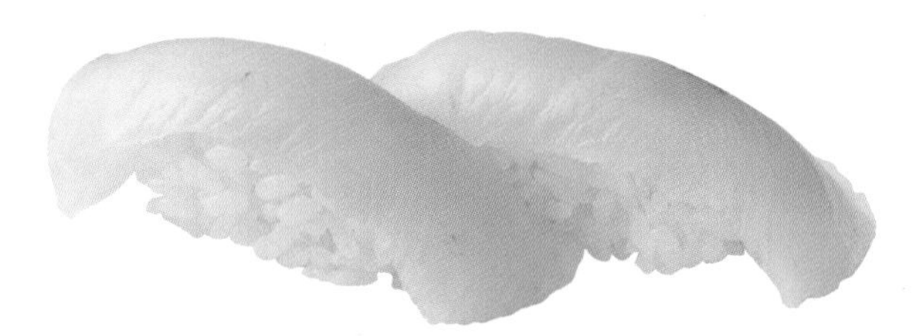

잿방어 스시(뱃살)

잿방어 손질하기

잿방어는 방어와 외형이 닮았지만 방어에 비해 몸통이 약간 날씬하고 머리는 둥근 편이다. 양식어도 많지만, 일반적으로 여름에서 가을이 제철이라 흑점줄전갱이와 함께 여름의 스시 재료로 인기가 많다.
잿방어에도 방어처럼 작은 비늘이 빽빽하게 붙어 있기 때문에 비늘을 제거해야 한다. 또한 몸통이 크고 폭이 넓은 편이라 3장 뜨기 후에 각각의 덩어리로 다시 한 번 분리한다. 살이 단단해 다른 흰 살 생선처럼 약간 얇게 썰어야 한다.

손질 순서

밑손질하기
▼
3장 뜨기
▼
등살과 분리하기
▼
썰기

밑손질하기

비늘을 제거한다

1
머리는 왼쪽, 배는 도마 아래쪽을 향하게 올린다. 비늘이 작고 빽빽하게 붙어 있어, 비늘만 얇게 벗겨낸다.

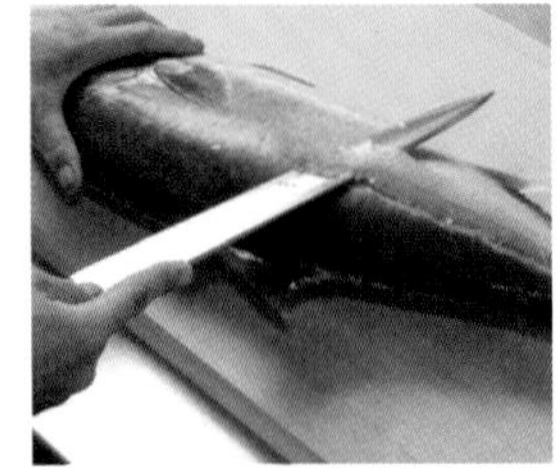

2
반대편도 똑같은 방법으로 비늘을 벗겨낸다. 칼은 회칼을 사용한다.

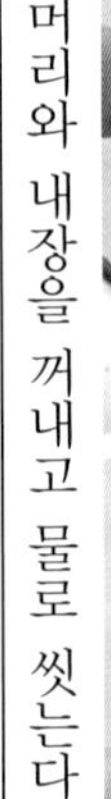

3
머리 모양을 따라 양쪽에서 칼집을 내고, 꼬리지느러미 부근에서 머리쪽을 향해 배를 갈라 펼친다.

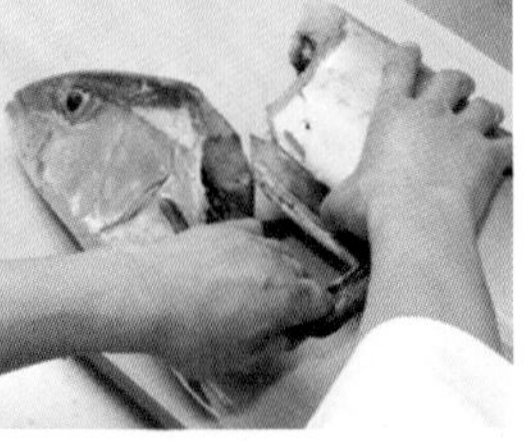

4
손으로 머리를 통째로 당기듯 내장까지 한꺼번에 꺼낸다.

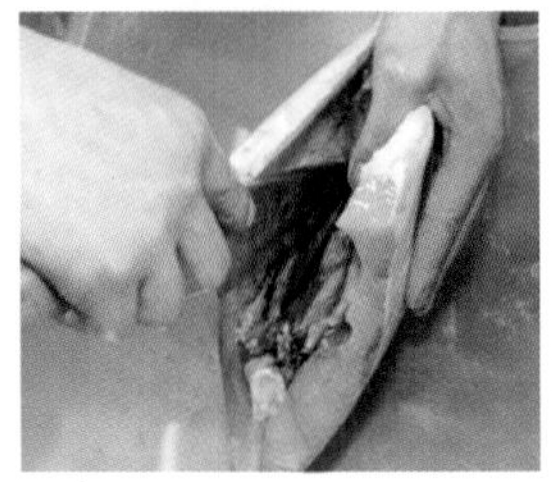

5
지아이 부분은 칼끝으로 긁어내듯 깨끗하게 제거한다. 물로 씻은 뒤, 물기를 꼼꼼히 닦아낸다.

3장 뜨기

1장을 분리한다

1
머리는 오른쪽, 배는 도마 아래쪽을 향하게 놓는다. 꼬리를 향해 가운데뼈까지 칼을 넣고 살을 가른다.

2
등이 도마 아래쪽으로 오도록 방향을 바꾼다. 꼬리에서 머리를 향해 등지느러미를 따라 칼을 넣고 등쪽의 살을 가른다.

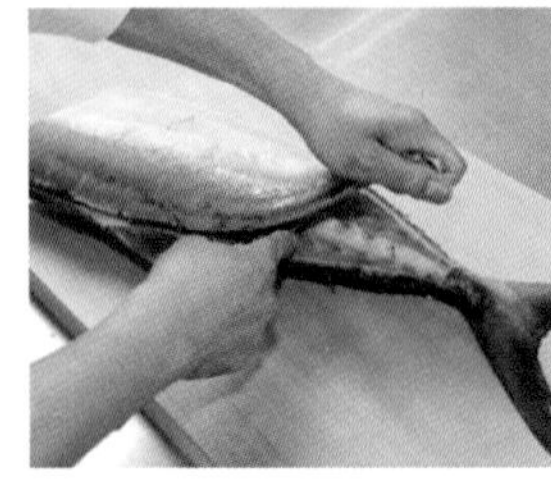

3
끝까지 잘랐으면, 칼날의 방향을 바꿔 다시 한 번 꼬리에서 살을 들어가며 가운데뼈 부분의 살을 분리한다.

4
반대쪽도 똑같이 등과 배 순서로 가운데뼈까지 잘랐다가, 칼날의 방향을 바꿔 꼬리까지 자른다.

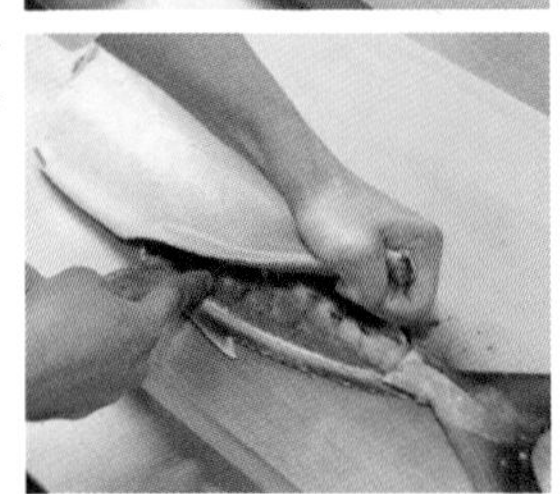

5
꼬리에 칼을 넣어 가운데뼈 부분에 붙은 살을 자르며 3장 뜨기를 마무리한다.

배뼈를 제거한다

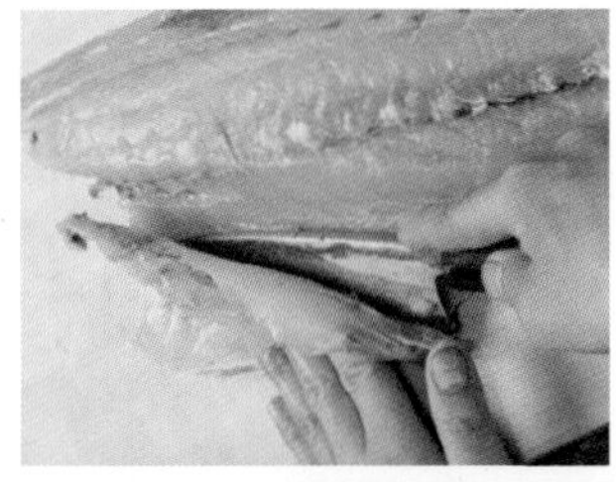

6
뱃살을 가능한 한 많이 남길 수 있도록 주의하며 배뼈를 박피(복막)와 함께 제거한다.

[3장 뜨기] 왼쪽부터 ①시타미, ②가운데뼈, ③우와미

덩어리로 나누기

1장을 2덩어리로 나눈다

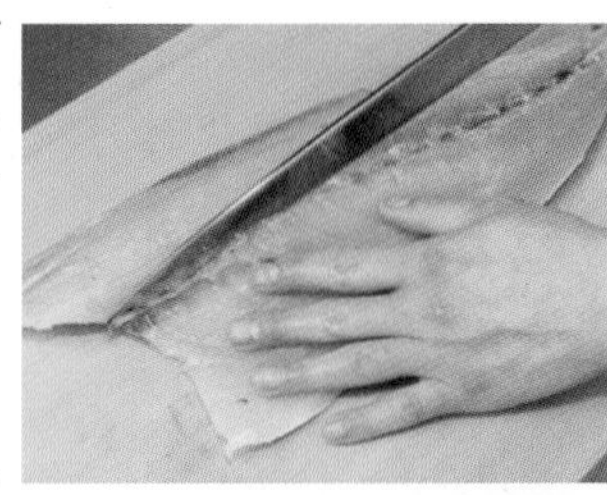

1
가운데뼈의 흔적을 따라 칼집을 넣는다. 잔가시가 있는 부분은 등살이나 뱃살 어느 한쪽에 몰아넣는다는 느낌으로 자른다.

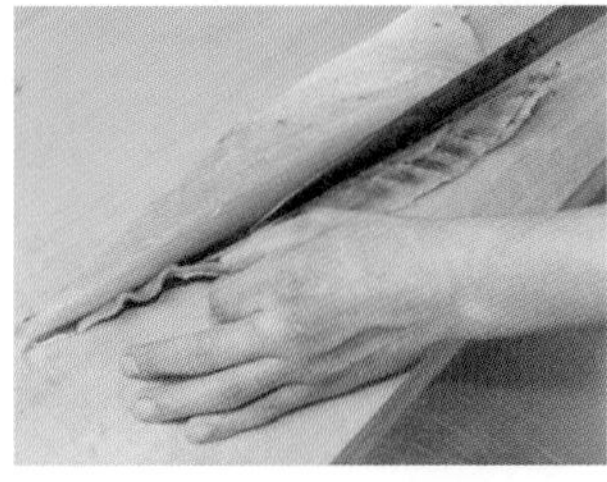

2
가운데 잔가시 부분을 얇게 떠서 제거하고, 등살과 뱃살을 나눈다. 우와미와 시타미를 각각 2덩어리로 나눠, 1마리 당 총 4덩어리가 나온다.

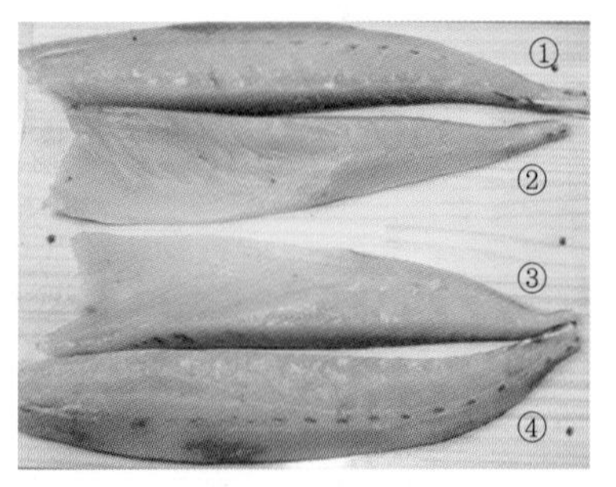

[덩어리 나누기] 위에서부터 ①시타미 등살, ②시타미 뱃살, ③우와미 뱃살, ④우와미 등살

썰기, 스시 쥐기

등살

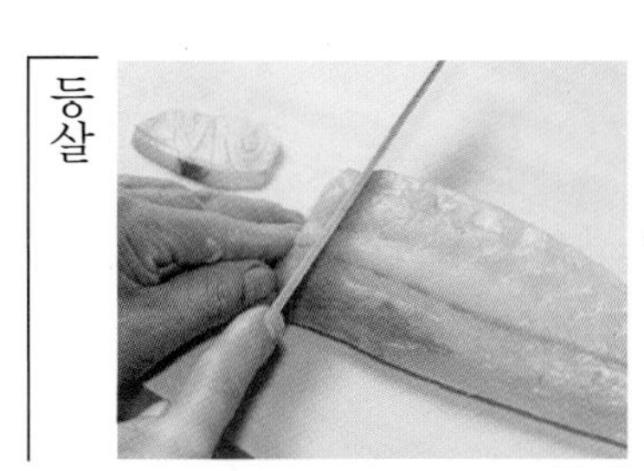

껍질을 벗긴 뒤, 칼을 당겨 가며 얇게 썬다.

잿방어 스시(등살)

뱃살

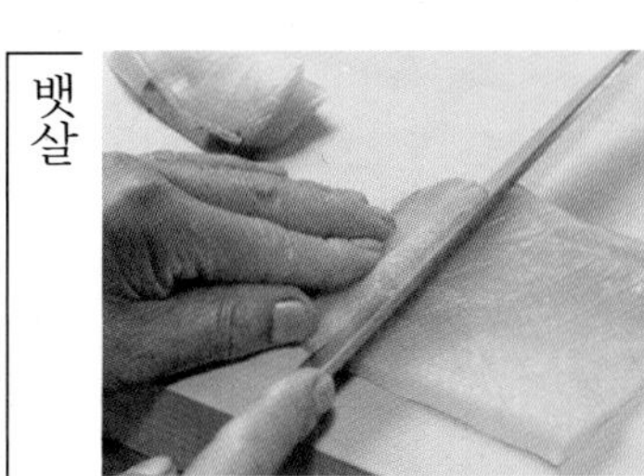

뱃살은 살이 얇으므로 칼을 눕혀 표면적을 넓게 썬다.

잿방어 스시(뱃살)

부시리 [히라마사 / 平政]

분류 : 농어목 전갱잇과 방어속
영어명 : yellowtail king fish

기초 지식

생김새와 특징

부시리와 방어의 차이점은 무엇일까? 두 어종은 생김새가 무척 비슷해 구분하기 어렵다. 일본 어시장에서는 보통 '마사'라는 이름으로 유통되고 있는데, 방어보다 약간 납작하고 날렵하다. 위턱의 주상악골(입꼬리) 끝부분이 방어는 각이 진 편이고, 부시리는 좀 더 둥글다고는 하는데, 실제로 보면 구분하기 꽤 어렵다.

어시장에서 산지나 다른 정보 등을 취합해, 실전에서 감정할 수 있도록 연습이 필요하다.

방어는 겨울, 부시리는 여름

부시리는 일본의 시코쿠, 규슈 등에서 많이 나는데, 일본의 산인(주고쿠 지방의 북쪽으로 동해와 면한 지방), 산리쿠(미야기 현, 이와테 현, 아오모리 현의 해안 지방) 지역에서도 잡힌다. 제철은 초여름부터 여름 동안으로, 겨울이 제철인 방어와는 정반대다.

여름철 부시리는 사시미나 스시로 쓰기 좋은데, 산뜻하게 지방이 올라 맛이 좋다. 잿방어와 거의 비슷한 철에 잡히기 때문에, 헷갈리지 않도록 주의한다.

미묘하게 다른 어종은 특유의 냄새나 살의 단단한 정도 등을 확인하고, 자신의 지식과 안목으로 실전 경험을 쌓아 구분하는 것이 중요하다.

또한, 지역에 따라 부르는 명칭이 다를 수도 있으니 주의하도록 한다.

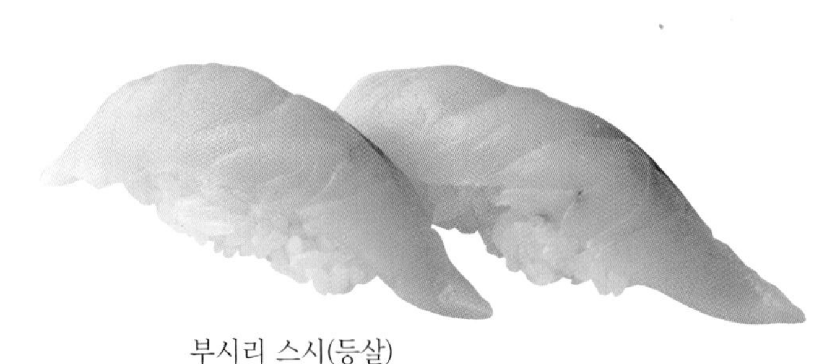

부시리 스시(등살)

부시리 스시(뱃살)

부시리 손질하기

똑같은 농어목 전갱잇과의 생선이라고는 해도, 부시리와 방어는 외형이 굉장히 비슷해 판별이 어렵다. 구별하는 포인트는 부시리가 방어보다 약간 슬림하고, 입가가 방어보다 둥글다는 점 등이 있다.

손질법, 자르는 법 역시 같은 종류인 방어나 잿방어와 비슷하다. 생김새는 닮았지만, 부시리를 잘라보면 붉은 살이 섞인 방어보다 살이 밝은색이다.

손질 순서

밑손질하기 ▼ 3장 뜨기 ▼ 덩어리로 나누기 ▼ 썰기

손질 순서

비늘을 벗기고 머리와 내장을 제거한다

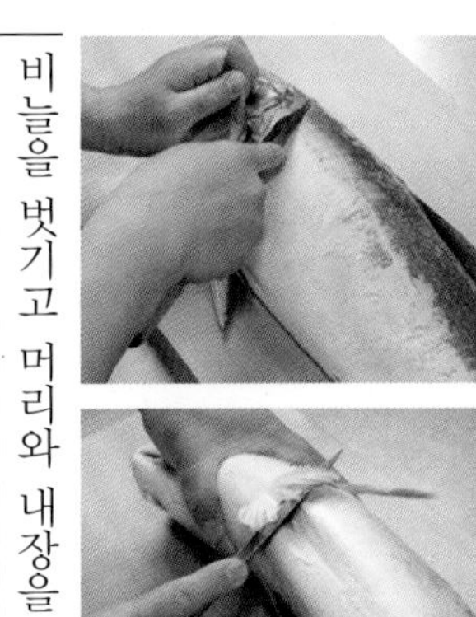

1
비늘을 벗기고, 머리는 왼쪽, 배는 도마 아래에 둔다. 칼을 가슴지느러미 밑에 넣고 배지느러미를 향해 사선으로 자른다.

2
칼을 넣은 채 등이 아래로 가도록 몸통을 뒤집는다. 가슴지느러미 밑에서 머리를 향해 칼집을 넣는다.

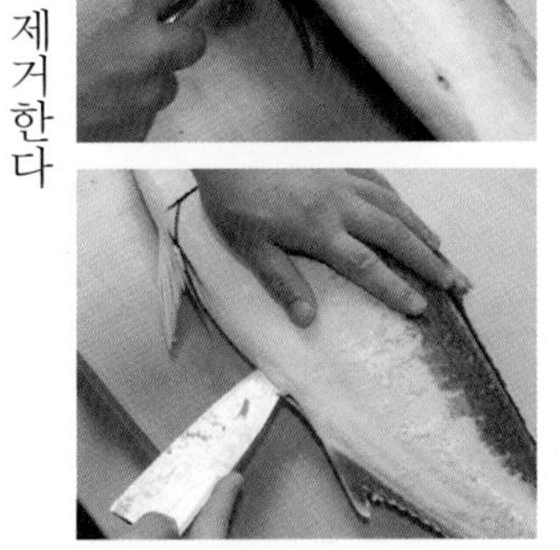

3
항문 주변에서 가슴지느러미를 향해 칼끝을 넣고 밀어가며 배에 칼집을 낸다.

4
머리는 왼쪽, 등은 도마 아래에 오도록 두고, 배지느러미 옆에서부터 사선으로 자른다.

5
뼈에 닿을 때까지 힘을 주어 자르고, 머리를 분리한다.

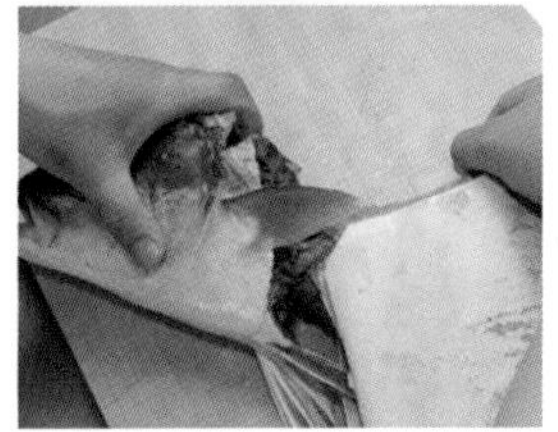

6
손으로 머리를 잡고 내장째 머리를 떼어낸다.

씻는다

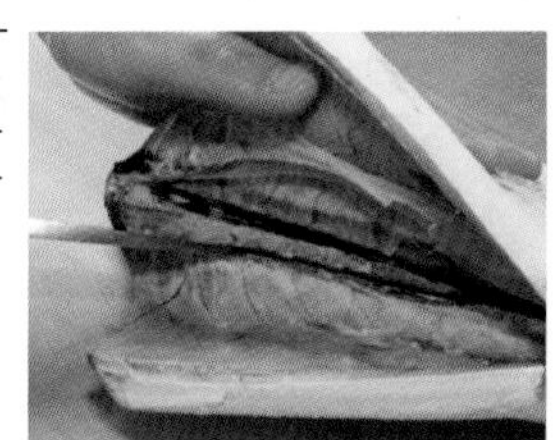

7
칼끝으로 지아이 부분을 자른 뒤, 긁어내듯 제거한다.

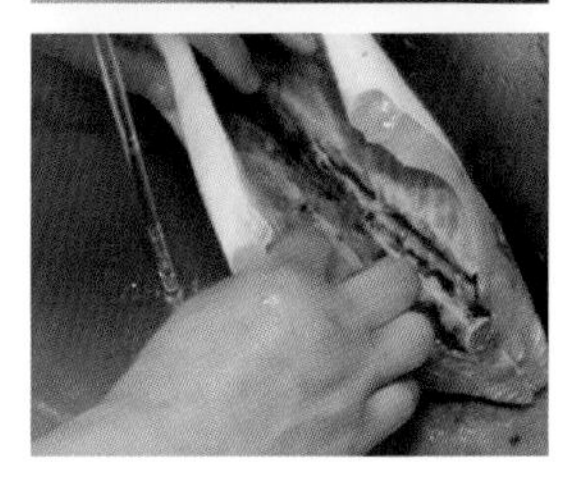

8
흐르는 물로 배 속을 깨끗하게 씻는다. 지아이 부분과 남은 내장도 깨끗하게 청소한다.

3장 뜨기

1장을 분리한다

1
물로 씻은 뒤 물기를 꼼꼼히 닦아낸다. 머리는 오른쪽, 배는 도마 아래로 놓는다. 배에 칼을 넣어, 가운데뼈를 따라 살을 가른다.

2
등이 도마 아래쪽으로 오도록 방향을 바꾼다. 꼬리에서 등지느러미를 따라 칼집을 내고, 끝까지 갈랐으면 칼날의 방향을 바꿔 다시 한 번 꼬리까지 가른다.

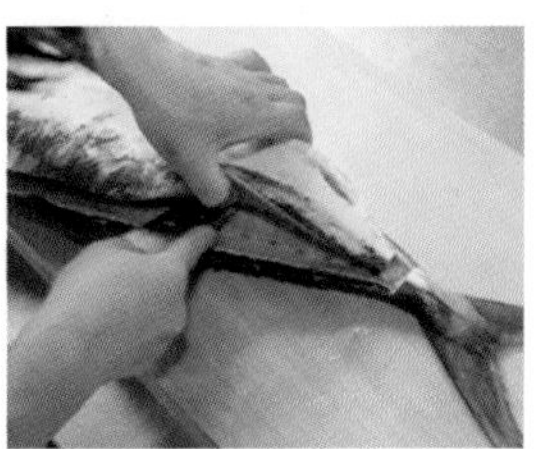

3
꼬리에 다시 한 번 칼을 넣어, 살을 들춰가며 살을 분리한다.

나머지 1장도 똑같이 분리한다

4
등을 앞쪽에 둔다. 등쪽도 똑같이 살을 갈라 3장 뜨기를 마무리한다.

[3장 뜨기] 왼쪽부터 ①우와미, ②가운데뼈, ③시타미

덩어리로 나누기

배뼈를 제거하고, 덩어리로 나눈 뒤 껍질을 벗긴다

1
우와미, 시타미의 배뼈를 각각 제거한다. 칼을 눕혀 뽑아내듯 썬다.

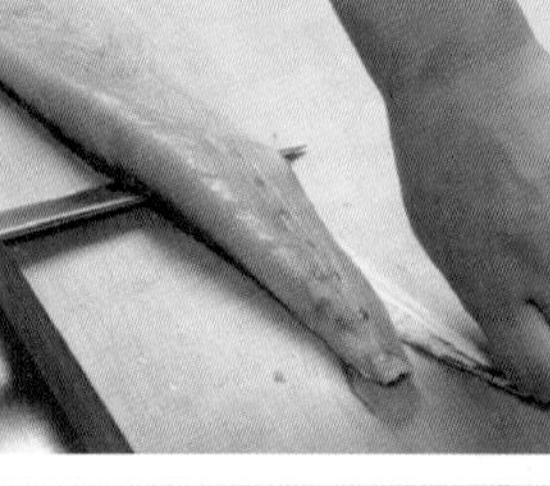

2
덩어리로 나눈 살의 껍질 부분을 아래로 향하고, 칼끝으로 살과 껍질 사이를 조금 벌린다. 껍질을 당겨가며 칼날을 진행시켜 껍질을 얇게 벗긴다.

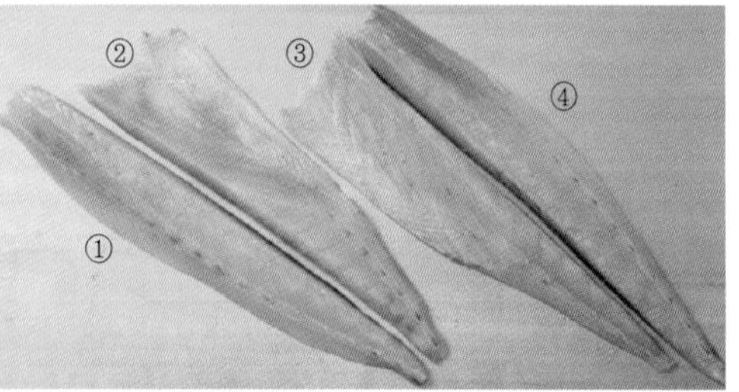

[덩어리로 나눈 후, 껍질을 벗긴 부시리] 왼쪽부터 ①우와미 등살, ②우와미 뱃살, ③시타미 뱃살, ④시타미 등살

썰기, 스시 쥐기

얇게 썬다

흰 살 생선이기 때문에 붉은 살 생선보다 얇게 썬다.

부시리 스시(등살)

부시리 스시(뱃살)

방어 [부리/鰤]

분류 : 농어목 전갱잇과 방어속
영어명 : yellowtail / amberjack

기초 지식

겨울철 방어와 경사 때 먹는 물고기

방어는 일본의 혼슈 이남 연안에서 전국적으로 서식하는데, 겨울철에는 동해 연안으로 회유한다. 도야마 현 히미에서 나는 '간부리'는 지방과 맛이 올라 특히나 더 유명하다. 정월에는 새해 음식으로 쓰이기도 하고, 결혼식 등 경사스런 자리에도 빠지지 않는다. 간사이 지방이나 호쿠리쿠 지방에서 간부리는 특별한 취급을 받는다.

일본에서는 제철을 맞은 방어에서 따와, 겨울철 동해의 험한 바다를 '부리오코시'라 부르기도 한다.

대표적인 출세어

방어는 성장에 따라 호칭이 바뀌는, 출세어를 대표하는 생선이다. 간토 지방에서는 와카시→이나다→와라사→방어로 명칭이 바뀐다.

방어를 구분하는 여러 기준이 있지만 보편적인 것을 소개하면, 와카시는 15cm까지의 유어를 가리키고, 40cm 전후, 2kg 이하는 이나다, 60cm, 7kg 전후는 와라사, 90cm, 8kg 이상을 방어라고 부른다.

간사이 지방에서는 와카나→쓰바스→하마치→메지로→방어로 나눈다.

산지나 지역에 따라 부르는 이름이 다른 출세어의 경우에는 성장 과정에서도 변화가 있어, 더더욱 구별이 어렵다.

게다가 양식어가 많이 유통되어 가격이 안정적이라는 매력이 있지만, 자연산은 고급 어종으로 취급된다. 꼬리의 형태가 활처럼 샤프하고, 살이 약간 붉은빛을 띠고 있으면 자연산이다.

같은 흰 살 생선이라도 도미나 광어보다는 좀 더 두껍게 잘라야 하며, 뱃살에 지방이 많아서 등살과 뱃살의 맛이 다르다. 손님의 취향에 따라 스시를 만드는 배려가 필요하다.

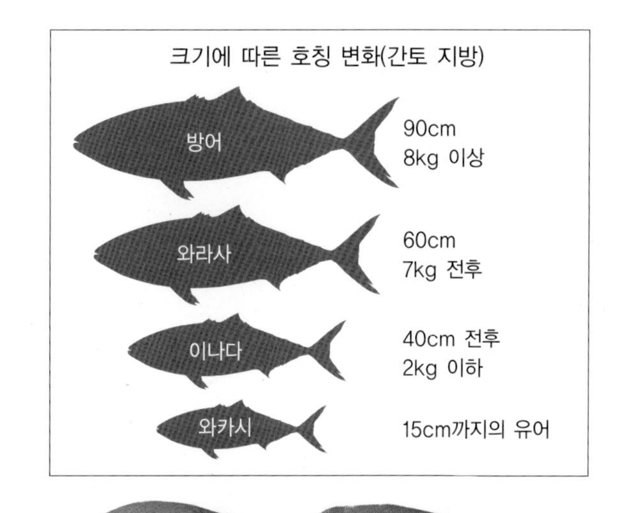

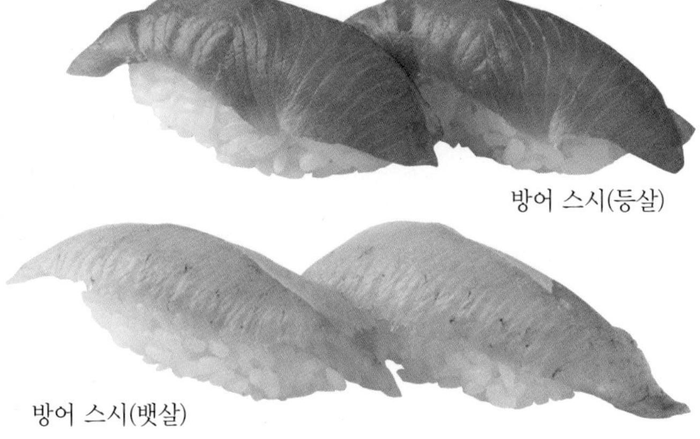

방어 스시(등살)

방어 스시(뱃살)

방어 손질하기

대표적인 출세어인 방어는 일본에서 일반적으로 몸길이 90cm 이상, 무게는 8kg 이상인 성어만을 일컫는다. 성장이 진행될수록 지방이 붙는데, 특히 겨울철 방어는 살이 단단하고, 지방이 많아 맛이 강해 '간부리'라 불리며 특별 대접을 받는다.

비늘은 갯방어나 부시리처럼 벗겨내야 한다. 몸통이 큰 데다 살이 많고 부드럽기 때문에 3장 뜨기를 한 뒤, 덩어리로 나눠 스시용으로 자른다. 살이 부스러지기 쉬워 다룰 때 각별히 주의해야 한다.

손질 순서

밑손질하기
▼
3장 뜨기
▼
덩어리로 나누기
▼
썰기

밑손질하기

비늘을 벗긴다

1
머리는 왼쪽, 배는 도마 아래에 오도록 둔다. 비늘이 작고 빽빽하기 때문에 비늘만 얇게 벗긴다.

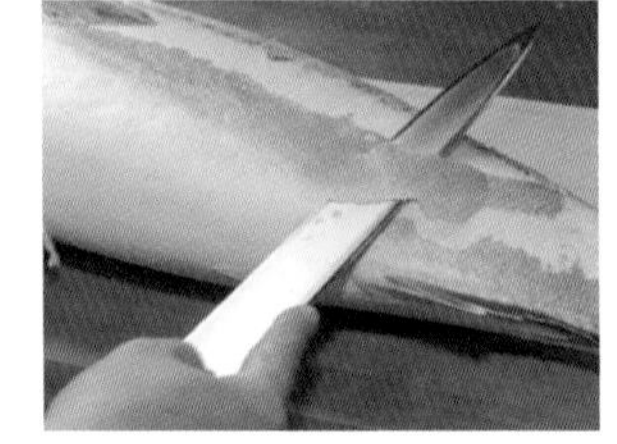

2
반대편도 똑같이 비늘을 뜬다. 회칼을 사용하면 좋다.

머리와 내장을 제거하고, 물로 씻는다

3
가슴지느러미 아래에 칼을 넣고 비스듬히 자른다. 이때 힘을 주어 깊게 칼을 넣는다.

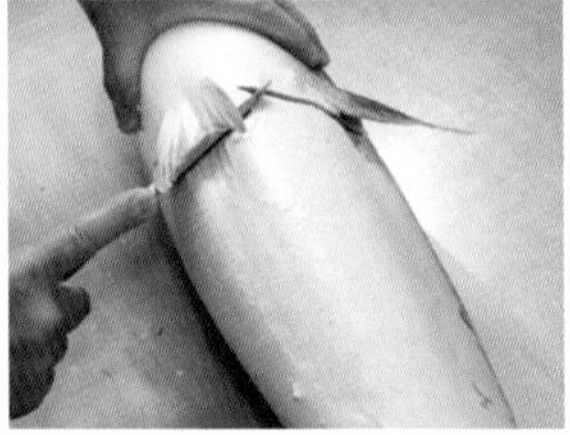

4
배가 위를 향하게 고정시킨 뒤, 머리 끝을 손으로 꽉 잡고 턱 아래에서 가슴지느러미 쪽으로 힘을 주어 자른다.

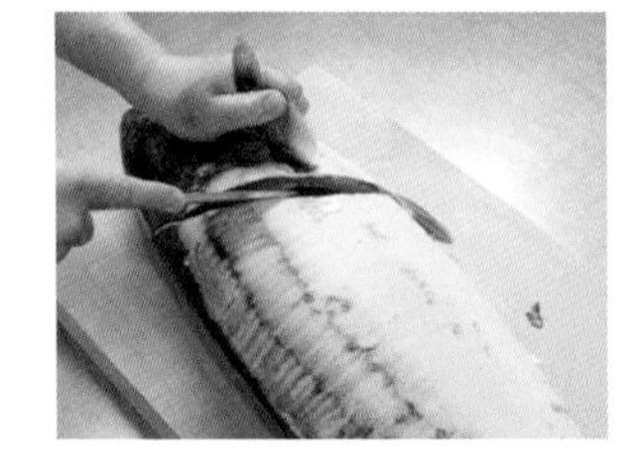

5
몸통을 뒤집어 등이 도마 아래로 향하게 놓는다. 가슴지느러미 아래에 비스듬히 칼을 넣어 V자 모양으로 자른다.

6
칼날의 방향을 바꿔 꼬리지느러미 근처에서 머리 쪽으로 배를 가른다.

7
머리 밑동에 칼을 넣어 자른 뒤, 머리를 잡아 당기며 내장을 꺼낸다.

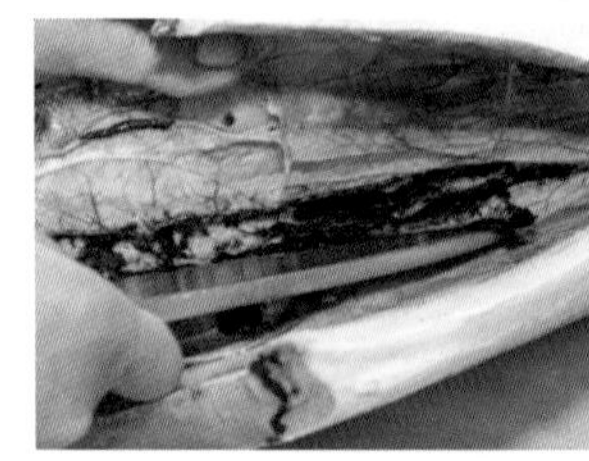

8
배 속을 깨끗하게 청소한다. 지아이 부분도 칼끝으로 긁어내듯 제거한다.

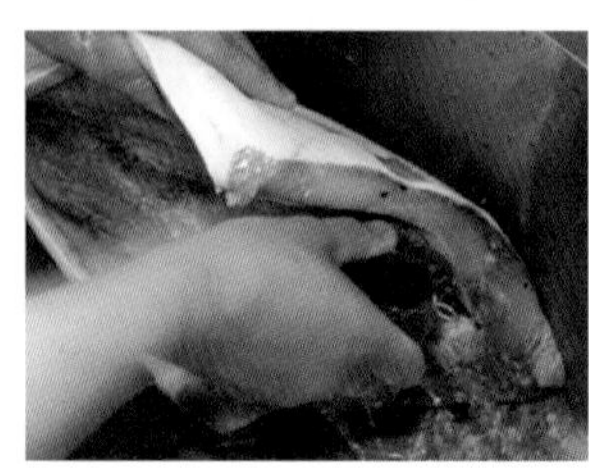

9
흐르는 물로 지아이와 더러운 곳을 깨끗하게 씻어낸다. 수세미 등을 사용해 꼼꼼하게 닦아낸다.

3장 뜨기

1장을 분리한다

1
배를 도마 아래에 두고 가운데뼈까지 칼을 넣어 자른다.

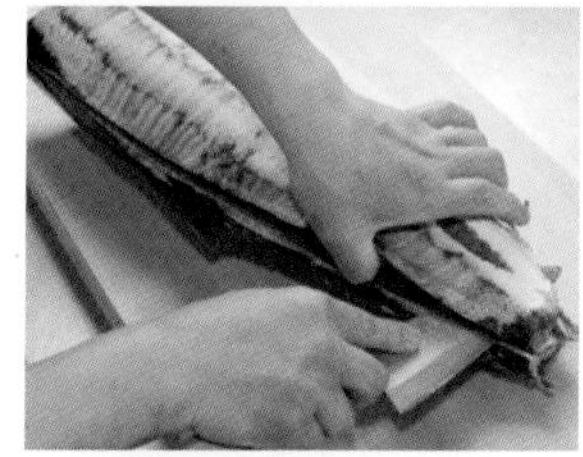

2
몸통을 돌려 등을 도마 아래로 둔다. 등지느러미를 따라 가운데뼈까지 칼을 넣어 꼬리까지 자른다.

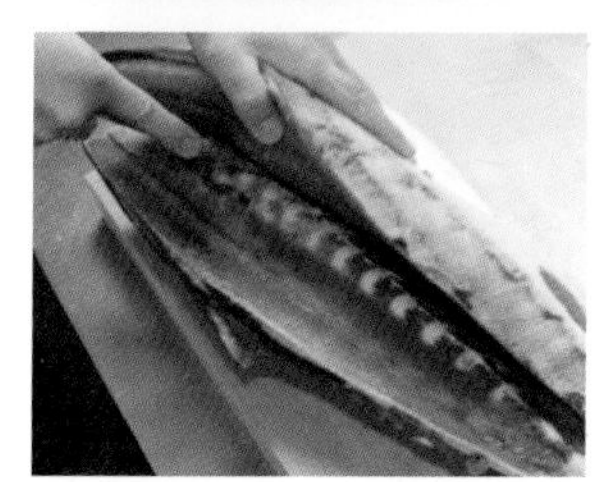

3
살을 들어올리면서, 다시 한 번 꼬리에 칼을 넣어 가운데뼈와 이어진 부분을 분리한다.

나머지 1장도 똑같이 분리한다

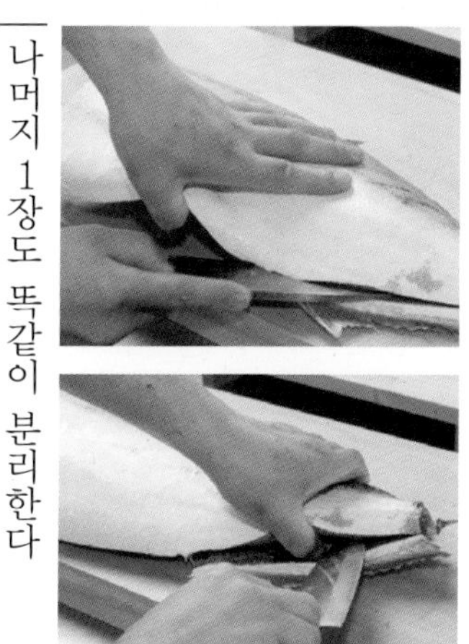

4
나머지도 똑같이 분리한다. 등을 도마 아래에 두고 가운데뼈까지 갈라 연 뒤, 배가 앞쪽으로 오도록 몸통을 돌려 가운데뼈까지 살을 가른다.

5
꼬리까지 칼이 가면, 칼날을 뒤집어 살을 들어가며 가운데뼈 부분을 떼어낸다.

배뼈를 발라낸다

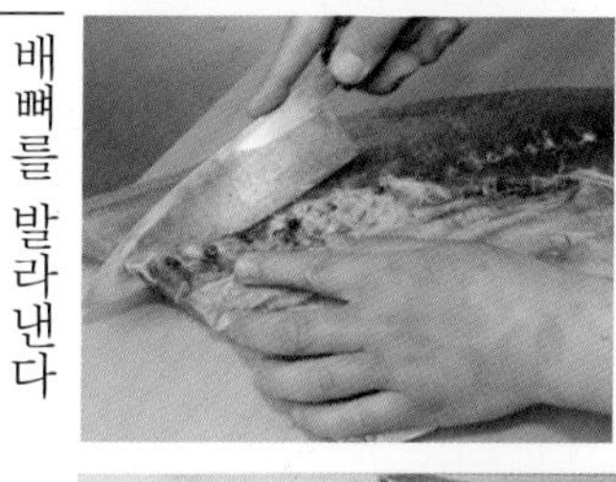

6
3장 뜨기한 우와미와 시타미의 배뼈를 각각 뱃살이 가능한 한 많이 남도록 얇게 발라낸다.

[3장 뜨기] 왼쪽부터 ①우와미, ②가운데뼈, ③시타미

덩어리로 나누기

등살과 뱃살 덩어리를 나눈다

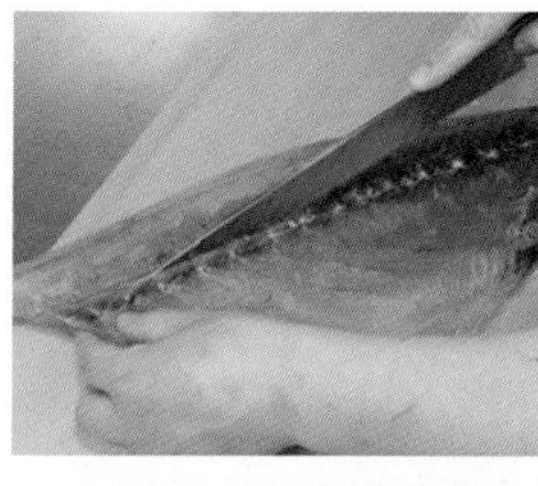

1
3장 뜨기한 살은 껍질 부분을 아래로 두고, 가운데뼈의 흔적을 따라 칼을 넣어 분리한다.

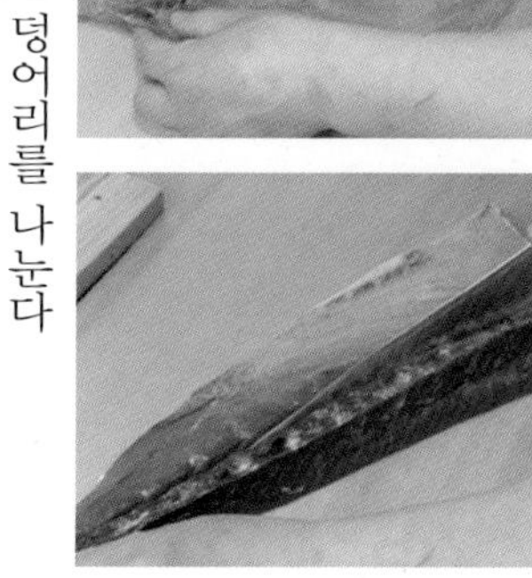

2
가운데 지아이 부분도 얇게 잘라낸 뒤, 등살과 뱃살로 나눈다.

껍질을 벗긴다

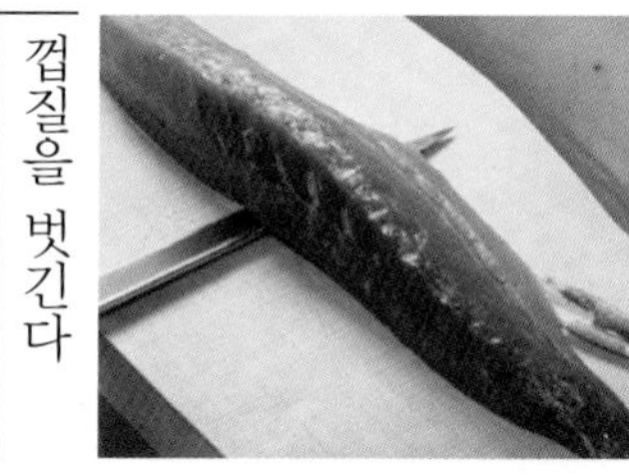

3
껍질 부분을 아래로 두고, 칼끝으로 살과 껍질 사이를 조금 갈라, 껍질을 당기면서 칼을 밀어가며 껍질을 분리한다.

[덩어리로 나눈 방어] 왼쪽부터 ①우와미 등살, ②우와미 뱃살, ③시타미 뱃살, ④시타미 등살

썰기, 스시 쥐기

등살을 잘라낸다

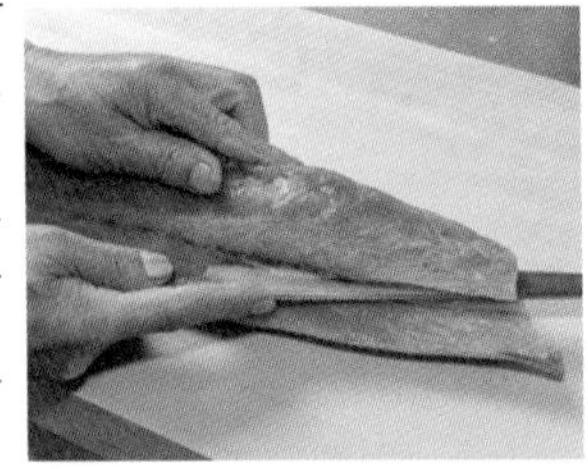

1
등살의 껍질을 아래로 두고 윗부분을 잘라내 덩어리의 형태를 가다듬는다. 자투리 살도 다른 요리에 쓸 수 있도록 잘 보관해 둔다.

2
지아이 부분은 잘라내 버린다.

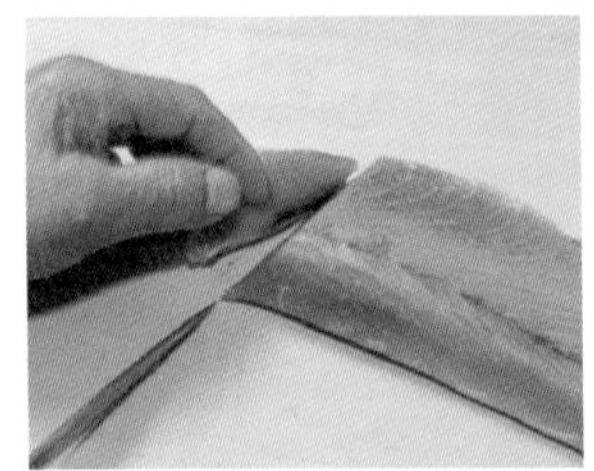

3
스시를 만들 때에는 비스듬히 자른다.

방어 스시(등살)

자투리 살 활용

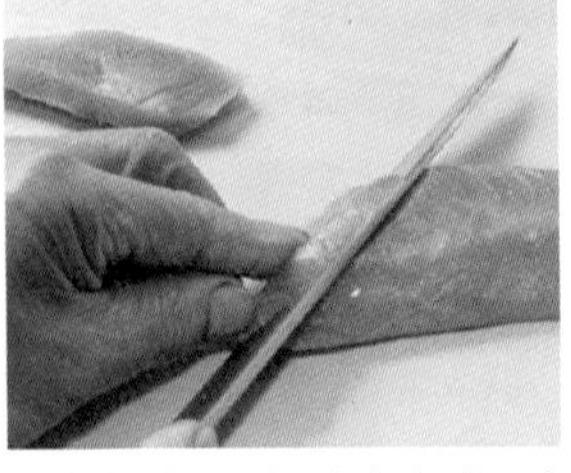

등살의 윗부분을 잘라낸 자투리 살은 폭이 좁으므로 비스듬히 잘라야 한다.

방어 스시(자투리 살)

뱃살을 잘라낸다

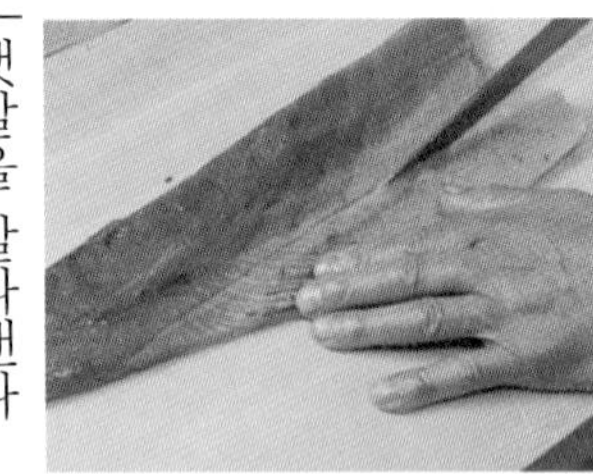

1
뱃살의 오토로 부분을 잘라낸다.

2
스시 재료를 써는 기준에 맞춰 칼을 앞뒤로 움직이며 자른다.

방어 스시(오토로)

방어 스시

이시카와 현 노토 지방의 '간부리'를 사용했다. 뱃살과 등살을 함께 내놓는다. 농후한 지방으로 부드럽고 풍부한 맛을 살리기 위해 산뜻하게 강판에 간 무를 스시 위에 올린다.

■ 이시카와 현 가나자와 시「스시갓파 아오이스시」

여러 가지 흰 살 스시

흰 살 생선으로 만든 스시는 고급스럽고 담백한 맛, 특유의 식감이 매력적이다. 대표적인 흰 살 생선인 도미와 광어, 농어를 비롯해, 각 지방에서만 맛볼 수 있는 흰 살 생선까지 다양한 맛을 즐길 수 있다. 담백한 흰 살 생선은 다시마 절임해 스시를 만들어도 좋다. 다시마가 여분의 수분을 빨아들이고, 다시마의 맛이 생선에 배어들어 맛이 깊어지고, 보존도 오래할 수 있는 일석이조의 기술이다. 또한 유지모 기법을 사용하면 껍질의 맛까지 즐길 수 있다.

쥐노래미 [아이나메]

쥐노래미 스시

쏨뱅이목 쥐노래미과. 연안의 암초에 서식한다. '아부라코', '아부라메'라 부르기도 한다.

쥐노래미의 일본 이름은 은어와 비슷한 고기란 뜻이다. 초여름에서 가을까지가 제철이다. 살코기의 풍미가 좋고, 양태나 쑤기미와 비슷한 맛이 인기다.

■ 도쿄 도 스가모 「스시도코로자노메」

능성어 [마하타]

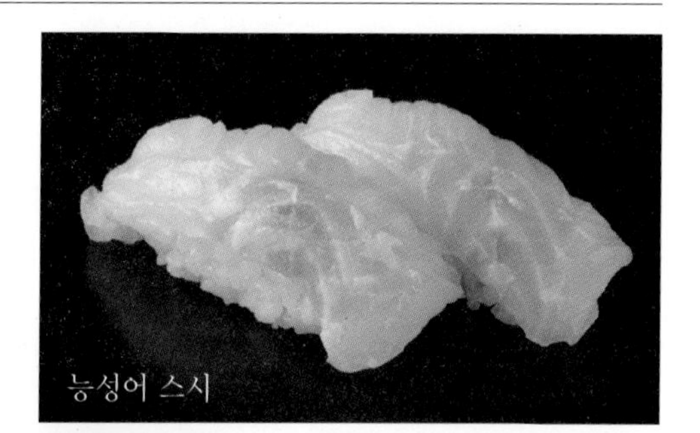
능성어 스시

농어목 바리과. 얇게 썬 사시미 외에 냄비 요리로 끓여도 맛있다.

능성어는 살이 단단해서 스시로 만들어도 굉장히 맛있다. 송어와 같이 고급 어종이다. 껍질은 끓는 물에 살짝 데쳐 폰즈로 맛을 내는 경우도 많다.

■ 도쿄 도 스가모 「스시도코로 자노메」

양태 [마고치]

양태 스시

쏨뱅이목 양탯과. 제철은 봄에서 여름까지. 사시미 외에 소금구이도 맛이 좋다.

양태는 여름의 고급 스시 재료로 알려져 있지만, 겨울에도 지방이 올라 맛있다. 흰살 생선만의 품격 높은 풍미가 특징으로, 영귤을 곁들여, 폰즈를 뿌려 내놓는 경우도 많다.

쑤기미 [오코제]

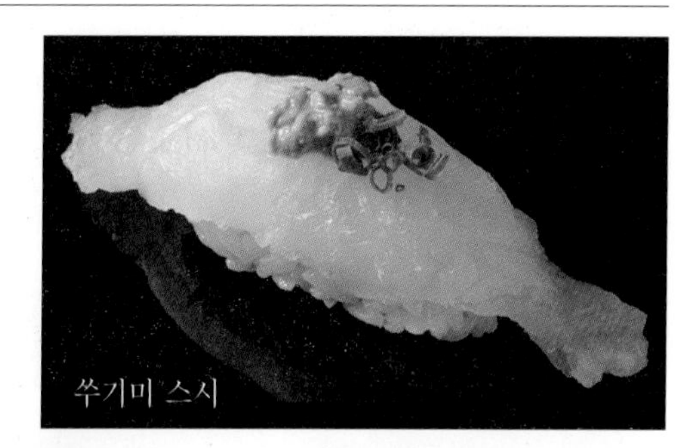
쑤기미 스시

쏨뱅이목 양볼락과. 등지느러미에 독이 있지만, 맛은 좋다.

살은 담백한 맛이며, 등자초(다이다이스)로 조리한 다진 간, 실파와 함께 내놓는다. 코스 요리에서는 소금과 레몬으로 깔끔한 풍미를 살린다.

■ 후쿠오카 현 후쿠오카 시 「하카타 다헤에즈시」

성대 [호보]

쏨뱅이목 성댓과. 가슴지느러미로 걷는 신기한 어종. 서덜과 내장도 맛있다.

이시카와 현 가가 시의 하시다치 항에서 잡힌 성대를 사용했다. 살은 투명감이 있는데, 담백한 맛이 나면서도 감칠맛이 있는 고급 어종이다. 니키리를 살짝 발라 손님에게 낸다.

■ 이시카와 가나자와 「가나자와다마스시 본점」

조피볼락 [소이]

쏨뱅이목 양볼락과. 홋카이도나 도호쿠 지방에서 많이 잡히며, 인기가 많다.

볼락류는 종류가 다양한데, 그중에서도 조피볼락은 씹는 맛이 좋고, 감칠맛이 있다. 하지만 신선도가 떨어지기 쉬워 조심해서 취급해야 한다. 겨울철에는 지방이 오르는데, 어획량은 여름이 많다.

■ 도쿄 도 스가모 「스시도코로 자노메」

망둑어 [하제]

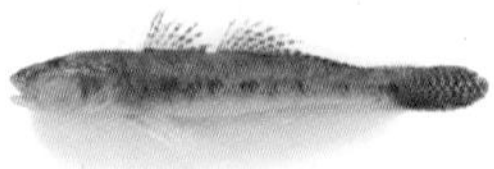

농어목 망둑엇과. 하천이나 연안, 옅은 바다에서 서식한다. 가을부터 겨울까지가 제철이다.

에도 시대 전까지 튀김 재료로 많이 쓰였으며, 살은 투명감이 있고 스시로 만들어도 맛이 좋다. 맛은 담백하고, 달걀 노른자와 벚꽃을 간 참마와 함께 올려 감칠맛을 더했다.

■ 미야기 현 센다이 시 「히로스시」

눈볼대 [노도구로]

농어목 반딧불게르칫과. 일본에서는 '아카무쓰'라고 불리기도 한다. 품격 높은 감칠맛을 자랑하는 고급 어종.

노토 지방의 앞바다에서 잡은 눈볼대를 사용했다. 살을 분리한 뒤, 냉장고에서 20분 간 재워둔다. 껍질을 불에 그슬려, 껍질과 살 사이에 있는 지방의 감칠맛을 더한다. 스다치 유자를 위에 올려 내놓는다.

■ 이시카와 가나자와 「가나자와다마스시 본점」

붉바리 [기지하타]

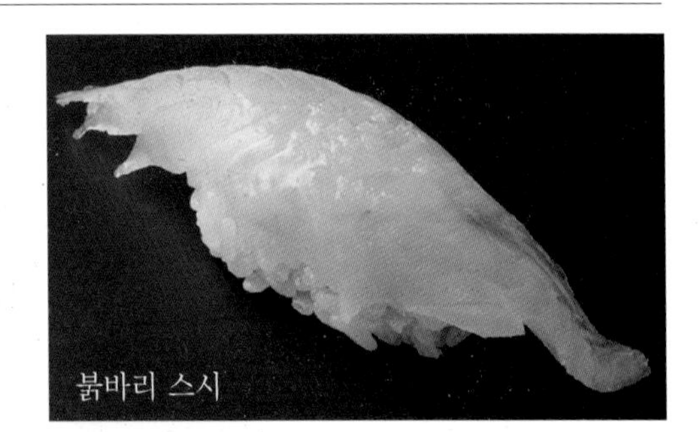

농어목 바리과. 봄부터 여름까지가 제철이다. 살을 얇게 떠 내놓는 경우가 많다.

니가타 야마키타에서 난 다시마 소금과 레몬즙을 뿌려 내는 것이 이 가게만의 비법이다. 레몬의 산미와 소금의 감칠맛으로 고급 흰 살 생선만의 섬세한 맛의 경지를 끌어올렸다.

■ 니가타 현 니가타 시 「스시 갓포 마루이」

자주복 [도라후구]

복어목 참복과. 복 중에서 최고급 품종이다. 맹독이 있어, 조리할 때 자격증이 필수다.

탄력이 있는 복어의 살은 얇게 떠서 먹는 것이 거의 정해져 있지만, 그보다 좀 더 두껍게 잘랐다. 스시 위에 모미지오로시와 산파를 곁들여 폰즈쇼유를 뿌렸다.

■ 도쿄 도 스가모 「스시도코로 자노메」

쥐치 [가와하기]

쥐치 스시

복어목 쥐칫과. 겨울철 간이 맛있고 귀해, 간장을 찍어 먹으면 맛있다.

쥐치는 고급 어종 가운데 하나다. 진미라 알려져 있는 간을 올려 스시를 내놓는다. 모미지오로시와 산파, 폰즈 젤리를 곁들인다. 대용으로 말쥐치를 쓰는 가게도 있다.

■ 도쿄 도 스가모
「스시도코로 자노메」

돌돔 [이시다이]

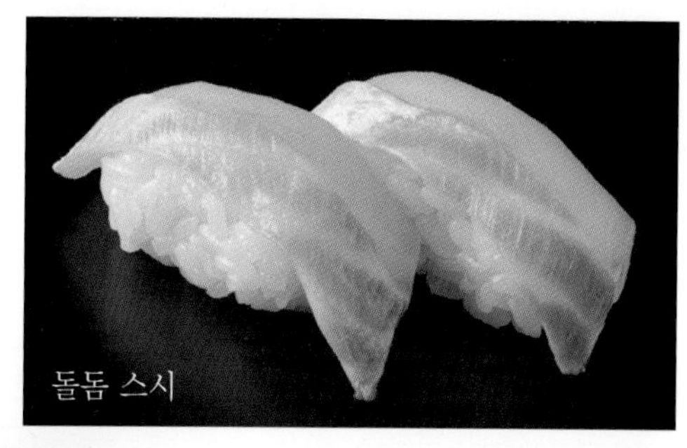
돌돔 스시

농어목 돌돔과. 연안의 암초에 서식한다. 고급 어종 가운데 하나다.

검은 줄무늬 몸통을 손질하면, 깨끗한 흰 살 스시로 변한다. 살은 단단하고 감칠맛과 단맛도 있어, 돔으로 만든 스시 가운데 인기가 높다. 소금이나 폰즈를 뿌려 먹어도 맛이 좋다.

■ 도쿄 도 스가모
「스시도코로 자노메」

대구 [다라]

대구 스시

대구목 대구과. 가을부터 겨울이 제철이다. 이리(시라코)도 맛이 좋아, 생으로 먹을 때에는 폰즈를 뿌려 먹는다.

대구는 살이 두툼해서, 소금을 약간 강하게 뿌려야 한다. 특유의 냄새를 없애고, 향과 함께 매운맛을 더하기 위해 얇게 채 썬 생강을 흩뿌려 다시마절임을 한다. 가운데뼈에 붙은 자투리 살도 술안주로 일품이다.

■ 아오모리 현 아오모리 시
「잇파치즈시」

금눈돔 [긴메다이]

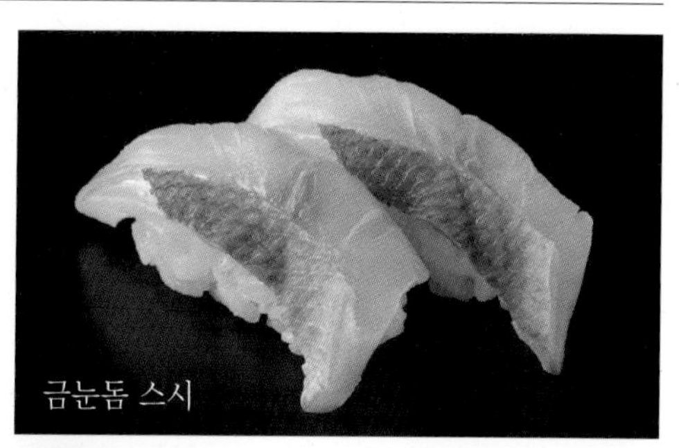
금눈돔 스시

금눈돔목 금눈돔과. 일본에선 돔류로 착각하는 사람이 많지만, 다른 종이다. 지방이 많은 편이다.

껍질에 뜨거운 물을 부어 붉은빛을 살린 스시에 화려함이 가득하다. 살은 부드럽고, 지방의 맛이 뛰어나 끈끈한 식감과 감칠맛 때문에 인기가 많다. 다시마절임도 맛이 뛰어나다.

■ 도쿄 도 스가모
「스시도코로 자노메」

벤자리 [이사키]

벤자리 스시

농어목 벤자리과. 낚시꾼들에게 인기있는 어종, 간토 지방 이남의 암초 지역에 서식한다.

살이 단단하고 독특한 향이 있다. 일 년 내내 잡히지만, 장마 기간에 특히 더 맛이 좋다고 한다. 이 시기는 지방이 많이 오르고, 돔보다도 맛이 좋다고 한다. 산초나무 순을 곁들였다.

달고기 [마토다이]

달고기 스시

달고기목 달고기과. 일본에선 돔류로 착각하는 사람이 많지만, 다른 종이다. 가을부터 겨울이 제철이다.

가나자와 앞바다에서 잡은 달고기를 사용했다. 지방이 오른 겨울에 많이 유통된다. 히다카산 다시마에 4일 정도, 엿처럼 색이 변할 때까지 재워둔다. 스시 위에 모미지오로시를 올린다.

■ 이시카와 현 가나자와 시
「가나자와다마스시 본점」

등 푸른 스시

전어 [고하다 / 小肌, 子肌, 小鰭]
고등어 [사바 / 鯖]
전갱이 [아지 / 小鰭]
꽁치 [산마 / 秋刀魚]
정어리 [이와시 / 鰯]
보리멸 [기스 / 鱚]
학꽁치 [사요리 / 針魚, 細魚, 鱵]
새끼도미 [가스고 / 春子, 春日子]

에도마에즈시 가운데 '등 푸른 생선'으로 만든 스시는 예로부터 가장 인기가 많은 스시였다. 더욱이 등 푸른 생선은 스시의 역사를 거슬러 올라갔을 때 '스시의 원점'인 스시이기도 하다. 갓 지은 밥과 소금을 뿌린 생선을 켜켜이 쌓아 누름돌로 눌러 절이면, 발효가 촉진되어 밥과 생선이 산미를 띠는 '나레즈시'가 된다. 이 맛을 바로 내기 위해 생선은 초절임하고, 밥에도 산미를 더해 함께 먹는 '하야즈시', 다시 말해 현대의 '스시'가 탄생했다.

에도 중기 이후로 스시 노점 외에도 스시 전문점이 생겨나 '스님을 속여 환속시켜, 전갱이 스시 장사를 시킬까'라는 노래가 유행할 정도로 인기가 높았다고 한다. 이 노래는 '당시 젊은 스님 중에 미남이 많으니 속세로 돌아오게 해 전갱이 스시 장사를 시키면 아마 훨씬 더 좋지 않을까'라는 의미라고 한다. 전갱이 스시가 인기 높았다는 사실을 알 수 있다.

'등 푸른 생선'으로 만든 스시의 종류

전갱이로 대표되는 등 푸른 생선 스시의 종류는 주로 고등어, 꽁치, 정어리처럼 말 그대로 등 푸른 생선들이다. 지방에 따라서는 청어(니신)나 샛줄멸(기비나코), 밴댕이(마마카리)도 등 푸른 생선으로 취급해 가끔 스시로 만들기도 한다.

등 푸른 생선보다 흰 살 생선에 가까운 학꽁치나 보리멸, 새끼 도미도 일본에서는 등 푸른 생선 범주에 포함한다.

학꽁치는 얇은 피부를 벗기면 푸른 빛이 한 줄 나타나고, 보리멸은 몸통 전체에 은가루를 뿌려놓은 것 같이 보인다. 도미 새끼는 초절임을 하면 껍질에 은은한 은빛이 감돈다.

게다가 등 푸른 생선으로 만든 스시 중에 학꽁치, 보리멸, 새끼 도미는 다른 종류보다도 높이 쳐준다. 바로 품격 높은 스시의 모양과 맛 때문이다.

초절임을 하는 이유

등 푸른 생선은 대부분 비린내가 강하고 겉보기에는 싱싱해 보이지만 먹어 보면 상했을 정도로 부패가 빠르고 선도가 떨어지기 쉽다.

소금을 치고 초에 절이는 '초절임'을 하면 다음과 같은 몇 가지 효과를 얻을 수 있다.

- 살을 단단하게 만들고 수분을 제거함과 동시에 비린내와 특유의 냄새를 약하게 만든다.
- 껍질을 부드럽게 만들고 먹기 쉽게 만든다. 껍질과 껍질 바로 아래 살의 감칠맛을 끌어올리고, 껍질을 함께 먹을 수 있게 한다.
- 상하기 쉬운 살을 초절임하면 음식이 오래 간다. (초절임 정도에 따르지만, 보관을 얼마간 오래 할 수 있다.)
- 등 푸른 생선을 초절임하면 감칠맛이 증가한다.

소금으로 수분을 빼낸 뒤, 산미를 추가하면 일종의 감칠맛이 발생해 깊은 맛이 우러나 맛있어진다.

손님이 스시 가게의 맛이나 품격을 판단할 때는 '등 푸른 생선'으로 만든 스시를 먹어야 알 수 있다는 얘기가 있다.

등 푸른 생선은 스시 애호가들에게 빼놓을 수 없는 위치를 차지하지만, 크기가 작은 어종이 많고, 시간이나 수고도 많이 드는 재료다.

생선을 손질할 때에도 가장 어렵다고 알려진 만큼 기본 기술을 몸에 익히는 것이 중요하다.

초절임 과정

등 푸른 생선의 스시 손질은 '초절임(스지메)'이 핵심이다. 초절임은 단순해 보여도 산미를 입히는 게 중요하다.

살의 수분을 빼고, 비린내나 냄새를 빼고, 산미를 입히며 감칠맛을 끌어올린다. 소금을 치는 법이나 시간, 초에 담가두는 시간이나 정도 등을 어종이나 크기, 계절이나 시간에 따라 바꿔야 한다.

생선 분리하기 → 소금 뿌리기 → 밑손질, 물기 빼기 → 초 씻어내기 → 폰즈 바르기 → 식초 빼기

이러한 일련의 과정이 바로 '초절임'이다.

제철에 맛보는 날생선 스시

유통 과정의 발달과 냉장 기술의 진보로 인해 등 푸른 생선의 스시에도 변화가 생겨났다. '날것'으로 제공하는 전갱이나 학꽁치, 꽁치, 정어리의 선도에 따라 껍질을 벗기고 날생선으로 스시를 만들게 된 것이다. 단, 깨끗하게 초를 씻어내고 껍질을 벗기기 쉽게 만들거나 잔가시와 지아이 부분을 제거하는 작업이 필요하다. 거기에 생강이나 파 등의 향신료를 고명으로 올리면 등 푸른 생선의 맛이 한층 돋보인다.

전어 [고하다/小肌, 子肌, 小鰭]

분류 : 청어목 청어과 전어속
영어명 : gizzard shad

기초 지식

성장에 따라 이름이 바뀌는 전어

전어는 성장 정도에 따라 이름이 바뀌는 출세어 중 하나다. 일본에서는 4~5cm 크기의 유어를 '신코', 8~12cm 정도일 때는 '고하다', 12~15cm인 것은 '나카즈미', 15cm 이상의 다 자란 성어는 '고노시로'라고 부른다.

간사이 지방에서는 옛날부터 크기와 관계없이 전어를 '쓰나시'라고 불렀다고 하며, 고문헌에도 이 명칭이 자주 등장한다.

엄지손가락 정도의 크기인 신코는 한 마리를 통째로 스시로 만든다. 크기에 따라 4~5마리를 겹쳐 스시 한 점을 만든다. 굉장히 손이 많이 가는 재료다.

8월 한철에만 맛볼 수 있는 신코 스시 때문에 스시 애호가들은 8월을 기다린다. 일반적인 출세어들은 성장할수록 가치가 오르지만, 전어는 가장 작은 신코를 가장 높이 쳐주기 때문에 '역출세어'라 불린다.

제철 신코는 매매 가격도 높고, 손질도 까다로워 다른 전어 스시보다 가격이 훌쩍 오르고 만다.

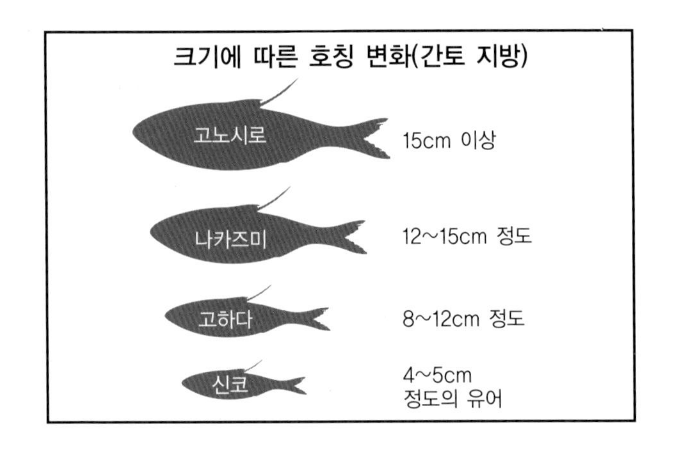

껍질 벗긴 고하다 스시

고하다 스시

전어 철과 특징

전어 철은 겨울이다. 특히 11~2월인데, 미야기 현보다 남쪽 해역에서 잡힌다. 10cm 전후의 고하다가 스시용으로 쓰이는데, 크기에 따라 한 마리를 다 쓰거나 반 마리 정도를 사용한다.

산란기는 3~8월경이지만, 지방이 오르는 가을에서 겨울이 제철이라 맛이 좋다. 하지만 어장에 따라 어획 시기가 약간씩 달라 일 년 내내 입수 가능하긴 하다.

전어는 찌거나 구워도 맛있지만, 스시로 만들면 그 맛이 무척이나 훌륭하게 변신한다.

'고하다'와 '고노시로'

노점에서 스시를 팔 정도로 스시의 인기가 많았던 에도 시대부터 전어는 특히나 인기가 높았다.

고하다나 고노시로와 관련된 전설이나 옛이야기 역시 인기와 비례해 많은 수가 전해지고 있다.

고노시로는 일본어에서 '이 성'이란 단어와 발음이 같아서, 특히 불에 구워 먹는 걸 꺼려했다고 한다. '이 성을 불태우다'라는 이미지가 연상되기 때문이다.

또한 '아이 대신'이라는 말과도 발음이 같아서 아이를 대신했다는 비극적인 옛이야기도 많다.

사실, 고노시로는 한자를 풀어 보면 '축제 때 쓰는 물고기'란 뜻이 된다. 전어를 샤리와 함께 신전에 공물로 올리는 지방도 있다.

등 푸른 생선 기본 손질법

에도마에즈시 가운데에서도 전어는 예로부터 빠지지 않는 재료였다. 유통이 발달하지 않았던 옛날에는 초절임 기술로 오래 보관할 수 있는 방법을 연구했다. 전어철은 겨울이라서, 스시 가게가 가장 바쁜 정월 대목 전에는 통 단위로 대량의 전어를 사들였다고 한다. 이때, 15~30일 정도를 버틸 수 있게 만드는 손질법이 바로 초절임이다. 미리 지방을 빼 두고, 꼼꼼히 초에 절여둔다. 이렇게 전어 손질법을 연구해, 간판 메뉴로 삼는 가게가 적지 않았다.

살이 적고, 크기도 작은 전어의 배를 가르는 작업은 신참 조리사들의 몫이다. 섬세하면서도 재빠른 손질이 필요하기 때문이다. 많은 양의 생선을 다듬는 작업을 반복하며, 기본 기술을 익힐 수 있다. 게다가 전어를 통해 등 푸른 생선을 초절임하는 기술을 배워 두면 다른 생선에도 응용할 수 있다.

고하다 스시(고노하즈케)

고하다 스시(마루즈케)

전어(고하다) 손질하기

전어는 에도마에즈시를 대표하는 전통적인 스시 재료다. 손질 시 소금과 식초를 가감한 양념(안파이)은 섬세한 감이 필요해 장인의 실력이 드러나는 부분이다. 손질 전에 물에 담가 비늘을 벗기기 쉽게 만들고, 초절임 전에 초를 씻어 맛이 배기 좋게 만들고, 비린내나 미끌미끌한 점액질을 제거하는 등 각 단계마다 정성이 필요하다. 스시용으로 자를 때에는 크기에 따라 생선을 통째로 사용하거나 1장 정도를 쓰는데, 버리는 부분이 적도록 살을 잘 발라내야 한다. 1년 이하 작은 전어(신코)를 여러 장 쓸 때에는 나름의 요령과 기술이 필요해 스시 애호가들에게 인기가 높다.

밑손질하기

비늘을 벗기고 머리와 내장을 제거한다

1
머리는 왼쪽, 배는 도마 아래를 향하게 둔다. 꼬리에서 머리쪽으로 칼을 대고, 가볍게 긁어내듯 비늘을 벗긴다.

2
머리를 손바닥 아래에 두고, 칼끝으로 등지느러미를 자른다.

포인트
몸통을 건드리지 않도록 주의한다.

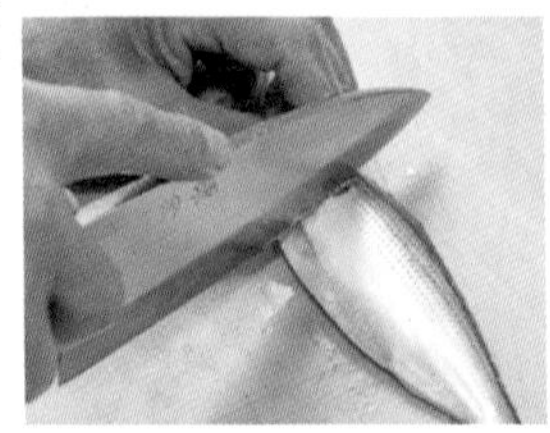

3
머리 밑동 부근의 검은 반점을 기준으로 약간 비스듬히 머리를 자른다.

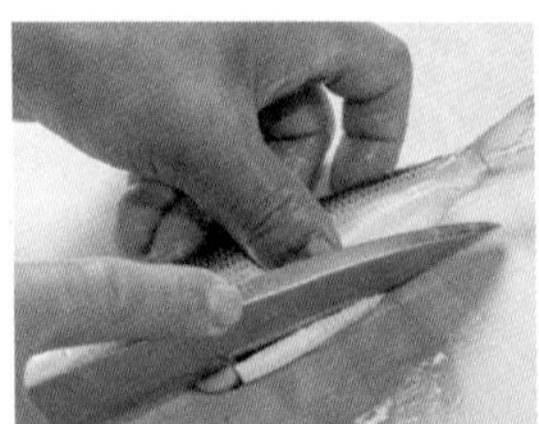

4
배 아랫부분을 조금 자른다. 너무 많이 자르지 않도록 주의한다.

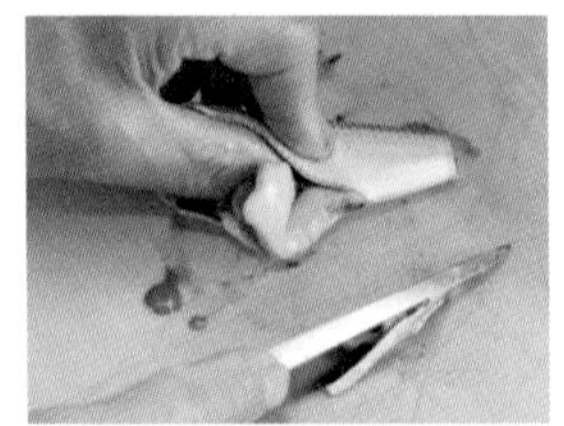

5
자른 곳에 손가락을 넣어 내장을 바깥으로 밀어낸다. 이렇게 하면 칼을 쓰지 않아 생선이 상하지 않는다.

6
내장을 제거한 뒤 꼬리를 자른다.

손질 순서: 밑손질하기 ▶ 배 가르기 ▶ 초절임하기 ▶ 썰기

물로 씻는다

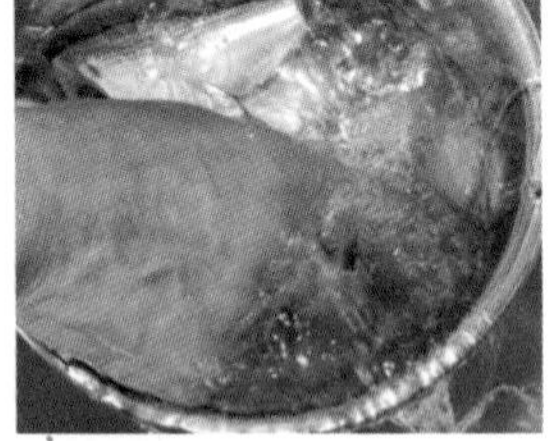

7
내장을 제거한 뒤, 물을 담은 볼에 넣어 배 안쪽의 피와 찌꺼기도 손가락으로 살살 닦아 낸다.

8
깨끗이 씻었으면 깨끗한 면보 등으로 물기를 제거한다.

배 가르기

배를 가른다

1
칼을 배쪽으로 넣고 가운데뼈를 따라 자르며 배를 갈라 펼친다.

2
살을 편 뒤, 머리를 오른쪽에 두고, 머리쪽부터 살과 가운데뼈 사이에 칼을 넣어 꼬리를 향해 칼을 밀며 가운데뼈를 잘라낸다.

배뼈를 제거한다

3
껍질이 붙은 쪽을 아래로 두고, 배뼈를 자른다.

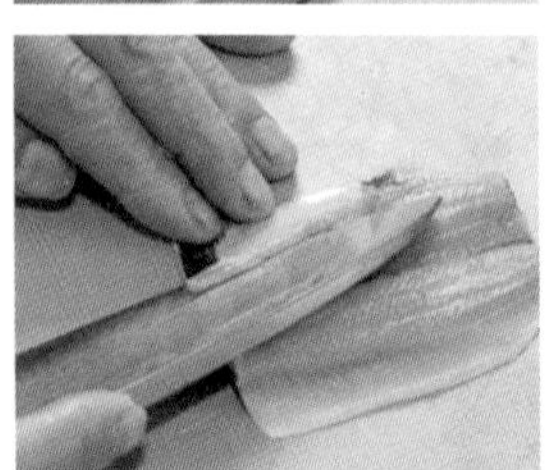

4
다른 쪽 배뼈도 자른다. 살이 적기 때문에 가능한 한 살을 많이 남겨야 한다. 손질한 전어는 겹쳐서 늘어놓는다.

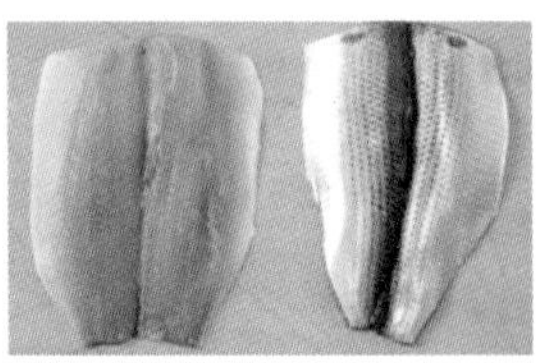

배를 가른 전어(고하다). 오른쪽은 껍질이 위, 왼쪽은 살이 위로 향한 것.

초절임하기

소금으로 절인다

1
커다란 채반을 준비해 전체에 골고루 소금을 뿌린다.

2
전어는 껍질 쪽을 밑으로, 머리쪽을 바깥으로 두고 소쿠리 가장자리부터 늘어놓는다.

3
소금을 뿌린다. 체에 넣어 뿌리면 골고루 소금을 뿌릴 수 있다.

포인트
소금을 손으로 골고루 뿌리는 것은 익숙하지 않으면 어렵다. 체를 이용하면 초보자도 쉽게 골고루 뿌릴 수 있다.

4
소금으로 절인다. 계절과 생선 크기에 따라 시간을 조절한다(여름철에는 약 1시간, 겨울은 1시간 반 정도가 기준이지만, 사람에 따라 다르다).

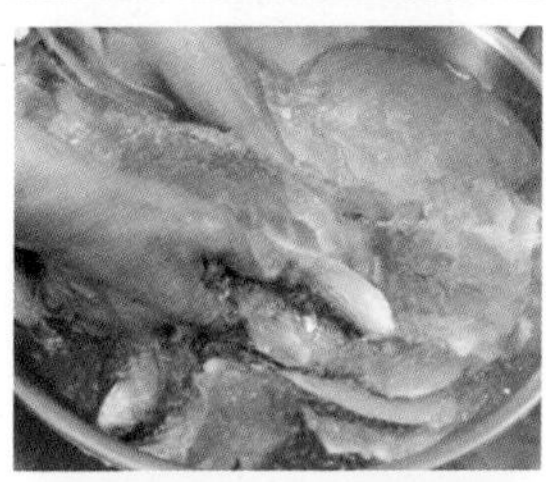

5
뿌려둔 소금이 전부 녹으면, 전어의 표면에 수분이 배어나온다. 이때 흐르는 물로 잘 씻어준다.

6
잘 헹궈낸 뒤 소쿠리에 올려 물기를 뺀다.

식초로 행군다

7
물로 씻은 전어를 식초 안에 넣고, 전체를 가볍게 섞어 식초로 행군다.

8
식초로 행군 뒤, 껍질을 아래로 두고 채반에 널어 가볍게 식초를 뺀다.

9
1마리씩 손으로 쥐어, 껍질 부분이 안으로 가도록 반으로 접고 가볍게 쥐어 식초를 짠다.

초에 절여 재운다

10
식초를 뺀 전어의 껍질이 아래로 가게 겹쳐 쌓고, 식초에 전어가 잠길 정도로 절인다.

11
채반 위에 올린다. 절이는 시간은 20분 정도가 적당하지만, 상황과 사람에 따라 기준이 달라지므로 적절하게 조정한다.

12
채반에 올린 전어를 껍질이 아래로 향하도록 동그랗게 겹쳐 30분 정도 널어 식초를 뺀다.

썰기, 스시 쥐기

1장 올리기

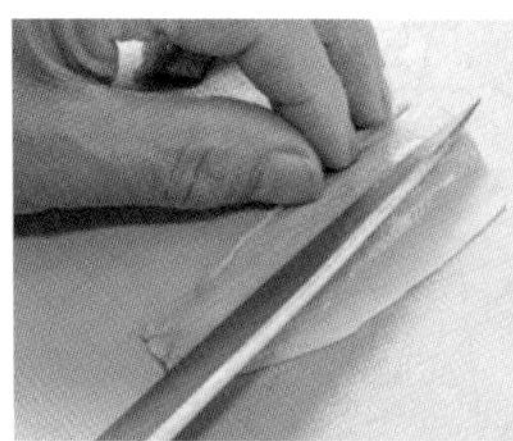

1
1장 올린 전어 스시는 2번 칼집 넣기라고도 부른다. 가운데 단단한 살은 잘라 제거한다.

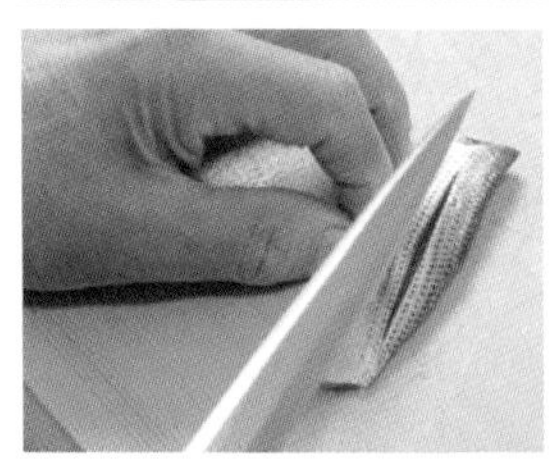

2
껍질 부분에 칼집을 낸다. 껍질이 단단한 부분은 길게, 부드러운 부분은 짧게 자른다.

전어(고하다) 스시

1장 올리기(껍질 없음)

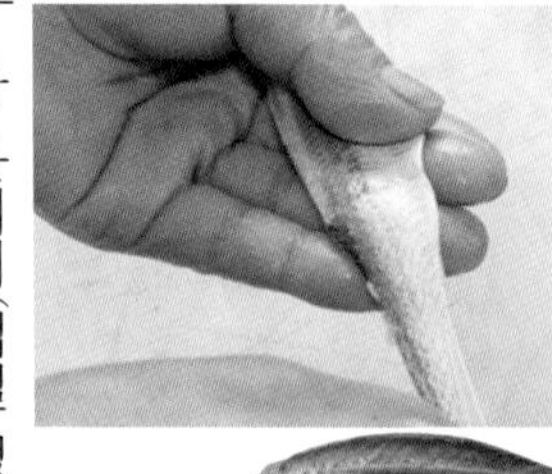

손으로 어깨죽지부터 껍질을 벗긴다. 껍질 부분을 위로 해 세로로 칼집을 1줄 넣어 스시를 만든다.

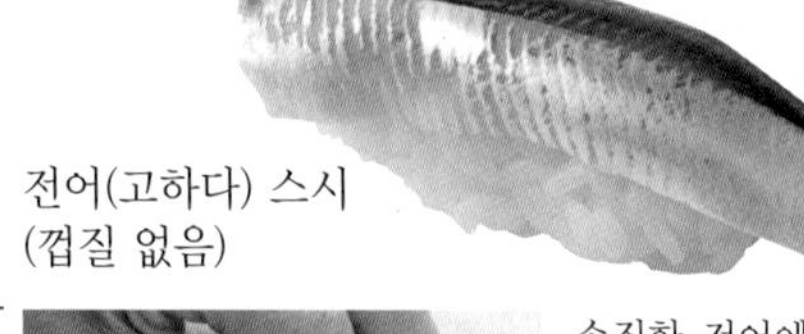

전어(고하다) 스시
(껍질 없음)

나뭇잎 스시(고노하즈케)

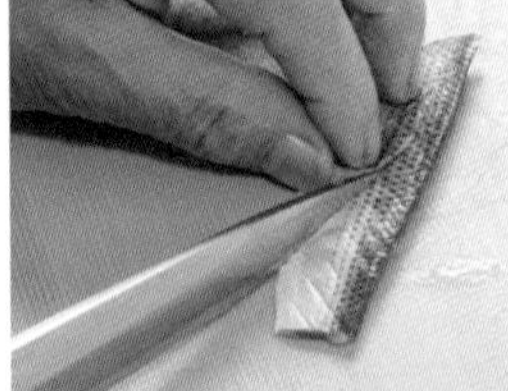

손질한 전어에 사선으로 칼집을 여러 개 내서 나뭇잎처럼 만들어 스시를 만든다.

전어(고하다) 스시

둥근 스시(마루즈케)

껍질 부분에 세로로 긴 칼집을 여러 번 내고, 샤리를 둥글게 감싼 듯한 모양으로 스시를 만든다. '시코로', '가쓰야마'라고도 불리는 형태의 스시다.

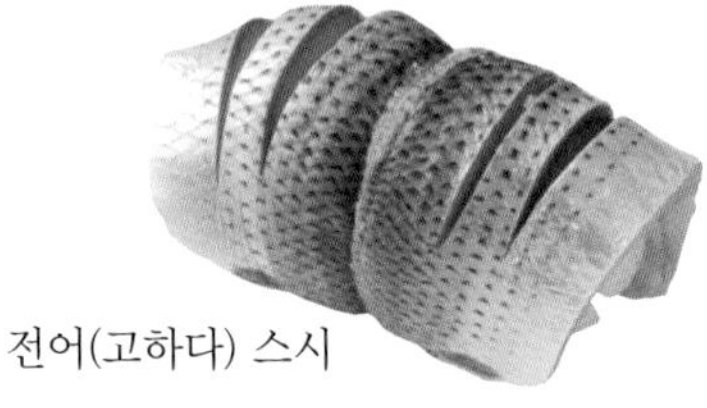

전어(고하다) 스시

여러 가지 전어(고하다) 스시

전어(고하다) 스시

소금에 절이는 시간을 길게, 식초에 절이는 시간을 짧게 해 산미가 강하게 느껴지지 않으면서 감칠맛을 끌어올렸다.

■ 도쿄 도 스가모 「스시도코로 자노메」

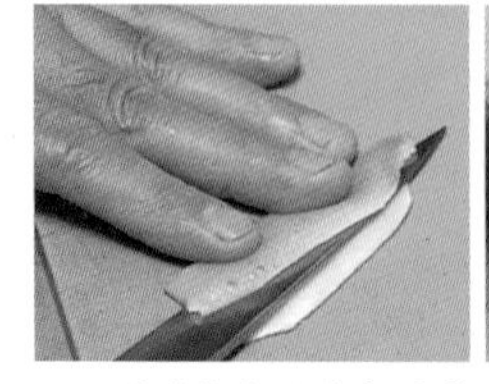

1 전어살의 두께가 일정하도록 반을 가른다.

2 껍질 부분이 위를 향하도록 비틀어 샤리 위에 올린다.

전어(고하다)
여러 겹 스시

고하다는 계절에 따라 소금, 식초에 절이는 시간과 분량을 조절해야 한다. 1마리를 2장으로 나눈 후, 칼집을 3줄 내서 샤리 위에 겹쳐 쌓은 아름다운 모양이다.

■ 도쿄 도 긴자 「나카타」

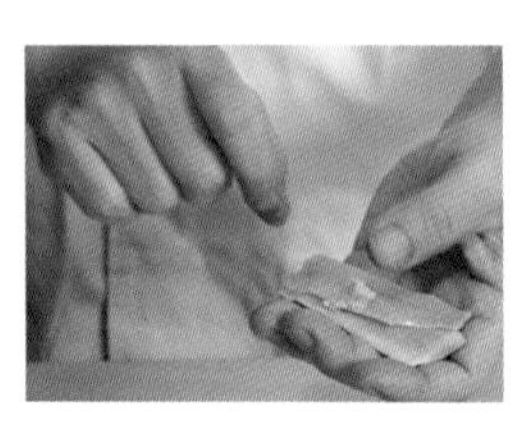

껍질 위에 '八'자로 칼집을 낸 뒤, 먹기 쉽게 겹쳐 올렸다. 전어(고하다)의 크기에 맞춰 샤리 위에 올리는 방법을 바꾼다.

전어(고하다)
여러 겹 스시

전어는 어시장에서 1마리씩 신중하게 고를 정도로 크기가 중요하다. 소금에 18분, 물에 씻은 뒤 1시간 반~2시간 정도 두고 식초에 약 15분 담갔다가 하룻동안 재워둔다.

■ 도쿄 도 긴자 「스시 오지마」

전통적인 초절임 기술

전어(고하다) 스시

전통적인 에도마에즈시 기술을 오늘날까지 이어오고 있다. 소금과 식초의 맛이 강하게 느껴지는 것이 특징이다. 여름이 끝날 무렵부터 맛볼 수 있으며, 스시 1점을 만들 수 있는 크기의 고하다만을 골라 특제 적초에 절인다.

■ 도쿄 구단미나미 「구단시타 스시마사」

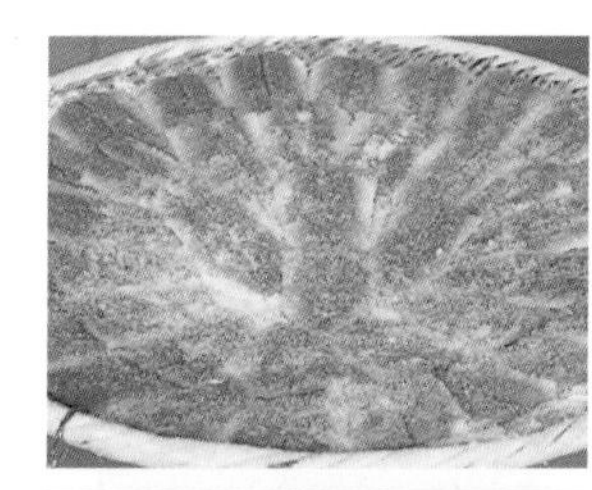

1
껍질이 아래, 머리쪽이 바깥을 향하게 늘어놓고 소금을 뿌린다. 소금에 절이는 시간은 여름에 20분, 겨울에 35분 가량이다.

2
니반즈(한 번 사용한 식초)로 밑절임한 뒤, 식초를 제거했다가 적초에 절인다.

3
적초에 절이는 시간은 20분을 기준으로 지방이 오른 정도나 계절에 따라 적절히 조절한다. 끝나면 적초를 뺀다.

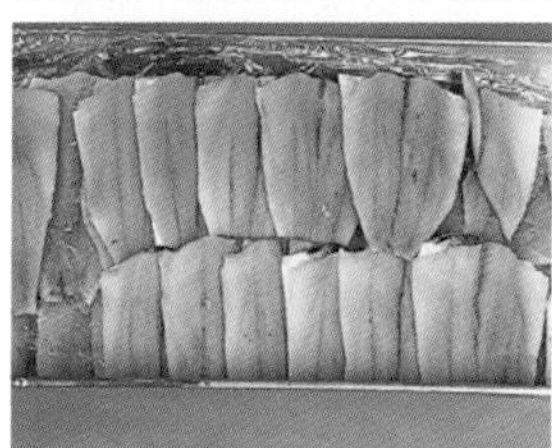

4
적초기를 제거했으면 용기에 담아 랩으로 싸서, 냉장고에서 하루나 이틀 재운 뒤에 스시에 사용한다.

전통적인 오보로 고명 스시 기술

오보로 고명 전어(고하다) 스시

전어의 맛은 껍질과 살 사이에 있는 지방에 있다. 초절임이 약하면 지방이 껍질에 달라붙고 만다. 그래서 충분히 초절임한 전어를 사용해 껍질을 벗기고 단맛이 뛰어난 보리새우 오보로(찐 생선을 으깨어 양념하여 볶거나 말린 가루)를 사이에 뿌려 스시를 만든다.

■ 도쿄 도 긴자 「스시코 본점」

1
손질이 끝난 전어(고하다)의 껍질을 손으로 벗긴다.

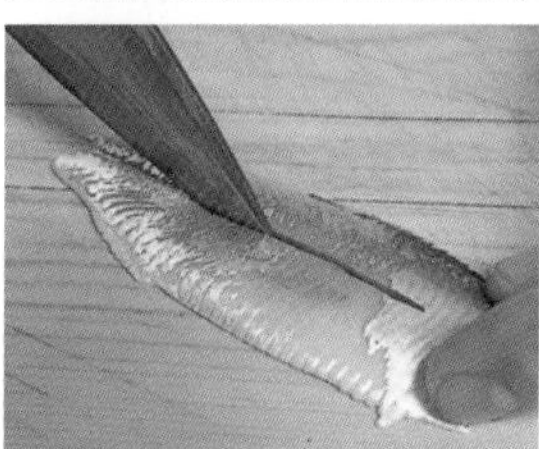

2
껍질을 벗긴 전어 살 가운데에 칼집을 낸다.

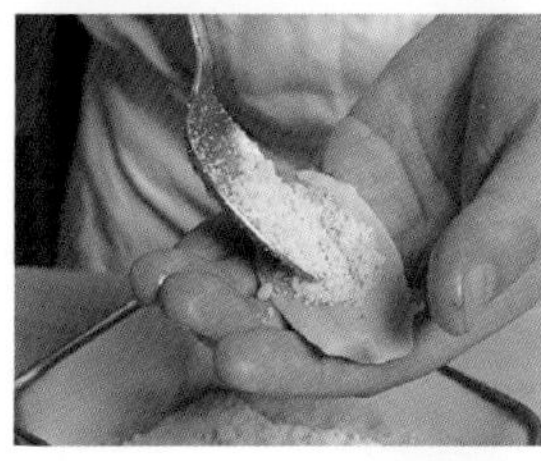

3
전어에 와사비를 바르고, 보리새우 오보로를 칼집 안에 채운다.

4
스시의 양끝을 눌러 정리하고, 칼집을 벌려 오보로가 잘 보이게 한다.

전어(고하다) 흑초 비지 스시

순한 맛의 흑초로 연하게 절인 뒤, 나레즈시 기술 중 하나인 비지 절임 조리법을 이용했다. 독특한 맛을 내는 스시다.

■ 아이치 현 나고야 시 「메이게쓰스시」

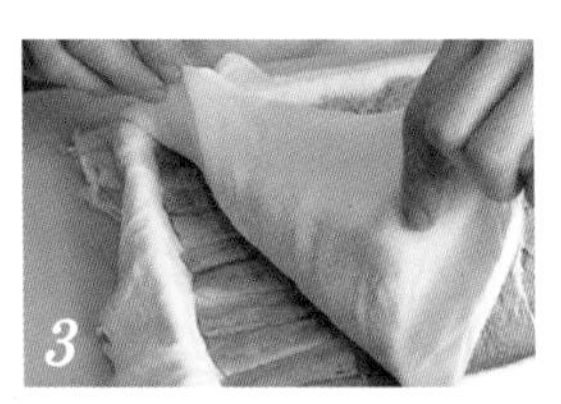

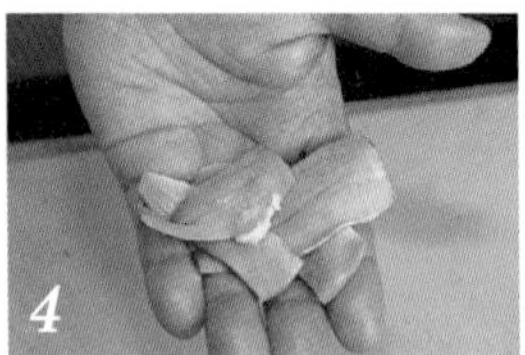

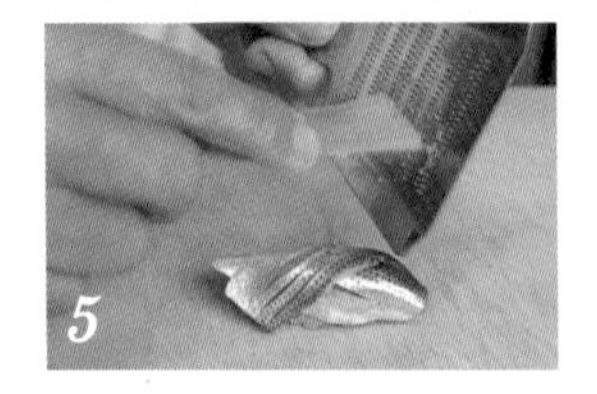

1 채반에 펼쳐 놓고 소금을 뿌린 전어(고하다)를 물에 씻고, 전날에 썼던 니반즈로 한 번 더 씻는다.

2 초절임은 감칠맛이 돌게 한다. 순한 흑초 8:술 2의 배합으로 3분 정도 절인 뒤 살짝 헹군다.

3 비지, 흑초, 술, 미림 등을 깔아둔 절임통에 하룻동안 절여둔다.

4 껍질에 칼집을 내고, 4장을 망처럼 겹쳐 샤리 위에 올린다.

5 스시 한 점은 전어 2장을 쓴다. 스시 위에 청유자후추와 유자 껍질을 갈아 뿌린다.

전어(고하다) 간장 절임 스시

등 푸른 생선이 익숙지 않은 손님들도 먹기 쉽게, 절임 재료 배합에 신경을 썼다. 식초 3 : 미림 3 : 간장 3에 가다랑어를 1의 비율로 섞어 순한 산미를 완성했다.

■ 아이치 현 나고야 시 「사쿠라스시 본점」

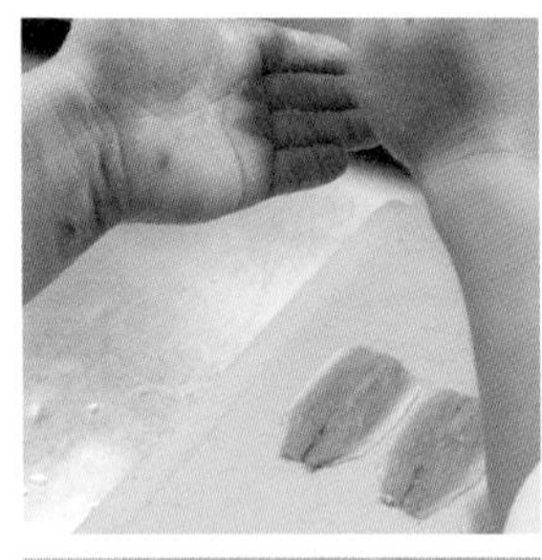

1
배를 가른 전어(고하다)의 껍질과 살 양쪽에 소금을 뿌린 뒤, 도마를 기울여 약 15분간 둔다.

2
소금을 물로 씻어내고, 껍질이 안쪽으로 오도록 반으로 접는다. 잠시 후 물기를 짜고, 절임장에 약 15분간 담가둔다.

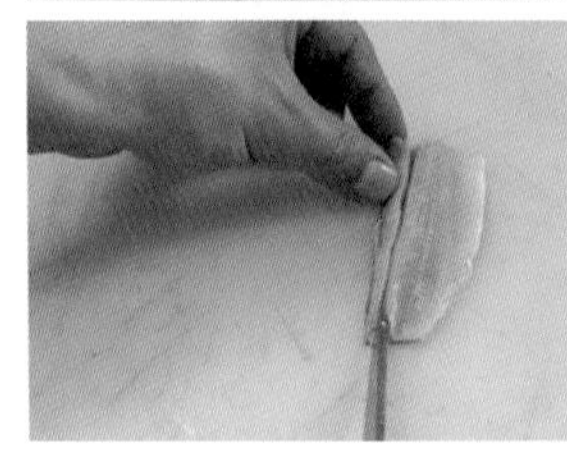

3
냉장고에 넣어 하룻밤 재워두고, 주문을 받으면 세로로 반을 자르고, 등지느러미를 제거한다. 머리 끝동만 남기고 3갈래로 잘라 땋은 후 샤리 위에 올린다.

전어(신코) 스시

전어(신코) 라임 스시

신코의 담백한 감칠맛을 살리기 위해 상큼한 산미와 특유의 풍미를 지닌 라임 과즙을 뿌린 초여름의 별미다.

■ 도쿄 도 가쓰시카 구 「스시야노하나칸」

1
배를 가른 전어(신코)를 늘어놓고, 위에서 암염을 갈아 뿌린 뒤, 2~3분 둔다.

2
물에 희석한 라임 과즙에 미리 식초로 씻은 신코를 2~3분 담가둔다.

고등어 [사바 / 鯖]

분류 : 농어목 고등엇과 고등어속
영어명 : mackerel

기초 지식

제철과 이름의 유래

'등 푸른 생선' 으로 만든 스시 가운데 고등어는 전어 다음으로 가장 많이 쓰이는 스시 재료다.

참고등어(마사바)와 망치고등어(고마사바) 두 종류가 주로 유통되고 있다. 참고등어는 진청고등어라고도 불린다. 망치고등어는 깨고등어라고도 불리며, 글자 그대로 껍질에 깨처럼 검은 반점이 있어 한눈에 쉽게 알아볼 수 있다. 망치고등어는 참고등어보다 몸통이 두터워서 '둥근고등어(마루사바)'라고도 불린다.

참고등어의 제철은 가을에서 겨울까지다. 껍질 아래에 지방이 충분하게 오르고, 살도 꽉 차 감칠맛이 풍부하다. 참고등어가 산란기를 맞아 맛이 떨어지는 여름철에는 망치고등어가 제철을 맞는다. 참고등어보다 맛이 떨어지지만, 두 종류의 고등어를 잘 구분해 사용하면 일 년 내내 스시로 맛볼 수 있다.

초절임 시간이 맛을 결정한다

고등어는 일본에서 '고등어는 쉬 상한다'라는 속담이 있을 정도로, 선도가 빨리 떨어지는 어종이다. 효소가 많아 부패를 촉진한다고 알려져 있다. 또한 히스타민 성분이 알레르기나 두드러기 증상을 일으키는 등 사람에 따라 반응이 다르다.

산지에서는 생식, 즉 회로 먹기도 하지만, 찌거나 굽거나 초절임을 하는 게 일반적이다. 등 푸른 생선 특유의 비린맛은 초절임을 하면 맛이 변한다.

산지와 계절에 따라, 혹은 크기와 지방이 오른 정도에 따라 소금을 뿌리는 시간, 초절임하는 시간을 조절해야 한다. 스시 재료로서는 초절임하여 하룻동안 푹 재워 맛을 배게 하여 사용하는 경우가 많다. 그러나 요즘에는 생으로도 먹을 수 있도록 유통망이 발달해 초절임을 옅게 하는 가게도 많아졌다.

이 경우, 껍질을 먹기 좋게 손질하는 기술도 중요하다. 적절한 두께로 잘라내면 먹기도 좋고 스시로 쥐기도 쉽다.

고등어의 산지

고등어는 거의 모든 일본 근해에서 잡히는데, 주로 아오모리부터 남쪽 어장에서 잡힌 고등어가 유명하며 어획법도 다양하다. 요즘에는 한줄낚시 등으로 낚은 활어를 유통하는 고품질 브랜드 고등어가 귀하게 여겨지고 있다.

후쿠이 현에서 교토까지 이어지는 와카사 만에서 잡은 고등어나 가나가와의 '마쓰와 고등어'나 규슈 오이타 현 지방의 '세키사바' 등도 유명하다.

고등어 스시(3장 올린 것)

고등어 스시(깎아썰기한 것)

고등어 손질하기

선도가 쉽게 떨어지는 대표 어종인 고등어는 무엇보다 신선한 것을 매입하는 것이 필수다. 그다음 재빨리 손질하는 것도 중요하다. 손질할 때에는 부드러운 살이 부스러지지 않도록 주의해야 한다. 고등어는 몸통이 두꺼워서 초절임할 때 다른 등 푸른 생선보다도 소금을 많이 뿌린다. 잘라낼 때에도 껍질을 벗기지만, 이때 껍질의 빛나는 부분이 함께 벗겨지지 않도록 얇게 벗겨낸다.

손질 순서 밑손질하기 ▶ 3장 뜨기 ▶ 초절임하기 ▶ 썰기

밑손질하기

비늘을 벗기고, 머리와 내장을 제거한다

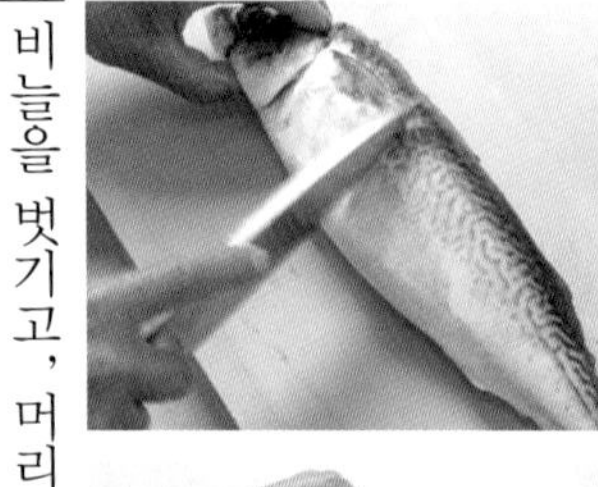

1
칼날을 사용해 비늘을 제거한다. 등지느러미 부분이나 배쪽을 손질할 때 껍질이 상하지 않도록 한다.

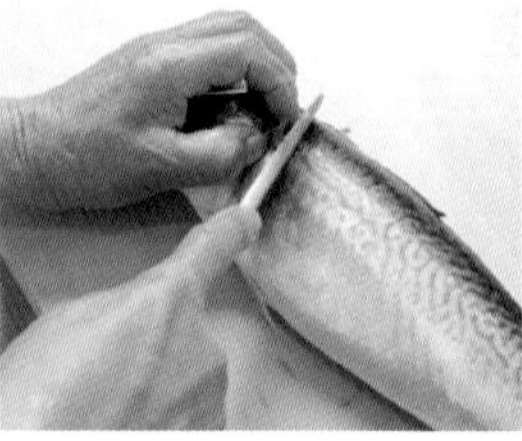

2
가슴지느러미를 들어 올려, 그 아래에 칼을 넣는다.

3
그대로 배지느러미쪽으로 비스듬히 자른다. 반대쪽도 똑같이 잘라 머리를 분리한다.

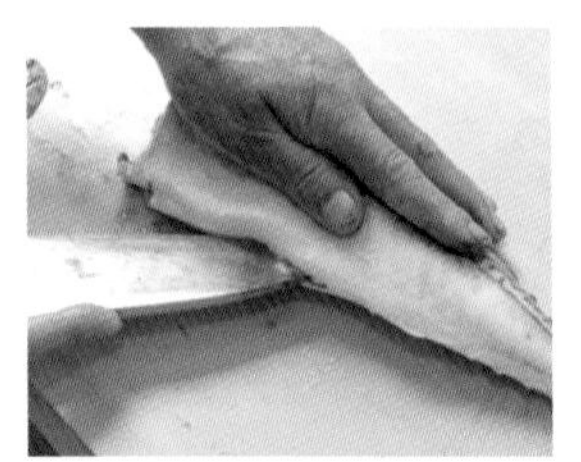

4
배를 갈라 내장을 꺼낸다.

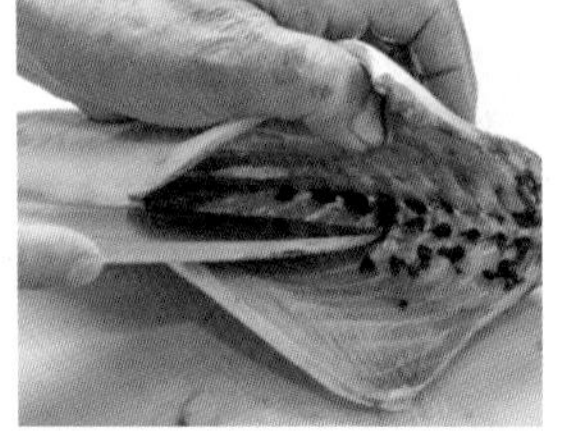

5
지아이 부분도 칼끝으로 칼집을 내며 깨끗하게 긁어내고, 물로 씻는다.

3장 뜨기

3장으로 뜬다

1
우선 한 장을 뜬다. 배쪽을 앞에 두고, 가운데뼈에 닿을 때까지 칼을 넣는다.

2
등을 앞에 두고 똑같이 가운데뼈에 닿을 때까지 살을 가른다.

3
꼬리는 아직 자르지 말고, 꼬리쪽에서 가운데뼈 위로 칼을 넣어 꼬리 밑동쪽의 살까지 분리한다.

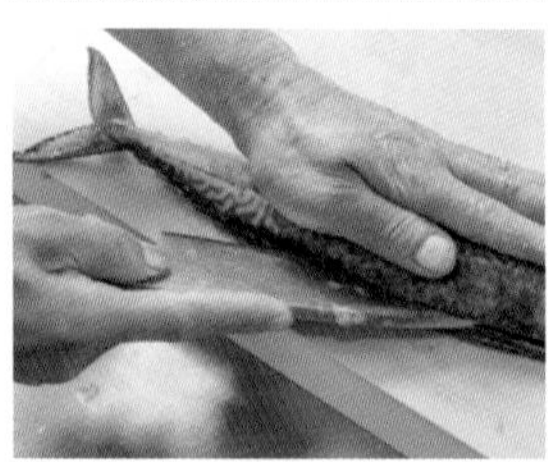

4
2장으로 분리한 고등어 가운데 가운데뼈가 붙어 있는 덩어리의 껍질을 위에 두고, 생선을 손으로 누르며 등쪽부터 가른다.

5
다른 덩어리도 손으로 누르며 살을 갈라, 가운데뼈를 제거하고 3장 뜨기를 마무리한다.

배뼈를 제거한다

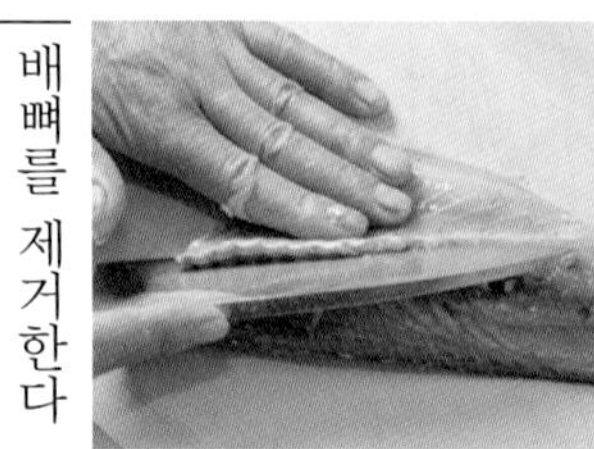

6
살이 부드러워 부스러지지 않도록 주의하며 배뼈가 있는 부분을 잘라낸다.

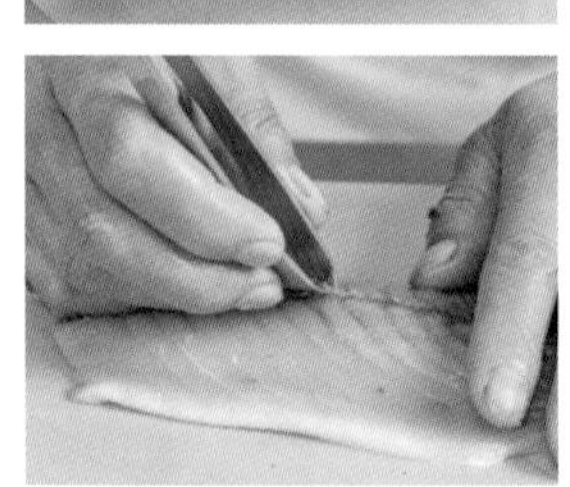

7
지아이가 있던 부분에 남아 있는 잔가시를 손가락으로 더듬어 찾아 핀셋 등으로 꼼꼼히 뽑아낸다.

[3장 뜨기]
위에서부터 ①시타미, ②가운데뼈, ③우와미

초절임하기

소금으로 절인다

1
쟁반에 소금을 깔고, 고등어 전체가 하얗게 될 때까지 소금을 듬뿍 묻힌다.

2
껍질을 아래로 해서 채반에 널고 선선한 장소 혹은 냉장고에 넣어둔다.

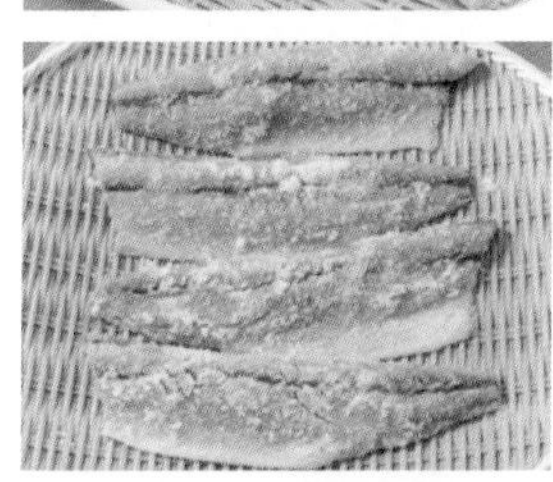

3
그대로 상태를 살피며 1시간 정도 두어 소금기가 배어들 때까지 기다린다. 물기가 빠져나오며 살이 축축해진다.

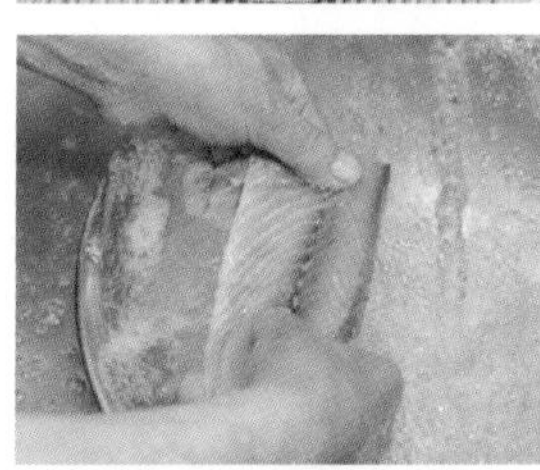

4
소금을 친 고등어를 흐르는 물에 씻어, 소금기를 제거한다.

5
물로 씻은 고등어는 껍질을 아래로 두고 채반에 늘어놓아 물기를 뺀 뒤 꼼꼼히 닦아낸다.

식초로 절인다

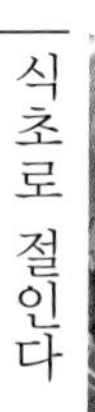

6
껍질을 아래로 두고 바특하게 부은 청초(산성이 약한 식초)에 30분간 담가놓는다. (시간은 상황에 따라 조절한다.)

7
채반 위에 껍질쪽이 아래로 가게 늘어놓고 식초 물을 뺀다.

껍질을 벗긴다

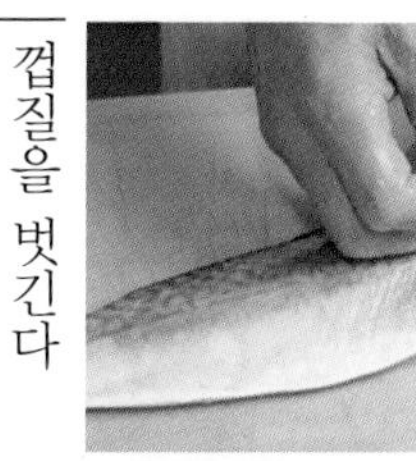

8
어깨부터 얇은 껍질을 손가락으로 조금 벗긴다. 껍질의 빛나는 부분이 날아가지 않도록 가능하면 스시로 만들기 직전에 벗긴다.

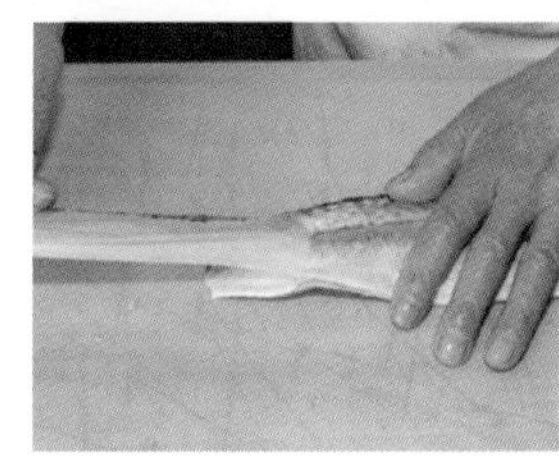

9
껍질이 벗겨진 부분을 손으로 누르며, 꼬리쪽을 향해 껍질을 당기며 벗긴다.

썰기, 스시 쥐기

깎아썰기한다

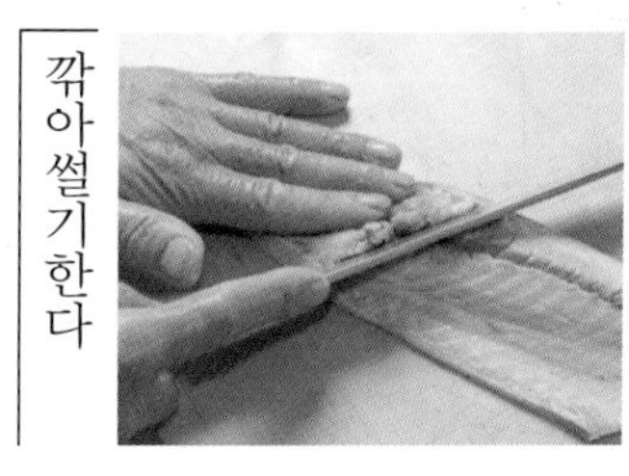

껍질을 아래로 두고, 꼬리쪽에서부터 비스듬히 칼을 넣어 조금 두텁게 깎아썰기한다.

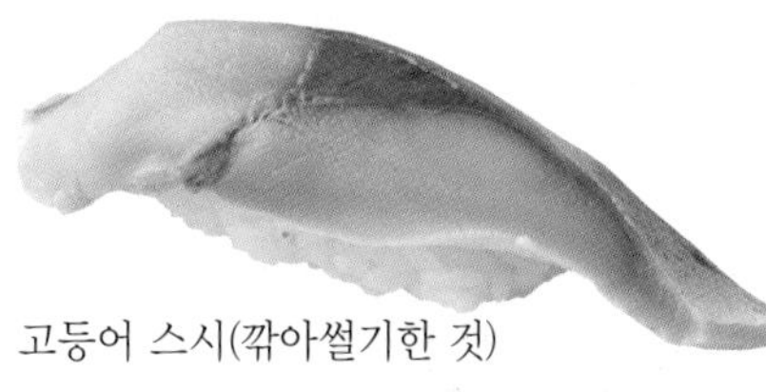

고등어 스시(깎아썰기한 것)

3장 올리기(살이 얇은 경우)

1
껍질을 위, 살이 두꺼운 부분을 위쪽에 두고, 끝에서부터 잘라낸다.

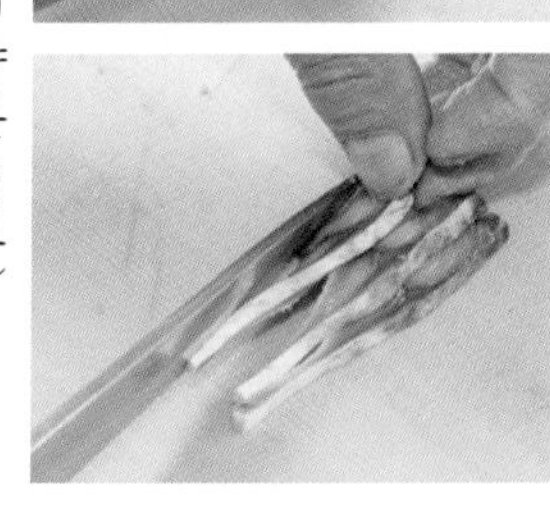

2
2~3mm로 얇게 썰어 3장을 한 세트로 해서 조금씩 빗겨가며 샤리 위에 올려 스시를 쥔다.

고등어 스시(3장 올린 것)

여러 가지 고등어 스시

고등어는 계절은 물론 종류나 산지에 따라 맛이 다른데, 어떻게 조리하느냐에 따라서 풍미가 달라져 조리법이 무척이나 다양하다. 고등어 스시는 초절임부터 시작해, 굽기, 간장 절임은 물론이고 각종 향신료를 고명으로 곁들이거나, 재료 손질법, 스시 쥐는 법 등 그 종류가 다양하다.

고등어 스시(간장절임)

고등어를 설탕에 1시간 절여 비린내를 빼고 물로 씻은 뒤, 소금에 30분, 그 후 간장 소스에 1시간 반 절인다. 위에 다진 파와 곱게 간 생각을 올린다.

■ 홋카이도 오타루 시 「이세스시」

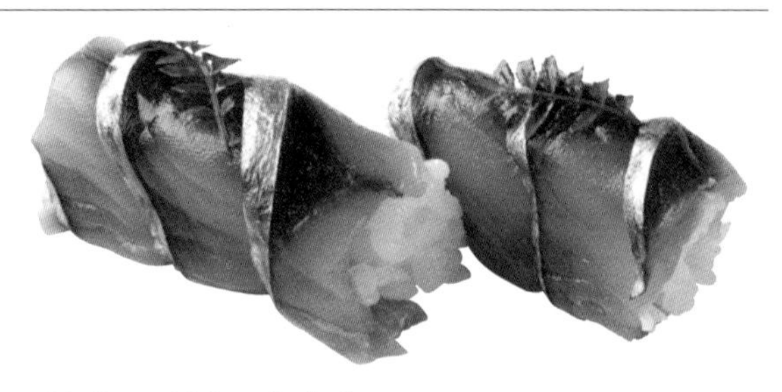

고등어 스시(다즈나마키)

김말이에 랩을 깔고, 얇게 뜬 고등어를 어슷하게 겹쳐 올려놓는다. 샤리 위에 올린 뒤, 돌돌 말아 만든 아름다운 사이쿠마키다. 스시 위에 산초나무 순을 장식했다.

■ 도쿄 도 가쓰시카 구 「스시야노하나칸」

고등어 스시(세줄 땋기)

고등어에 칼집을 내 세 줄로 땋아 스시를 쥐는 고급 기술로 손님을 매료시킨다. 위에는 실파와 생강을 올린다.

■ 도쿄 도 가쓰시카 구 「스시야노하나칸」

세키사바 스시(구라카케)

말 위에 얹는 안장(구라)과 비슷한 모양으로, 얇게 썬 고등어를 샤리 위에 얹어 스시를 쥔다. 살이 단단한 고급 세키사바를 사용했다.

■ 도쿄 도 가쓰시카 구 「스시야노하나칸」

세키사바 스시(아부리)

지방이 적절하게 오른 세키사바의 껍질을 불에 그을려 향기로운 풍미가 더해 미각을 자극한다. 산파와 생강을 갈아 곁들인다.

고등어 스시(초절임 아부리)

초절임한 고등어의 겉면을 살짝 구워 지방의 맛이 더해지고 독특한 향이 풍겨 맛이 좋다. 위에 시로이타곤부(다시마를 얇게 썰어 하얀 부분만 남긴 다시마), 얇게 썬 무, 토란을 함께 올렸다.

■ 도쿄 도 가쓰시카 구 「스시야노하나칸」

세키사바 스시(다시마절임)

세키사바는 날것으로 스시를 만들어도 맛있지만, 다시마절임을 해 다시마의 감칠맛을 배어들게 하면 새로운 풍미를 지닌 스시가 탄생한다.

■ 도쿄 도 가쓰시카 구 「스시야노하나칸」

전갱이 [아지 / 小鰺]

분류 : 농어목 전갱잇과 전갱이속
영어명 : horse mackerel

기초 지식

전갱이의 종류와 특징

일본 근해에서 잡히는 전갱이의 종류는 수십여 가지나 된다. 산지에 따라 부르는 이름이 달라 똑같은 전갱이라도 여러 이름을 가진 경우도 많다.

주요 어종은 전갱이(마아지), 갈고등어(무로아지), 가라지(마루아지), 붉은가라지(아카아지), 줄무늬전갱이(시마아지), 갈고등어(가이와리) 등을 들 수 있다. 이 중에서 줄무늬전갱이는 크기나 외형이 일반 전갱이와는 달라서 스시 재료 분류로는 흰 살 생선에 포함된다.

어디서나 잡을 수 있는 어종이어서, 원래는 무척이나 친근한 대중어의 대표격이다.

전갱이는 먼 바다를 회유하는 것과 산란을 위해 돌아와 근해에서 잡히는 것으로 나뉘는데, 일반적으로 접하는 회유성 전갱이는 몸통에 약간 검은빛이 돌아 검은전갱이(구로아지)라고도 불린다. 한편 근해에서 잡힌 전갱이는 황색을 띠고 있어 노란전갱이(기아지)라고 불리며, 보다 맛이 좋다고 한다.

이런 근해산 전갱이의 종류로는 규슈 지방의 분고 수도 근처에서 잡히는 '세키아지'나 시마네 현 서부 앞바다에서 잡히는 '돈칫치아지' 등의 브랜드도 지명도가 높다.

제철과 맛의 변화

전갱이는 5~9월경이 제철이다. 그렇다고는 하지만 어장이 남하하면서 일 년 내내 어획되는 것과 맛의 차이가 별로 없다.

살은 두껍고 탄력이 있어 손으로 잡으면 단단한 느낌이 든다. 배에 상처가 없는 것은 물론이고, 눈이 맑고 선도가 높은 것을 골라야 한다.

한편 껍질 표면에는 딱딱한 비늘이 있다. 아가미 뒤에서 꼬리까지 길게 이어지기 때문에 꼬리 쪽부터 깎아내듯 손질해야 한다.

초절임하는 것이 등 푸른 생선의 일반적인 손질법이지만, 전어나 고등어보다 약하게 해야 한다. 게다가 요즘에는 날생선으로 스시를 만드는 것이 주류이기 때문에 초절임할 때는 고추냉이를 함께 넣고 날생선으로 스시를 만들 때에는 생강을 곁들인다. 살이 단단하면서도 부드럽고, 산뜻한 맛이 매력적이다.

전갱이 스시(초절임)

전갱이 스시(날 것)

전갱이 손질하기

전어, 학꽁치와 함께 등 푸른 생선을 대표하는 스시 재료이다. 전갱이에는 '제이고(젠고)'라 부르는 가시 같은 딱딱한 모비늘이 있어서, 이것을 제거한 뒤에 손질한다. 기본적으로 한 장으로 스시 한 점을 만들 수 있는 크기의 생선을 고르고, 등을 갈라 손질한다. 초절임하는 시간은 계절이나 지방이 오른 정도로 조절한다. 초절임할 때에는 껍질을 안쪽으로 넣으면 겉면의 반짝임이 유지된다. 날생선으로 스시를 만들 때에는 생강이나 산파 등의 향신료를 고명으로 올린다.

손질 순서

밑손질하기 ▶ 등 가르기 ▶ 초절임하기 ▶ 썰기

밑손질하기

모비늘을 잘라내고, 머리와 내장을 제거한다

1
모비늘은 딱딱한 부분을 꼬리부터 머리 방향으로 깍아내듯 잘라낸다.

2
가슴지느러미 아래에서 배지느러미 쪽으로 칼을 비스듬히 댄다.

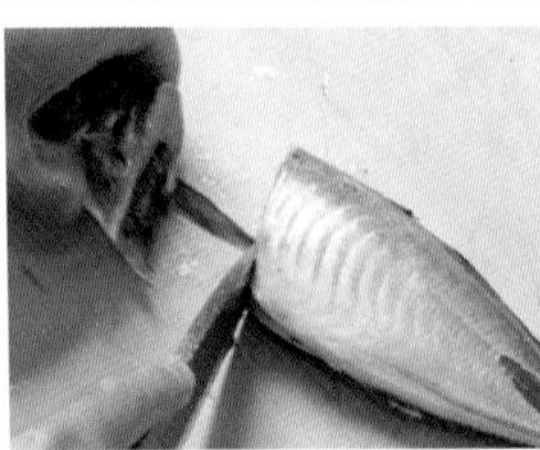

3
그대로 수직으로 힘을 주어 단숨에 머리를 잘라낸다.

4
어깨 부분에서 배 쪽으로 칼날을 넣어, 항문까지 살을 가른다.

5
칼끝으로 내장을 긁어내고, 깨끗하게 물로 씻어낸다.

등 가르기

등을 가른 뒤 가운데뼈를 제거한다

1
등을 도마 아래에 두고, 오른쪽으로 놓은 어깨 쪽부터 가운데뼈를 따라 칼을 밀어 자른다.

2
그대로 등을 가른다. 배 쪽 살이 완전히 분리되지 않도록 주의한다.

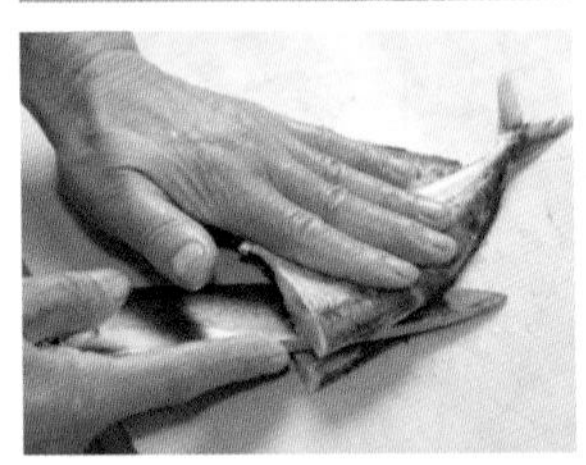

3
껍질을 위, 꼬리를 반대편으로 두고, 칼을 눕혀 가운데뼈를 등지느러미째 잘라낸다.

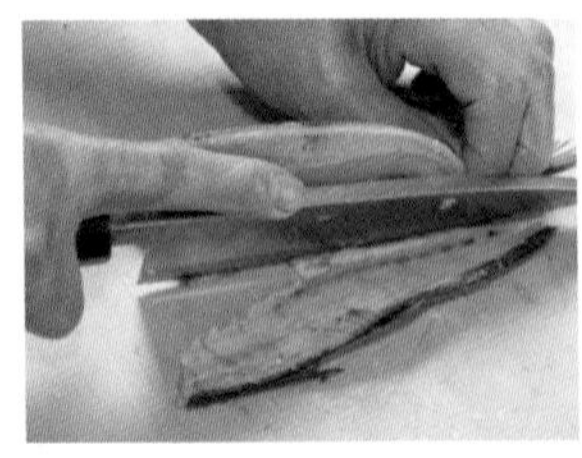

4
그대로 가운데뼈 위를 자르는데, 배쪽 껍질 부분의 가운데뼈는 칼날을 세워야 살을 자르지 않는다.

배뼈를 제거한다

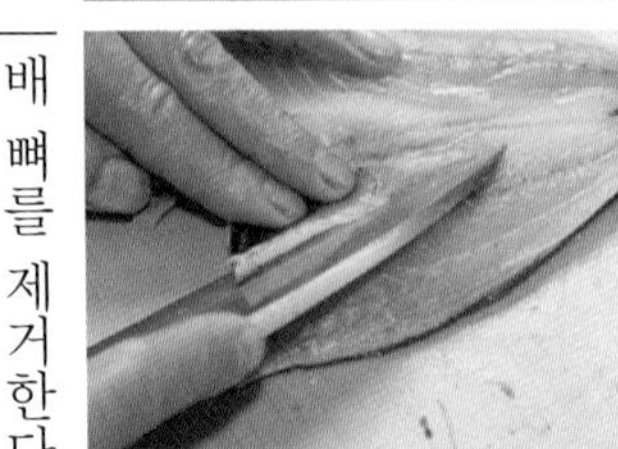

5
칼을 눕혀 배뼈를 발라낸다.

6
전갱이 꼬리를 들어올리며 칼끝으로 배지느러미를 누른다. 배지느러미가 분리된다.

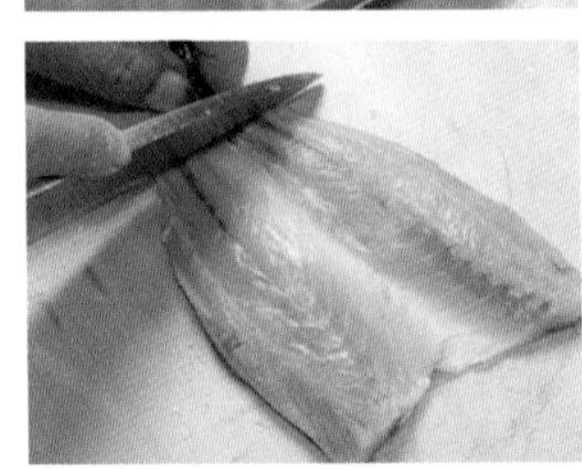

7
마지막으로 꼬리를 자른다. 꼬리를 단 채로 스시를 만들 경우엔 꼬리를 자르지 않는다.

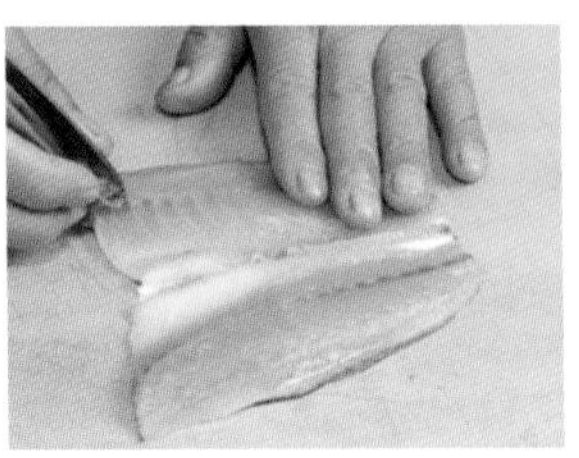

8
가운데뼈 자리에 남아 있는 잔가시를 핀셋으로 뽑는다. 머리쪽으로 잡아당기듯 뽑으면 깨끗하게 발라낼 수 있다.

초절임하기

소금으로 절인다

1
채반에 소금을 골고루 뿌리고, 등을 가른 전갱이의 껍질이 아래로 가도록 뒤집어 놓고 전체에 다시 소금을 뿌린다.

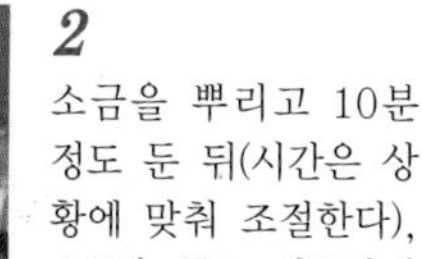

2
소금을 뿌리고 10분 정도 둔 뒤(시간은 상황에 맞춰 조절한다), 소금을 물로 깨끗하게 씻는다.

3
전갱이는 껍질을 아래로 두고 채반에 올려 물기를 빼고, 껍질 부분이 맞닿도록 접어 가볍게 쥐어 짠다.

초절임한다

4
전갱이는 식초로 씻은 뒤, 껍질을 안쪽으로 접어 식초물(식초 3 : 물 2)에 약 3분간 절인다.

5
식초에 절인 전갱이를 꺼내 가볍게 쥐어 물기를 짠다.

6
식초를 짠 전갱이는 껍질을 안쪽으로 접은 채 채반에 올려 물기를 뺀다.

포인트

등 푸른 생선을 초절임 할 때는 껍질의 빛나는 부분이 상하지 않게 하는 것이 중요하다. 소금으로 절일 때 껍질을 아래로 두고, 물기를 뺄 때 껍질 부분이 안쪽으로 가게 접는 것도 껍질이 상하지 않도록 보호하는 것이다. 초절임할 때에도 마찬가지로 껍질을 안쪽으로 두고 조리한다. 껍질을 벗기기 전까지 껍질의 빛이 날아가지 않도록 주의하도록 하자. 이는 전갱이뿐만 아니라 등 푸른 생선 전체에 해당한다.

평형자르기(큰 전갱이 손질법)

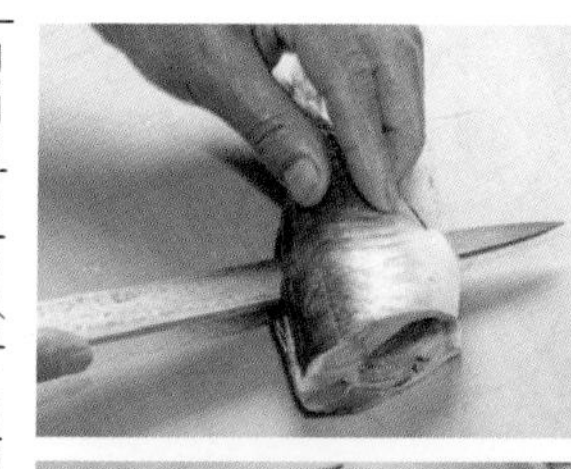

1
전갱이는 밑손질을 마치고(p.78), 머리를 왼쪽, 등을 도마 아래쪽으로 두고 머리부터 가운데뼈를 따라 단숨에 자른다.

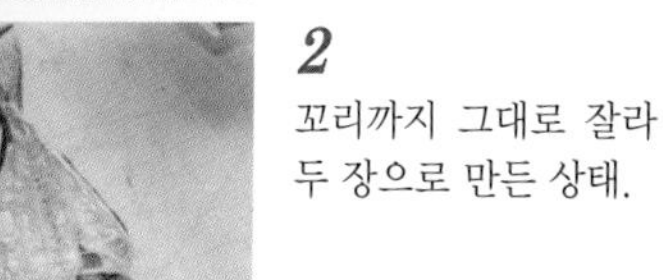

2
꼬리까지 그대로 잘라 두 장으로 만든 상태.

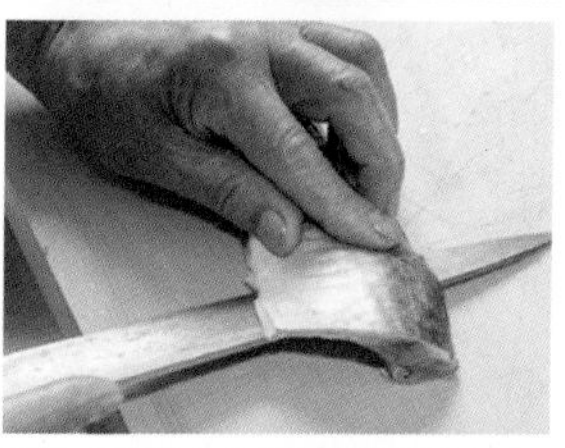

3
반대쪽 껍질을 위로 오게 하고, 가운데뼈 위에 칼을 눕혀 넣어 단숨에 살을 발라낸다.

4
가운데뼈에 꼬리가 달린 채 깨끗하게 분리된 상태. 힘을 너무 많이 주면 가운데뼈가 끊어지므로 주의해야 한다.

5
우와미와 시타미의 배뼈를 각각 얇게 잘라낸다.

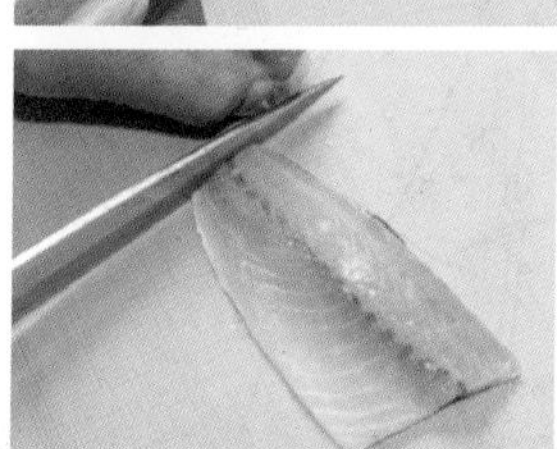

6
꼬리 가까운 부분을 자른다.

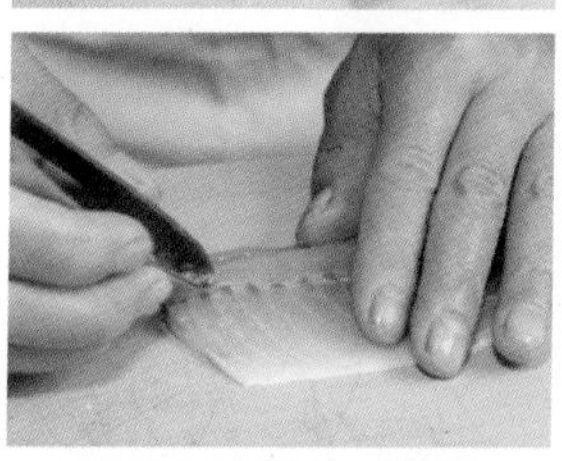

7
잔가시를 핀셋으로 뽑는다. 머리 쪽으로 잡아당기듯 뽑으면 깨끗하게 손질할 수 있다.

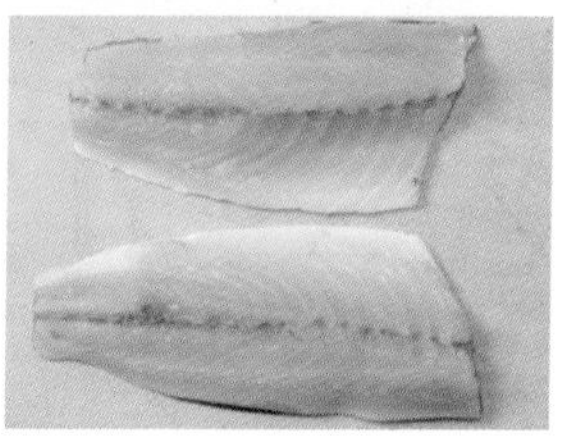

[평형자르기]
우와미(위),
시타미(아래)

썰기, 스시 쥐기

날생선, 1장으로 2점 만들기

1
껍질을 벗긴 전갱이의 살이 위로 가도록 도마에 올려놓고, 비스듬하게 반으로 자른다.

2
껍질을 위로 두고 각각 가운데에 칼집을 넣어 1장으로 스시를 2점 쥔다. 간 생강과 산파를 곁들인다.

전갱이 스시(날생선 1장으로 2점 만들기)

초절임, 1장 스시

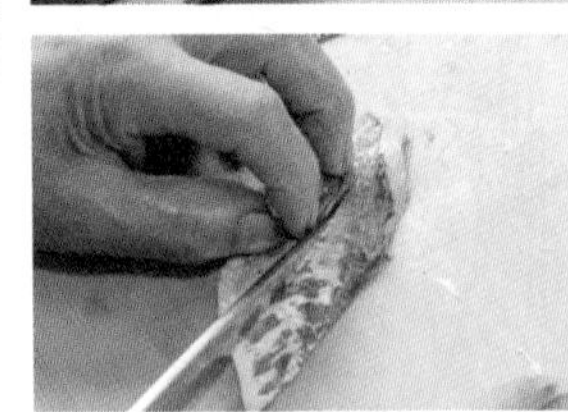

1
초절임해 껍질을 벗긴 전갱이는 살이 위로 가게 두고, 반을 자른다.

2
자른 전갱이는 껍질이 위로 가게 놓고, 가운데에 칼집을 내 스시를 쥔다.

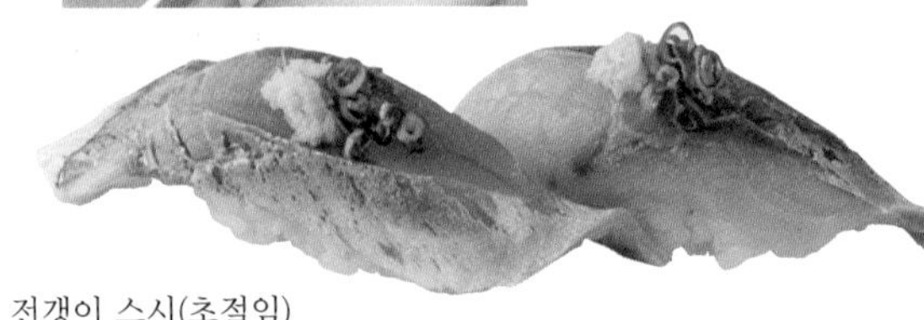

전갱이 스시(초절임)

초절임, 1장 스시

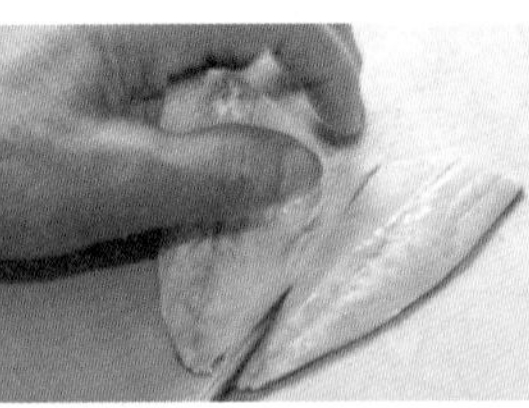

1
초절임해 껍질을 벗긴 전갱이는 살이 위로 가게 두고, 반을 자른다.

2
자른 전갱이는 껍질이 위로 가게 놓고, 가운데에 칼집을 내 스시를 쥔다.

전갱이 스시 (초절임)

초절임, 1장으로 3점 만들기

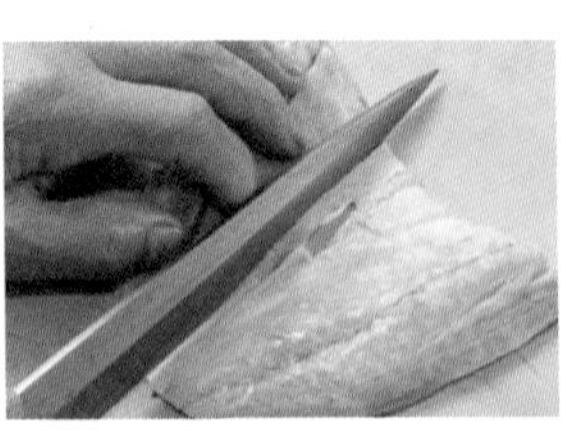

1
초절임한 전갱이는 껍질을 얇게 벗기고, 절반으로 자른다.

2
절반으로 자른 전갱이를 3점으로 깎아썰기 한 뒤, 스시를 쥔다. 큰 사이즈의 전갱이에 적절한 방법이다.

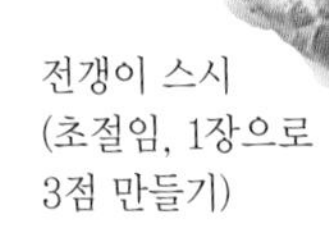

전갱이 스시 (초절임, 1장으로 3점 만들기)

여러 가지 전갱이 스시

전갱이 나메로우미소 스시

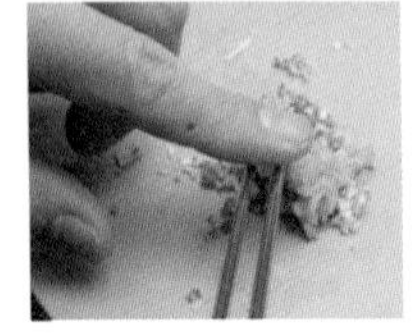

전갱이 스시는 생강과 파와 함께 먹는 경우가 일반적이지만, 나메로우미소를 곁들이기도 한다. 나메로우미소는 파와 생강순, 차조기(시소)를 다져 미소와 섞은 것이다.

■ 이시카와 현 가나자와 시 「스시갓파 아오이스시」

전갱이 가노코 스시

전갱이 껍질을 격자무늬(카노코)로 칼집을 내 자른 뒤 스시를 쥔다. 격자무늬 덕분에 스시가 돋보이고, 간장이 잘 스며든다.

■ 도쿄 도 우메가오카 「우메가오카스시노미도리 총본점」

꽁치 [산마 / 秋刀魚]

분류 : 동갈치목 꽁칫과 꽁치속
영어명 : pacific saury

기초 지식

제철과 산지

에도마에즈시 메뉴에 꽁치가 등장하는 것은 극히 최근의 일이다. 그러나 향토 스시에는 와카야마나 미에에서 꽁치로 만든 오시즈시나 보즈시 등 오랜 역사를 자랑한다.

제철은 8~10월로, 가을 꽁치는 지방이 올라 사시미나 소금구이 모두 그 맛이 훌륭하다.

등 푸른 생선이 가진 특유의 냄새도 제철을 맞으면 조금 덜하다. 몸통 부분이 둥글고, 등살도 두텁고, 배가 꽉 차고, 주둥이가 노란색인 것이 신선한 것이다.

제철은 조금 차이나지만, 홋카이도 산리쿠 앞바다에서 잡힌 꽁치는 물론 도키와, 초시 앞바다에서 잡힌 것도 모두 지방도 충분하고 스시 재료로써 손색이 없다.

선도와 관리

등 푸른 생선의 공통적인 문제는 선도가 빨리 떨어지는 것이다. 꽁치도 똑같은데, 요즘은 초절임하지 않고 날생선으로 스시를 만드는 경우가 많다.

손질할 때에는 선도를 유지하기 위해 재빨리 밑손질을 하고 관리해야 한다. 주문에 따라 3장 뜨기하여 스시를 만들기도 하는데, 지방질이 너무 많아 칼날에 묻거나 지아이 부분의 비린내가 옮는 것은 피해야 한다.

선도가 좋은 꽁치의 지아이 살은 선명한 붉은색을 띠고, 비린내도 나지 않는다. 생강이나 산파 등의 향신료를 고명으로 곁들여 스시를 만든다.

또한, 꽁치의 살이 많으면 스시를 만들 때 샤리에 잘 붙지 않기 때문에 격자 모양으로 칼집을 내는 등 다양한 방법으로 잘라야 한다. 칼집이 있으면 간장도 잘 묻고, 먹기도 좋다.

꽁치 스시(노시즈쿠리)

손질한 꽁치 반장을 세로로 길게 잘라 스시를 만들었다. 형태가 독특하고 개성적인 스시다. 고명으로 파와 생강을 곁들였다.

꽁치 스시(날생선)

아름다운 은색을 자랑하는 껍질에 칼집을 낸 스시. 살 부분이 위로 오게 만들어 색채의 변화를 꾀했다.

■ 도쿄 도 스가모 「스시도코로 자노메」

정어리 [이와시 / 鰯]

분류 : 청어목 청어과 정어리속
영어명 : sardine

기초 지식

정어리의 종류

우리가 자주 접하는 정어리는 주로 정어리(마이와시), 멸치(가타구치이와시), 눈퉁멸(우루메이와시) 등이다.

스시 재료로 쓰이는 것은 정어리인데, 몸통 옆 가운데에 작고 검은 점이 줄지어 나 있는 것이 특징이다.

성장 단계에 따라 그 크기를 나타내는 독특한 명칭이 붙어 있다. 치어는 시라스, 6~10cm의 것은 고바(小羽), 10~15cm의 것은 추바(中羽), 16cm 이상은 오바(大羽)라고 부른다. 추바 정어리 1장으로 스시 1점, 오바 정어리 1장으로 스시 3점을 만들 수 있다.

제철과 특징

정어리철은 5~11월로, 가을에는 지방이 오른 오바 정어리가 제철이다. 6월경에 잡힌 정어리를 '장마철 정어리(뉴바이이와시)'라 부르는데, 특히 맛이 좋아 이 시기도 제철이라 부른다.

일본 혼슈 전역에서 잡히지만, 어획량이 격감하면 가격이 급등해 고급 어종에 가까운 취급을 받는다.

정어리는 한자를 보면 알 수 있듯이, 신선도가 급격히 떨어지는 생선이다. 상처가 나면 지방이 많은 부분부터 비린내가 심해지고 지아이 부분의 색도 검게 변한다. 손질이나 초절임 모두 재빨리 해치워야 하는 게 무엇보다 중요하다.

손질을 할 때 초절임을 하는 게 일반적이지만, 식초로 가볍게 헹구는 정도로만 초절임하는 경우도 있다. 날생선일 경우에는 껍질을 벗기고, 배뼈를 제거해 먹을 때 걸리지 않도록 섬세하게 배려하는 자세가 필요하다.

정어리와 관련된 속담

원래는 서민들이 즐겨 먹는 대중적인 생선이라, 일본에는 '정어리도 7번 씻으면 도미 맛이 난다'처럼 정어리와 관련된 속담도 많다.

정어리를 손질해 얼음물로 씻으면 여분의 지방이 떨어져 나가고, 살이 단단해지고, 속담처럼 맛이 좋아진다. 각각의 어종의 개성을 알고 단점을 보완하면 고급 어종인 도미의 맛과 비슷해질 것이다.

정어리 스시

정어리의 맛을 만끽할 수 있도록 심플하게 파순과 생강을 갈아 곁들였다. 정어리 껍질에 칼집을 내, 간장을 잘 배게 했다.

■ 아이치 현 나고야 시 「사쿠라스시 본점」

정어리 스시(날생선)

신선한 정어리는 초절임하지 않고 날생선으로 스시를 만든다. 조심스레 껍질을 벗겨, 특유의 빛을 살렸다.

■ 도쿄 도 우메가오카 「우메가오카스시노미도리 총본점」

보리멸 [기스/鱚]

분류 : 농어목 보리멸과 보리멸속
영어명 : sillago

기초 지식

명칭과 유래

보리멸의 종류는 크게 보리멸과 청보리멸로 나눈다. 일반적으로 보리멸이라 부르는 것은 시로기스인데, 등에 노란빛이 돌고 배가 하얗게 전체적으로 모래를 뿌린 것같이 은색을 띤다. 몸통의 색이 달라 배가 푸르스름한 것이 청보리멸(아오기스)로, 맛이 약간 떨어진다. 지방에 따라서 보리멸을 시라기스, 마기스, 기스고, 기쓰고 등으로 부르기도 한다. 스시 재료로 쓰이는 것은 보리멸이다.

초여름이 제철인 고급 어종

보리멸은 6~8월까지로 여름이 제철이다. 그러나 어획량이 많은 어종은 아니다.

예로부터 도쿄 만 수심이 얕은 곳에 세워 둔 사다리 위에서 보리멸을 잡는 낚시법이 유명한데, 어획량이 확연히 줄면서, 근래에는 수입산이 많이 유통되고 있다.

보리멸 스시는 20cm 전후의 것을 많이 쓰는데, 큰 것은 자르고 작은 것은 통째로 쓴다. 15cm 전후의 보리멸은 튀김용으로 좋아 도쿄식 튀김 재료로 인기가 높다. 껍질 전체에 윤기와 탄성이 있고, 몸통에 살이 많고, 선도가 좋은 것을 골라야 한다.

초절임과 날생선 손질

등 푸른 생선 가운데 학꽁치와 새끼도미와 함께 고급 재료로 여겨져 품격 높은 흰살 생선처럼 담백한 맛이 난다. 다른 등 푸른 생선처럼 초절임하는 것이 일반적이고, 살이나 껍질도 두껍지 않아 초절임을 약하게 해 본연의 맛을 살린다.

요즘에는 날생선의 껍질만 벗겨 스시로 만드는 집도 늘고 있다. 특히 산지와 가까운 지역에서는 날 스시가 일반적인데, 껍질과 살이 부드럽고 섬세해 손질할 때 충분히 주의를 기울여야 한다.

보리멸 스시(유비키)

일본 규슈 북서부 현해탄에서 잡은 보리멸의 껍질과 살 사이의 품질 좋은 지방의 맛을 살리기 위해 소금으로 약하게 5분간 절인 후, 껍질만 살짝 데쳐 칼집을 넣었다.

■ 후쿠오카 현 후쿠오카 시 「스시갓포 시미즈」

보리멸 스시(야키지모)

보리멸은 담백한 맛이 일품이다. 날로 먹을 뿐만 아니라, 초절임이나 야키지모(표면을 직화로 굽는 조리법) 등으로 맛의 깊이를 더한다. 이 스시는 껍질 부분을 직화로 구웠다.

학꽁치 [사요리 / 針魚, 細魚, 鱵]

분류 : 동갈치목 학꽁칫과 학꽁치속
영어명 : halfbeak

기초 지식

이름대로 가느다란 생선

학꽁치는 아래턱이 길고, 몸통도 가늘고 긴 것이 특징이다. 어류학상으로는 동갈치목에 속해, 날치(토비우오)나 꽁치와 같은 부류다. 학꽁치를 표현하는 한자를 살펴보면 바늘고기(針魚, 鱵), 가느다란 고기(細魚)란 뜻이다. 표기는 다르지만 모두 가늘고 긴 고기란 의미다. 아래턱의 긴 부분은 먹이를 잡을 때 쓴다. 특히 몸길이가 35cm 이상이 되는 것은 '간누키'라고 부른다. 옛날 집의 문을 잠글 때 쓰는 '빗장(간누키, 閂)'과 닮았기 때문이다.(위 사진의 위에 있는 것이 간누키이고, 아래는 일반적인 크기인 27cm 정도의 학꽁치다.)

어장은 근해 앞바다에 많은데, 쌍끌이어업으로 2척의 배를 사용해 어획하는 경우가 많은데, 투망이나 소형 정치망 등으로 잡기도 한다.

제철과 사요리 미인

학꽁치철은 3~4월 봄이라고 하지만, 가을철 학꽁치도 맛이 나쁘지 않다. 가을부터 이듬해 봄 4~5월경까지를 제철이라 봐도 좋을 정도다. 살이 통통한 학꽁치는 3장 뜨기를 하지만, 배를 갈라 쓰는 것이 일반적이다.

학꽁치는 뽀얗고 날씬한 겉모습과 반대로 내장이나 복막은 새까맣다. 일본에서는 '사요리 미인'이란 말이 있는데, 이 말은 칭찬이 아니라 '예쁘게 생겼어도 속이 시꺼먼 사람'이라는 뜻이므로 이 말을 듣고 기뻐해서는 안 된다.

손질할 때에는 안의 검은 부분이 남지 않도록 꼼꼼하게 제거하는 것이 중요하다. 담백하고 흰 살 생선에 가까운 풍미를 지녔지만, 껍질을 벗겨도 은색 껍질이 남아 등 푸른 생선으로 분류한다. 보리멸이나 새끼도미 등과 함께 등 푸른 생선 가운데 고급 재료로 취급한다.

초절임해 스시를 만드는 경우에는 식초의 맛을 부드럽게 만들기 위해 옛날에는 오보로 등을 곁들였다. 요즘에는 날 생선을 쓰는 경우도 많아졌다. 식초에 담갔다가 날 생선처럼 스시를 만들기 때문에 고추냉이나 간 생강과도 잘 어울린다.

가늘고 긴 모양을 살려 살을 접거나 돌돌 말아 화려한 모양으로 스시를 만들 수 있다. 일식에서는 고기를 땋아 '무스비사요리'를 만들어 솜씨를 뽐내기도 한다.

학꽁치 스시(초절임)

학꽁치 스시(날생선)

학꽁치 손질하기

겉보기에는 아름답지만, 배 속이 검고 살이 투명해 깨끗하게 씻어야 한다. 칼끝을 세워 독특한 삼각형 모양의 가운데뼈를 따라 가르면 버리는 부분이 적어진다. 학꽁치는 손질이 쉽기 때문에, 살을 자르거나 스시를 쥘 때에도 다양한 방법이 있다. 하지만 무엇보다 껍질의 아름다움을 살리는 것을 염두에 두고 손질해야 한다.

손질 순서 밑손질하기 ▶ 배 가르기 ▶ 초절임하기 ▶ 썰기

밑손질하기

비늘을 벗기고 머리와 내장을 제거한다

1
껍질이 상하지 않을 정도로 가볍게 비늘을 벗긴다. 배지느러미와 등지느러미를 칼끝으로 눌러 제거한다.

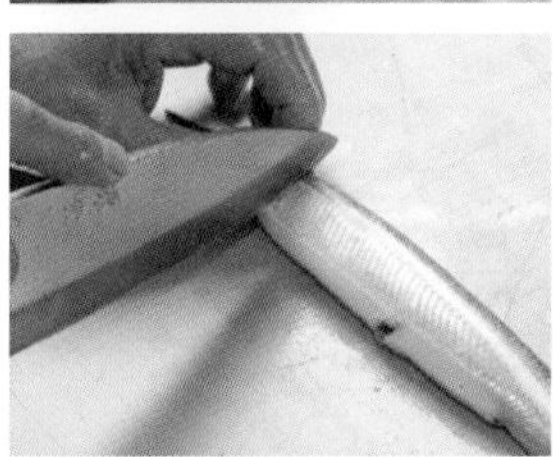

2
아가미 아래에 칼을 수직으로 세워 한 번에 잘라낸다.

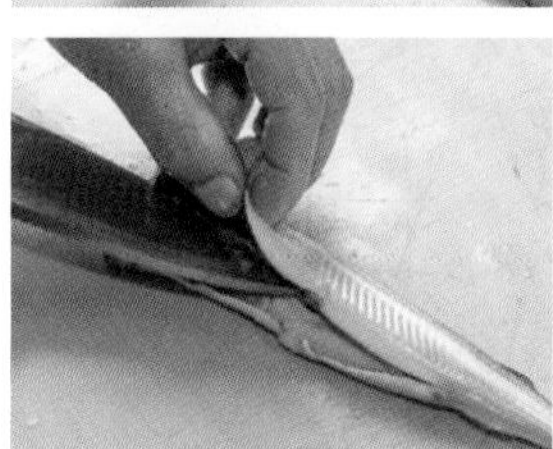

3
배를 아래로 두고, 항문 부근에 칼을 넣어 배를 가른다.

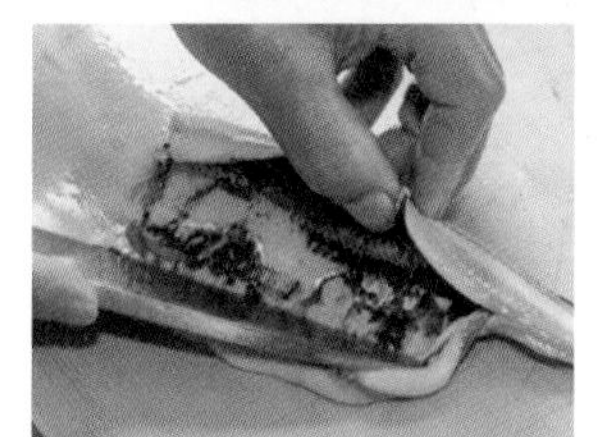

4
칼끝으로 내장을 가볍게 긁어낸다.

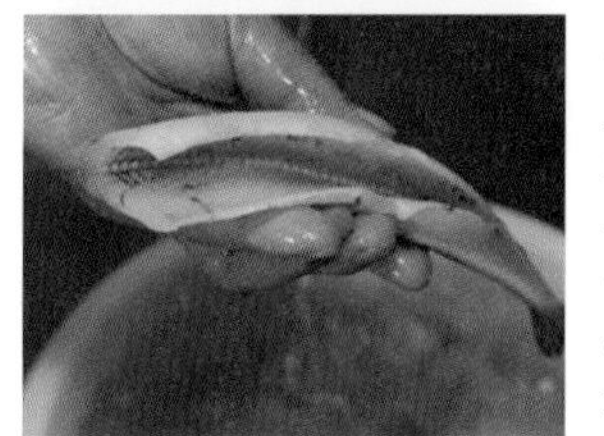

5
흐르는 물에 배 속의 지아이나 더러운 부분을 씻어낸다. 특히 배뼈 근처가 검기 때문에 하얀 살이 보일 때까지 잘 닦아낸다.

배 가르기

배를 가른다

1
꼬리를 손 아래로 두고 배에 칼을 넣는다. 삼각형 모양의 가운데뼈 위를 따라 칼날로 자른다.

2 포인트
가운데뼈가 삼각형이라 살이 파고들어가 있기 때문에 칼끝을 세워 가운데뼈를 따라 가며 꼬리까지 잘라야 한다.

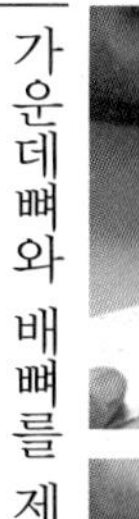

가운데뼈와 배뼈를 제거한다

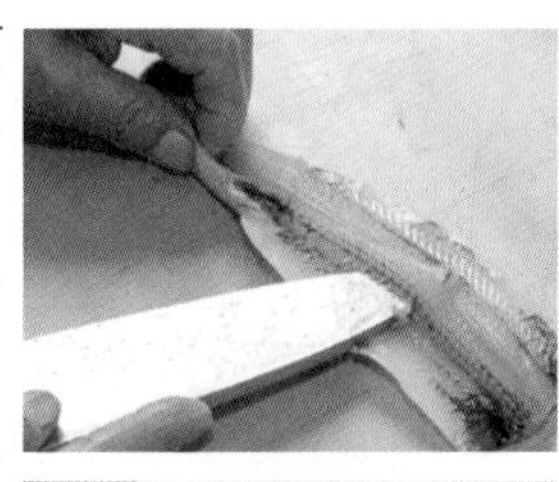

3
배를 가른 학꽁치는 껍질 부분을 아래에 두고, 가운데뼈 아래에 칼을 넣어 뼈를 바른다.

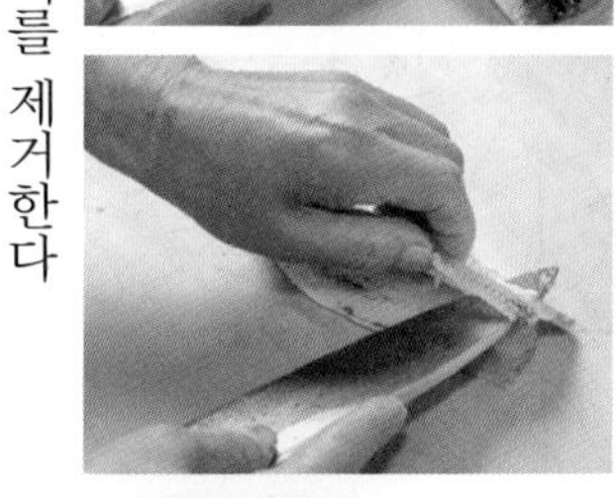

4
칼날을 그대로 머리 쪽으로 가져가, 칼등으로 어깨까지의 가운데뼈를 분리한다.

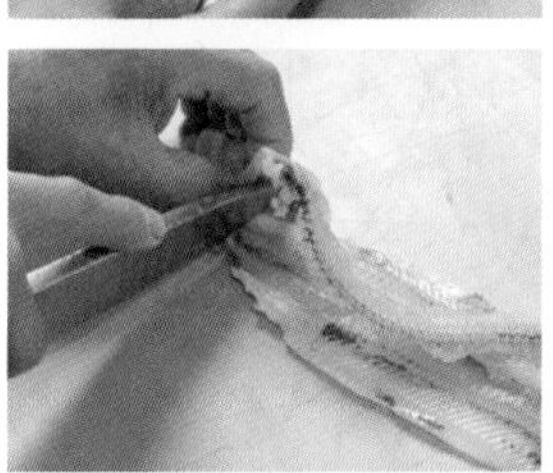

5
배 부분으로 칼을 가져가 꼬리와 가운데뼈를 분리한다.

6
양 옆에 있는 작은 배뼈를 발라낸다.

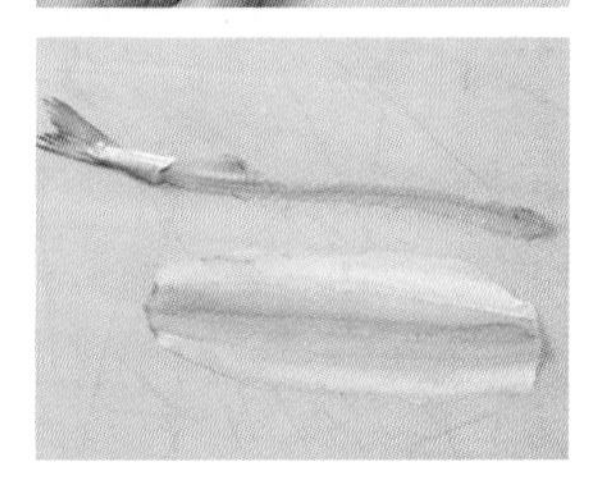

[배 가르기]
위에서부터 학꽁치 특유의 삼각형 모양의 가운데뼈, 배를 가른 살.

초절임하기

소금으로 절인다

1
채반에 구석구석 골고루 소금을 살짝 뿌린다. 체를 사용하면 소금을 골고루 뿌릴 수 있다.

2
채반 위에 손질한 학꽁치의 껍질 부분이 아래로 오도록 늘어놓고, 10분간 그대로 둔다.

3
늘어놓은 학꽁치 위에 소금을 얇게 뿌린다. 체를 사용하면 소금을 골고루 뿌릴 수 있다.

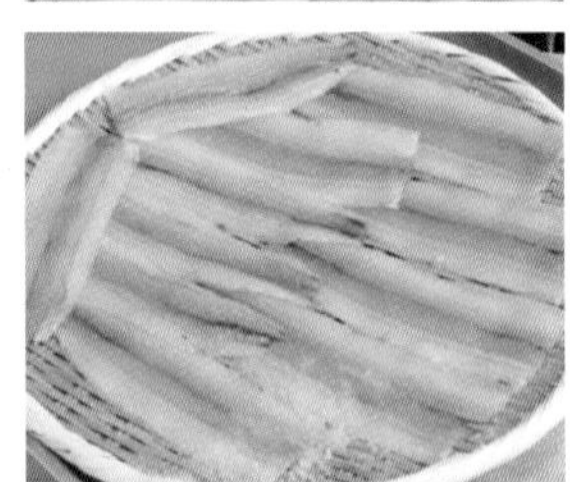

4
그대로 30분 정도 둔 다음(표준 시간), 흐르는 물에 소금을 깨끗하게 씻어준다.

초절임한다

5
학꽁치는 식초물(식초 3 : 물 2)에 담근다.

6
그대로 껍질을 아래로 두고 식초물에 약 3분간 절인다. (표준 시간)

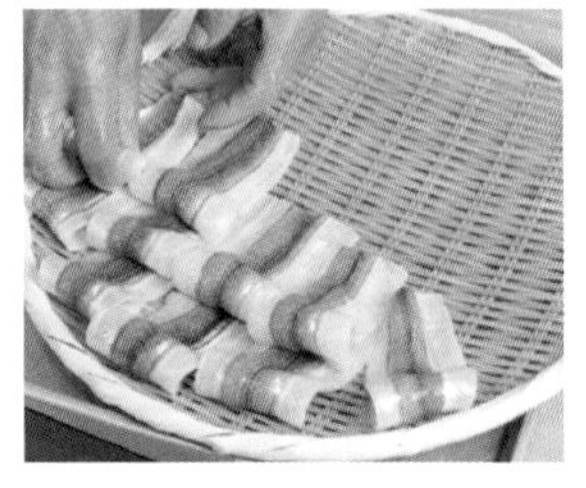

7
손으로 가볍게 식초를 짜고, 채반에 올려 물을 뺀다. 이 때 껍질이 밖으로 오게 접으면 식초가 빨리 빠진다.

썰기, 스시 쥐기

1장으로 스시 2점 만들기(초절임)

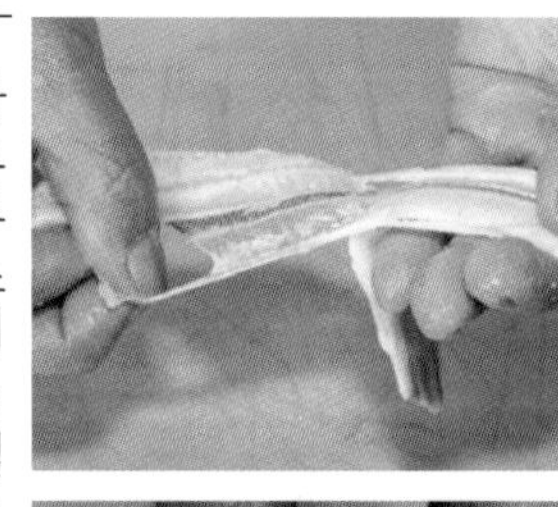

1
세로로 배를 가른 학꽁치의 껍질을 벗긴다.

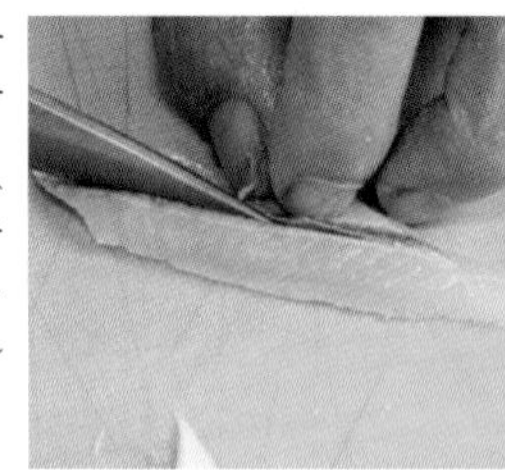

2
가운데를 비스듬히 잘라 2점으로 나눈다. 세로로 칼집을 넣고, 스시를 쥔다.

학꽁치 스시(초절임)

1장으로 스시 2점 만들기(날생선)

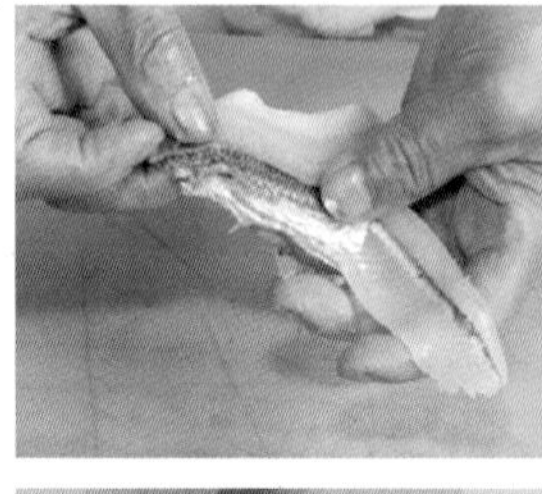

1
은색 껍질이 남도록 껍질을 조심스레 벗긴다.

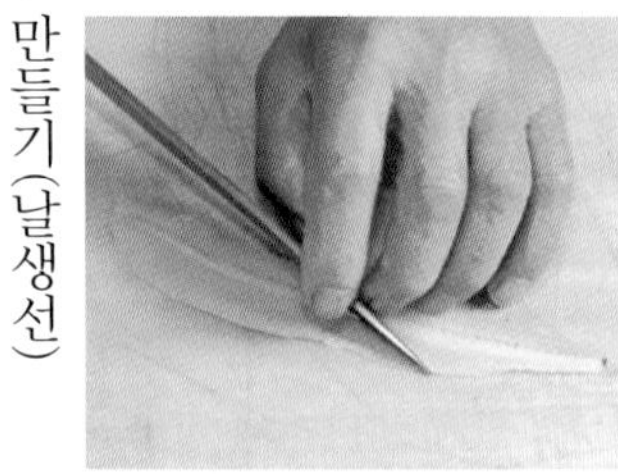

2
가운데를 비스듬히 잘라 2점으로 나눈다.

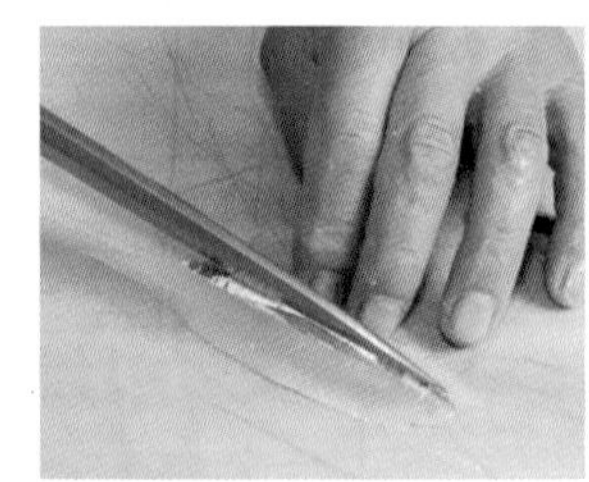

3
정가운데에 칼집을 넣고, 간 생강과 산파를 올린다.

학꽁치 스시(날생선)

여러 가지 학꽁치 스시

노시즈쿠리(오보로)

살점이 가늘고 긴 학꽁치는 1점을 그대로 양 끝을 맞춰 접어, 스시를 만들고 오보로를 올린다. (노시즈쿠리는 살점을 접어 만든 방식을 말한다.)

학꽁치 스시(노시즈쿠리)

학꽁치 스시(날생선, 노시즈쿠리)

초절임하지 않은 학꽁치를 쓸 경우에는 껍질을 벗기고 똑같은 방법으로 노시즈쿠리 스시를 만든 뒤 간 생강과 산파를 올린다.

와라비즈케(초절임)

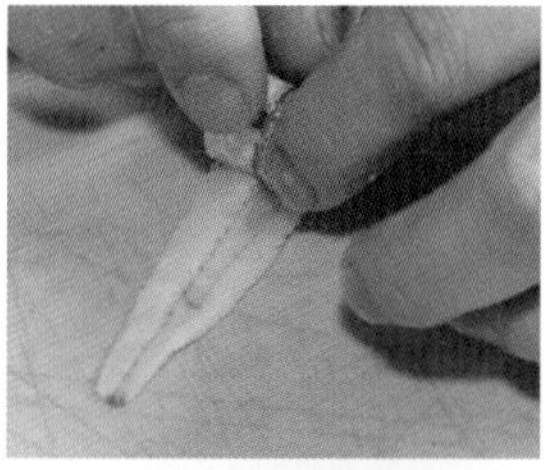

1

와라비즈케는 고사리 모양의 스시를 뜻한다. 껍질을 벗긴 학꽁치를 머리부터 둘둘 만다. 꼬리쪽은 조금 남겨둔다.

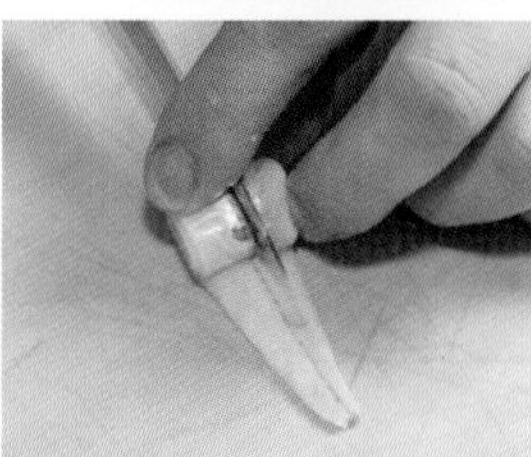

2

동그랗게 만 부분의 가운데에 칼집을 낸다.

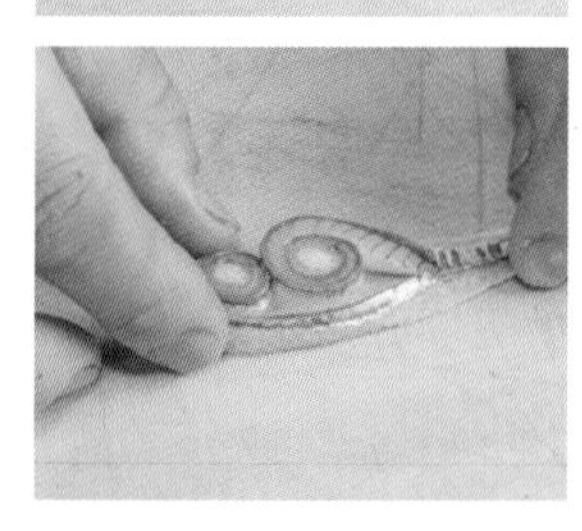

3

칼집이 위에 오도록 고사리 모양으로 정리해 스시를 만들고, 오보로를 올린다.

학꽁치 스시(와라비즈케)

학꽁치 스시(와라비즈케)

세공하기 쉬운 학꽁치를 고사리를 닮은 와라비즈케로 만든다. 학꽁치는 소금으로 절인 후 미림에 살짝 담그는 정도로만 초절임하면, 재료의 맛을 보다 살릴 수 있다.

■ 도쿄 도 긴자「스시 아오키」

껍질을 위로 하고, 폭이 넓은 머리쪽부터 둘둘 만다. 그다음 가운데에 칼집을 넣고, 자른 단면이 위에 오도록 스시를 만든다.

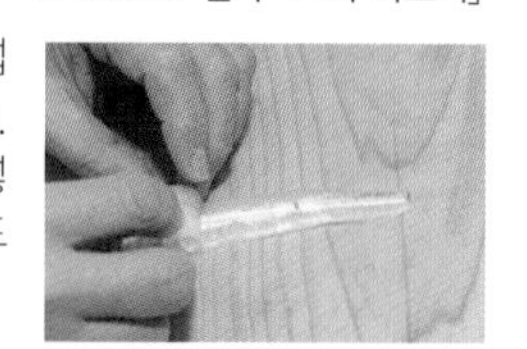

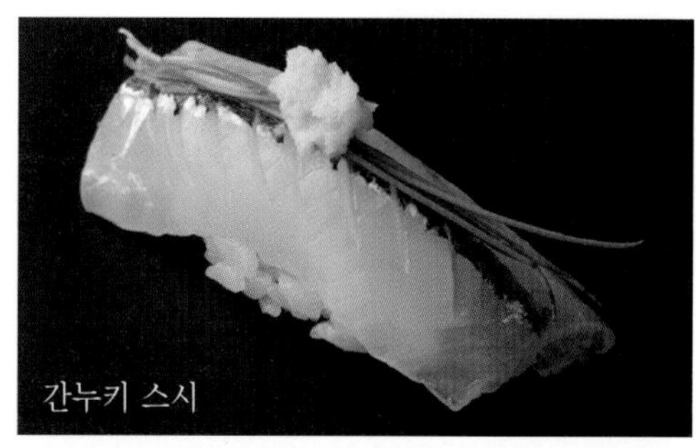

간누키 스시

간누키라 불리는 커다란 학꽁치를 사용했다. 살은 깎아 썰 듯 자른 후, 껍질에 칼집을 넣어 식감을 좋게 한다. 실파와 간 생강을 고명으로 올린다.

■ 도쿄 도 긴자「스시 아오키」

간누키는 살이 두꺼운 편이라, 살을 가로로 잘라 2장으로 만든다.

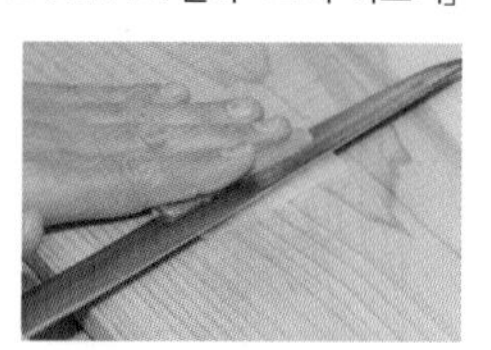

학꽁치 스시(다시마절임)

학꽁치에 소금을 친 다음 물로 씻고, 미림에 절인 다시마 사이에 하룻밤 재워둔다. 스시 1점은 살을 세 줄로 땋고, 다른 1점은 오보로를 올려 변화를 꾀했다.

■ 도쿄 도 긴자「스시타쿠미 오카베」

새끼도미 [가스고/春子, 春日子]

분류 : 농어목 도밋과 참돔속
영어명 : young red seabream

기초 지식

새끼도미는 돔류의 유어

새끼도미는 참돔뿐만 아니라, 붉돔, 황동의 유어도 포함한다. 봄에 산란하고, 그로부터 1년이 지나면 새끼도미가 된다. 또한 집안의 막내를 '가슷코'라고 불렀던 옛날 단어가 어원이라는 설도 있다.

새끼도미의 제철은 봄인데, 붉돔의 산란기는 9~12월이라 지역에 따라 다르다. 재료를 잘 가려 쓰면 거의 일 년 내내 제철이라 볼 수 있다.

전통이 깊은 새끼도미

새끼도미가 등 푸른 생선으로 만든 스시 가운데 상위를 차지하는 재료가 된 것은 어쩐 연유일까? 일본 사람들은 도미를 바다의 왕이라 부르며 각종 연회에 빠뜨리지 않았고, 값이 비싸 좀처럼 서민들이 즐길 수 없었다. 아무리 작다고는 해도 새끼도미다. 도미의 영향으로 몸값이 오른 건 아닐까?

오사카 지방에서 새끼도미로 만든 '스즈메즈시'를 품격 높은 스시로 쳐, 꽤 유명하다. 초절임해 오시즈시, 스가타즈시로 만든 것도 있다.

조리법은 다르지만, 에도마에즈시에도 새끼도미로 만든 스시가 있다. 새끼도미를 초절임하면 껍질은 연한 분홍빛, 살은 옅은 갈색으로 변해 화려한 고급 스시가 된다. 꼬리를 자르지 않은 채 통째로 스시를 만들거나, 격자무늬 칼집을 넣어 스시를 만든다. 또, 다시마 절임을 하기도 한다. 손질법이나 스시를 쥐는 기술도 전통 방식이 아직까지 전해져 내려온다.

하지만 손질이 꽤나 수고스럽기 때문에 스시 재료로 쓰는 가게가 적어지고 있는 실정이다.

손이 많이 가는 데다 유행에 뒤처지는 듯한 풍조가 있지만, 이런 스시야말로 맛과 개성이 드러나고 솜씨를 자랑할 수 있다.

새끼도미 스시(격자무늬 칼집)

새끼도미 스시(꼬리 붙은 것)

새끼도미 손질하기

새끼도미는 에도마에즈시의 전통을 이어가는 '등 푸른 생선' 가운데 하나다. 껍질이 옅은 분홍빛일수록 값어치가 높다. 손질할 때에는 이 빛이 날아가지 않도록 하는 것이 중요하다. 초절임하는 것이 일반적이지만, 여기에 다시마절임을 더하면 각별한 감칠맛이 더해진다. 격자무늬 칼집을 내거나 꼬리를 살려 통째로 스시를 만드는 등 용도에 따라 스시 쥐는 법을 바꿔야 한다.

손질 순서

밑손질하기
▼
등 가르기
▼
초절임하기
▼
썰기

밑손질하기

비늘을 벗기고, 머리와 내장을 제거한다

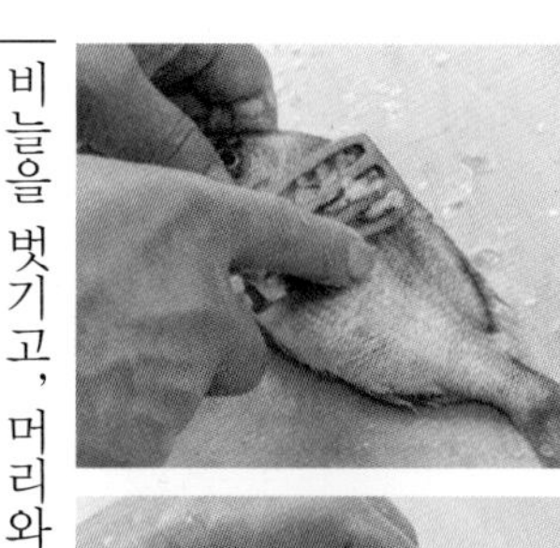

1
비늘제거기로 비늘을 벗긴다. 꼬리에서 머리 방향으로 움직이면 잘 벗겨진다.

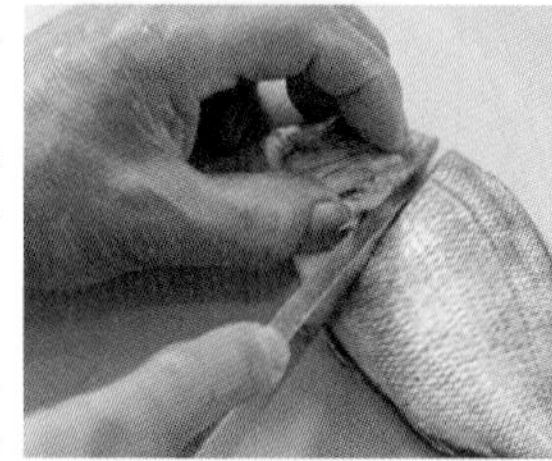

2
가슴지느러미를 들고, 아가미를 따라 칼을 비스듬히 대고 머리를 단번에 수직으로 잘라 낸다.

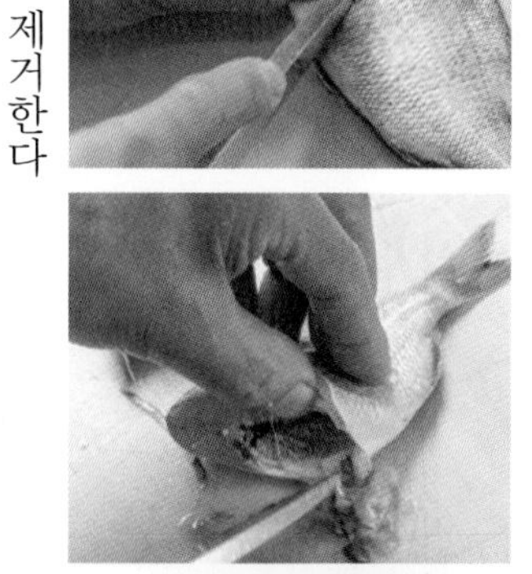

3
잘린 단면을 통해 배 안으로 칼끝을 넣어 내장을 긁어낸다.

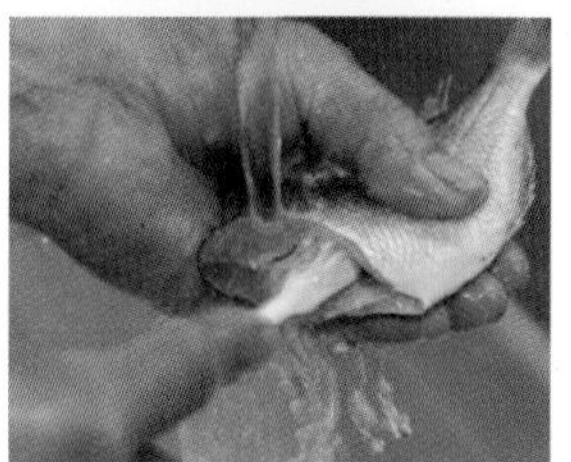

4
배 안을 깨끗하게 물로 씻고 물기를 제거한다.

등 가르기

등을 펼치고 가운데뼈를 제거한다

1
잘린 단면을 오른쪽, 등을 도마 아래쪽으로 두고 등에 칼을 넣는다. 배 껍질은 이어진 채로 등을 가른다.

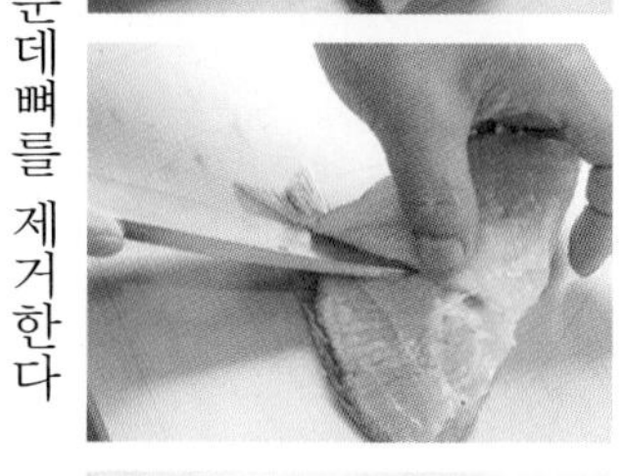

2
가운데뼈를 따라 살을 자른다. 배 껍질이 아슬아슬 붙은 채로 배를 가른다.

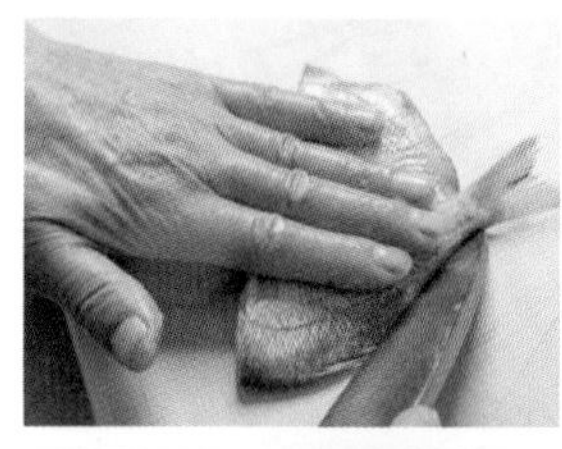

3
살을 펼친 채로 껍질을 위로 두고 꼬리 아래에서 등지느러미 근처까지 가운데뼈를 따라 살을 자른다.

4
칼날의 방향을 조금 바꿔 꼬리를 붙인 채 가운데뼈만 제거한다.

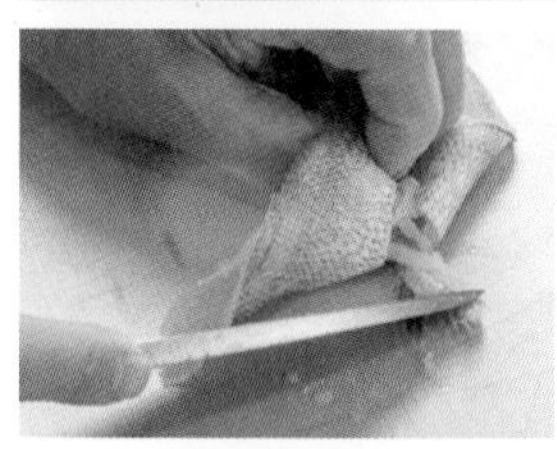

5
칼끝으로 등지느러미를 누른 채 조심스레 당겨가며 배지느러미를 떼어낸다.

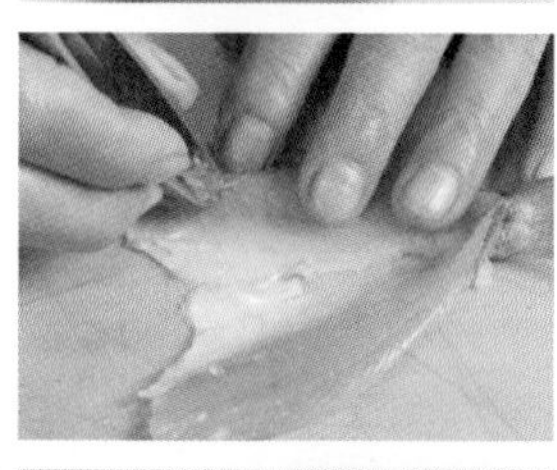

6
배뼈가 있는 부분을 얇게 잘라 낸 후, 잔가시는 핀셋으로 뽑아낸다.

초절임하기

초절임한다

7
처음에는 살, 그다음은 껍질 부분을 식초에 담갔다가, 껍질 부분을 아래로 두고 절인다.

8
채반에 껍질 부분이 아래로 가도록 늘어놓고, 물기를 뺀다.

썰기, 스시 쥐기

격자무늬로 칼집을 낸다

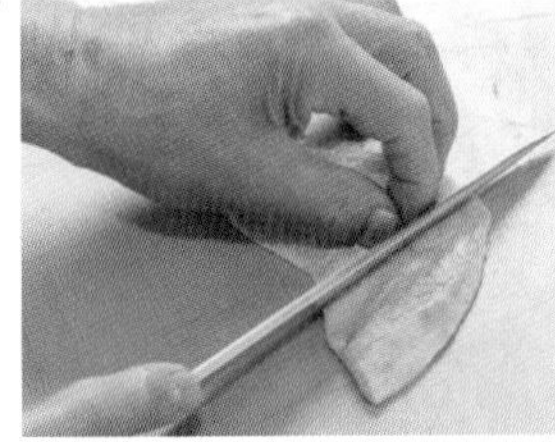

1
껍질 부분을 아래로 두고 살을 펼친다. 가운데를 잘라 2장으로 나눈다.

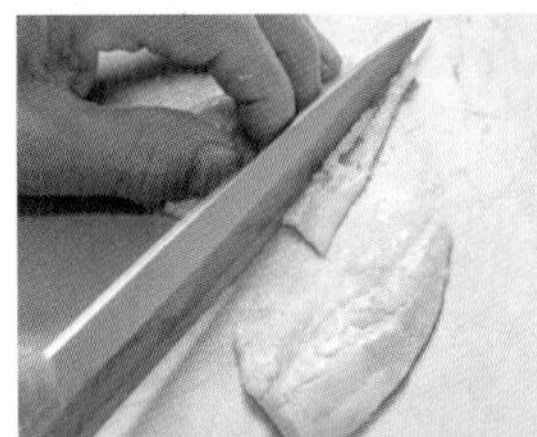

2
등의 딱딱한 부분은 식감이 좋지 않기 때문에, 잘게 잘라 떼어 낸다.

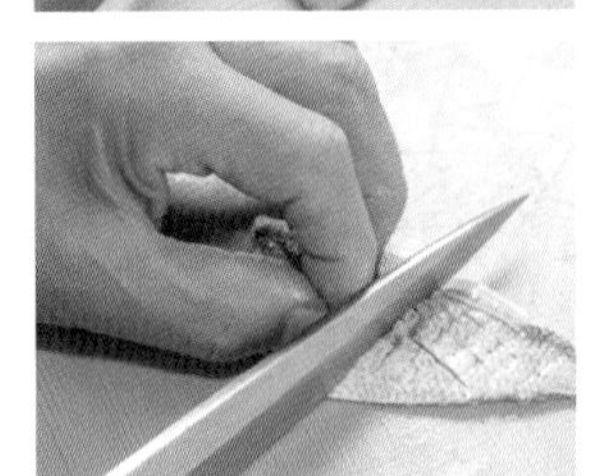

3
껍질에 격자무늬로 칼집을 넣어 스시를 만든다.

새끼도미 스시(격자무늬 칼집)

꼬리를 살려 스시를 만든다

1
등을 가른 새끼도미는 꼬리를 붙인 채 세로로 잘라 2장으로 나눈다.

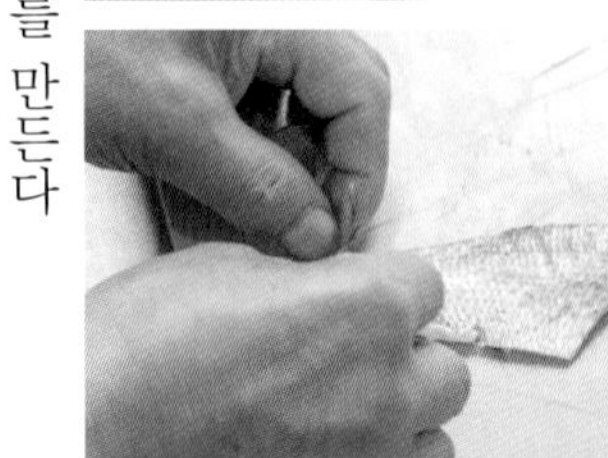

2
꼬리는 껍질을 향해 접어 둔다.

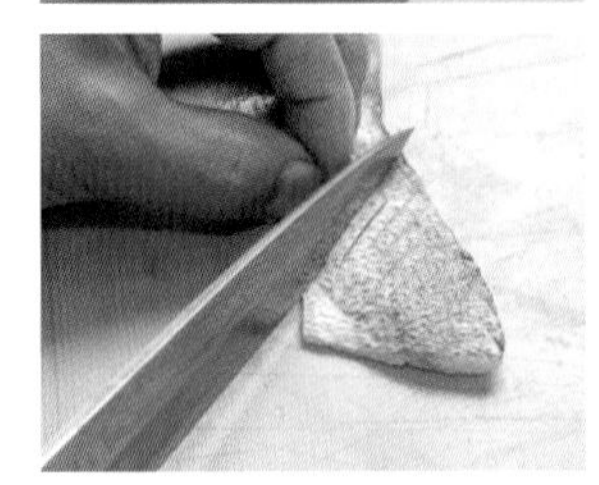

3
껍질에 비스듬한 칼집을 촘촘하게 넣어 준다. 꼬리는 거꾸로 꺾어 올린다.

새끼도미 스시(꼬리 붙은것)

새끼도미 스시

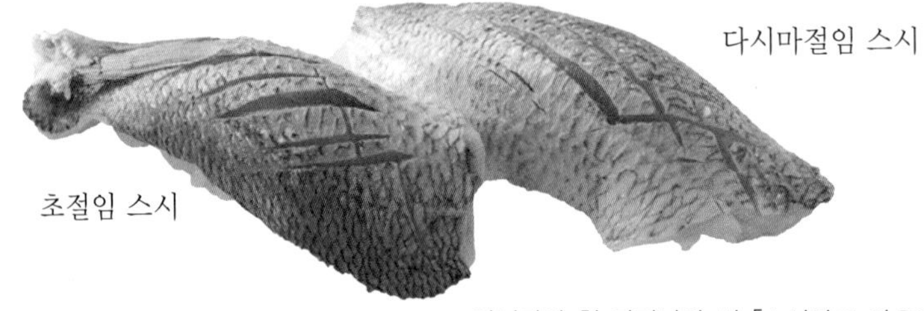

■ 이시카와 현 가자나와 시「스시캇포 아오이스시」

1 새끼도미 1마리를 2장으로 만들고, 꼬리를 잘라 가볍게 소금을 뿌린다.

2 새끼도미 껍질 아래에 참다시마를 놓고 잘 싼다.

3 랩으로 말아 냉장고에 보관해 다시마절임을 만든다.

여러 가지 등 푸른 스시

등 푸른 생선 모둠 스시

인기가 많은 등 푸른 생선을 한데 모았다. 고등어, 전어, 정어리, 전갱이를 2씩 선보인다. 특히 참깨, 차조기, 가리(얇게 저며 식초에 절인 생강), 스시 사이에 김을 껴, 얇게 간장을 발라 직화로 살짝 구운 고등어 스시의 평판이 좋다.

■ 도쿄 도 우메가오카「우메가오카스시노미도리 총본점」

꽁치 모둠 스시

가을의 인기 메뉴로, 꽁치의 맛을 다양한 조리법으로 살렸다. 간 생강과 실파를 올린 날 생선 스시 외에도 아부리스시, 다시마절임 스시, 고소데스시(기모노 어깨선처럼 둥글게 만 스시) 등 각양각색의 모둠 스시다.

■ 도쿄 도 스가모「스시도코로 자노메」

오징어·새우 스시

살오징어 [스루메이카 / 鯣烏賊]
갑오징어 [스미이카 / 墨烏賊]
차새우 [구루마에비 / 車海老]
냉동새우 [레토에비 / 冷凍エビ]
단새우 [아마에비 / 甘海老]
모란새우 [보탄에비 / 牡丹海老]

스시 재료는 흰 살 생선, 붉은 살 생선, 등 푸른 생선, 삶은 어패류 등으로 나뉘는데, 이에 대해서는 각 항목에서 설명했다. 이 장에서 다루는 '오징어·새우'는 엄밀하게 이 분류에 속하지 않는 것들이다. 오징어나 새우는 이른바 독립적인 재료이기 때문이다. 옛날에는 데친 오징어로만 스시를 만들었기 때문에 삶은 어패류로 분류하는 경우도 있다.

새우는 갯가재나 게 등과 함께 갑각류에 속한다. 하지만 스시를 만들 때에는 학술적인 분류와는 별개다.

이어서 오징어(이 장에서는 날것만 다룬다) 스시와 새우 스시에 대한 지식과 기술을 설명하도록 한다.

살오징어와 갑오징어

오징어류는 어획량이 많은 살오징어 스시가 좀 더 대중적으로 인기가 많다. 그 외의 재료로는 창오징어(겐사키오징어), 화살오징어(야리이카), 흰오징어(아오리이카) 등이 있다. 일본 근해에서 잡히는 오징어는 살오징어가 초여름에서 가을, 흰오징어가 봄에 제철을 맞아 계절별로 다양한 오징어를 매입할 수 있다. 앞서 소개한 오징어는 형태상 모두 살오징어류라 모두 살오징어처럼 손질하면 된다.

한편 갑오징어로 대표되는 갑오징어류는 등면에 딱딱한 뼈 조직이 있다. 소형 갑오징어부터 대형 입술무늬갑오징어(몽고이카) 등이 있는데, 살오징어와는 또 다른 육질과 맛이 느껴진다.

차새우와 단새우

새우는 전 세계에서 수입되어 약 100종류 이상이 시장에 유통되고 있다. 일본인들의 새우 사랑은 유명해서, 수산물 수입량 가운데 1위를 차지한다. 원산지의 이름이 붙은 새우도 많은데 각각 특징이 다르다.

스시 재료로는 보리새우과와 단새우나 모란새우로 유명한 도화새우과가 있다. 생태적으로 가장 큰 차이는 차새우는 알을 방출해 몸 안에 알이 없지만, 도화새웃과는 몸 안에 알을 품고 있다는 것이다.

새우 가운데 자연산 차새우를 최고로 치지만, 요즘은 차새우의 생새우(오도리)도 인기가 높다.

단새우, 모란새우는 거의 생새우로 스시를 만든다. 손질도 어렵지 않고, 산지에서만 가능한 손질법을 개발할 수 있어 인기가 높은 스시 재료다.

살오징어 [스루메이카 / 鯣烏賊]

분류 : 살오징어목 살오징엇과 살오징어목
영어명 : japanese common squid

기초 지식

선도와 제철

살오징어는 일본 전역에서 잡힌다. 어획량도 오징어류 가운데 가장 많아, 거의 80%를 차지한다고 한다. 살오징어의 명칭은 가공품인 '말린 오징어(스루메)'에서 따왔다고 하는데, 지역에 따라 '마이카' 등으로도 불린다.

몸통의 길이(외투장 기준)는 20cm에서 30cm로, 막 잡았을 때에는 내장이 보일 정도로 투명하지만, 바로 적갈색으로 변했다가 좀 더 시간이 흐르면 유백색이 된다. 눈은 맑은 검은색이며, 살이 탄탄하고, 적갈색을 띠며 신선한 것을 매입한다. 제철은 여름부터 가을까지다.

보리 추수철인 초여름경부터 출하되기 시작해, 여름에 최대 어획기를 맞는다. 그래서 작은 살오징어는 일본에서는 '무기이카(보리오징어라는 의미)'라고 부르기도 한다.

무기이카는 작은 외형을 살려 몸통에 샤리를 채워 인로즈메를 만들기도 한다. (p.157 참고)

인기 만점인 스시 재료

살오징어 어장에서 밤에 오징어배를 타고 나가 집어등(集魚灯)을 써서 유인하는 모습은 여름에만 볼 수 있는 풍경이다.

어장도 많고, 어획량도 많은 살오징어는 스시 재료로 매우 대중적이라 할 수 있다. 호불호도 적고, 많은 사람들에게 친숙한 재료라고 일컫을 만하다. 다리 부분을 가리키는 '게소'도 독특한 맛을 자랑한다. 옛날에는 찐 오징어처럼 가열해서 스시를 만들었지만, 지금은 날것으로 스시를 만드는 경우가 압도적으로 많다.

몸통의 살은 자칫하면 섬유질이 질겨 씹기 힘들다. 잘게 잘라 '이토즈쿠리(생선 살을 실처럼 가늘게 써는 조리법)'하거나 다지거나, 칼집을 내 스시를 만든다.

살오징어는 각지의 향토 요리 재료로도 많이 쓰여, 오징어 국수나 오징어 밥, 오징어 초절임 등이 유명하다. 다리는 물론 내장까지 버릴 부분이 없다.

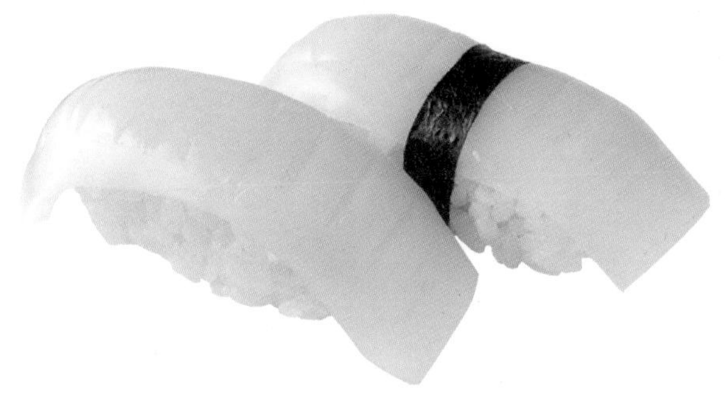

살오징어 스시

살오징어 스시(다리)

살오징어 손질하기

살오징어류의 손질법은 창오징어나 화살오징어 등을 손질할 때에도 적용할 수 있다. 내장을 빼낼 때에 먹물을 터뜨리지 않도록 조심해야 한다. 또한 얇은 연골을 제거하고 껍질을 깔끔하게 벗겨내는 등, 손으로 하는 작업이 많지만, 빠르고 세심하게 손질하는 것이 중요하다. 살오징어는 섬유질이 많아 스시용으로 자를 때에는 다지거나 가늘게 썰거나, 격자무늬로 칼집을 내 먹기 쉽게 만드는 배려가 필요하다.

손질 순서: 밑손질하기 ▸ 몸통 처리 ▸ 사쿠도리하기 ▸ 썰기

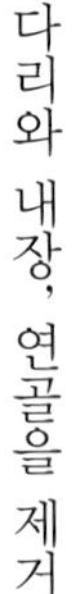

밑손질하기

다리와 내장, 연골을 제거한다

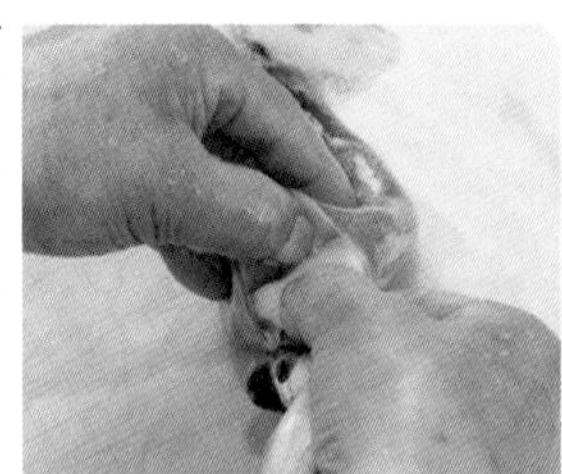

1
물로 씻어 점액질을 제거한 뒤, 한 손으로 다리를 잡고, 다른 한 손의 손가락을 몸통과 다리 사이에 넣는다.

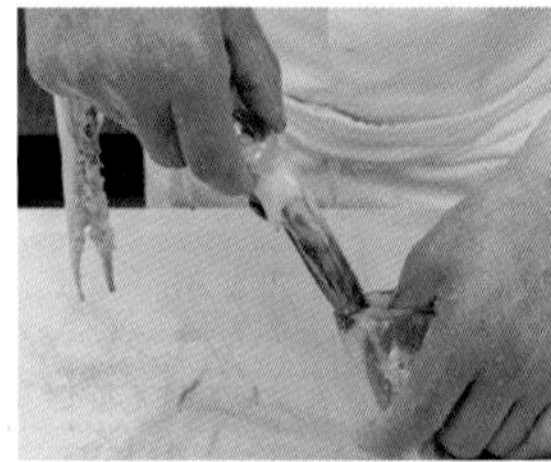

2
먹물 주머니를 터뜨리지 않도록 다리를 잡아당기며, 내장을 통째로 꺼낸다.

3
내장에 붙어 있는 먹물 주머니를 터지지 않게 주의하며 분리한다.

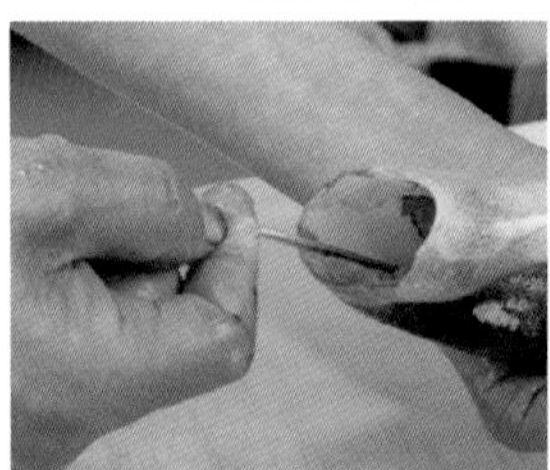

4
몸통에 손가락을 넣어 얇고 가는 연골을 빼낸다.

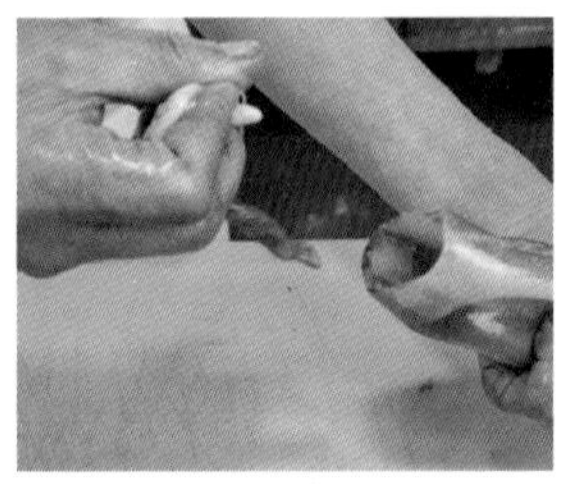

5
몸통에 남은 내장도 마저 꺼내고, 깨끗하게 물로 씻는다.

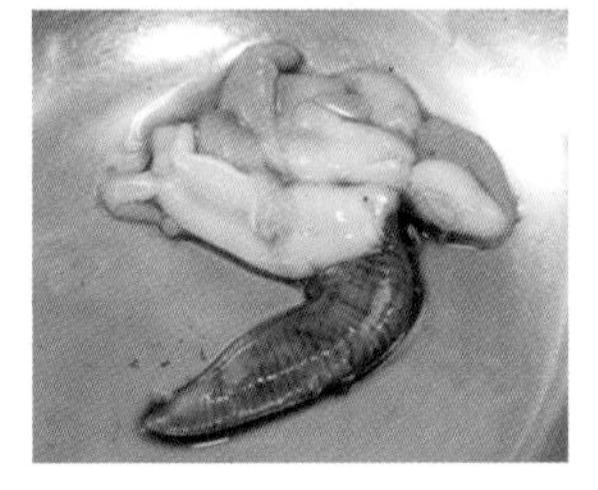

6
꺼낸 내장은 보관해 둔다. 선도가 좋은 내장은 젓갈이나 무침 요리로 만든다.

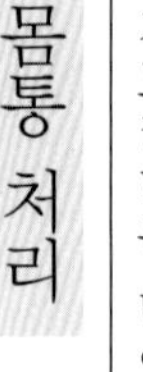

몸통 처리

지느러미를 떼어내고 껍질을 벗긴다

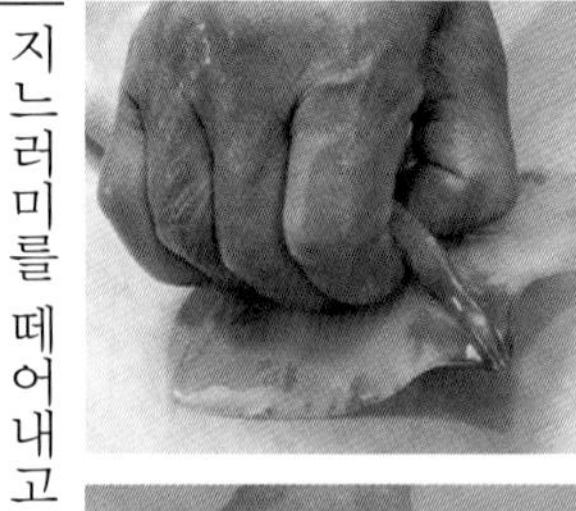

7
지느러미를 아래로 두고 몸통의 끝을 꽉 잡는다.

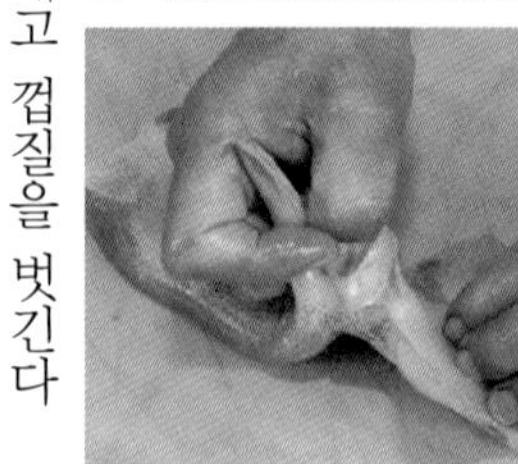

8
다른 한 손으로 지느러미를 누르며, 손으로 몸통 끝을 잡아당긴다.

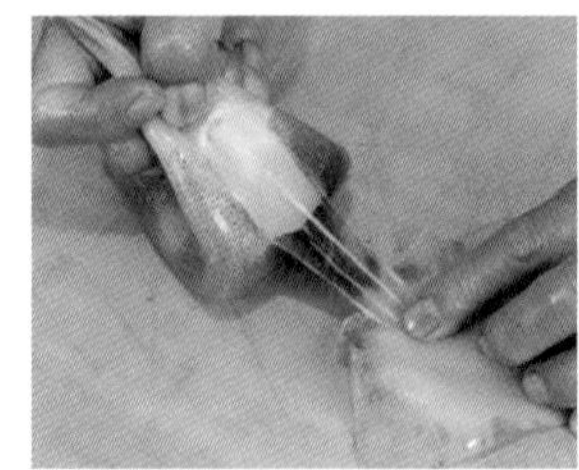

9
그대로 지느러미부터 몸통을 앞으로 잡아당기면 껍질이 벗겨진다.

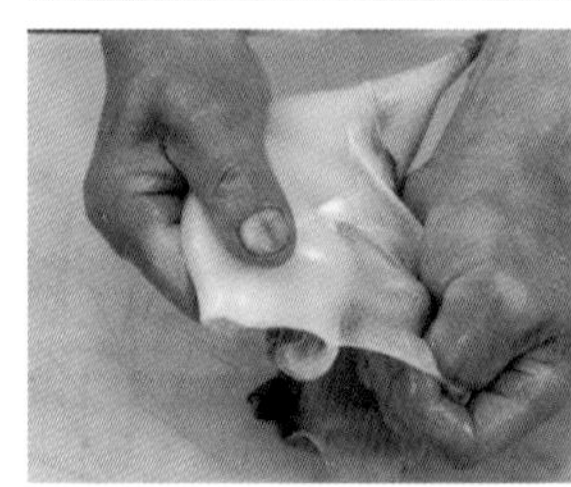

10
껍질이 벗겨진 부분을 쥐고, 다른 손으로 껍질을 젖히며 벗긴다.

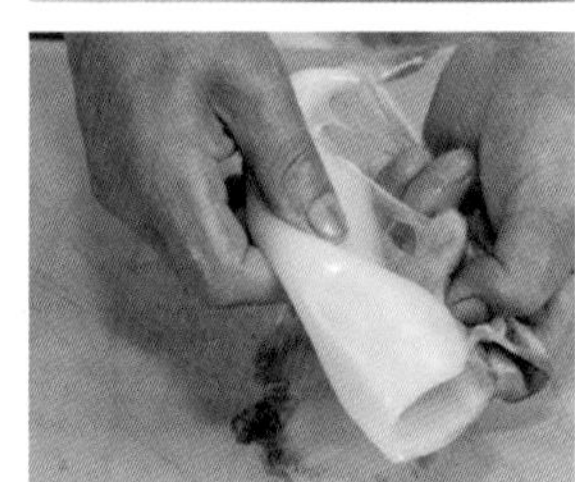

11
계속해서 몸통 전체의 껍질을 지느러미째 벗겨낸다.

12
껍질을 벗기기 어려운 경우에는 손가락에 소금을 묻혀 벗기거나 종이나 면보를 사용하면 깔끔히 벗겨진다.

사쿠도리하기

몸통을 가르고, 덩어리로 자른다

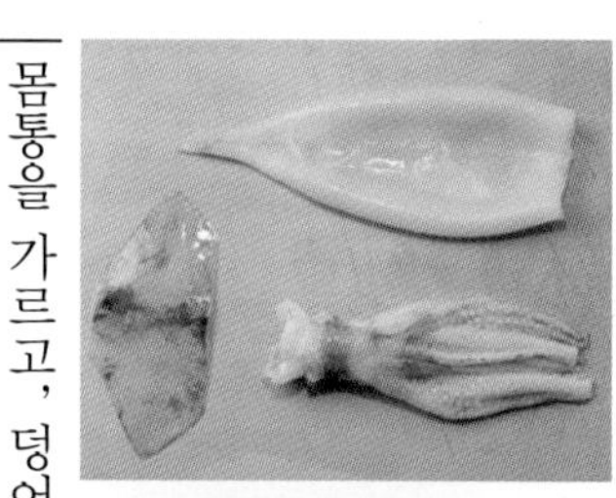

1
껍질을 벗긴 살오징어는 지느러미와 다리, 몸통 부분을 덩어리로 자른다.

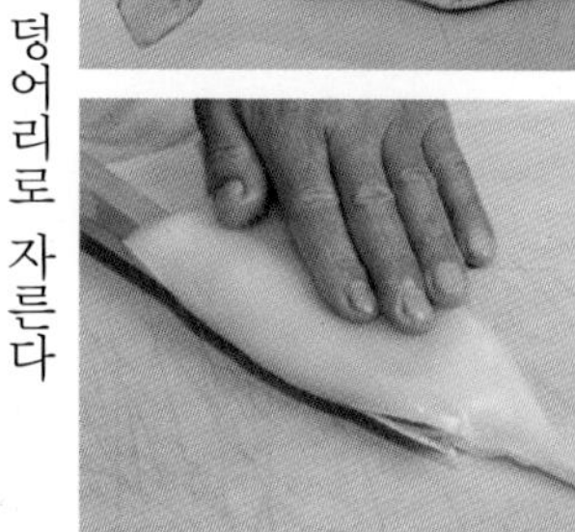

2
몸통의 지느러미 밑동 부근을 기준으로 칼을 넣어 자른다.

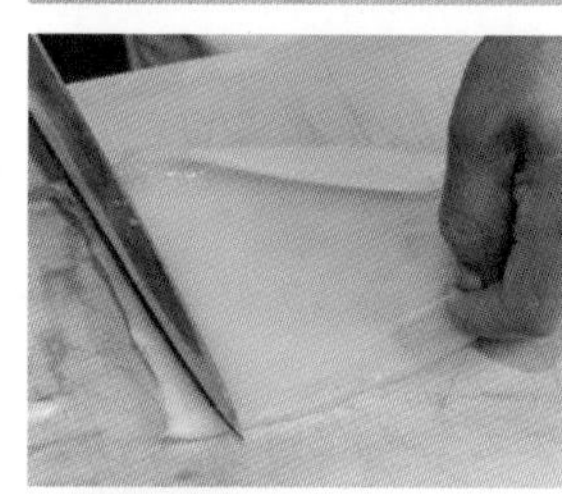

3
몸통 안쪽의 얇은 막과 남아 있는 내장 등을 칼로 가볍게 긁어낸다.

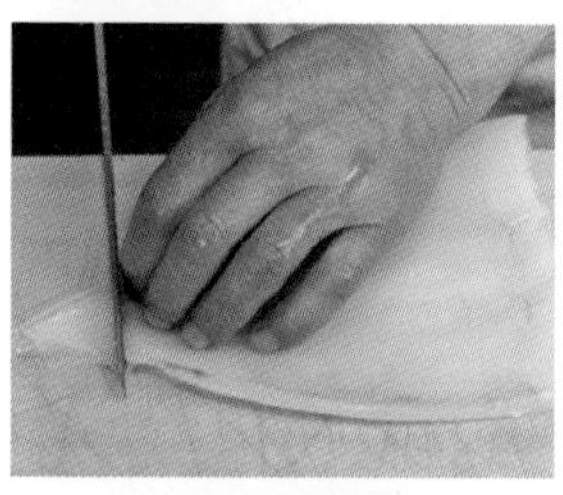

4
덩어리로 자르기 전에 고르지 않은 부분이나 끝을 잘라 단정하게 도련해 모양을 가다듬는다.

5
덩어리로 자른다. 오징어의 크기에 따라 데자쿠나 나가자쿠로 적당하게 자른다. (사진은 데자쿠)

오징어 사쿠도리

[데자쿠] [나가자쿠]

잘라내는 부분

1자 분량

1자 분량

데자쿠보다 폭이 좁다

오징어의 크기에 따라 데자쿠 혹은 나가자쿠로 적절하게 자른다.

다리손질하기

데친다

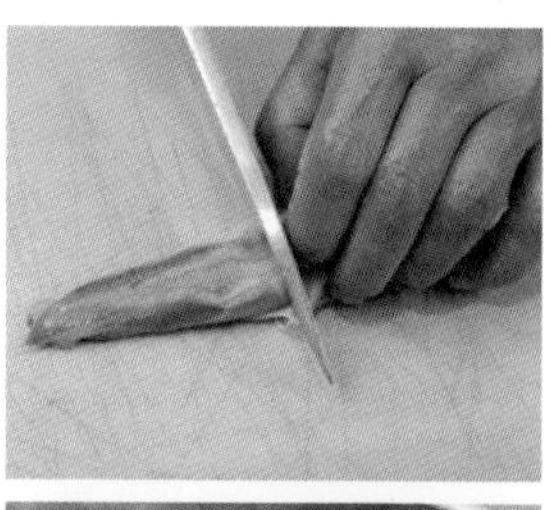

1
다리에 붙어 있는 내장이 망가지지 않도록 자르고, 긴 다리는 짧은 다리에 맞춰 주둥이와 눈을 잘라낸다.

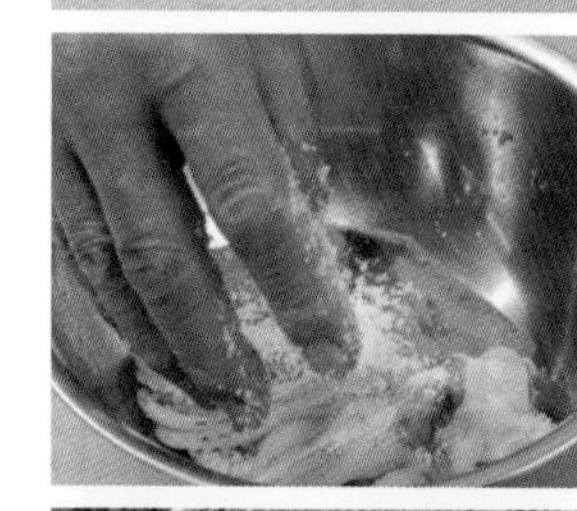

2
다리에 소금을 뿌리고, 거품이 생길 때까지 주물거려 점액질이나 더러움을 닦아낸 뒤 물로 씻어낸다.

3
끓는 물에 씻어낸 다리를 넣고 데친다. 표면이 붉어질 때까지 삶는다.

4
다 데쳐졌으면 채반에 건져 올려 그대로 식힌다.

다리를 손질한다

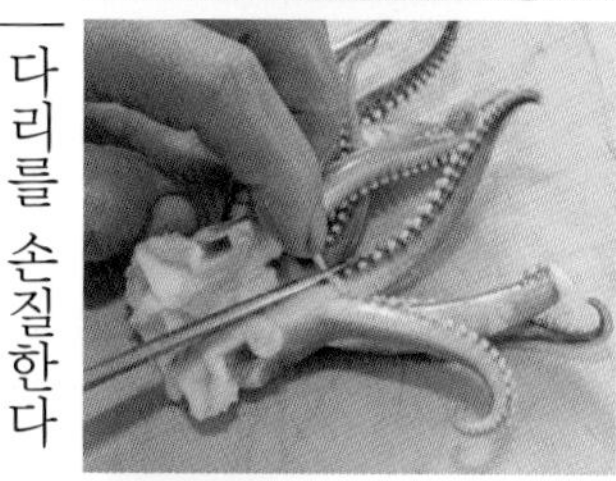

5
식힌 다리를 세로로 자른다.

6
다리 끝을 자르고, 2장으로 만들어 두께를 비교해 스시로 만들기 쉽게 모양을 가다듬는다. 아래 사진은 스시용으로 자른 다리의 모습.

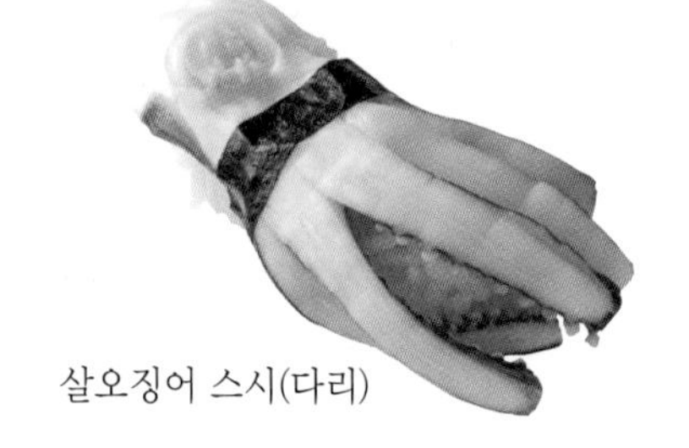

살오징어 스시(다리)

썰기, 스시 쥐기

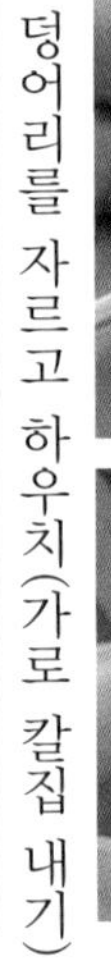
덩어리를 자르고 하우치(가로 칼집 내기) 한다

1
오징어의 껍질 부분을 아래로 두고, 스시용 크기로 자른다.

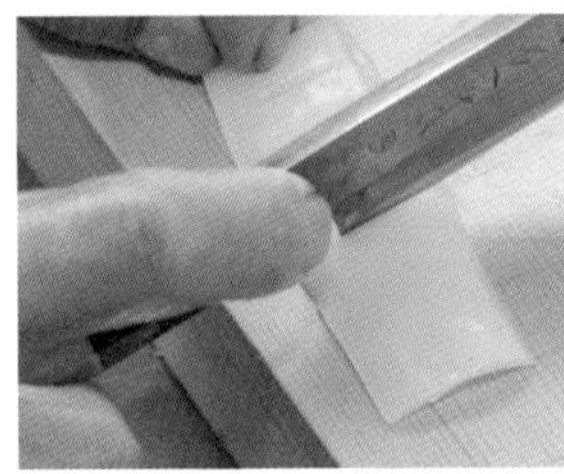

2
오징어 표면에 칼턱으로 가로로 칼집을 낸 뒤 스시를 만든다.

살오징어 스시(하우치)

이토즈쿠리(세로 칼집 내기) 한다

1
하우치만으로 부족한 경우엔 세로로 가늘게 칼집을 내면 먹기 편하다.

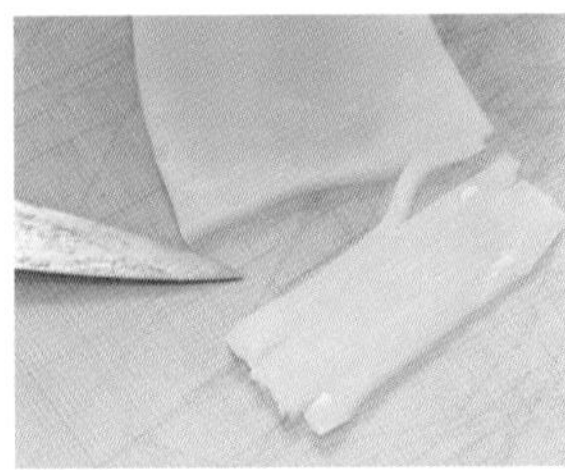

2
오징어 껍질 부분을 아래로 하고, 끝부터 잘게 칼집을 내고, 스시용 폭으로 잘라 스시를 만든다.

살오징어 스시(이토즈쿠리)

여러 가지 살오징어 스시

오징어 스시(격자무늬)

오징어 살에 격자무늬로 칼집을 넣어 뜨거운 물에 살짝 데친 뒤 찬물에 담가두면, 칼집이 껍질처럼 젖혀진다. 현해탄의 험한 파도 모양에서 따온 스시 기술이다.

■ 후쿠오카 현 후쿠오카 시 「스시갓포 시미즈」

1 격자무늬로 칼집을 넣은 오징어를 80℃ 정도의 뜨거운 물 속에 넣는다.

2 살짝 흔들어 칼집 낸 부분이 일어나 건져내 찬물에 넣는다.

오징어 성게 스시

궁합이 좋은 조합. 오징어 위에 김을 붙이고, 그 위에 성게를 입체감을 살려 올린다. 겉보기와 맛도 고급스러운 스시로 변신한다.

■ 도쿄 도 쓰키지 「쓰키지다마스시」

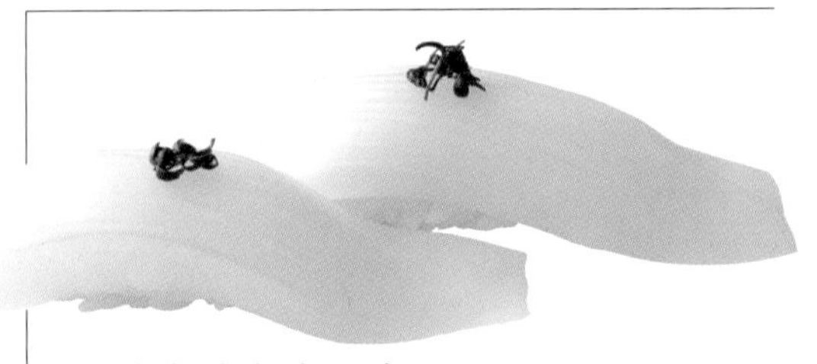

오징어 여뀌 싹 스시

오징어는 자르는 법이나 칼집을 내는 방식에 따라 상품 가치가 높아진다. 오징어의 몸통을 길게 잘라, 재료가 샤리 위로 길게 늘어뜨려 호화로움을 연출했다. 위에 붉은 색 여뀌 싹을 곁들였다.

■ 도쿄 도 우메가오카 「우메가오카스시노미도리 총본점」

갑오징어 [스미이카 / 墨烏賊]

분류 : 갑오징어목 갑오징엇과 갑오징어속
영어명 : golden cuttlefish

기초 지식

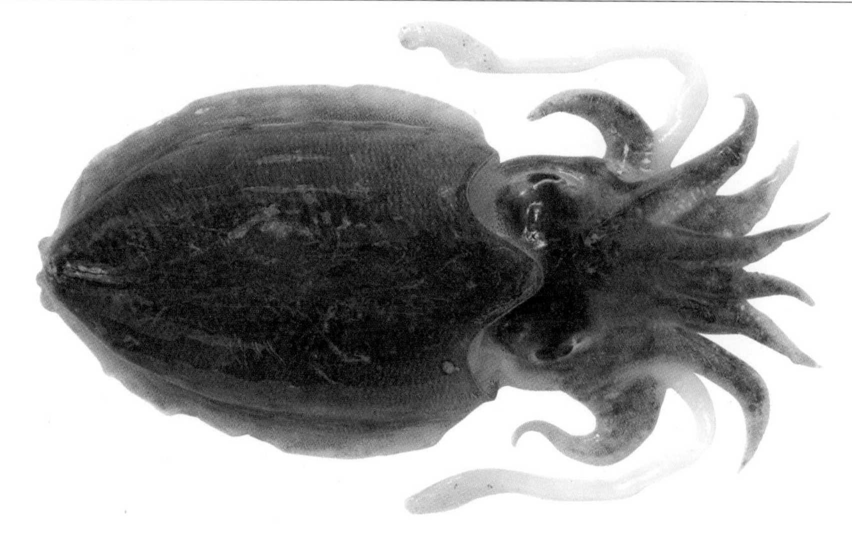

산지와 별명

갑오징어는 몸체 안에 석회질로 된 뼈 조직이 있다. 그 때문에 갑오징어라 불린다. 오징어류는 전부 먹물 주머니를 가지고 있는데, 특히 갑오징어류는 흥분하면 대량으로 먹물을 뿜는다. 간토 지방에서 '스미이카(먹물오징어)'라고 불리는 이유다. 또는 뼈 조직의 끝이 마치 바늘처럼 뾰족하다고 해서 '하리이카(바늘오징어)'라는 이름으로도 불린다.

간토 지방보다 서쪽에 서식하기 때문에, 가고시마 현의 이즈미 시나 야마구치 현, 오카야마 현 등의 세토 나이해 연안이나 아이치 현의 잇시키, 지바 현의 훗쓰 시 등에서 잡힌다.

시이이카와 제철

갑오징어는 초가을부터 5~6월까지라고 알려져 있지만, 여름 이외는 거의 일 년 내내 맛이 좋다.

몸통(외투막의 길이)은 대체로 18~20cm 정도까지 성장한다. 갑오징어의 새끼는 장마가 끝날 무렵부터 등장한다. '시이카'라고도 불리는데, 살이 부드럽고, 썩둑 하고 씹히는 맛도 훌륭하다. 갑오징어 새끼는 1마리 당 스시 2~3점을 만들 수 있다. 성장함에 따라 살이 두터워지고 씹는 맛과 감칠맛이 더해진다. 어획된 곳과 시기에 따라서 맛이 다르기도 하다.

갑오징어의 친척

갑오징어도 종류가 다양하다. 약간 큰 '입술무늬갑오징어(가미나리이카)'의 또 다른 이름은 '무늬오징어(몬고이카)'다. 이름처럼 '벼락(가미나리)'을 맞은 듯한 무늬가 있다. 이런 대형 갑오징어를 통틀어 '무늬오징어'라고 부르는데, 다른 종류의 갑오징어도 포함되는 경우가 있다.

외양성이기도 해서 원양에서 잡은 냉동 갑오징어도 시장에 유통되지만, 크기를 불문하고 갑오징어의 손질 방법은 거의 같다.

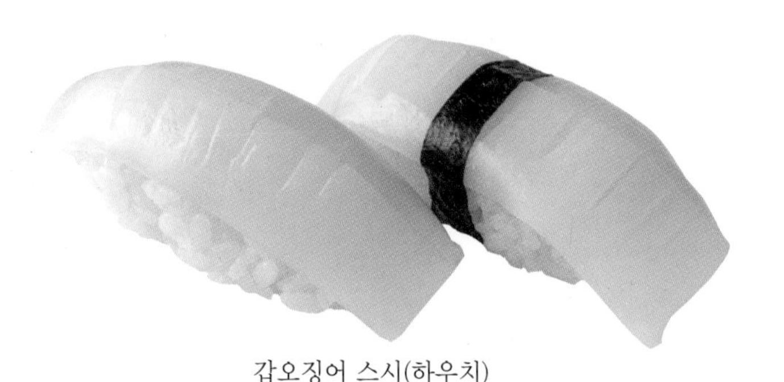

갑오징어 스시(하우치)

갑오징어 스시(다리)

갑오징어 손질하기

갑오징어는 몸통이 작은 편이고, 딱딱한 뼈 조직이 들어 있는 것이 특징이다. 갑오징어류의 손질은 거의 비슷하므로 이 책에서 소개하는 방법을 따르면 된다.

손질 순서는 중심에 칼을 넣어 가르고, 딱딱한 뼈를 꺼낸다. 먹물 주머니가 터지면 살이 오염되므로 매우 주의해야 한다. 씹는 맛이 좋고, 단맛 또한 매력적이다. 다리 역시 살짝 데쳐서 손질하면 스시로 만들 수 있다.

손질 순서

밑손질하기

▼

몸통 처리

▼

썰기

밑손질하기

껍질을 떼고, 내장과 다리를 분리한다

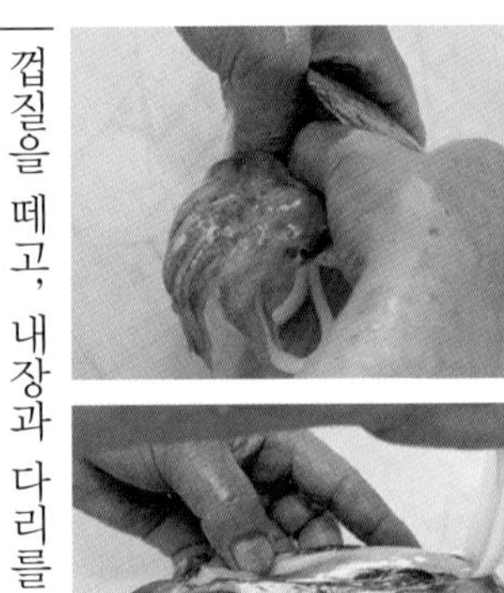

1
몸통 입구를 손가락으로 벌리며 그 안으로 손가락을 넣고, 몸통과 다리를 떼어낸다.

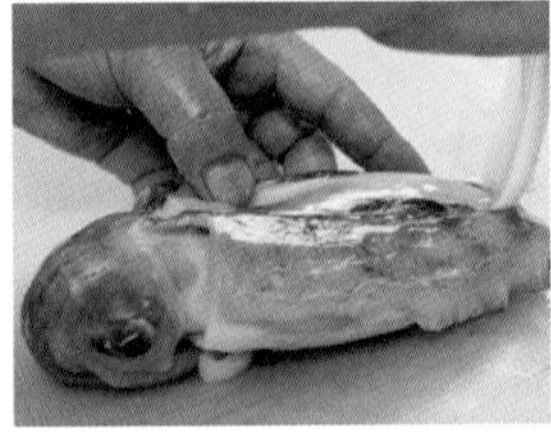

2
등에 있는 뼈 주위에 칼집을 내고, 껍질과 살 사이에 있는 뼈를 꺼낸다.

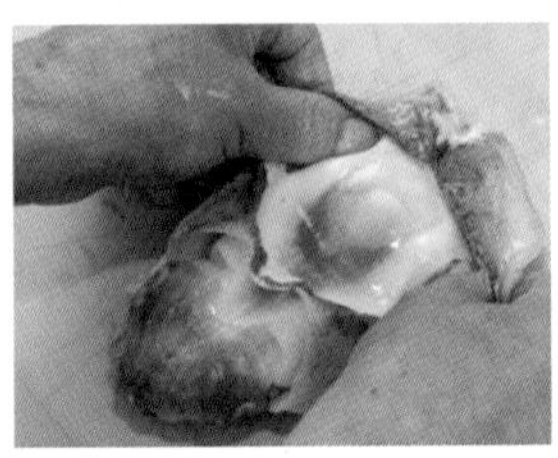

3
뼈를 꺼낸 뒤, 양 옆의 껍질 아래로 손가락을 넣어 벌린다.

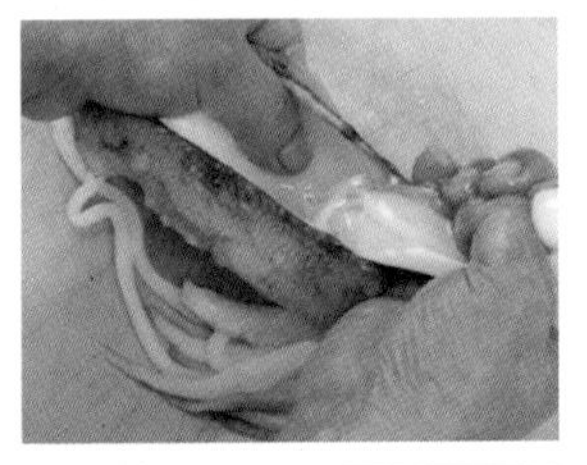

4
몸통을 손으로 꽉 잡고, 반대편 손으로 내장이 터지지 않게 조심스레 다리와 함께 꺼낸다.

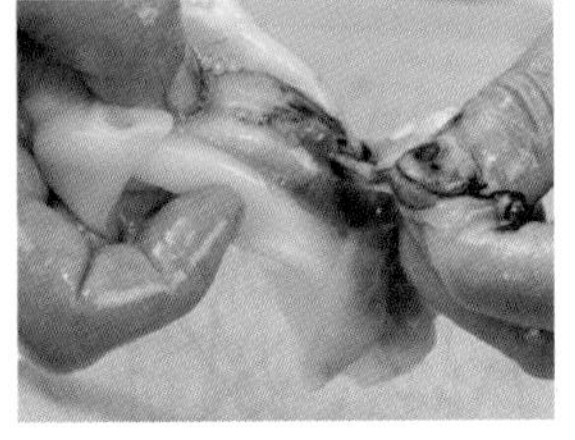

5
내장에 붙어 있는 먹물 주머니가 터지지 않게 주의하면서 제거한다.

몸통 처리

껍질을 벗긴다

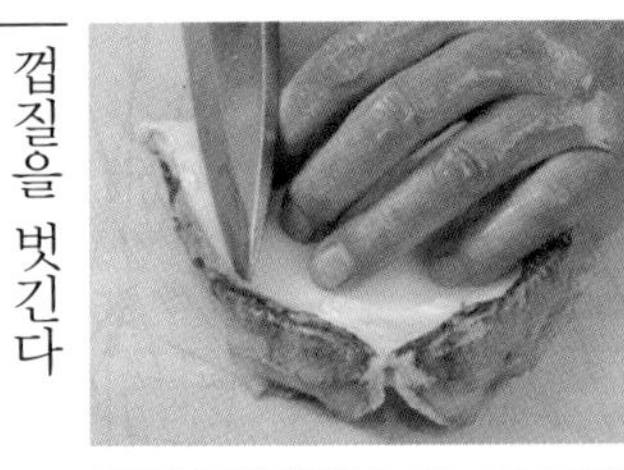

1
칼로 들쭉날쭉한 끝부분을 잘라내 가지런히 정리한다.

2
안쪽에 남은 내장이나 더러운 것을 칼로 가볍게 긁어낸다.

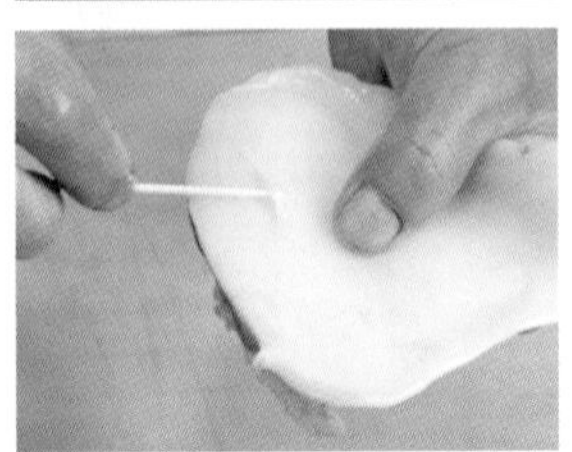

3
남은 막 등은 이쑤시개를 사용해 조심스레 제거한다.

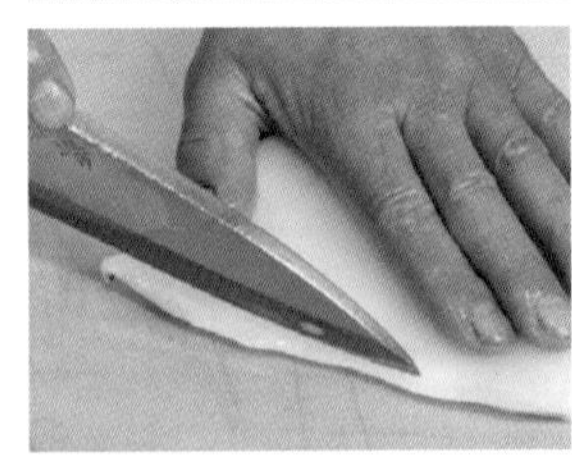

4
껍질 부분을 아래로 하고, 몸 끝에 칼집을 넣는다.

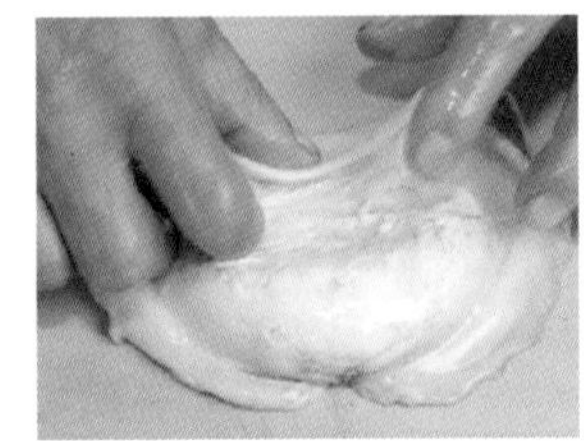

5
칼집 부분을 손으로 누르며, 껍질을 손가락으로 꽉 잡고 뒤집어 가며 벗긴다.

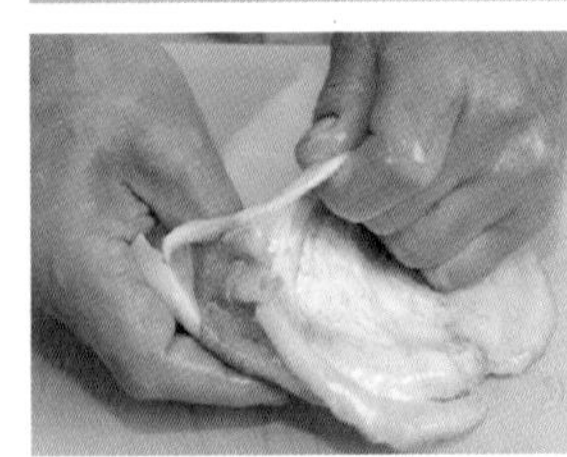

6
그대로 잡아당겨 껍질을 휙 벗겨낸다.

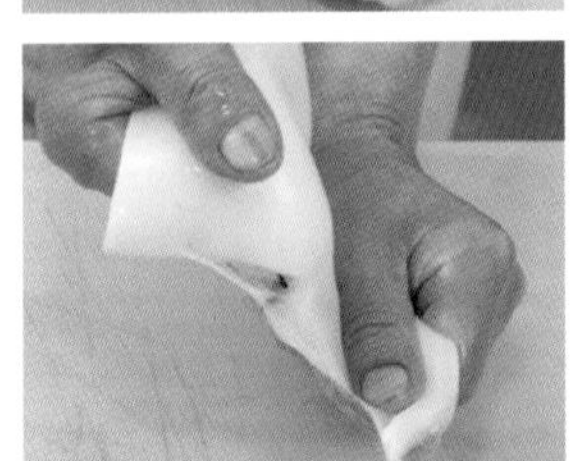

7
마지막으로 강하게 잡아당겨 칼집을 낸 끝부분과 함께 껍질을 떼어낸다.

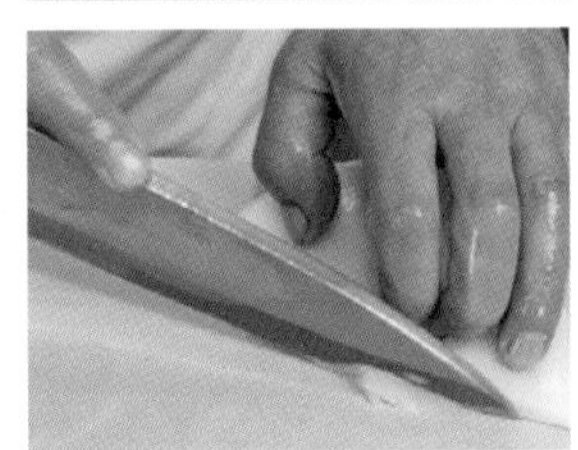

8
지저분한 끝 부분은 칼로 잘라 정리한다.

다리 손질하기

내장과 주둥이를 제거한다

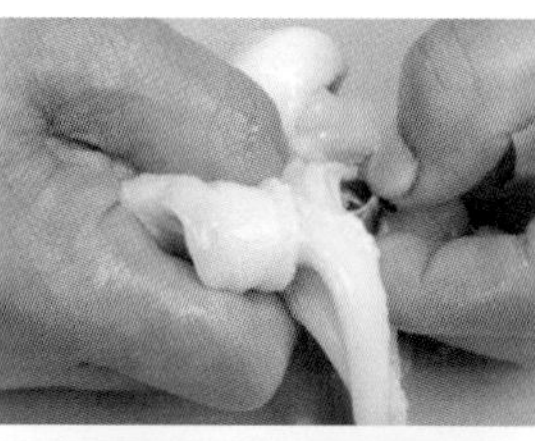

1
다리의 길이를 같게 자르고, 눈과 주둥이를 제거한다.

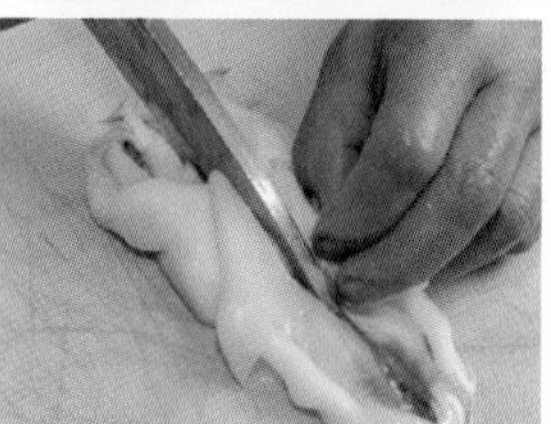

2
다리의 절반 위치에 세로로 칼집을 낸다.

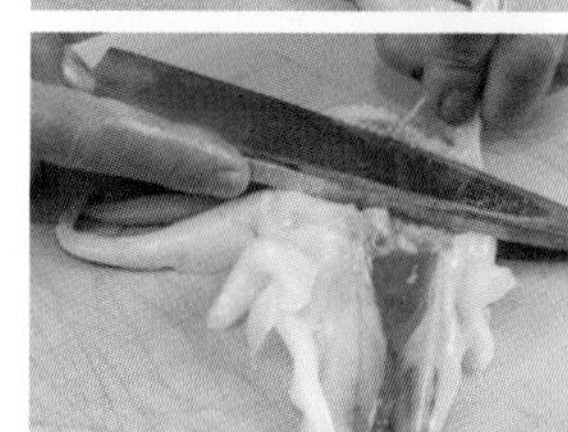

3
다리를 펼쳐놓고, 칼등으로 긁어내 지저분한 것들을 제거한다.

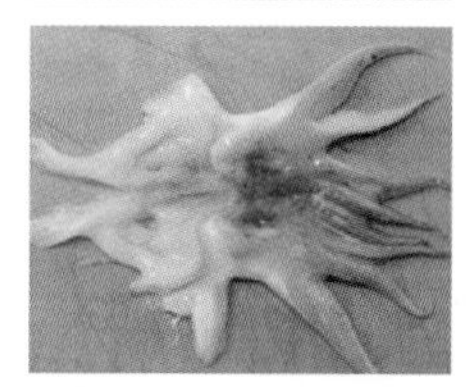

다리를 물로 씻은 뒤, 물기를 닦아낸 상태

데친다

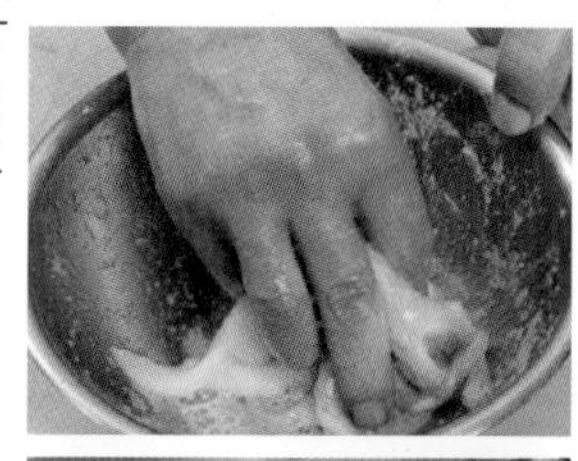

4
소금을 뿌리고 거품이 생길 때까지 주물거린 후, 점액질과 지저분한 것들을 제거한다. 식감도 좋아진다.

5
물로 씻어 소금기를 제거하고, 끓는 물에 넣는다.

6
데쳐졌으면 거름망 등으로 건져낸다.

7
채반에 올려 그대로 식힌다.

썰기, 스시 쥐기

데자쿠로 잘라 하우치(가로 칼집 내기)한다

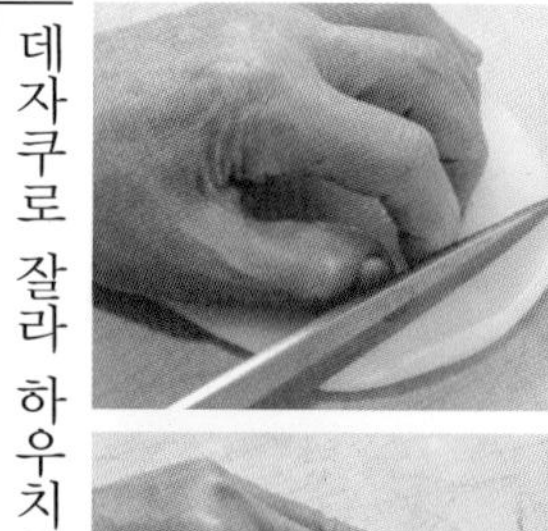

1
오징어는 껍질을 아래로 두고, 데자쿠로 자른다.

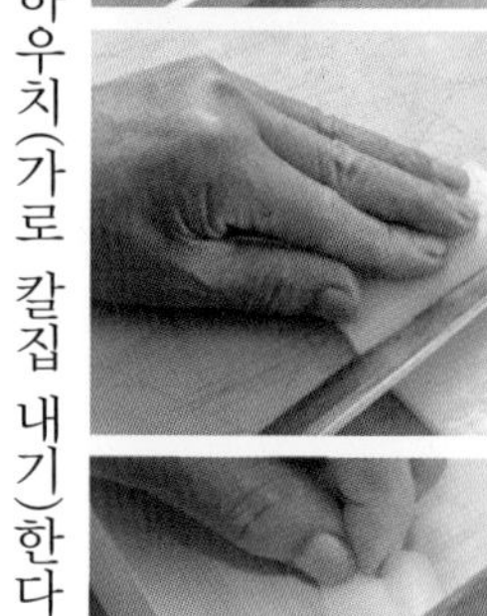

2
살이 두꺼우면 먹기 불편하므로, 사선으로 얇게 깎아내듯 자른다. 마지막에 칼날을 세우면 자른 단면이 깨끗하다.

3
칼 턱으로 가볍게 가로로 칼집을 낸다.

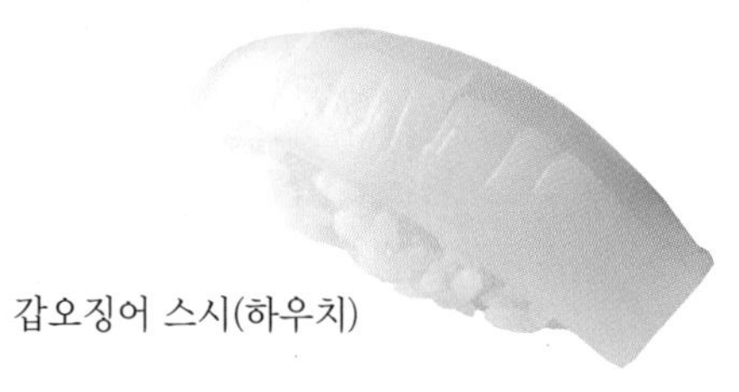

갑오징어 스시(하우치)

다리를 손질한다

1
데친 다리는 밑동을 아래로 하고 정중앙에 칼날을 눕혀 가져다 댄다.

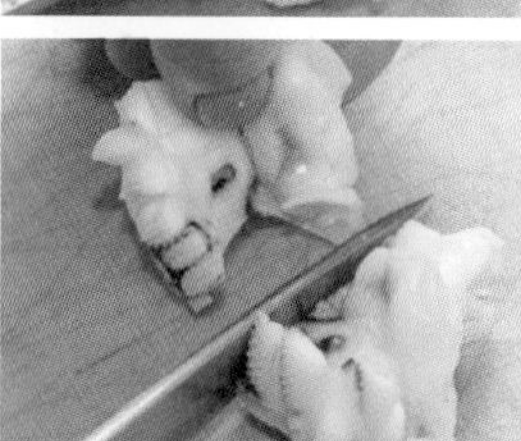

2
그대로 사선으로 잘라 반으로 나눈다.

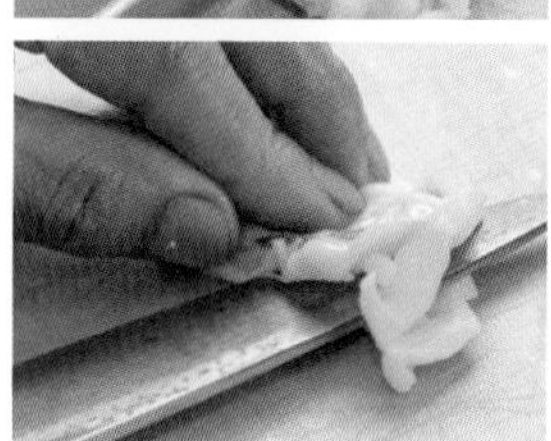

3
스시를 만들기 쉽도록 두꺼운 부분을 칼로 정리한다.

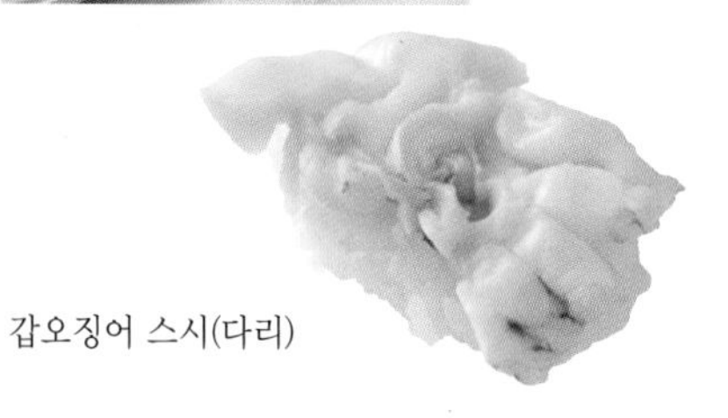

갑오징어 스시(다리)

차새우 [구루마에비 / 車海老]

분류 : 십각목 보리새웃과 보리새우속
영어명 : kuruma prawn

기초 지식

이름의 유래

새우는 일본에선 '바다노인(海老)'이라고 표기한다. 그 이유는 새우가 허리 굽고 수염을 길게 기른 노인처럼 생겼기 때문이다. 일본 정월에 먹는 오세치 요리나 축하연 요리에 새우가 빠지지 않는다. 허리가 굽을 정도로 장수하길 바라는 기원이 담겼기 때문이다. 또한 가열하면 선명한 빨간색을 띠기 때문에 오랜 옛날부터 축하연에 걸맞는 재료라고 여겨졌다.

일본에서 차새우의 이름은 '구루마에비(車海老)'인데, 껍질의 검은 무늬가 둥근 바퀴(車)처럼 보이기 때문이라고 한다.

옛 스시와 '오도리'

자연산 차새우는 최고급 스시 재료이지만, 어획량이 크게 줄어 보기 힘들게 되었다가 근래에는 각지에서 완전양식이 성공하여 일 년 내내 안정된 매입이 가능하게 되었다.

주요 스시 재료가 된 차새우는 일반적으로 몸길이가 17~18cm 정도의 크기다. 머리를 떼면 스시 1점에 딱 좋은 사이즈가 된다. 머리를 단 채로 데치고 그 후에 머리를 떼고 스시를 만든다. 화려한 무늬와 색 역시 매우 선명한 니기리즈시가 된다.

크기가 10cm 이하인 것은 '사이마키'라고 부르고, 이보다 더 작은 것은 '마키'라고 부른다.

또한 20~25cm 정도 되는 큰 것은 '큰차새우(오구루마에비)'인데, 이 크기까지 자라면 스시 한 점으로 만들기에는 커서 한 번 잘라 두 점으로 나누는 방식을 추천한다.

사이마키는 꼬치를 꽂지 않고 데쳐, 둥글게 된 모양 그대로 살을 갈라 '가라코즈케'를 만든다. 초절임해서 오보로를 올려 스시를 만드는 등 예로부터 전해져 오는 전통 기술도 남아 있다. 옛날에는 찬합에 스시를 채워 배달할 때 오른쪽 위에 놓는 '색종이(노시)' 대신으로 쓰기도 했다.

생 차새우인 '오도리'를 스시로 만드는 현대의 스시 기술 역시 익혀둘 필요가 있다.

차새우 스시(생새우)　　차새우 스시

차새우 손질하기

자연산 차새우는 단맛이 강하고, 맛이나 배색이 좋아 최고급 스시 재료로 친다. 손질의 포인트는 데치기 전에 꼬치를 꽂아 모양이 휘지 않게 하는 것이다. 하지만 충분히 식힌 다음에 꼬치를 빼야 살이 둥글게 말리지 않는다.

생새우 오도리는 투명감이 있는 살이 아름다워 호화로운 스시로 여겨진다. 꼬리만 살짝 데쳐 색을 내면 화려한 분위기를 연출할 수 있다.

손질 순서: 꼬치 꽂기 ▶ 손질하기 ▶ 썰기

꼬치 꽂기

꼬치를 꽂는다

1
삶을 때 새우가 둥글게 휘지 않도록 꼬치를 꽂는다. 배 부분을 따라 길게 꼬치를 꽂아 넣는다.

2
새우의 등이 반대로 휘어지는 느낌으로 꽂으면, 꼬치를 똑바로 꽂을 수 있다.

포인트
꼬치는 마지막에 꼬리의 갈라진 부분 사이로 튀어나오게 꽂는다. 꼬리 끝까지 꼬치가 나오지 않으면 데칠 때 새우 모양이 휘어질 수도 있다.

특별기술 대나무 꼬치로 꼬리 모양 정돈하기

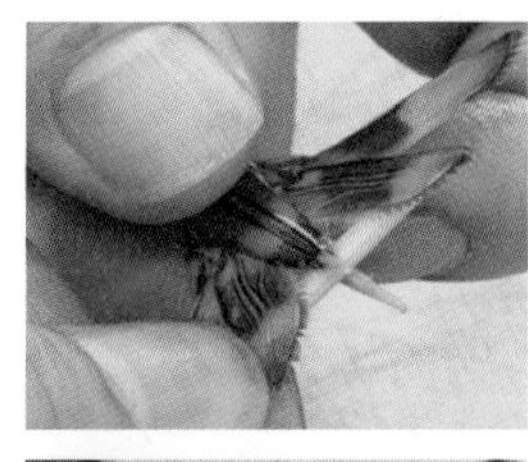

1
꼬리를 펼쳐, 3cm 정도로 자른 꼬치를 꼬리 끝으로 튀어나온 꼬치와 새우 꼬리 사이에 수직으로 끼워넣는다.

2
위에서 내려다본 상태. 대나무 꼬치로 지탱하고 있어, 꼬리가 좌우로 아름답게 펼쳐져 있다.

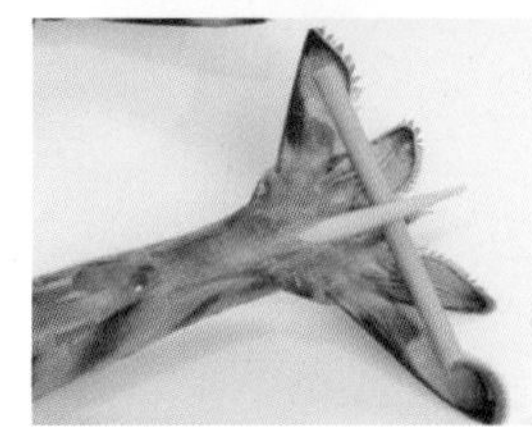

3
이 상태로 데치면, 꼬리가 벌어진 채 데쳐져, 완성된 스시 모양이 예쁘다.

손질하기

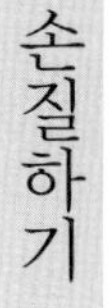

데친다

1
팔팔 끓는 물에 소금을 넣는다.

2
꼬치를 꽂은 새우를 끓는 물에 넣는다.

3
끓어오르면 불을 줄이고 좀 더 데친다.

4
거품이 생기는데, 이 거품은 건져내지 않는다. 데치는 시간은 새우의 양에 따라 다르지만 대개 3~5분 정도다.

5
새우가 위로 떠오르면, 적절하게 데쳐진 것이므로 거름망으로 건져낸다. 거품의 색이 변하면 다 데쳐진 것이다.

6
데친 새우를 얼음물에 재빨리 넣어 식힌다. 이 과정을 거치면 색이 예쁘게 안정되고, 색이 변하지 않는다.

껍질을 벗긴다

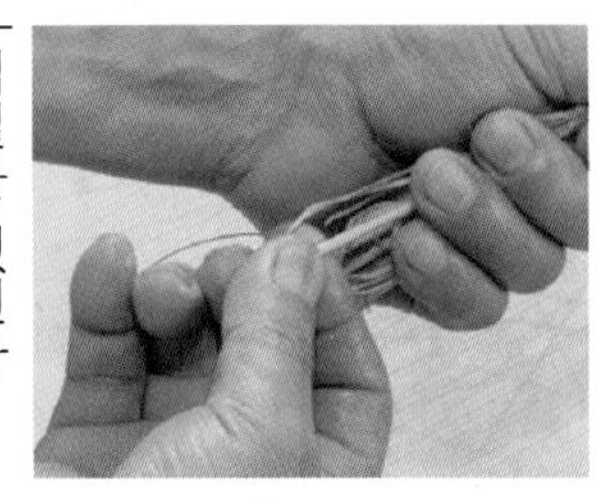

7
어느 정도 식으면 꼬치를 살살 돌리며 뺀다.

8
머리 껍질을 먼저 벗겨낸다.

9
머리를 잡고 머리 밑동을 접는다는 느낌으로 머리를 떼어낸다. 이때 머리 쪽 살이 부스러지지 않도록 조심히 제거해야 한다.

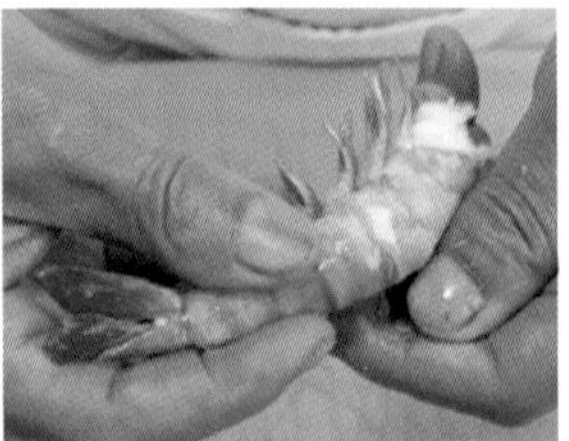

10
머리를 뗀 부분부터 껍질을 돌려가며 벗긴다.

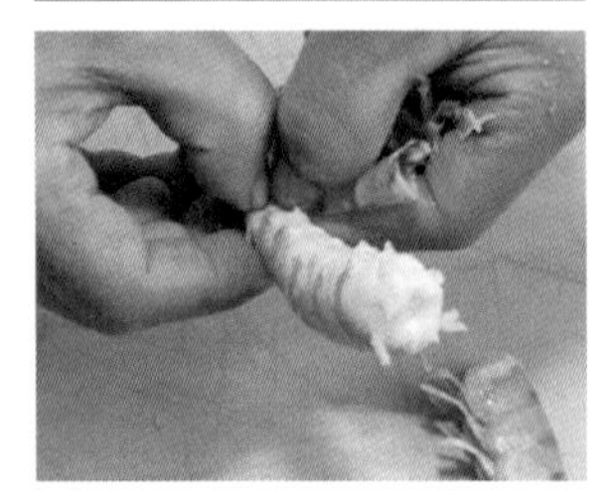

11
꼬리는 남겨두고, 꼬리와 살 사이에 있는 뾰족한 부분의 껍질도 잡아당겨 떼어버린다.

썰기, 스시 쥐기

1
배를 칼로 자른다.

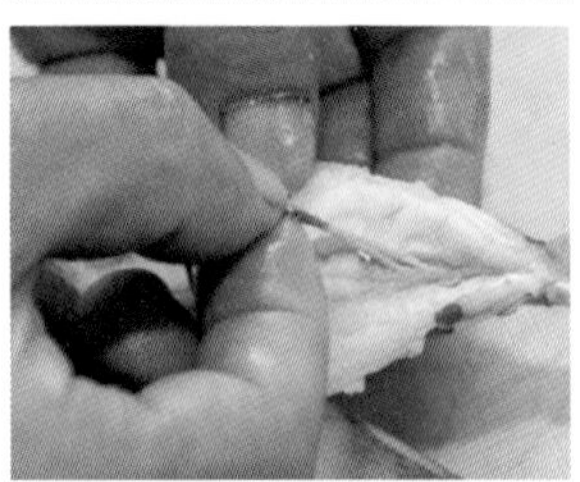

2
등 부분에 내장이 남아 있으면 이쑤시개 등으로 떼어낸다.

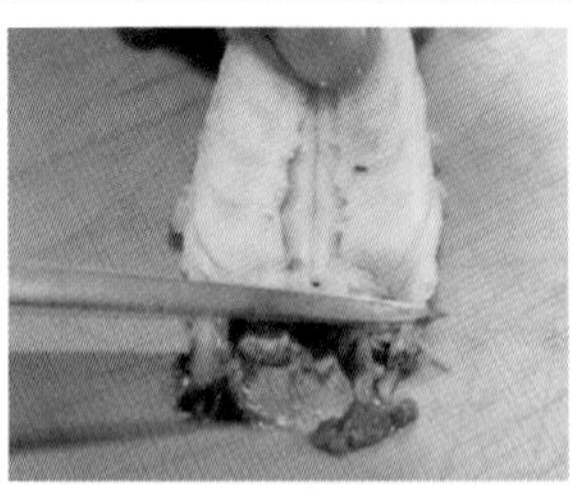

3
남아 있는 내장과 지저분한 것을 칼 끝으로 가볍게 긁어내 깨끗하게 만든다.

4
식초와 소금을 넣은 물에 살짝 씻어, 물기를 제거한다.

5
겉면이 위로 오도록 채반에 겹쳐 놓는다.

차새우 스시

생 차새우(오도리) 스시

생 차새우 손질하기

머리를 떼고 꼬리의 색을 낸다

1
머리를 잡고 칼로 자른다.

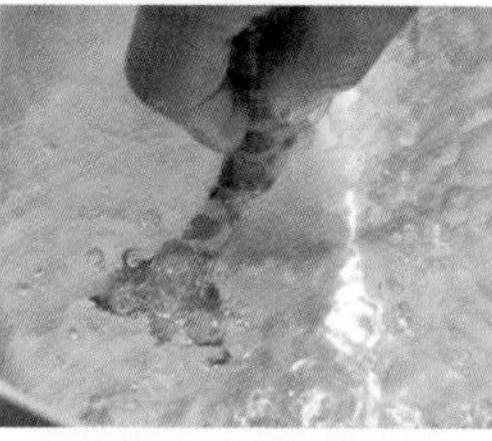

2
끓는 물에 꼬리만 담가, 붉은색으로 변하면 꺼낸다.

3
재빨리 얼음물에 담가 변색을 막는다.

꼬리만 색을 낸 차새우(위)와 색을 내지 않은 차새우(아래). 둘 다 스시로 만들 수 있다.

껍질을 벗긴다

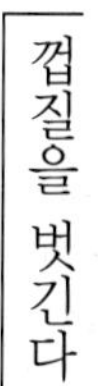

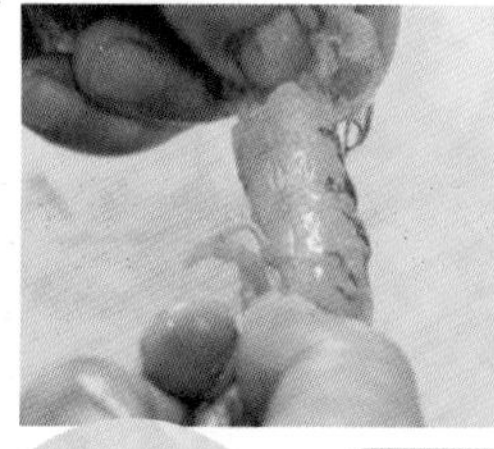

4
꼬리와 그 앞의 1마디 정도만 남기고 껍질을 벗긴다.

포인트

껍질을 벗기기 힘들 때에는 손에 식초를 묻히면 훨씬 쉽다. 식초를 묻히면 점액질이 나와도 미끄러지지 않기 때문이다.

썰기, 스시 쥐기

등을 가르는 법

1
껍질을 벗긴 새우의 등을 가른다. 등을 아래로 두고, 꼬리부터 머리 쪽으로 칼집을 낸다.

2
등에 내장이 있으면 손가락으로 잡아 꺼낸다.

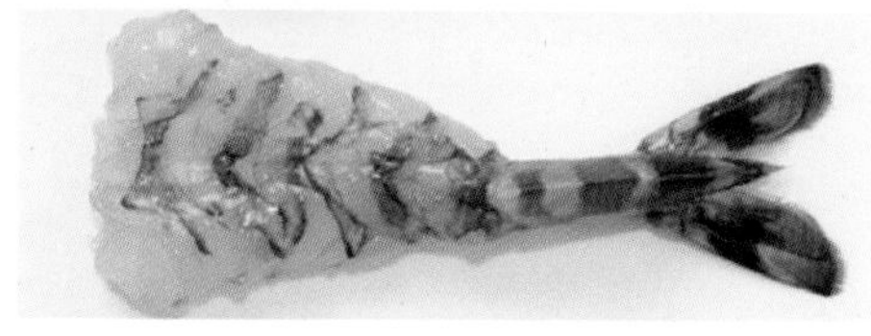

배를 가르는 법

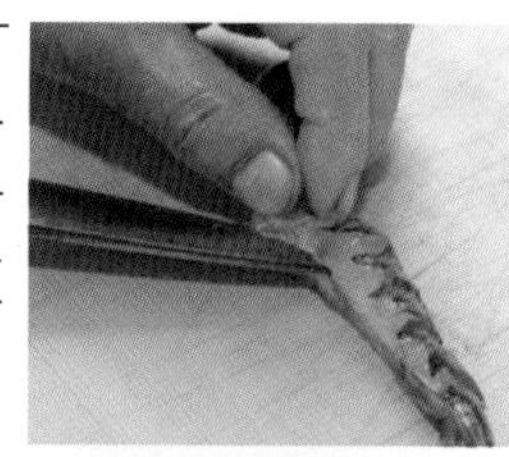

1
껍질을 벗긴 새우의 배를 가른다. 배를 아래로 두고, 머리부터 꼬리 밑동까지 칼집을 낸다.

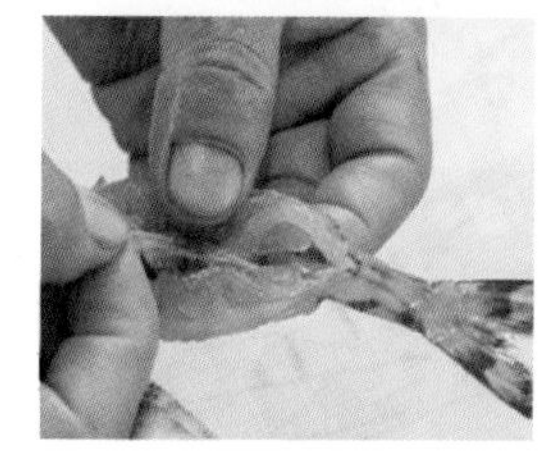

2
등에 내장이 있으면 손가락으로 잡아 꺼낸다.

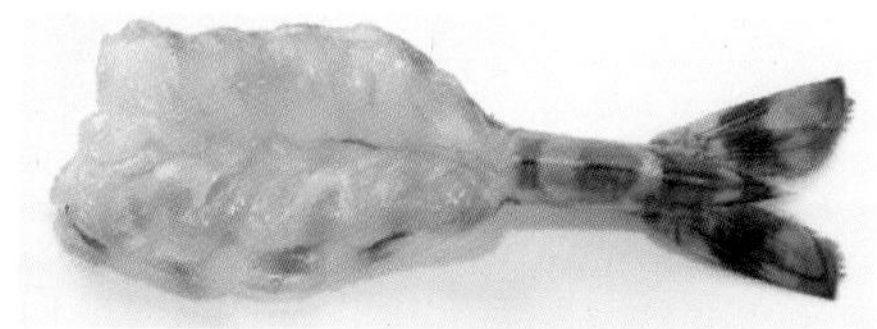

(등을 가른 것)

(배를 가른 것)

차새우 스시(오도리)

(등을 가른 것)

(배를 가른 것)

차새우 스시
(꼬리 색을 낸 것)

여러 가지 차새우 스시

오보로 스시

미림을 넣은 달걀 가루를 묻힌 독특한 스시. 데치면 맛이 연해지는 새우에 단맛이 나는 '식초 오보로'를 묻혀 감칠맛이 뛰어난 새우 스시를 완성했다.

■ 도쿄 롯폰기 「롯폰기 나카히사」

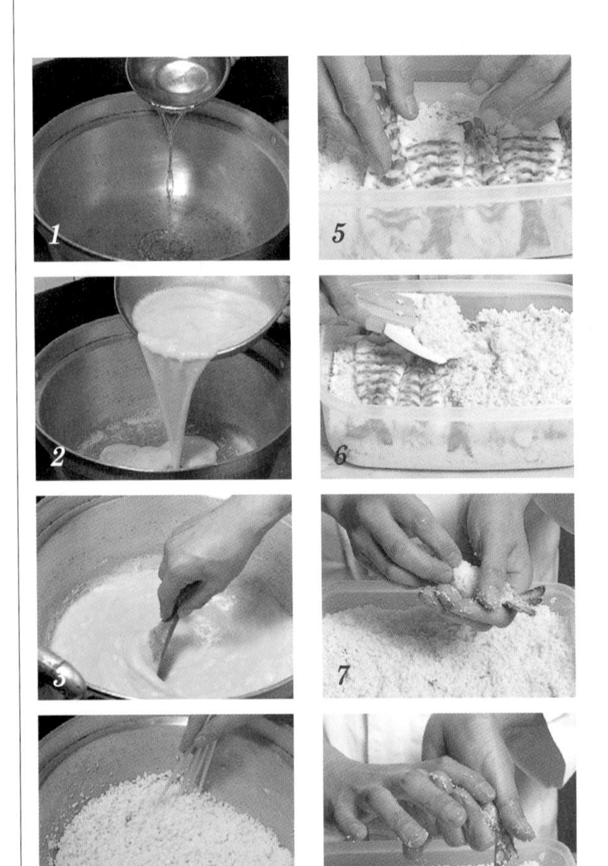

1 식초에 설탕을 섞어, 냄비에 소량을 넣고 끓인다.
2 달걀 20개를 풀어, 약한 불로 줄인 *1*에 넣는다.
3 타지 않도록 주걱으로 골고루 잘 젓는다.
4 어느 정도 덩어리가 지면, 긴 젓가락 4개로 잘 섞어 가루로 만든다.
5 식초 오보로를 식힌 뒤, 배를 아래로 새우를 올려놓는다.
6 새우 위에도 식초 오보로를 뿌리고, 냉장고에 넣어 2일간 보관한다.
7 주문이 들어오면 새우를 꺼내 스시를 만든다.
8 식초 오보로가 묻은 채로 스시를 내놓는다.

차새우 스시(생새우)

차새우의 화려함, 선도가 좋은 생새우의 절정. 투명한 새우살 밑에 잘게 자른 김을 넣어 스시를 만든다. 소금과 영귤로 감칠맛을 더한다.

■ 도쿄 도 긴자 「스시코 본점」

차새우 스시(가라코즈케)

꼬치를 꽂지 않고 데친 새우의 꼬리 앞부분까지 등을 가른다. 가운데에 생긴 구멍에 새우 가루를 올려 스시를 만든다. '가라코(唐子)'는 중국 아이를 뜻하는 말인데, 고대 중국의 머리 모양을 닮은 데에서 유래했다.

■ 도쿄 도 시로카네다이 「스시타쿠미 오카베」

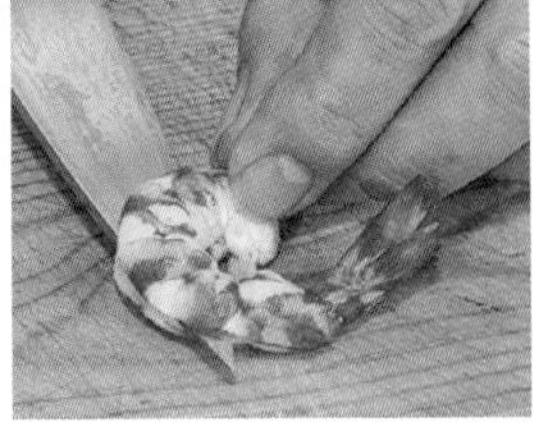

냉동 새우 [레토에비 / 冷凍海老]

기초 지식

차새우과의 냉동 새우

20세기 초반 일본 다이쇼 시대부터 대량 수입된 '다이쇼 새우'에 이어, 요즘에는 멕시코산 냉동 새우도 많이 유통되고 있다. 보리새우 대용으로 쓰여, 업자들 사이에서는 '메키'라고 통용되고 있다.

요즘엔 차새우과인 블랙 타이거 새우나 브라운 타이거 새우, 흰다리새우(바나메이) 등이 스시에도 많이 쓰이게 되었다. 거의 냉동 상태로 수입되어 스시 가게들도 애용하고 있다. 이름에 '타이거'가 붙었듯이 무늬가 확연한데, 몸 전체가 까만 것은 블랙 타이거 새우, 갈색인 것은 브라운 타이거 새우다. 블랙 타이거 새우는 일본에서는 '소새우(우시에비)'라고 불린다. 몸길이 30cm가 넘는 대형 새우여서 이름에 '소'가 붙은 것이다.

차새우 대용으로 쓰이는 냉동 새우의 손질을 여기서는 머리가 없는 멕시코 새우로 설명하고자 한다. 다른 냉동 새우도 손질법은 거의 같다.

냉동 새우(머리 없는 것)

멕시코 새우 스시

냉동 새우 손질하기

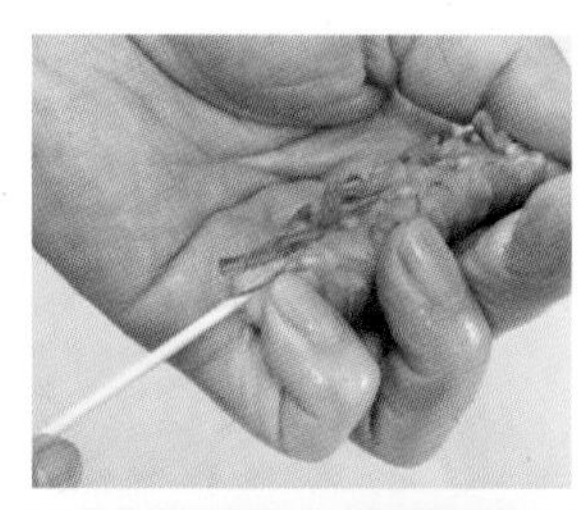

1
해동한 새우에 꼬치를 꽂는다. 데칠 때 새우가 휘지 않도록 배를 따라 똑바로 꽂는다.

2
꼬치를 꽂은 새우는 소금을 넣은 뜨거운 물에 데쳐 색이 붉게 변하면, 얼음물에 넣어 식힌다.

3
식으면 꼬치를 돌리며 뺀다. 꼬리를 남기고 껍질을 돌리며 다리와 함께 제거한다.

4
배부터 칼끝으로 칼집을 내어 살을 가른다. 배에 내장이 남아 있으면 떼어낸다.

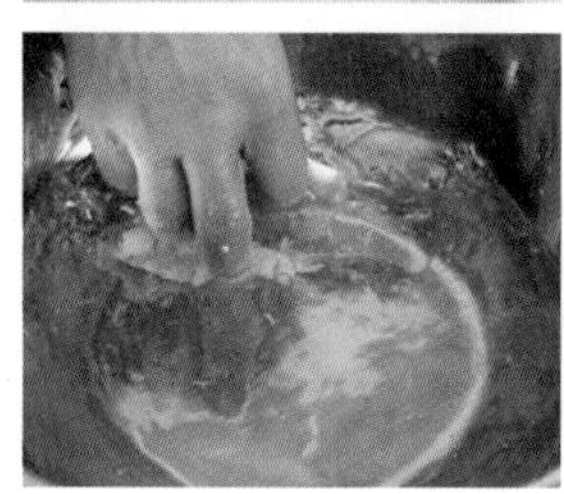

5
손질한 새우를 소금과 식초를 넣은 물에 살살 씻은 다음 물기를 뺀다. 이렇게 하면 꽤 오랫동안 보관할 수 있다.

단새우 [아마에비 / 甘海老]

분류 : 십각목 도화새웃과 도화새우목
영어명 : northern shrimp / sweat shrimp

기초 지식

다양한 이름을 가진 새우

머리가 홀쭉하고, 몸길이 13cm 정도의 작은 새우로, 정확한 명칭은 '북쪽분홍새우'지만 단새우라는 이름으로 통용되고 있다. 생으로 먹을 수 있는 재료라서 인기가 많다.

예전에는 니가타 현, 도야마 현, 이시카와 현, 후쿠이 현까지 호쿠리쿠 지방 일대에서만 잡혔지만, 유통 시스템의 발달과 냉동 새우의 입하로 인해 매우 일반적인 스시 재료가 되었다.

단새우는 단맛이 강해 지어진 이름이지만, 형태는 붉어 '아카에비' 라는 이름으로도 불린다. 별명이 많은 새우다.

붉은 고춧가루와 비슷한 색깔 때문에 '남만에비', '도가라시(고추)'라고도 불린다. 또한 고추의 다른 이름인 '고쇼(후추)'에서 따와 '고쇼에비'라는 이름도 있다. 세 번째 다리의 등쪽이 살짝 튀어나와 있는 것이 특징이며, 크기가 작은 만큼 껍질도 얇고 꼬리도 떼기 쉽다.

새우 스시는 모두 손님한테 내기 전까지 꼬리 관리가 중요하다. 꼬리가 떨어지면 상품 가치가 뚝 떨어지기 때문이다. 조심스레 손질해 꼬리가 달린 스시를 만들어야 한다. 작은 새우는 2~3마리로 한 점을 만든다.

성전환하는 새우

단새우는 한류성이며, 홋카이도나 호쿠리쿠산이 유명하다. 태어날 때에는 수컷이었다가 자라면서 암컷으로 성전환하는 재미있는 성질을 가진 새우다.

일본뿐 아니라 대서양이나 러시아, 알래스카, 캐나다 등에서 수입한 것도 대량으로 시장에 유통되고 있어 일 년 내내 구하기 쉬운 재료다. 가격도 안정되어 있는 데다 맛도 좋아 꽤 괜찮은 재료다.

독특하고 진득한 단맛이 있고 비린내도 없다. 생으로 스시를 만들기도 하고, 된장국에 넣기도 하고, 튀김 등의 일품 요리에도 잘 어울린다.

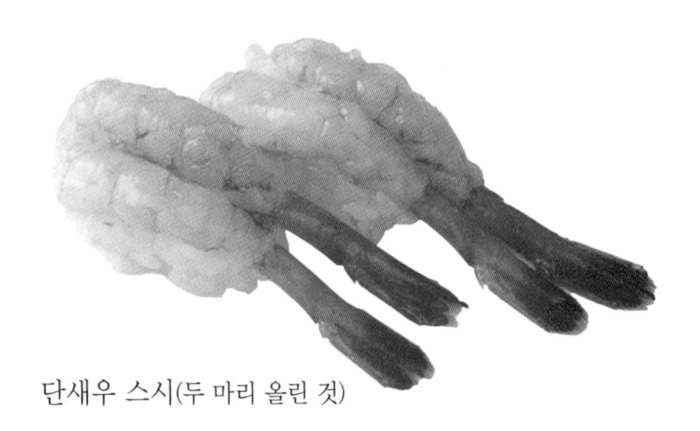

단새우 스시(두 마리 올린 것)

단새우 스시(군칸마키)

단새우 손질하기

이름 그대로 단맛이 있고 입안에서 녹아내리는 듯한 식감을 즐길 수 있어 인기 높은 스시 재료다. 수입 새우는 딱히 제철이 없지만, 일본 국내산 새우는 늦가을부터 겨울까지가 제철이다. 새끼를 밴 시기에는 청록색 톡톡 터지는 알을 배고 있어서, 스시에 곁들이면 색다른 분위기 덕에 손님들이 좋아한다. 껍질을 벗길 때 꼬리가 떨어지지 않도록 주의한다. 스시 1점에 2마리를 올리는 경우도 많아서, 크기가 작은 새우는 군칸마키로 만들면 버리는 게 적다.

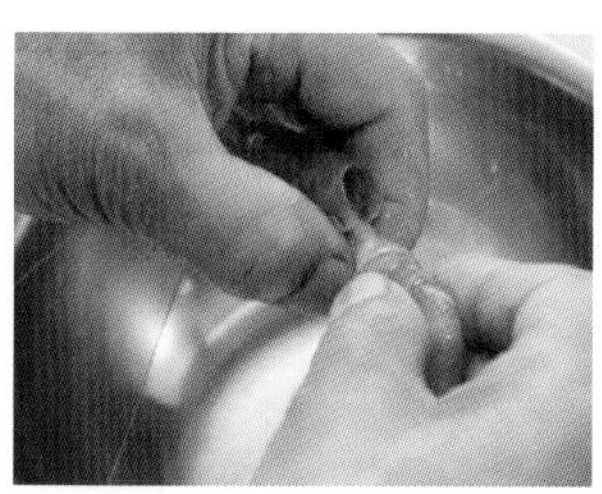

1 단새우의 머리 밑동을 잡고, 머리를 구부려 잡아 빼듯 떼어낸다.

2 꼬리 부분을 남기고, 머리 쪽부터 껍질을 빙글 돌려가며 벗긴다.

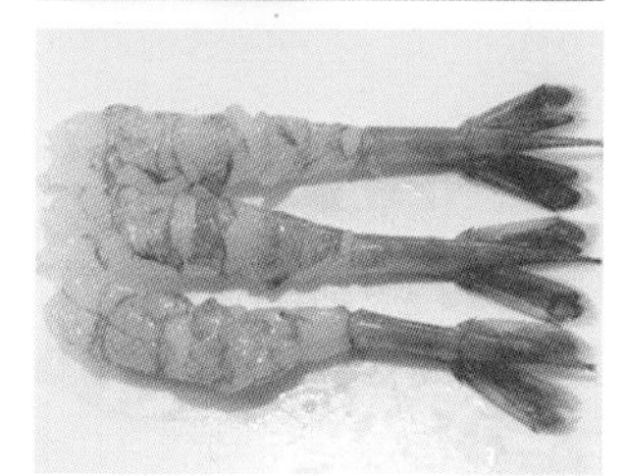

단새우는 2마리를 올려 스시를 만드는 경우가 많은데, 크기가 크면 등을 갈라 내장을 꺼내고 스시로 만든다.

여러 가지 단새우 스시

단새우 알 스시

새끼를 밴 단새우를 한 마리 올린 스시. 단새우의 등에 칼집을 내어 가르고, 가운데에 알을 올려 손님에게 낸다. 녹색 알이 색감을 더한다.

■ 이시카와 현 가나자와 시 「스시캇포 아오이스시」

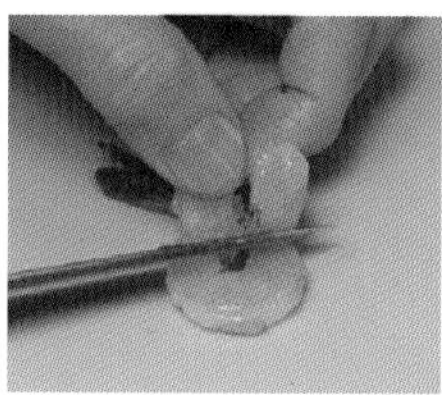

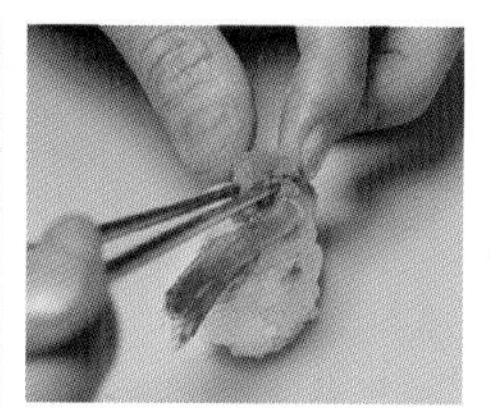

1 머리와 꼬리가 떨어지지 않도록 등을 깔끔하게 갈라 펼친다.

2 *1*을 샤리 위에 올린다. 가운데에 생긴 공간에 알을 올린다.

단새우 내장 군칸마키

단새우 100마리에서 스시 3~4점 분량밖에 안 나오는 희귀한 스시 재료다. 손질하고 남은 새우 머리에서 내장을 꺼내 만드는데, 깊은 맛으로 인기가 높다.

■ 이시카와 현 가나자와 시 「스시캇포 아오이스시」

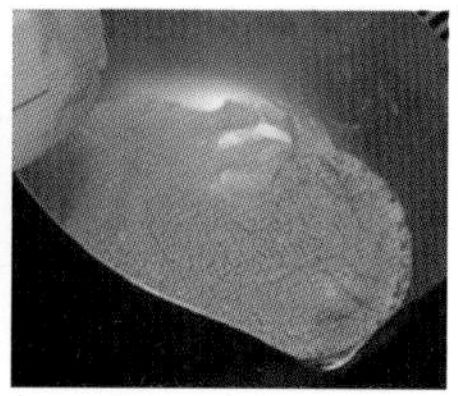

1 단새우 내장을 냄비에 넣고, 술, 미림, 간장을 더해 약불에 졸인다.

2 식으면 딱딱해지기 때문에, 케이퍼를 넣고 전체적으로 묽게 갠다.

모란새우 [보탄에비 / 牡丹海老]

분류 : 십각목 도화새웃과 도화새우속
영어명 : coon stripe shrimp

기초 지식

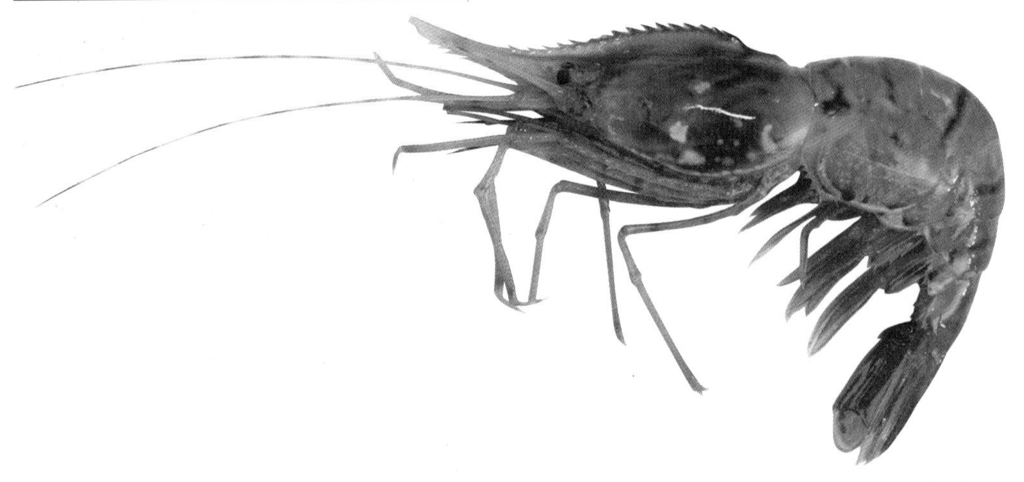

모란새우의 사촌들

모란새우의 사촌도 여러 종류가 있다. 지방에 따라 부르는 이름은 다르지만, 같은 종일 때도 적지 않다.

홋카이도나 호쿠리쿠 지방 등 시마네 현보다 북쪽이 서식지다. 도화새웃과 중에 비슷한 새우로는 '도화새우(도야마에비)', '포도새우(부도에비)', '물렁가시붉은새우(시마에비)' 등도 있다.

같은 도화새웃과라도 단새우류와 다른 특징은 머리가 크고, 붉은 반점이나 무늬가 있고, 머리 끝을 따라 뾰족한 가시가 나 있는 것이다.

또한 껍질의 색이 선명해, 알을 밴 모란새우 암컷은 가을에 맛있다는 이야기도 있지만, 보통은 겨울에서 봄까지가 제철이다.

가열한 것보다 생새우가 맛있다

차새우류는 가열해서 스시를 만드는 경우가 많고, 모란새우류는 거의 생으로 스시를 만든다. 껍질과 살 사이에 희미하게 붉은 기운이 있어, 껍질을 벗겨 버리면 거의 붉은색이 남지 않는다. 따라서 최대한 살살 껍질을 벗겨야 하며, 꼬리 위 한 마디 분량의 껍질은 남겨둔다.

1마리로 1점의 스시를 만드는데, 살의 두께나 크기가 차새우에 뒤지지 않는다. 가열하지 않고, 생새우 특유의 끈끈한 살에서 느껴지는 감칠맛을 즐기는 고급 스시이기도 하다. 머리 부분에 내장이 있어서 스시에 곁들이는 것을 좋아하는 사람도 있다.

또한 알을 밴 시기에는 껍질을 벗기기 전에 따로 알을 떼어놨다가 스시 위에 올려 내놓는다.

일본산과 수입산

같은 도화새웃과라고 해도 모란새우와 도화새우는 명칭이 다른 만큼, 도화새우가 좀 더 오렌지빛이 돈다고 한다. 그리고 머리와 몸통의 껍질 모양이 다르다.

하지만 학술적인 분류와 명칭이 정확하지 않은 탓에 구별이 쉽지 않다. 요즘에는 미국, 캐나다 등에서 냉동 새우도 수입되어 유통되고 있다.

모란새우 스시(배 가른 것)

모란새우 스시(등 가른 것)

모란새우 손질하기

생으로 손질해 깊은 단맛과 감칠맛, 끈끈한 씹히는 맛을 만끽할 수 있는 고급 스시 재료 중 하나다. 냉동 새우를 포함하면 일 년 내내 즐길 수 있지만, 자연산은 봄과 가을이 철이다. 알을 밴 시기에는 껍질을 벗기기 전에 알을 따로 떼어 놓았다가 스시 위에 올리면 좋다.

손질할 때에는 살의 붉은 부분과 꼬리를 살릴 수 있도록, 꼬리 껍질을 남기고 나머지 부분을 조심스레 벗긴다.

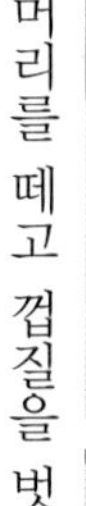

머리를 떼고 껍질을 벗긴다

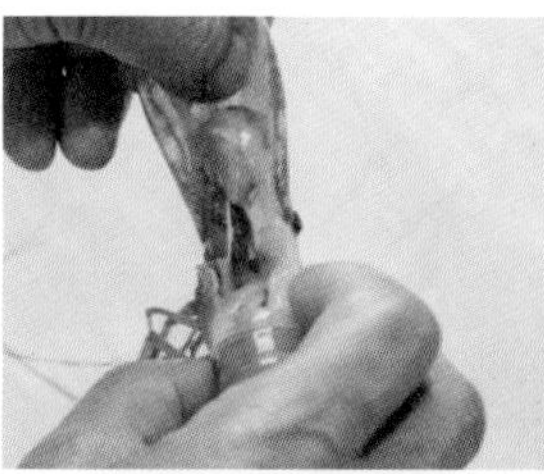

1
모란새우의 머리 밑동을 잡고, 아래로 가볍게 당겨 머리를 떼어 낸다.

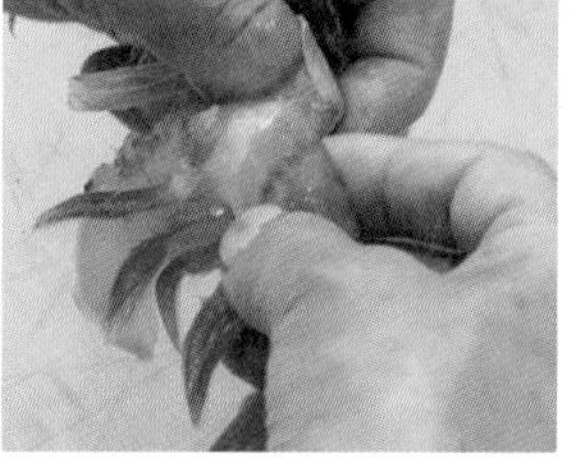

2
살이 뭉개지지 않도록 조심하며, 꼬리 부분만 남기고 껍질을 벗긴다.

썰기, 스시 쥐기

등 가르기

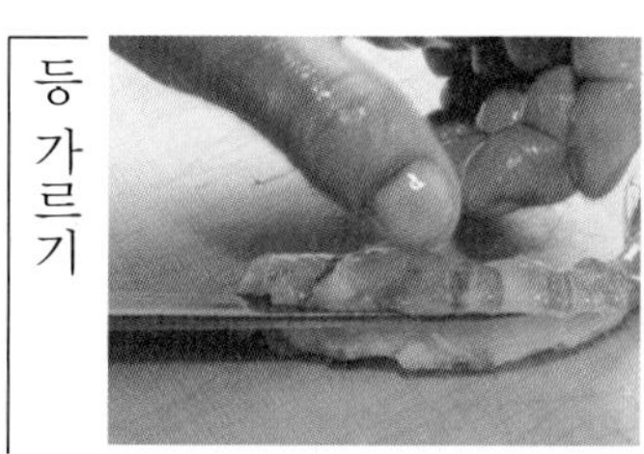

머리와 껍질을 뗀 모란새우의 등에 칼집을 내어 등을 가른다. 등 쪽의 내장은 제거한다.

모란새우 스시(등을 가른 것)

배 가르기

머리와 껍질을 뗀 모란새우의 배에 칼집을 내, 배를 가른다. 등쪽에 내장이 있으면 제거한다.

모란새우 스시(배를 가른 것)

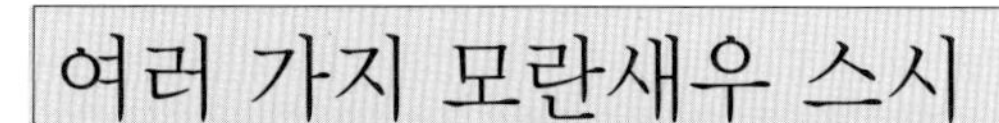

여러 가지 모란새우 스시

모란새우 알 스시

먹기 편하게 모란새우의 머리는 벗기고, 몸통과 이어진 것처럼 스시 곁에 올려 원래 모양을 손님에게 보여준다. 모란새우의 알을 스시 위에 올려 색감을 더한다.

■ 도쿄 도 우메가오카 「우메가오카스시노미도리 총본점」

모란새우 캐비어 스시

모란새우 머리를 스시 곁에 세워 내놓는다. 스시 위에 캐비어를 올려, 훨씬 더 호화로운 이미지를 연출한다.

■ 도쿄 도 우메가오카 「우메가오카스시노미도리 총본점」

여러 가지 새우 스시

전 세계에는 다양한 새우가 서식하고 있고, 그 수는 무려 2,500종 이상이다. 일본인들은 오래 전부터 새우의 색깔이나 생김새가 장수와 경사를 상징한다고 여겨 중요하게 다뤄 왔다. 지금도 다양한 요리는 물론, 스시 재료로서 인기가 높은 재료이기도 하다. 또한 예전에는 특정 지역에서만 맛볼 수 있는 새우가 유통 기술이 발달함에 따라 전국에서 맛볼 수 있게 되면서 점점 다양한 스시가 등장하고 있다.

닭새우[이세에비]

닭새우 스시

이세 앞바다에서 잡은 닭새우(이세에비)를 사용한 고급 스시. 손질하기 쉽도록 작은 새우를 썼다. 살이 두텁기 때문에 먹기 편하게 김으로 가운데를 묶었다.

■ 미에 현 쓰 시 「도쿄아오야마 오즈시」

일본 미에 현을 대표하는 특산물이지만, 이바라키 현 남쪽, 규슈, 제주도, 대만에서도 서식한다.

호화로운 닭새우 1마리를 전부 살린 화려한 자태의 스시. 경축연에 어울리는 스시로, 일본인들에게 큰 사랑을 얻고 있다.

■ 미에 현 이세 시 「갓포 다이키」

포도새우[부도에비]

포도새우 스시

일 년 내내 먹을 수 있지만, 겨울철에 감칠맛이 더해진다. 어획량이 적고 가격이 비싸다. 꼬리를 꺾어 올려 더욱 고급스러운 이미지를 연출했다.

■ 미야기 현 게센누마 시 「아사히스시 본점」

정식 명칭은 붉은옷도화새우. 몸 색깔이 포도색과 비슷하다고 해서 붙은 이름이다.

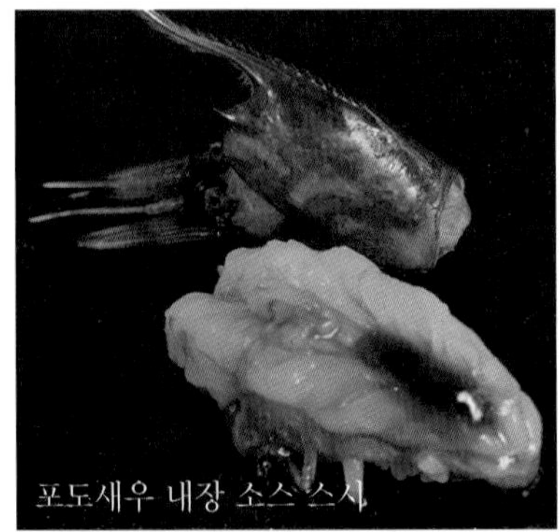

포도새우의 감칠맛을 더하기 위해 고안된 스시. 새우 등에 칼집을 내고, 그 위에 특제 소스를 올린다. 소스는 새우 내장에 달걀 노른자와 간장을 섞어 만든 것.

■ 홋카이도 삿포로 시 「스시큐」

머리에서 내장을 꺼내고, 달걀 노른자와 간장, 니키리를 넣어 섞는다.

줄무늬새우[시마에비]

줄무늬새우 스시

홋카이도산으로, 11~2월의 추운 시기가 제철이다. 머리와 꼬리를 남기고 껍질을 벗겨, 1마리를 통째로 다이나믹하게 연출한다. 산지에서는 모란새우 다음으로 인기 높은 새우다.

정식 명칭은 물렁가시붉은새우로, 갯벌 등에서 산다. 어획량은 적은 편이다.

진흙새우[가스에비]

진흙새우 스시

껍질이 갈색으로 보여 맛은 없어 보이지만, 단새우보다 살이 단단하고 단맛이 강해 인기가 많다. 머리는 구워서 곁들여 낸다. 껍질이 부드러워지고 단맛이 더욱 강해진다.

■ 이시카와 현 가나자와 시
「스시캇포 아오이스시」

선도가 빨리 떨어져, 산지 이외에서는 구할 수 없다.

벚꽃새우[사쿠라에비]

벚꽃새우 스시

시즈오카 현 스루가 만에서 잡은 생 벚꽃새우를 사용한 군칸마키. 풍성해 보이도록 스시 1점 당 10g씩 올린다. 관광객들에게 인기가 높다고 한다.

종 보호를 위해 스루가 만에서는 6월 중순부터 9월 초순까지 어획이 금지되어 있다.

쌀새우[시로에비]

쌀새우 스시

'도야마의 보물'로 불릴 정도로 유명한 도야마 현의 특산물이다. 몸길이는 6~8cm 정도로 작지만, 1마리씩 손으로 조심스레 껍질을 벗겨 스시를 만든다. 강한 단맛을 살리기 위해 군칸마키 위에 듬뿍 올려 완성한다.

몸 색깔은 원래 무색투명하지만, 죽으면 흰색으로 변한다.

큰붉은새우[오아카에비]

큰붉은새우 스시

일본 국내산에 비해 개체가 큰 아르헨티나산을 사용했다. 머리를 붙여 재료의 크기를 강조했다. 감칠맛은 비교적 약하지만, 캐비어를 곁들여 단점을 커버했다.

■ 도쿄 도 우메가오카
「우메가오카스시노미도리 총본점」

아르헨티나 수입산. 일본 국내산보다 큰 것이 특징이다.

부채새우[우치와에비]

부채새우 스시

일본 서부에서 규슈, 오키나와까지 서식하는 새우다. 몸길이는 15cm 전후로, 사시미는 닭새우처럼 깊은 단맛이 훌륭하다. 스시 위에 산초나무 순을 올려 맛을 강조했다.

닭새웃과의 새우로, 몸이 편평한 부채를 닮은 것이 특징이다.

조개 스시

피조개 [아카가이 / 赤貝]
개량조개 [아오야기 / 青柳]
왕우럭조개 [미루가이 / 海松貝]
새조개 [도리가이 / 鳥貝]
키조개 [다이라가이 / 平貝]
가리비 [호타테가이 / 帆立貝]
전복 [아와비 / 鮑]
북방대합 [홋키가이 / 北寄貝]

조개류 스시의 종류

사면이 바다로 둘러싸인 섬나라 일본의 각 지방에서는 그 지역에서 나는 조개류가 풍부하다. 따라서 '조개류 스시'는 종류를 한정하는 것이 어렵고 그만큼 심오하다.

신선한 조개는 거의 모두 스시로 만들 수 있다. 이 책에서는 에도마에즈시의 재료를 중심으로 스시 기술을 살펴보고자 한다.

에도마에즈시에서 주로 쓰이는 조개류는 피조개, 개량조개, 왕우럭조개, 키조개이며, 이외에도 오분자기, 소라, 굴 등도 돋보인다. 여기에 각 지역만의 조개류까지 더하면 실로 재료가 풍부하다 할 수 있다.

게다가 백합이나 전복을 찌면 별개의 장르로 따로 분류한다. 생조개 외에 다른 조리법으로 스시를 만드는 조개류도 많다.

종류에 따라 먹을 수 있는 부위가 다르다

조개는 크게 껍데기가 2장인 쌍패류와 껍데기가 1 장인 권패류로 분류한다. 껍데기의 수와는 별개로 조개의 종류에 따라 먹을 수 있는 부위는 다르다.

예를 들어, 왕우럭조개는 수관 부분을 스시로 만들지만, 키조개나 가리비는 외투막(끈, 히모) 부분을 스시로 만든다.

개량조개, 새조개, 북방대합 등 똑같은 쌍패류라 하더라도 각기 손질법이 달라 주의해야 한다.

매력적인 특유의 식감

조개류 스시의 매력은 크게 두 가지를 들 수 있다. 첫째는 그 조개가 가진 독특한 단맛이다. 그리고 둘째는 다른 스시 재료에 없는 쫄깃한 식감이다. 물론 조개의 종류에 따라 조금씩 다르지만, 붉은 살 생선이나 흰 살 생선 스시에는 없는 즐거움이다. 에도마에즈시의 커다란 매력을 담당하고 있는 것이 바로 조개류 스시라 할 수 있다.

각각의 조개류가 가진 맛을 살리기 위해서는 손질에 주의가 필요하다. 우선 첫째로 선도를 우선해 최대한 재빨리 껍데기를 떼어내고 손질을 해야 한다. 먹을 수 있는 부분과 아닌 부분을 분리하고, 잡균이 달라붙지 않도록 깔끔하게 손질하고, 여분의 물기를 제거하고, 청결한 곳에서 보관해야 하는 것은 두 말 할 필요도 없다.

껍데기가 있는 조개와 조갯살의 차이

조개류에 따라 껍데기가 붙어 있는 것과 조갯살만 분리한 것으로 유통된다. 껍데기를 떼어내는 작업이 굉장히 수고로우므로, 전문 업자가 껍데기를 제거해 납품하는 조개도 있다. 개량조개나 새조개, 가리비 등은 껍데기를 뗀 조갯살만 유통되고 있기 때문에 그대로 사용할 수 있다는 장점이 있다.

조갯살을 손질하는 것을 사용할 때의 장단점을 주지한 후에 용도에 맞춰 사용할 것을 권한다. 그렇다고는 해도 조개의 모양, 먹을 수 있는 부분, 손질법을 정확하게 숙지한 후에 껍데기가 있는 조개부터 손질해 보는 것이 필수다. 그리고 각 조개가 지닌 맛과 식감을 확인하고, 데치거나 다양한 조리법을 궁리해 그 조개만의 맛의 차이를 어필하면 좋을 것이다.

손질이 까다로운 조개류

조개류 스시의 매력은 쫄깃한 식감에 있다고 하지만, 한편 어떤 종류는 딱딱하거나 샤리와 어우러지지 않고 밥 위에서 겉돌아 샤리에 잘 붙지 않기도 한다. 아무리 얇게 썰어도 재료가 샤리에서 떨어질 때가 많다.

이럴 때에는 가볍게 2~3회 칼 턱으로 잘게 칼집을 내야 한다(하우치). 혹은 피조개 등의 가장자리처럼 잘 안 보이는 곳에 칼집을 촘촘히 내는 방법(가쿠시호초)을 쓰면 샤리와 잘 붙는다. 또, 조개류의 스시는 만든 후에 김을 잘라 감는 방법(노리오비)도 있다. 이런 방법을 통해 스시와 조개가 하나가 되도록 만든다.

'하우치', '가쿠시호초', '노리오비' 등은 스시로 만들기 어려운 조개류에 꼭 필요한 기술이다.

피조개 [아카가이/赤貝]

분류 : 돌조개목 돌조갯과 돌조개속
영어명 : ark shell

기초 지식

피조개라는 이름의 유래와 산지

피조개는 단단하고 두꺼운 2장의 껍데기를 가졌는데, 큰 것은 길이가 12~13cm나 되고 껍데기의 높이는 9cm 정도 된다. 껍데기를 보면 둥글면서도 봉긋 솟아올라 있고, 속살도 둥글다. 때문에 어시장에서는 '구슬(다마)'이라고 불리기도 한다.

일본 전역의 앞바다에 서식하며, 수심 10m 정도의 갯벌에 살기 때문에 갈고리 형태의 독특한 형태의 도구(망간)로, 바닥을 긁어 채취한다.

산지는 지바 현의 게미가와, 홋쓰, 하네다 등의 도쿄만과 시코쿠 지방의 간온지, 이세나 규슈 지방의 것도 품질이 좋다. 그러나 뭐라 해도 미야기 현의 유리아게시의 피조개가 가장 유명하다. 볼록하고 크기도 커서 '일본 제일'이라 불린다.

피조개라는 이름은 살의 색이 붉고, 잘랐을 때 나오는 피가 붉어서 붙은 것이다. 피조개는 사람처럼 헤모글로빈 색소가 있다.

피조개의 제철은 10~3월까지의 겨울철이다. 춘분이 지나면 새끼를 가지기 때문에, 살이 내리고 맛이 떨어진다.

혼다마와 대용품

피조개의 본종은 '혼다마'라고 부르며 비슷한 조개와 구분해 부른다.

피조개와 닮은 새꼬막(사루보가이)과 큰이랑피조개(사토가이)도 있다. 많이 닮았지만, 크기가 좀 더 작고 조갯살의 색이 혼다마보다 옅고, 맛과 향도 좀 떨어진다. 혼다마 대용으로 쓰이지만, 본고장에서 난 것이 아니기 때문에 '가짜 조개'라고 불리는 경우도 있다.

게다가 조개껍데기에 난 나이테처럼 보이는 홈의 수도 혼다마 피조개는 42~43개 있지만, 새꼬막이나 큰이랑피조개는 30~35개 전후로 홈이 적은 것도 특징이다. 이전에는 통조림 같은 가공품 등에나 쓰였던 새꼬막이나 큰이랑피조개도 요즘은 스시 재료로 재평가받고 있다.

조개류 전반에 해당하는 이야기지만, 조개가 살아 있는 사이에 껍데기를 벗겨 스시를 만들어야 한다. 수온이 너무 낮으면 조개가 죽어 버리는 경우도 있으니 적절한 온도로 관리해야 한다. 또한 껍데기를 제거할 때에 살과 관자를 상하게 하지 않도록 주의한다.

피조개 스시

피조개 손질하기

조개류를 사용한 스시 가운데 가장 기본 재료다. 손질 순서는 껍데기를 떼고, 살과 외투막을 분리하고, 내장을 제거한다. 씻을 때에는 채반에 넣어 살살 흔들어가며 씻어 바다의 풍미를 살린다. 스시를 만들 때에는 크기에 따라 통째로 쓰거나 절반을 자른다. 또한 잘게 칼집을 내거나 가장자리에 칼집을 내면 스시를 만들기 쉽고 먹기도 편하다. 오독오독한 식감의 외투막도 스시 위에 올리거나 마키 안에 넣을 수 있으니 버리지 않는다.

1
껍데기가 붙어 있는 조개의 경첩 부분을 아래로 잡고, 조개 손질용 칼을 집어넣은 뒤 강하게 비틀어 껍데기를 펼친다.

2
조개 손질용 칼을 껍데기 안쪽을 따라 움직여 살을 분리하고 관자를 자른다.

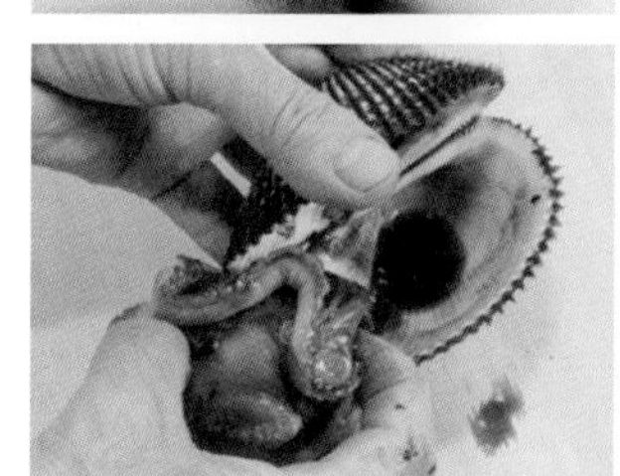

3
껍데기에서 살을 떼어낸다. 떼어낸 피조개 살은 피가 묻어 있으므로 물로 헹군다.

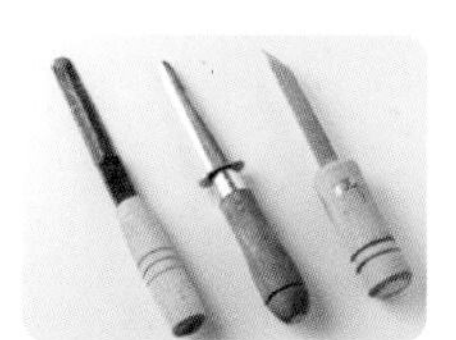

포인트
조개 껍데기를 열 때 조개 손질용 칼이 있으면 편리하다. 조개의 특징에 따라 구분해 사용하면 좋다. 사진 왼쪽부터 모든 조개용, 피조개용, 굴용 조개 손질용 칼

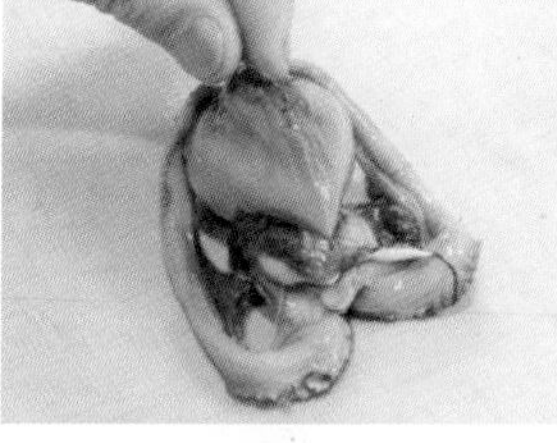

4
외투막이 붙어 있는 채로 도톰한 부분을 손가락으로 집어 올린다.

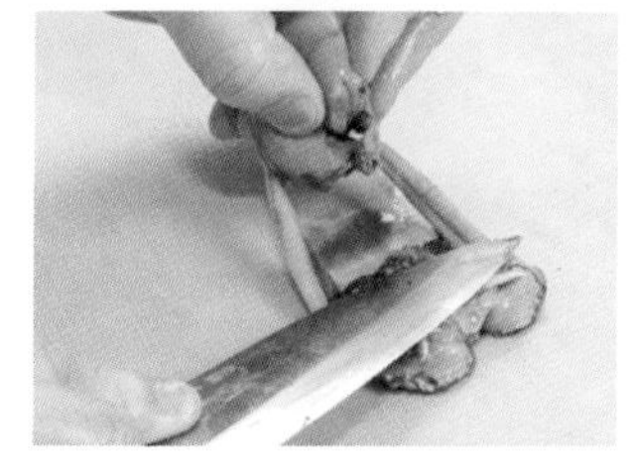

5
칼 배로 외투막 부분을 누르며 다른 한 손을 그대로 당겨 살만 떼어낸다.

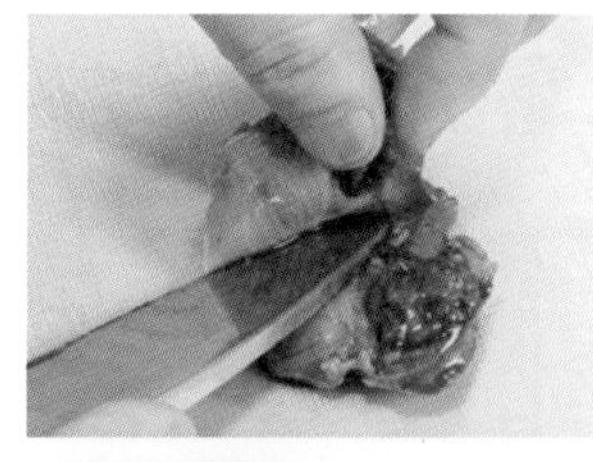

6
살이 두꺼운 가운데로 칼을 넣어 반으로 가른다.

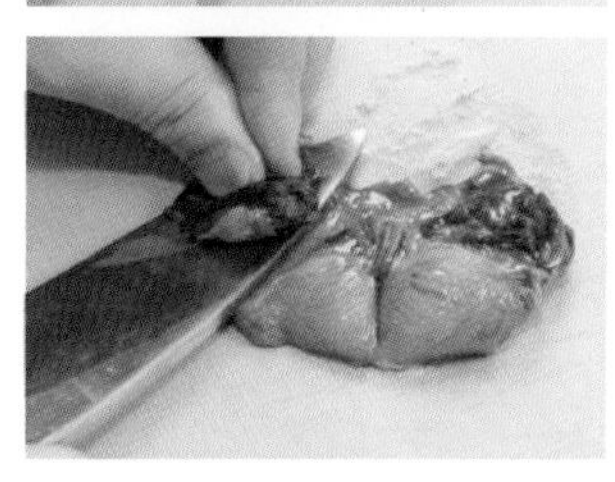

7
양쪽에 붙어 있는 내장을 칼 끝으로 썰어 제거한다.

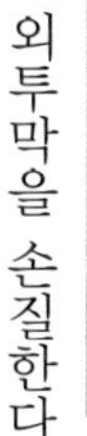

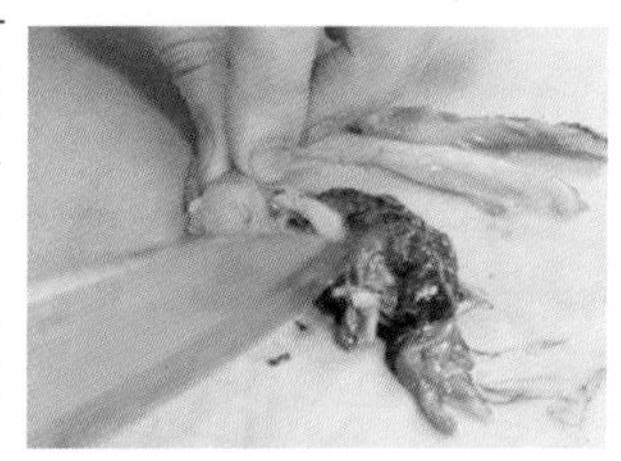

8
외투막에 붙어 있는 내장을 잘라낸다.

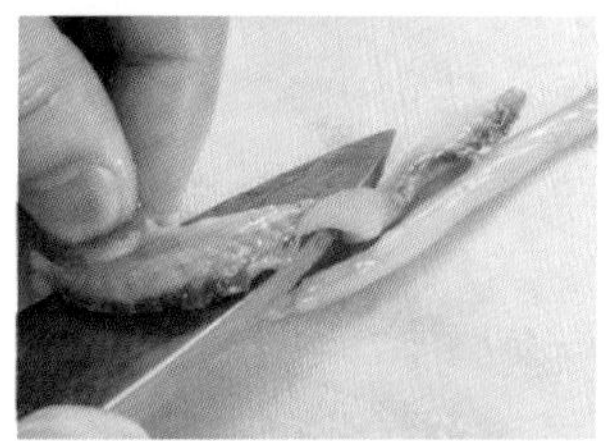

9
관자를 붙인 채 외투막 끝의 지저분한 부분을 잘라 정리한다. 관자의 두꺼운 부분을 절반으로 자른다.

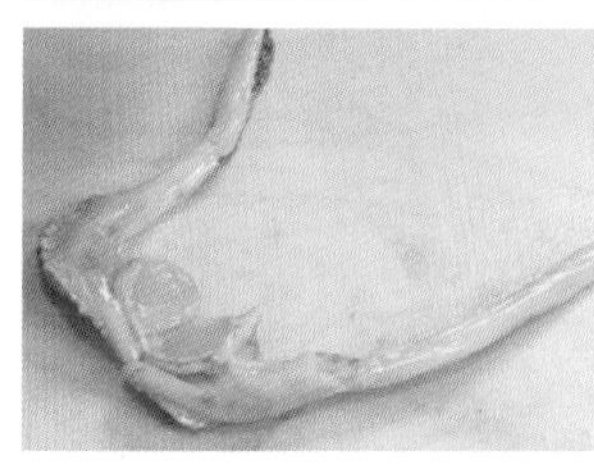

10
외투막은 안주거리나 지라시즈시 재료로 쓸 수 있다.

11
체에 밑손질한 조갯살과 외투막을 넣고 소금을 뿌려 점액질을 제거한다.

12
흐르는 물에 헹궈가며 오물이나 점액질을 씻어낸다.

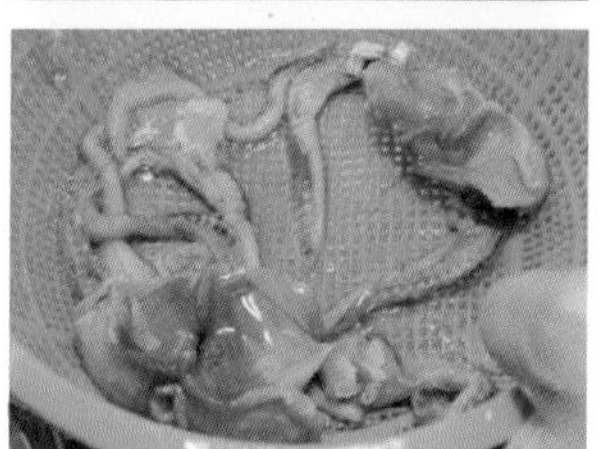

13
깨끗해졌으면 건져내어 물기를 뺀다.

썰기, 스시 쥐기

통째로 쓸 때(마루즈케)

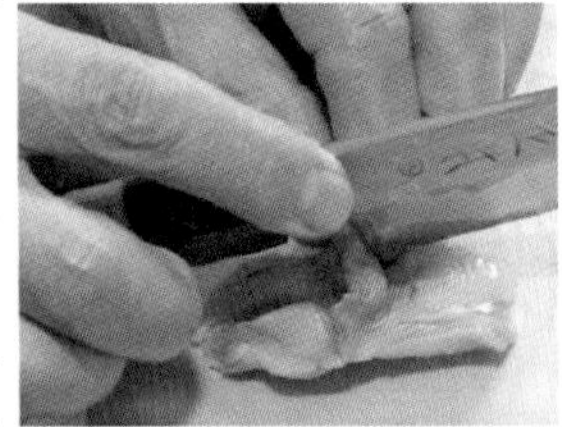

밑손질이 끝난 피조개는 벌려서 통째로 스시에 올릴 경우, 조갯살에 칼 턱으로 칼집을 넣는다.

피조개 스시(마루즈케)

통째로 쓸 때(가자리보초)

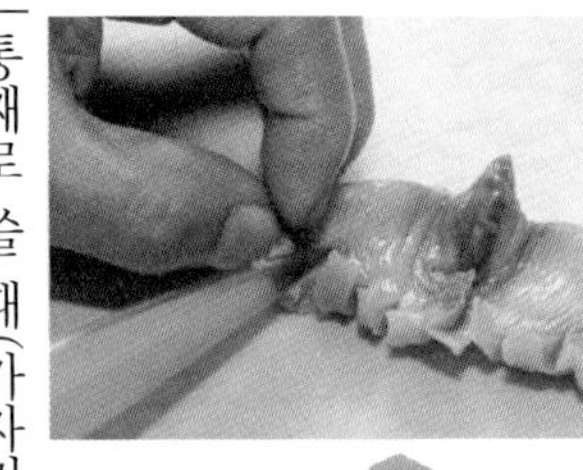

피조개의 살을 펼쳐서, 가장자리에 잘게 칼집을 넣어 장식한다. 도마 위에 놓고 자르면, 가장자리의 칼집이 잘 살아난다.

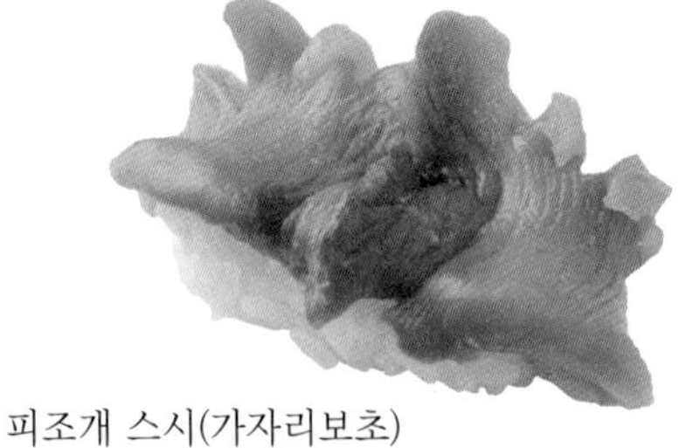

피조개 스시(가자리보초)

절반을 잘라 쓸 때(가타미즈케)

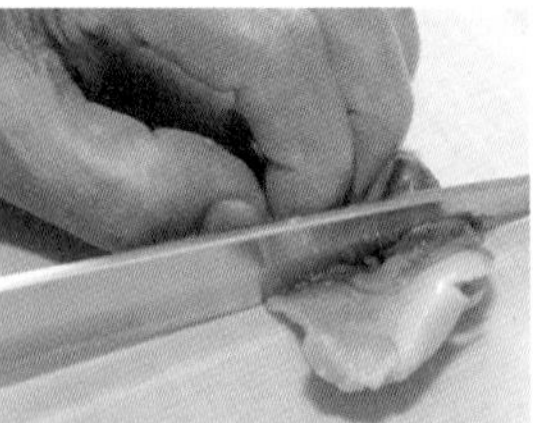

1
피조개가 클 때에는 가운데를 절반으로 잘라 나눈다.

2
자른 피조개의 살이 두꺼운 가운데 부분에 칼집을 넣어 반으로 가른다.

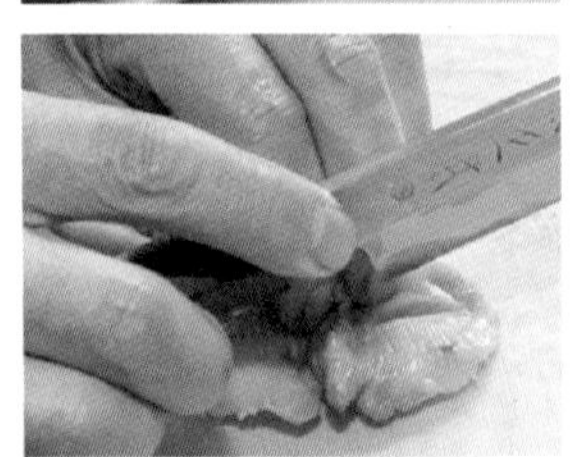

3
칼턱으로 표면에 잘게 칼집을 넣는다.

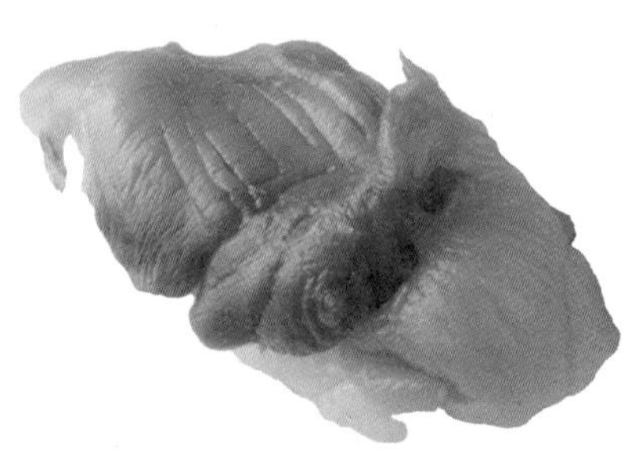

피조개 스시(가타미즈케)

외투막을 쓸 때

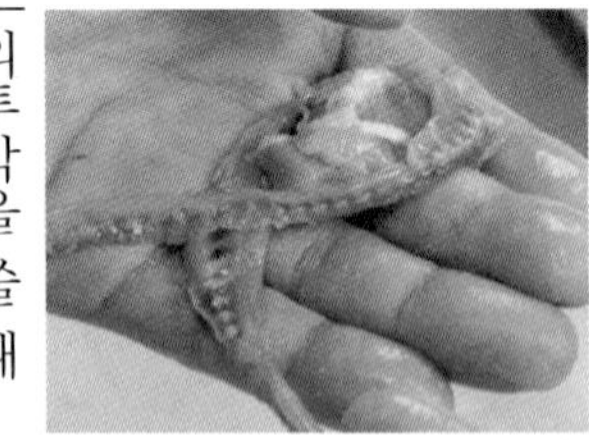

외투막의 밑둥은 딱딱하니 잘라주고, 가장자리를 감아 모양을 가다듬어 스시 위에 올린다.

피조개 스시(외투막)

피조개 스시

피조개 스시(살과 외투막 세트)

고급 재료인 피조개는 주문을 받으면 생조개를 껍데기에서 분리해 조갯살과 외투막으로 나눠 초로 씻은 뒤, 스시 2점을 만들어 손님에게 낸다.

■ 도쿄 도 긴자 「스시코 본점」

개량조개 [아오야기/青柳]

분류 : 진판새목 개량조갯과 개량조개속
영어명 : round clam / surf clam

기초 지식

이름의 유래와 특징

연갈색 껍데기의 작은 쌍패류 조개로, 한국에서는 명주조개, 노랑조개 등으로 부르기도 한다.

일본에서 '아오야기'라는 이름이 붙은 까닭은 개량조개가 유명한 일본 지바 현의 아오야기무라(옛 지명)에서 따온 것이다.

일본에서의 정식 명칭은 '바보 조개'라는 뜻의 '바카가이'인데, 이런 이름이 붙은 까닭은 껍데기 사이로 오렌지빛 조갯살을 내밀고 있는 모습이 혀를 낼름 내밀고 있는 모습과 비슷해서다. 이 외에도 다양한 설이 있긴 하지만, 더 옛날에는 '항구 조개'란 뜻의 '미나토가이'라고 불렸다고 한다.

개량조개와 고바시라(개량조개의 관자)

개량조개는 홋카이도 이남의 거의 모든 지역에서 나며, 겨울에서 봄까지가 제철이다.

개량조개는 껍데기가 얇고 깨지기 쉬워 조갯살만 발라 유통되는 경우가 많다. 산지에서는 껍데기를 떼어내는 전문 가공업자가 대량의 조갯살을 바른다. 그때 조갯살과 관자도 나누는데, 조갯살은 살짝 데쳐 상자에 넣어 출하한다.

개량조개의 관자는 '고바시라'라고 불리며 시장에서 별도로 유통된다. 고바시라는 별이란 뜻의 '호시'나 '아라레', '바라' 등으로 불리기도 한다. 개량조개의 조갯살보다 비싸고 귀하게 여겨지는 것이 흥미롭다.

빨갛거나 오렌지빛의 개량조개 스시는 조개류 가운데서도 가장 사랑스러운 색과 모양으로 인기가 높다.

일식에서도 많이 쓰이는 재료라서, 사시미 외에도 초절임이나 무침 등의 일품 요리로도 만든다.

한편 고바시라 역시 스시뿐만 아니라 튀김이나 소바의 재료로 쓰인다. 고바시라 야채 튀김(가키아게)이나 김 위에 고바시라를 고명으로 올린 아라레 소바 등이 바로 그것이다.

고바시라가 에도 시대의 삼대 명물, 스시, 소바, 덴푸라(튀김) 모두의 재료로 쓰이는 것이 무척이나 흥미롭다. 고바시라가 그만큼 에도 시대의 서민들에게 사랑받았다는 증거일 것이다.

개량조개 스시

개량조개 손질하기

개량조개는 어시장에서 명주조개나 노랑조개라는 이름으로도 유통된다. 잡은 후 바로 껍데기에서 조갯살과 개량조개의 관자인 고바시라를 분리해 출하하기 때문에, 껍데기가 붙은 채로 유통되는 경우는 거의 없다. 손질은 어렵지 않지만, 크기가 작아 손이 많이 간다. 조갯살의 내장 부분을 꼬집듯이 떼어내고 물에 씻어 살짝 데친다. 이때 불 조절이 중요하다. 살이 딱딱해지지 않게 아주 살짝 데쳐지도록 신경 쓴다. 스시를 만들 때에는 외투막을 접어 샤리 위에 올리면 좋다.

조갯살을 데친다

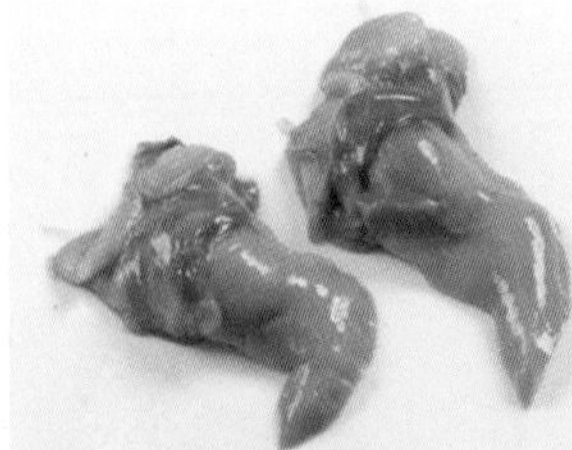

1
개량조개는 조갯살만 발라져 있는 경우가 많으므로 색이 선명하고 살이 통통한 것을 고른다.

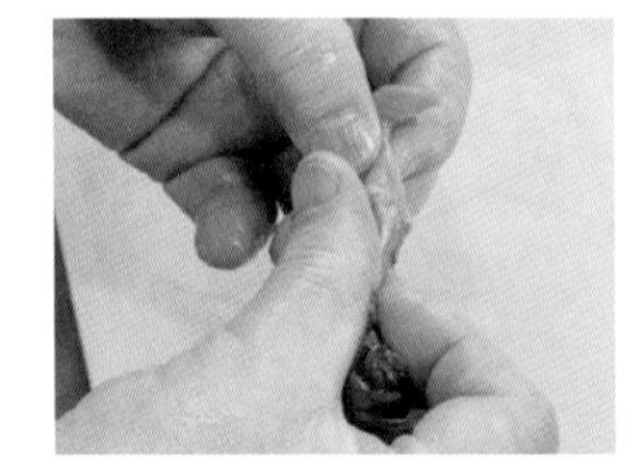

2
하나씩 잡고, 손가락으로 살을 누르며 밀어내듯 내장을 제거한다.

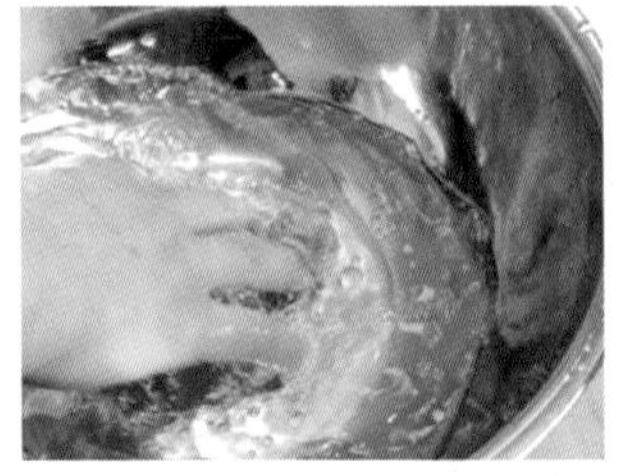

3
물에 오물이나 펄 등을 씻어낸다. 조갯살이 상하지 않도록 살살 헹군다.

4
물에 씻어낸 개량조개는 소금을 조금 넣은 뜨거운 물에 살짝 데친다.

5
바로 건져 얼음물에 넣어 씹는 맛을 살린다. 너무 오래 데치지 않도록 주의한다.

내장이나 오물을 제거한다

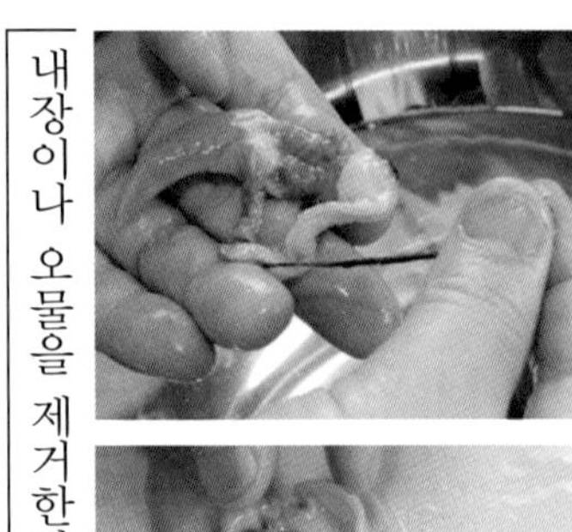

6
검은 내장 등을 손으로 집어 제거한다.

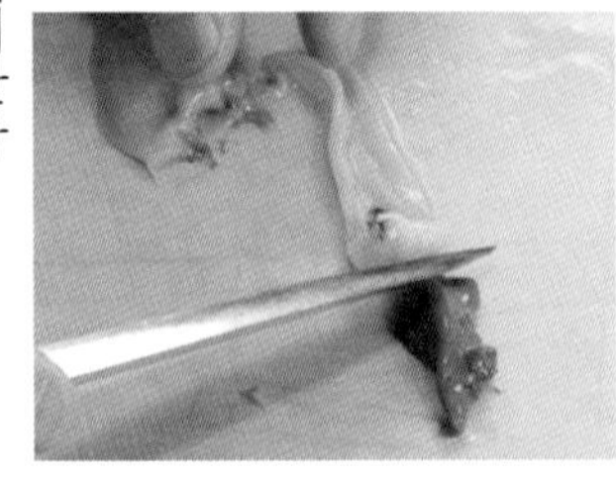

7
칼끝으로 살과 외투막에 붙어 있는 내장을 긁어낸다.

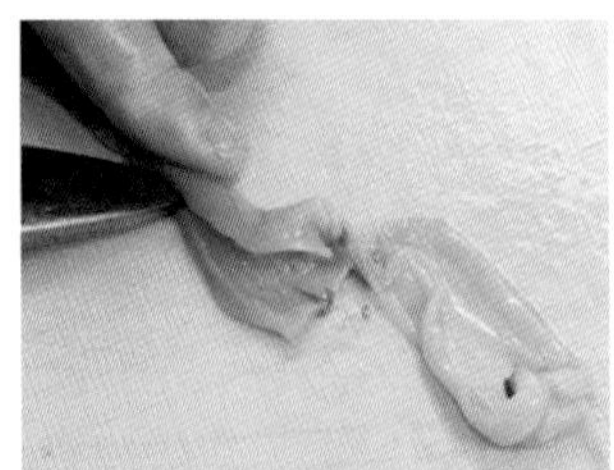

8
조갯살의 등부분을 칼로 잘라 반으로 가른다.

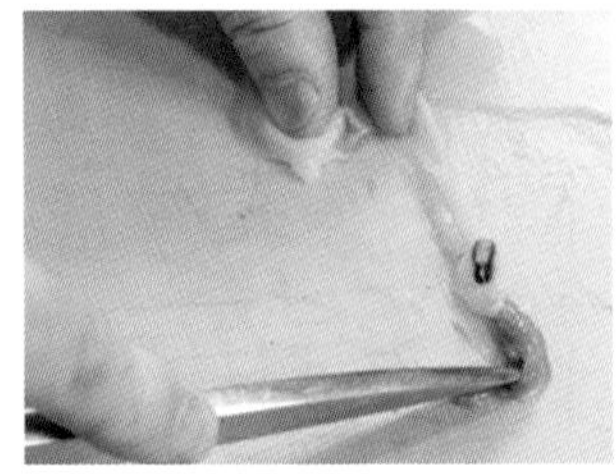

9
내장이 남아 있으면 칼끝으로 꺼내 제거한다.

손질을 끝낸 개량조개. 외투막을 떼어내거나 외투막을 붙인 채 스시를 만드는 2가지 경우가 있다.

개량조개 스시

개량조개의 관자(고바시라) 손질하기

개량조개의 관자인 고바시라는 매우 연한 소금물에 살짝 씻어 더러운 것만 씻어낸다. 물기가 남아 있으면 상하기 쉽기 때문에 물기를 잘 닦아낸 뒤 냉장고에 넣어 보관한다.

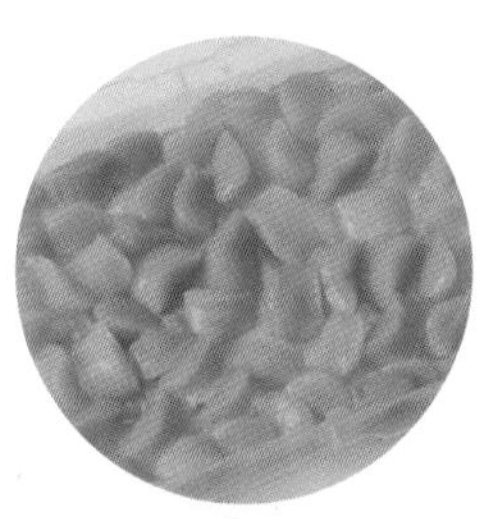

개량조개의 관자인 고바시라. 산지에서 손질을 마쳐 크기별로 분류해 출하된다.

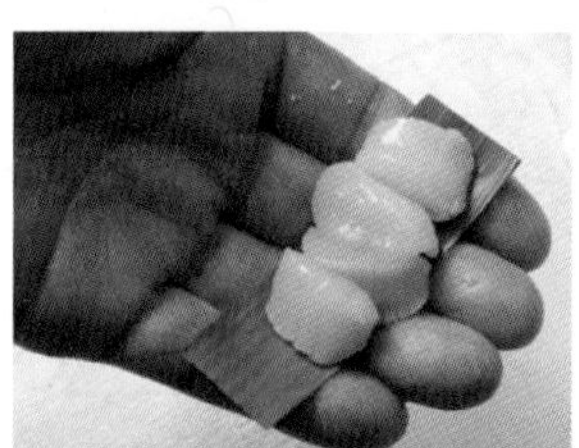

1
대나무 잎을 스시 크기에 맞춰 자른다. 대나무 잎을 손에 올리고, 그 위에 고바시라 4~5개를 일렬로 올린다.

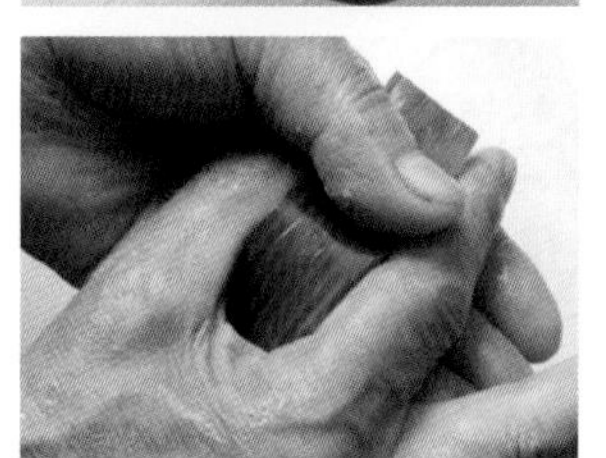

2
샤리를 고바시라 위에 올리고, 대나무 잎채로 뒤집어 모양을 가다듬으며 스시를 쥔다.

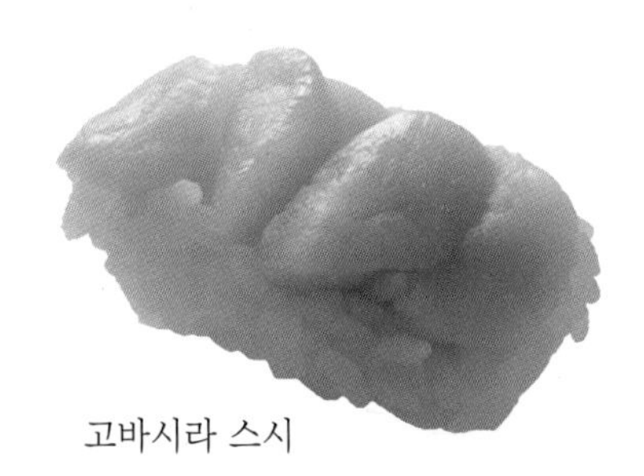

고바시라 스시

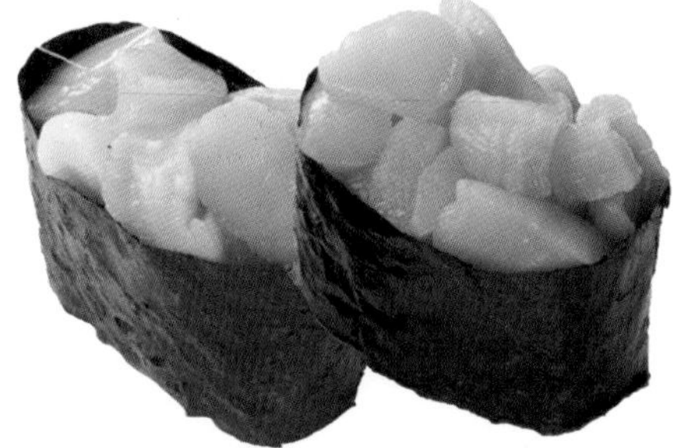

고바시라 스시(군칸마키)

여러 가지 개량조개 관자(고바시라) 스시

고바시라 스시

모양을 가다듬은 커다란 고바시라를 니기리즈시로 만들었다. 고바시라를 처음에 식초로 씻으면 고급스런 단맛을 끌어올릴 수 있다.

■ 도쿄 도 니시오지마 「스시 요헤이」

고바시라(대)
니기리즈시용 고바시라는 알이 크고, 모양이 가지런한 것을 엄선해 손질한다.

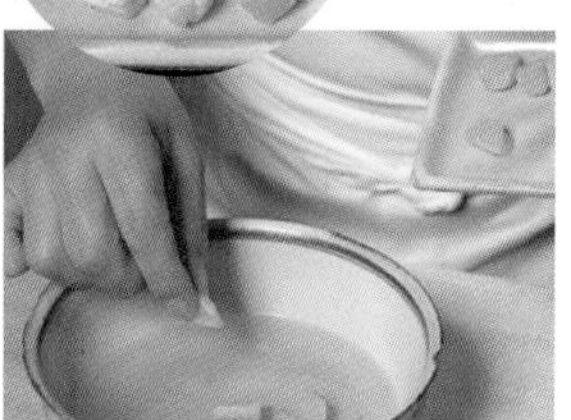

1
연한 소금물에 고바시라를 넣고 더러운 것을 씻어낸 뒤, 1알씩 식초에 담갔다가 꺼내 면보로 닦아낸다.

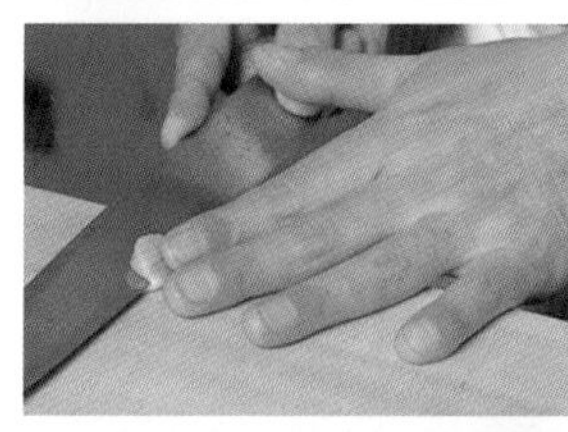

2
부드러운 살 부분에 칼을 넣어, 중간까지 잘라 반으로 가른다.

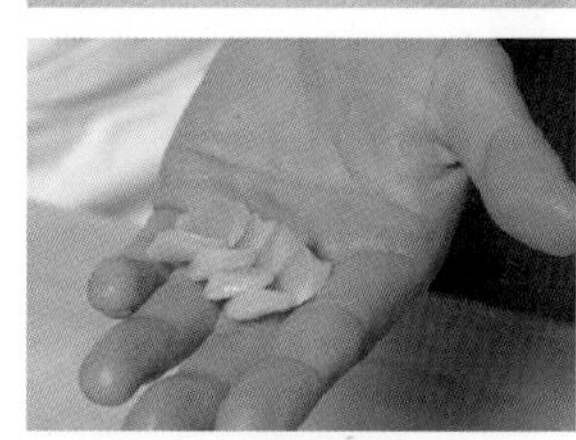

3
자른 면을 위로 하고 4장의 고바시라를 겹쳐, 작게 뭉친 샤리를 그 위에 올린다.

4
모양이 흐트러지지 않도록 고바시라와 샤리가 서로 떨어지지 않도록 마지막에 니키리를 꼼꼼히 발라준다.

고바시라 스시(군칸마키)

개량조개의 관자를 하나씩 떼어낸 고바시라는 고급 재료다. 생 고바시라를 군칸마키로 만들어 여뀌 싹을 올렸다. 단맛과 식감이 모두 훌륭하다.

■ 도쿄 도 우메가오카 「우메가오카스시노미도리 총본점」

왕우럭조개 [미루가이/海松貝]

분류 : 진판새목 개량조갯과 우럭조개속
영어명 : gaper

기초 지식

이름의 유래와 특징

왕우럭조개의 정확한 일본식 학명은 '미루쿠이가이'인데, 이는 해초인 청각(미루)을 먹는 조개라는 뜻이다. 껍데기 밖으로 나와 있는 수관인 긴 다리처럼 보이는 부분에 청각이 달라붙어 있는 모습이 아무리 봐도 청각을 먹는 것처럼 보였기 때문인데, 실제로 왕우럭조개는 청각을 먹지 않는다.

커다란 쌍패류로, 긴 수관을 내밀어 수심 10m 정도의 펄에서 서식한다. 예전에는 홋카이도부터 규슈까지 거의 일본 전역의 근해에서 잡혔다.

요즘에는 어획량이 대폭 감소해 근해에서 잡힌 것은 고급 재료가 되어 버렸다.

조개류 스시 가운데 피조개와 함께 인기가 많은 재료다. 4~6월경이 제철이지만, 일 년 내내 먹을 수 있다. 향과 고급스런 단맛이 진하고, 독특한 식감이 느껴져 스시 애호가들에게도 사랑받는 재료다.

왕우럭조개와 코끼리조개

왕우럭조개에서 먹을 수 있는 부분은 수관뿐이고, 조갯살이나 내장, 외투막은 거의 먹지 않는다. 물론 손질법에 따라 안주 등의 요리로는 만들 수 있다. 한편, 수관의 검은 껍질 부분을 제거하면 쓸 수 있는 부분은 더욱 적어져, 스시를 몇 점밖에 만들 수 없다.

왕우럭조개 대신 많이 쓰이는 조개는 '코끼리조개'다. 일본산 코끼리조개도 있지만, 미국이나 캐나다에서도 수입되어 유통되고 있다. 수관 부분이 하얀색이어서 일본에서는 '시로미루(하얀 왕우럭조개)'라고 불린다. 코끼리조개는 먹을 수 있는 수관이 왕우럭조개보다 크고, 냄새도 적어 조리하기 쉽다.

손질법은 왕우럭조개나 코끼리조개가 거의 같은데, 수관을 손질할 때 최대한 색이 있는 끝 부분을 살리면 왕우럭조개 스시다운 스시를 만들 수 있다.

왕우럭조개를 코끼리조개와 구분해 '혼미루(진짜 왕우럭조개란 의미)'라고 부르기도 하는데, 코끼리조개를 왕우럭조개라고 치는 경우도 적지는 않다. 실제 가게에서는 가격을 따져 왕우럭조개와 코끼리조개의 차이를 손님에게 설명하고 스시를 내는 경우가 많다.

왕우럭조개 스시

왕우럭조개 손질하기

스시 재료로 쓰이는 것은 주로 수관 부분이다. 껍데기를 벗겨 수관 부분과 조갯살을 분리한다. 조갯살은 껍데기 안에 들어 있는 부분인데, 껍데기를 펼쳐 한쪽에 붙어 있는 관자를 자르고 수관을 잡아당기면 조갯살, 내장, 외투막이 주루룩 따라나온다. 스시를 만들 때에는 살짝 뜨거운 물에 데쳐 연분홍색으로 변한 수관의 끝 부분을 살려야 한다. 조갯살과 외투막도 손질을 어떻게 하느냐에 따라 스시를 만들 수도 있다.

껍데기를 열고 조갯살을 꺼낸다

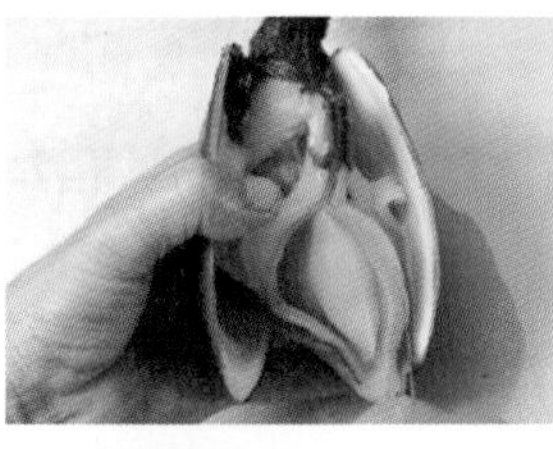

1
껍데기 사이로 조개 손질용 칼을 넣어 열고, 껍데기를 따라 칼을 움직여 2개 있는 관자를 잘라낸다.

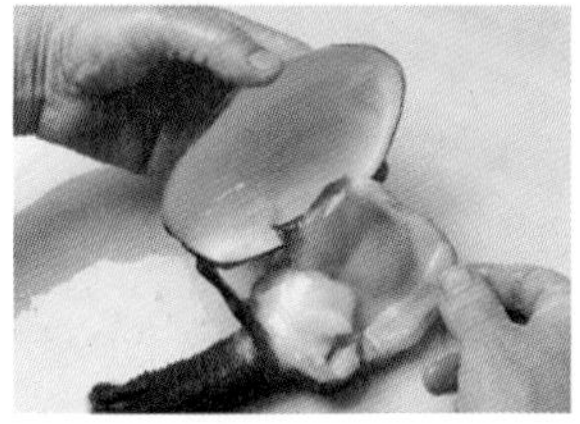

2
껍데기에서 수관, 조갯살, 외투막을 함께 떼어낸다.

수관과 조갯살을 분리한다

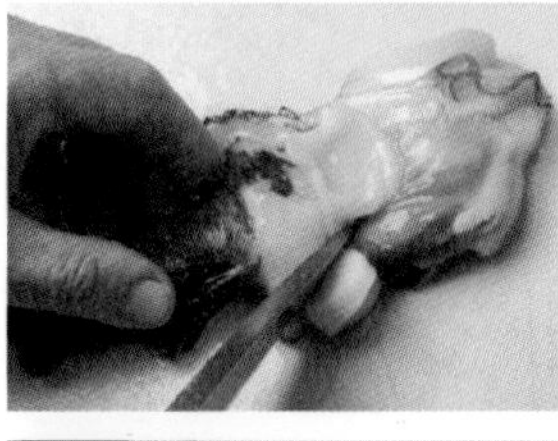

3
수관의 밑동에 있는 관자 부분에 칼집을 넣는다.

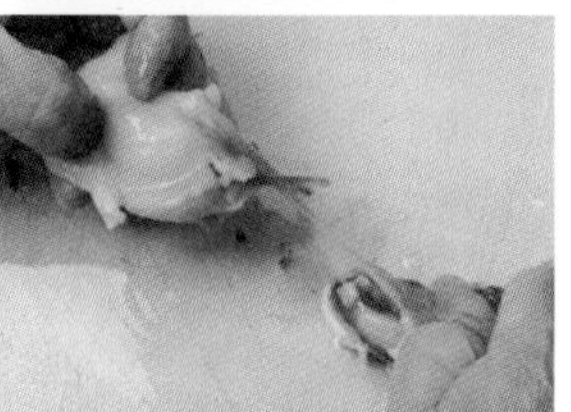

4
수관을 손으로 당기면 조갯살, 내장, 외투막이 연결된 상태로 분리된다.

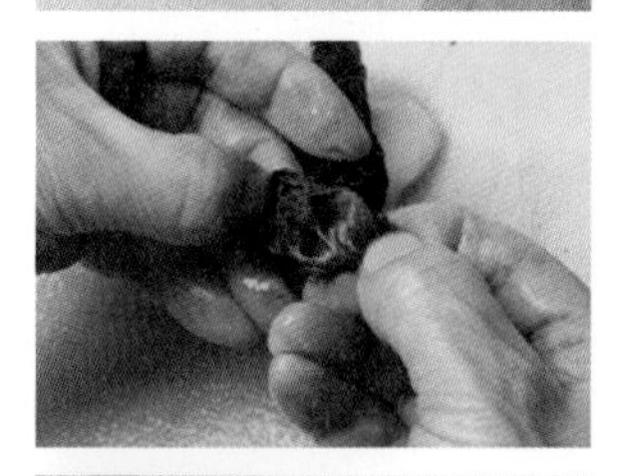

5
수관의 끝 부분에는 부리처럼 딱딱한 부분이 있다.

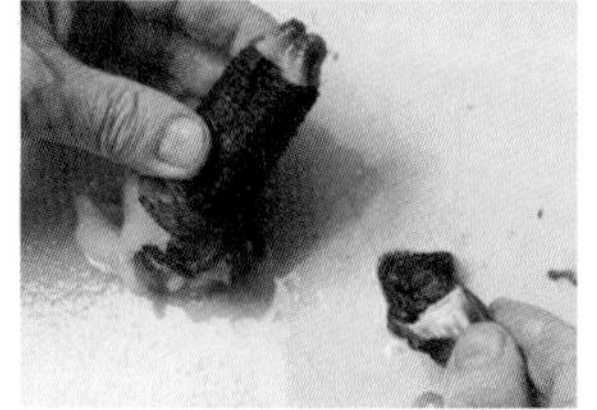

6
딱딱한 끝 부분을 손으로 뜯어낸다.

수관을 데쳐 껍질을 벗긴다

7
끓는 물에 수관을 넣어, 푹 잠겼다 싶으면 바로 꺼낸다.

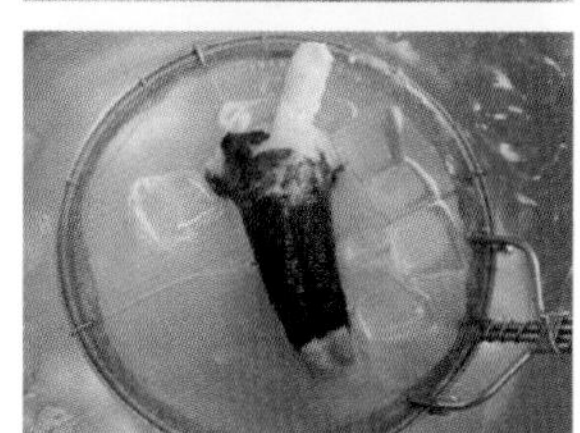

8
살짝 데친 수관을 재빨리 얼음물에 넣어 식힌다.

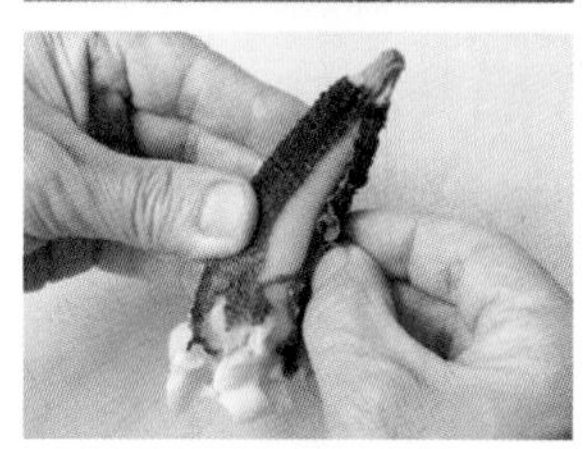

9
수관 끝에 미리 껍질을 벗겨 둔 부분부터 손으로 벌려가며 수관 껍질을 완전히 벗긴다.

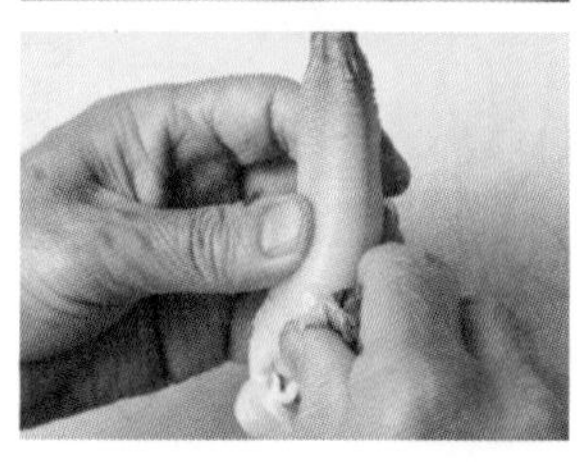

10
껍질은 비교적 간단히 벗길 수 있지만, 안의 살에 흠집이 나지 않도록 주의한다.

수관을 가른다

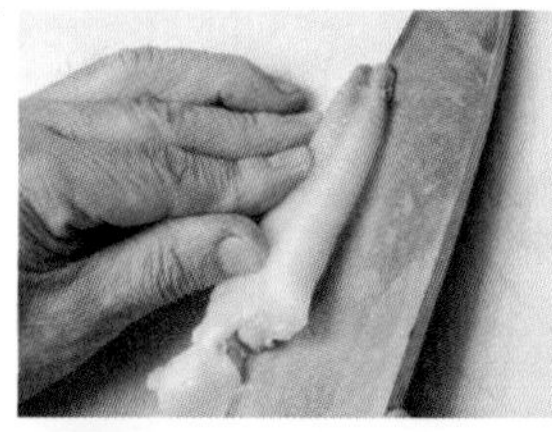

11
수관의 가운데에 칼을 넣어 반으로 가른다. 칼날을 완전히 분리되기 직전까지 깊게 넣어야 한다.

12
갈라진 부분이 아래로 오도록 벌린 뒤, 수관 끝의 딱딱한 부분을 잘라낸다.

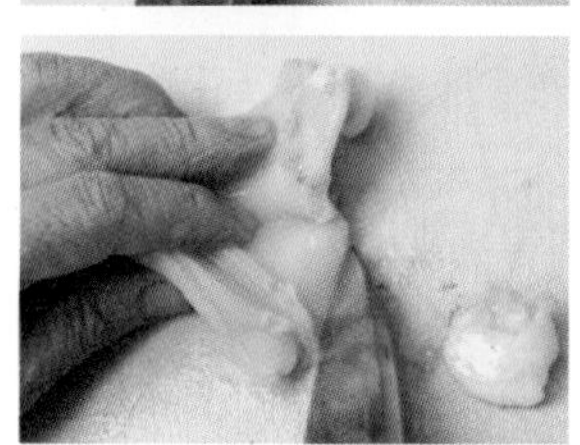

13
수관과 연결된 관자를 잘라낸다.

조갯살을 손질한다

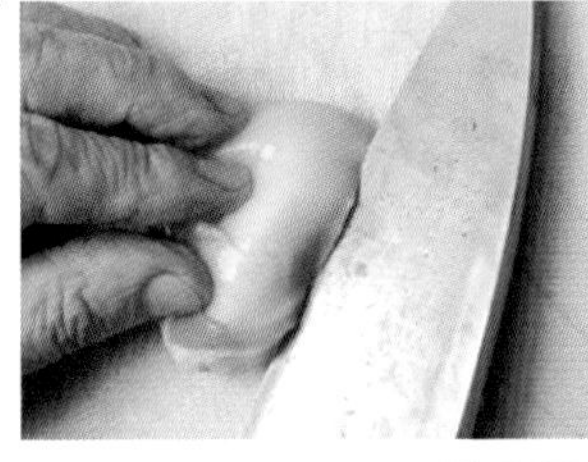

1
조갯살 주변에 붙어 있는 외투막을 자른 뒤, 가운데에 칼을 넣어 반으로 갈라 펼친다.

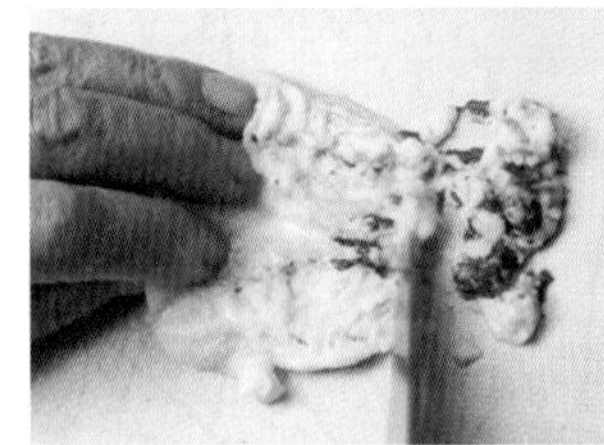

2
내장을 칼끝으로 긁어낸다. 뜨거운 물에 데치고 얼음물에 넣어 스시를 만든다.

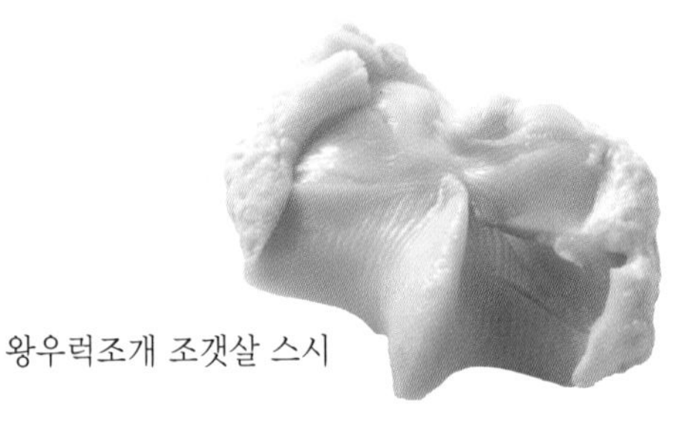

왕우럭조개 조갯살 스시

외투막을 따로 데친다

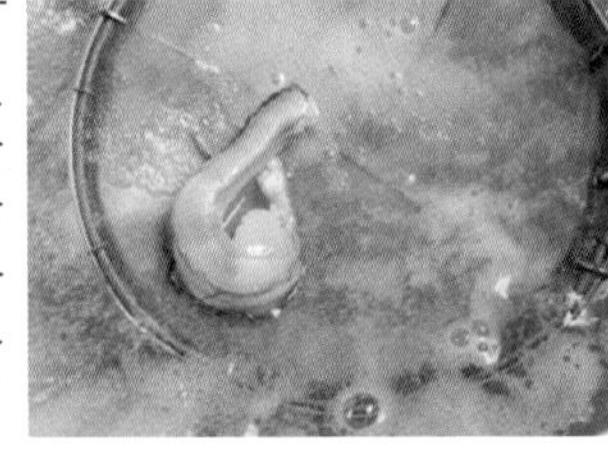

1
외투막을 깨끗하게 씻은 뒤, 끓는 물에 재빨리 데친다.

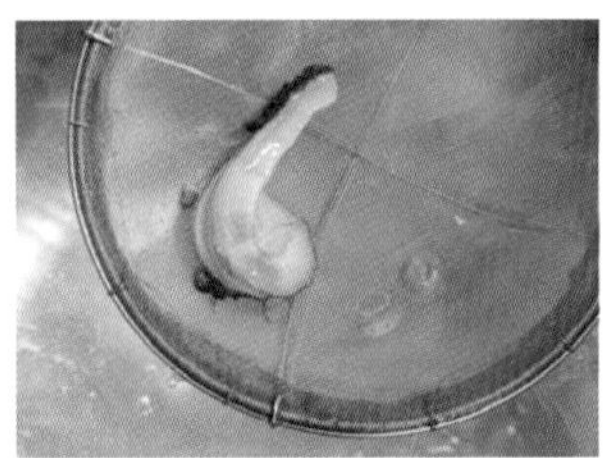

2
얼음물에 넣어 식힌다. 두꺼운 부분을 갈라 스시를 만든다.

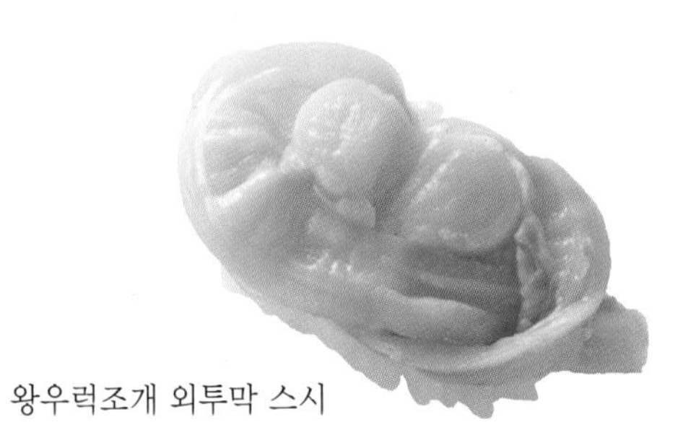

왕우럭조개 외투막 스시

썰기, 스시 쥐기

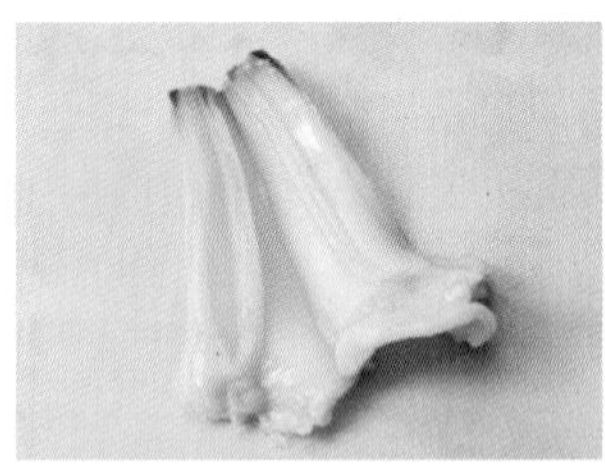

1
데친 왕우럭조개(수관 부분)는 크기별로 자르는 법이 다르다.

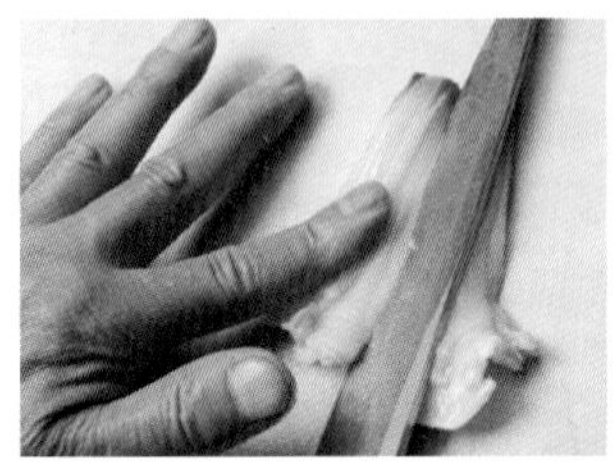

2
여기서는 3등분을 기준으로 얇게 자른다.

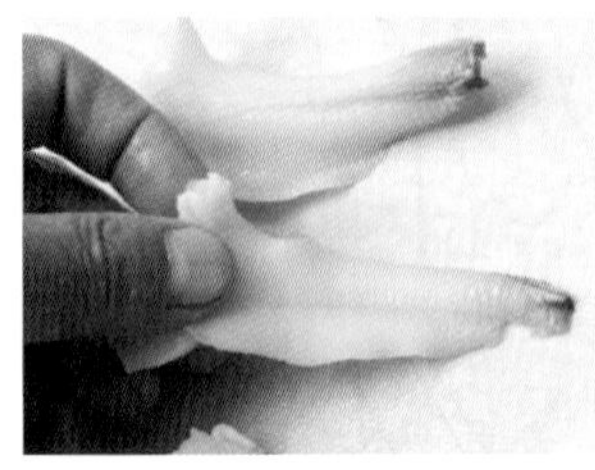

3
왕우럭조개를 자를 때에는 끝부분의 색이 균등하게 들어가도록 주의한다.

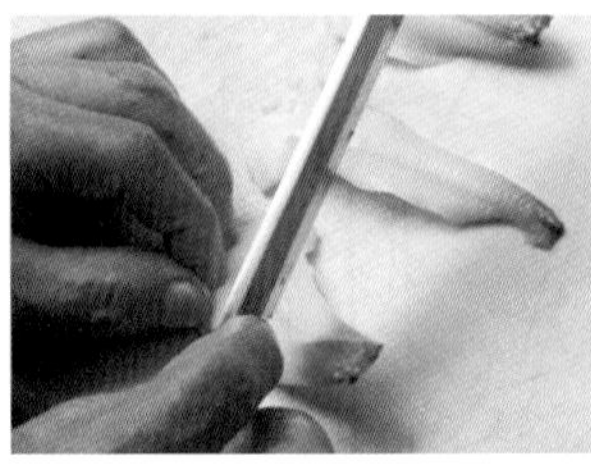

4
살이 단단해 스시를 만들기 쉽다. 먹기 편하게 표면에 칼턱으로 칼집을 낸다.

왕우럭조개 스시(3개로 자른 것)

코끼리조개

코끼리조개 손질하기

외형이 닮아 왕우럭조개라 불리기도 하지만, 실제로는 전혀 다른 종이다. 수관 부분이 왕우럭조개와는 달리 하얀 것이 특징이다. 왕우럭조개보다 수관이 크고 냄새가 적어, 스시로 만들기 편하다. 손질법은 왕우럭조개에 준한다.

껍데기에서 조갯살을 꺼낸다

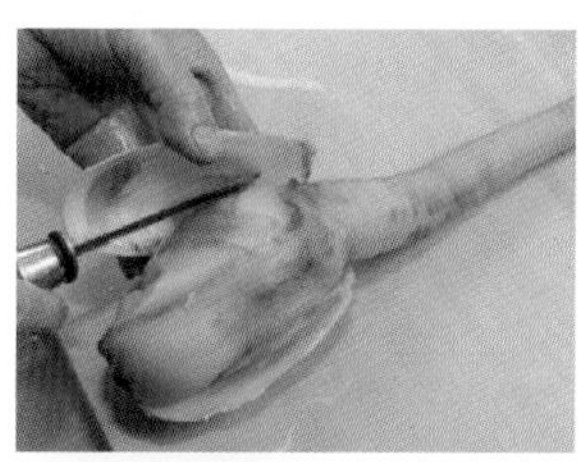

1
껍데기 사이로 조개손질용 칼을 넣어 열고, 껍데기를 따라 칼을 움직여 조갯살을 꺼낸다.

2
수관의 밑동에 칼집을 넣고, 외투막이 연결된 상태로 칼을 오른쪽으로 보내 내장을 잘라낸다. 외투막도 수관에서 분리한다.

수관과 외투막을 분리한다

3
바닷물과 비슷한 약 3%, 약간 싱겁게 간을 한 소금물을 끓여, 수관과 외투막을 넣고 데친다.

4
표면이 하얗게 변하면 바로 건져 얼음물에 넣고 식힌다.

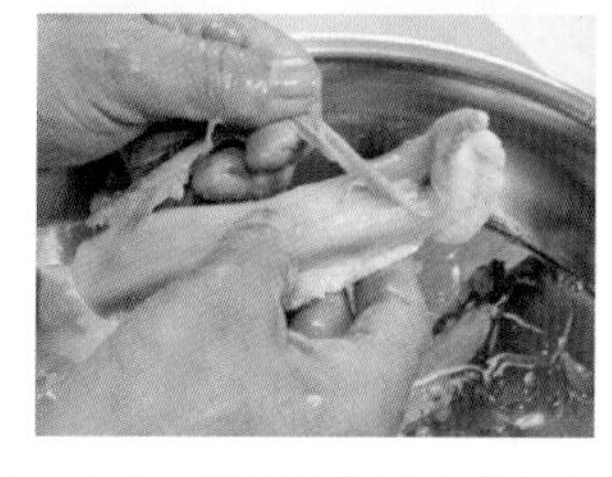

5
손가락으로 표면을 훑어내듯 껍질을 벗긴다.

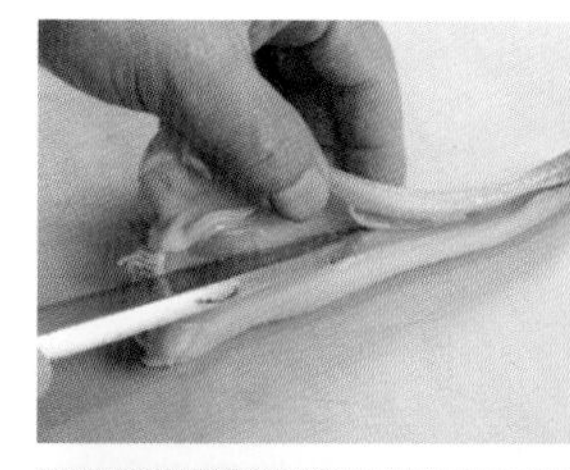

6
수관 가운데에 칼을 넣어 반으로 가른다. 완전히 잘리기 직전까지 깊게 칼을 넣는다.

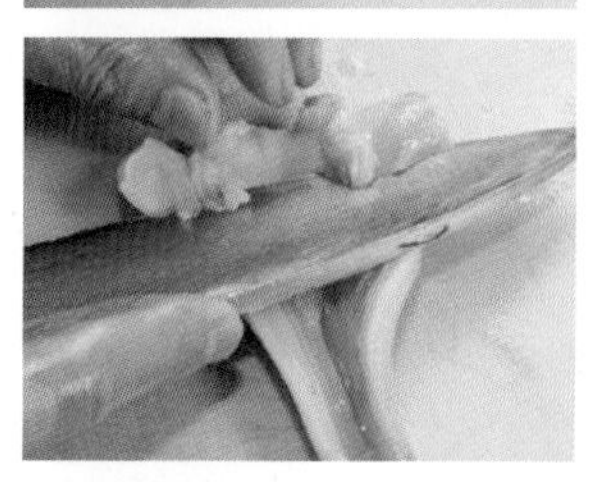

7
수관 밑동의 두껍고 지저분한 부분과 끝부분을 각각 잘라 형태를 가다듬는다.

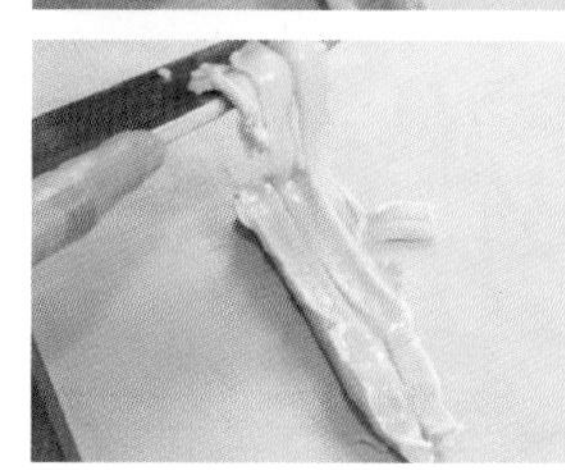

8
외투막은 가운데에 있는 말랑말랑한 부분을 얇게 썰어 제거한다.

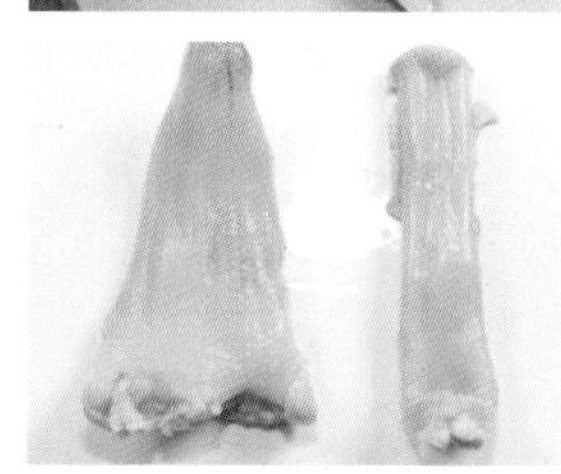

손질을 마친 수관(왼쪽)과 외투막(오른쪽). 외투막은 술안주 등으로 만들면 맛있다.

잘라내어 스시를 만든다

9
수관 부분을 세로로 두고, 스시 크기에 맞춰 잘라낸다.

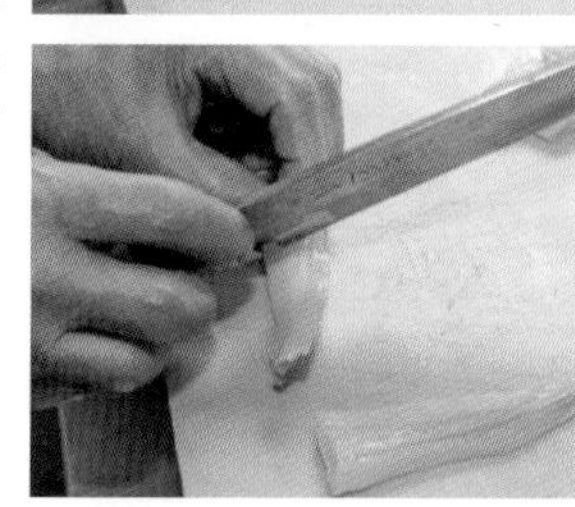

10
살이 단단해 스시를 만들기 쉽다. 먹기 편하게 표면에 칼 턱으로 칼집을 낸다.

코끼리조개 스시

새조개 [도리가이 / 鳥貝]

분류 : 백합목 새조갯과 새조개속
영어명 : cockle

기초 지식

이름의 유래와 특징

새조개는 껍데기에 홈이 있는 쌍패류로, 피조개와 비슷하게 생겼지만 피조개보다 껍데기가 얇다. 껍데기의 세로 줄은 46~50줄 정도인데, 피조개보다 많아 간단하게 구분할 수 있다.

조개 껍데기 안쪽은 황백색과 검붉은색을 띠는 것이 특징이다.

새조개란 이름의 유래는 여러 가지 설이 있다. 조갯살을 꺼내면 검고 펄럭펄럭한 삼각형 부위가 나오는데, 이게 새의 부리나 닭벼슬을 닮았다는 설, 혹은 닭고기 맛과 비슷하다는 설이 있다.

'오하구로'의 상태가 가격을 결정한다

새조개 껍데기는 보기보다 얇아 깨지기 쉽다. 그 때문에 껍데기째로 출하되는 경우는 적다. 산지에서 껍데기를 까서 깨끗하게 손질한 뒤, 조갯살을 펼쳐 가볍게 데쳐 상자에 넣는다. 그대로 스시를 만들면 되는 상태다.

껍데기가 깨지기 쉬울 뿐만 아니라 새조개 살의 검은색이 벗겨지지 않도록 조갯살을 손질하는 기술이 필요하기 때문이다.

산지의 가공 공장에서 숙련된 기술자들이 재빨리 껍데기를 깐다. 껍데기 안쪽에는 부드러운 살이 꽉 들어차 있다. '발'이라고 불리는 삼각형 부위를 깨끗하게 펼쳐, 너무 삶지 않도록 적당하게 데친다.

살 표면에는 흔히 '오하구로(オハグロ)'라고 부르는 검은색 부분이 있는데, 이 부분이 새조개의 가격을 결정한다. 강하게 비비거나 손질하다 벗겨지기라도 하면 상품의 가치가 뚝 떨어진다. 참고로 오하구로는 에도 시대에 기혼 여성들의 검게 물들인 이를 가리킨다.

새조개의 산지와 제철

새조개철은 봄과 가을이다. 조갯살이 도톰할수록 단맛과 풍미가 강하고, 씹는 맛이 좋다.

산지는 도쿄 만, 미카와 만, 이세 만, 규슈 지방 등의 근해로, 껍데기를 까서 삶은 것이 어시장에 유통된다.

새조개 스시

새조개는 뭐니 뭐니 해도 오하구로라고 불리는 표면의 검은색 부분을 살리는 것이 중요하다. 이 책에서는 껍데기가 붙어 있는 새조개살을 발라 데치는 기본적인 손질을 소개하도록 한다. 껍데기가 붙어 있는 신선한 생 새조개를 매입하면, 생 새조개 스시를 내놓을 수 있다.

새조개 손질하기

껍데기를 제거한다

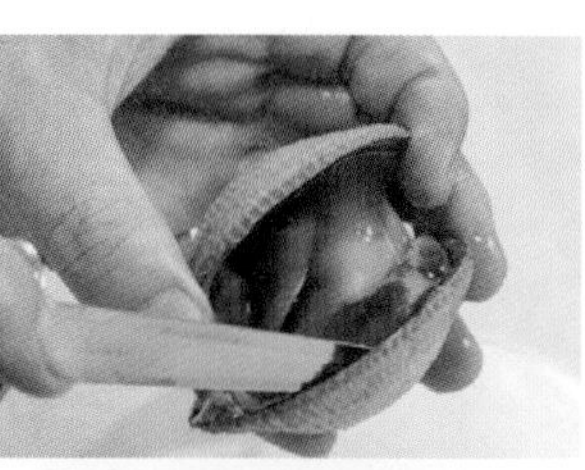

1
껍데기 사이에 조개 손질용 칼을 넣어 껍데기를 연다.

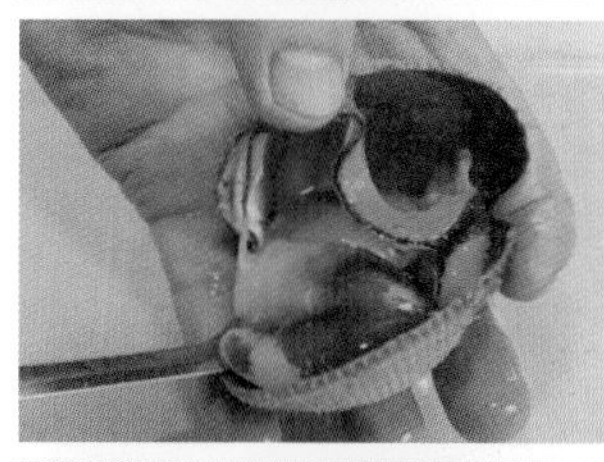

2
껍데기를 따라 칼을 움직여 관자를 자른다. 껍데기가 깨지지 않도록 주의한다.

3
껍데기에서 살을 꺼내, 소금물에 재빨리 씻는다.

데친다

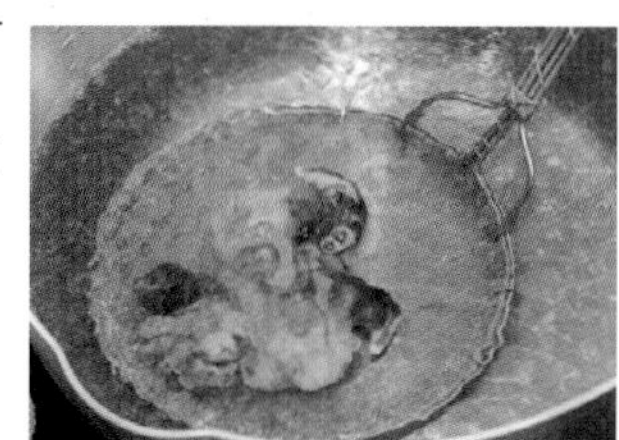

4
변색을 방지하기 위해 식초를 넣고 물을 끓인다. 새조개를 넣어 살짝 담근다(약 5초).

5
재빨리 건져 올려 얼음물에 넣고, 식으면 꺼내 물기를 뺀다.

내장을 제거하고 조갯살을 갈라 펼친다

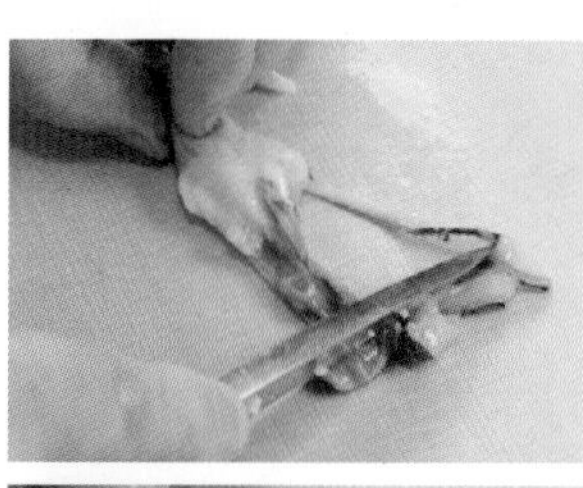

6
살짝 데친 새조개에서 칼끝으로 외투막을 떼어낸다.

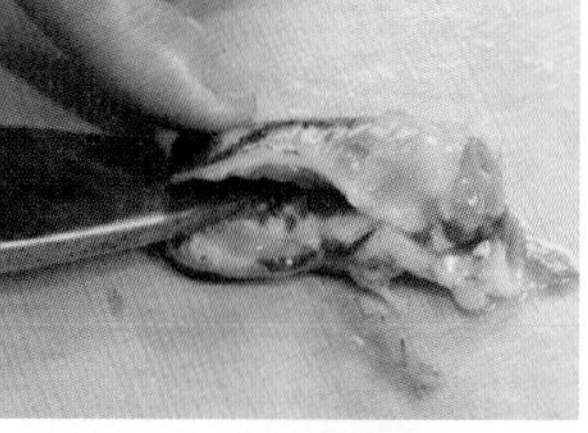

7
살의 두꺼운 부분을 반으로 갈라 펼치고, 안쪽에 붙어 있는 내장을 칼끝으로 긁어낸다.

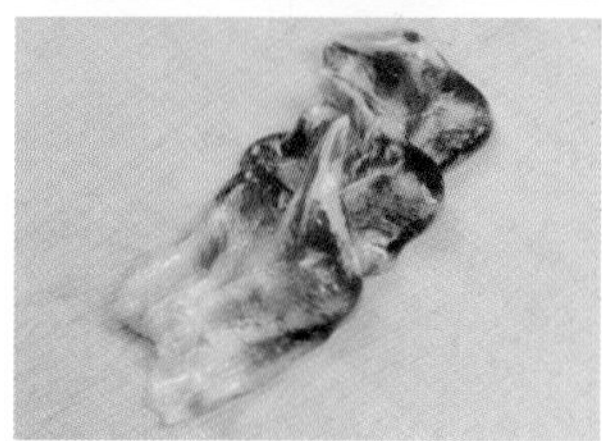

8
손질한 조갯살은 모양을 다듬어 겹쳐둔다. 검은색 부분을 위로 향하게 하고, 도마 등에 닿지 않도록 주의한다.

생 새조개 스시

생 새조개 스시

4~6월경이 제철인 새조개는 제철을 맞으면 살이 오르고, 단맛과 풍미가 더해져 날로 스시를 만드는 것을 추천한다. 표면의 검은색이 벗겨지지 않도록 손질하는 것이 포인트다.

■ 사이타마 현 미사토 시 「스에히로즈시」

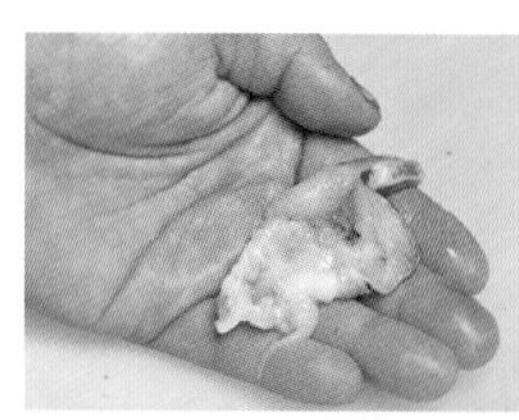

1
껍데기를 벗긴 새조개는 조갯살의 좁은 부분을 엄지손가락 쪽으로 향해 손바닥 위에 올려둔다.

2
고추냉이를 바른 뒤, 가볍게 쥔 샤리를 올린다.

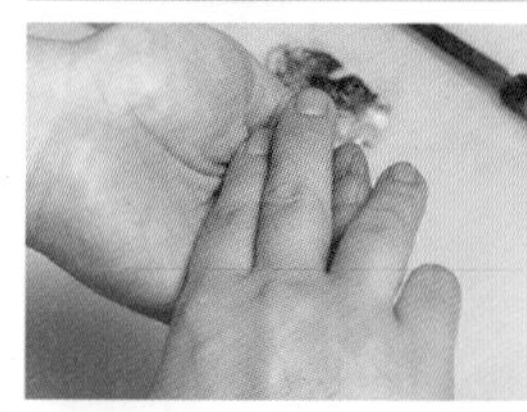

3
검은색이 벗겨지지 않도록 주의하며 살짝 눌러가며 조심스레 스시를 쥔다.

4
간장과 미림을 섞은 니키리를 살짝 발라 손님에게 제공한다.

키조개 [다이라가이/平貝]

분류 : 홍합목 키조갯과 키조개속
영어명 : comb pen shell

기초 지식

다양한 명칭과 특징

마치 유리처럼 얇아, 빛이 통과할 정도로 투명한 조개 껍데기가 아름다운 키조개. 전체적으로 암녹색이지만, 일부분은 무지개같이 빛나고 조개 모양도 독특하다. 큰 것은 껍데기의 길이가 약 40cm, 폭이 넓은 것은 30cm 정도다.

조개 모양이 옛날 일본 관리들이 쓰던 삼각형 모자(에보시)와 닮았다 하여, 일본에서는 '에보시가이'라 부르기도 한다. 빗자루(호키) 모양처럼 보이기도 해서 '호키가이'라는 이름으로 불리기도 한다. 키조개는 특히나 독특한 모양 때문에 조개류 가운데 다양한 별명이 붙어 있다.

특히 관자가 크고 평편한 누에콩과 같은 모양이어서, 이 부분 때문에 '다이라가이'란 이름으로 불리는 경우가 많다.

제철과 산지

키조개 제철은 겨울로, 10~3월경까지다.

산지로는 도쿄 만, 미가와 만, 이세 만, 아리아케 만 등이 특히 유명한데, 후쿠시마보다 남쪽의 멀고 얕은 바다에서 서식한다.

물 아래 모래 속에 뾰족한 부분을 아래로 파묻고 있는 모습 때문에 '서 있는 조개'라는 뜻의 '다치가이'라고 불리기도 한다. 그러나 해가 갈수록 어획량이 줄고 있어 양식 기술을 연구하고 있다.

멋진 외양과 맛을 자랑하는 조개

스시 재료로 쓰는 것은 관자 부분으로, 내장이나 외투막 등의 다른 부분은 비린내가 많이 나 먹지 않는다.

조개의 크기에 비하면 먹을 수 있는 관자 부분은 그리 많지 않다. 살을 발라내기 쉽지 않지만, 달리 대체할 수 없는 맛을 가진 조개다.

모든 조개류는 단맛과 감칠맛을 지니고 있지만, 키조개는 한층 더 독특한 풍미가 있다.

투명감이 있는 관자를 얇게 잘라 스시를 만든다. 탄력 있는 식감, 청량감이 느껴지는 맛이 돋보인다.

키조개의 깔끔하고 고급스런 감칠맛은, 한마디로 멋진 풍미라고 해도 좋을 것이다. 조개껍데기의 모양이 조형적으로 아름다운 동시에, 에도마에즈시에서 빼놓을 수 없는 멋진 스시 재료다.

키조개 스시

키조개 손질하기

일본에서 키조개의 정식 명칭은 '다이라기'다. 조개류 가운데 전복과 견줄 만큼 고급 재료 중 하나다. 주로 커다란 관자 부분을 스시로 만든다. 고급스런 단맛과 탄력 있고 결이 세세한 육질이 매력적이다. 조개껍데기가 커서 껍데기를 열 때에는 긴 칼이나 팔레트 나이프와 같은 평편하고 긴 도구를 사용해야 좋다.

스시를 만들 때는 크고 두꺼운 것은 세로로 자르고, 작은 것은 가로로 슬라이스한다. 칼집을 낸 뒤에 김으로 가운데를 말기도 한다.

껍데기를 연다

1
껍데기가 커서 긴 조개 손질용 칼을 사용해 경첩 반대편의 틈에 넣어 껍데기를 연다.

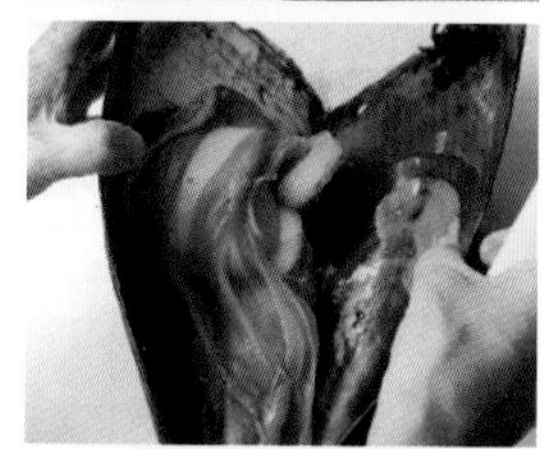

2
조개 손질용 칼을 껍데기 안을 따라 움직여, 크고 작은 2개의 관자를 각각 떼어낸다.

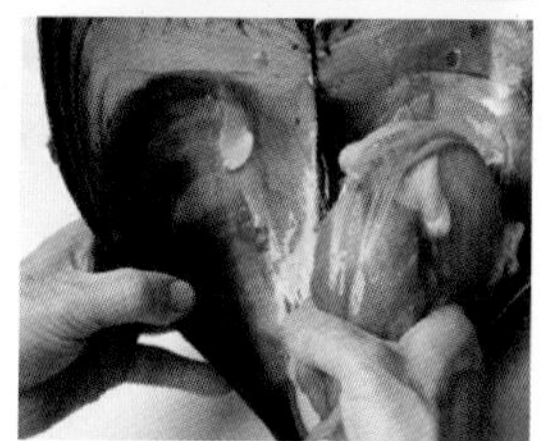

3
껍데기를 벌려 조갯살을 손으로 꺼낸다. 껍데기가 얇아서 깨지기 쉬우니 조심스레 다룬다.

내장을 제거한다

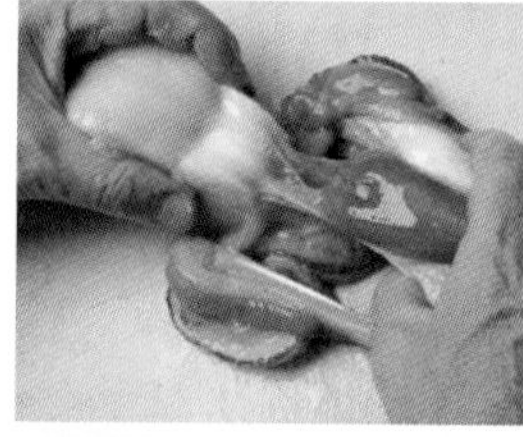

4
조갯살에 붙어 있는 커다란 관자를 손으로 잡아당긴다.

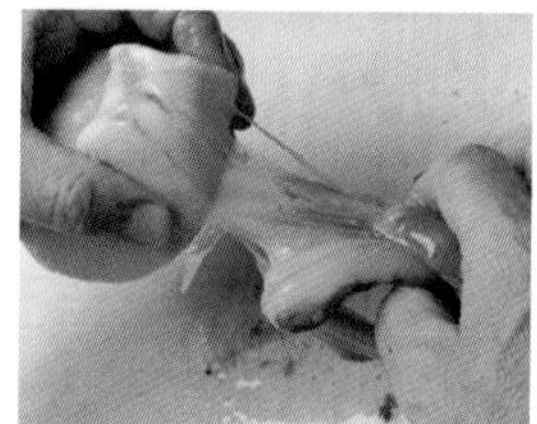

5
관자에서 외투막과 내장 부분을 떼어낸다.

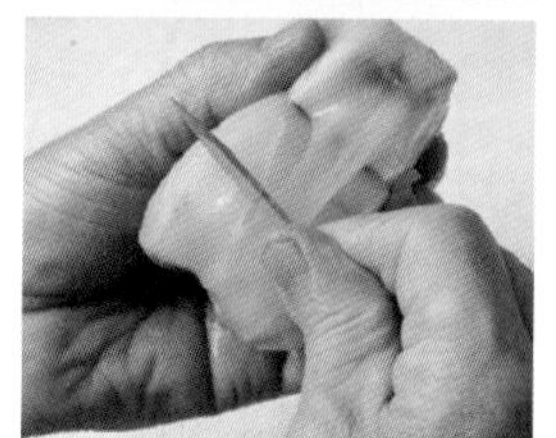

6
관자 주변에 남아 있는 얇은 막은 꼬치를 사용해 분리한 뒤, 손가락으로 잡아당겨 제거한다.

썰기, 스시 쥐기

작은 키조개

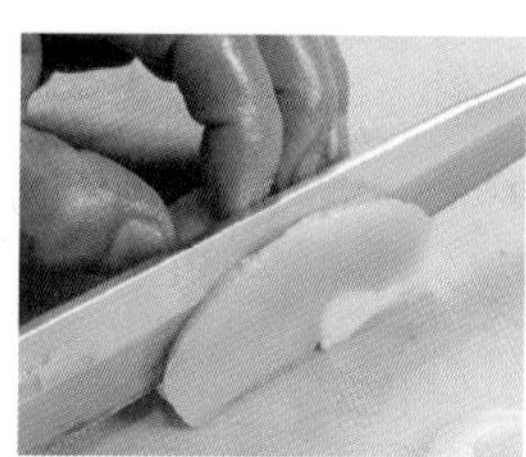

1
작은 키조개는 표면적을 크게 만들기 위해 가로로 얇게 자른다.

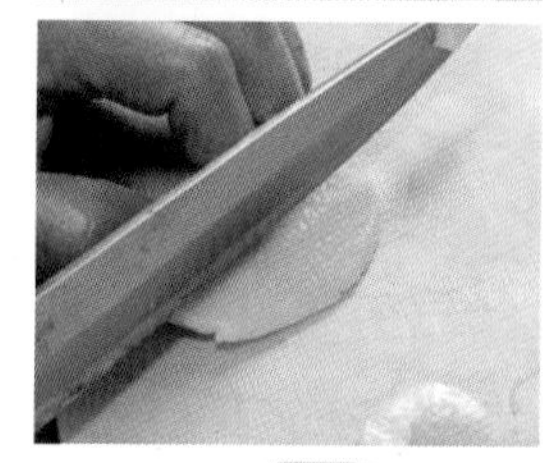

2
샤리에 잘 붙도록 표면에 격자무늬로 칼집을 넣는다.

작은 키조개 스시

큰 키조개

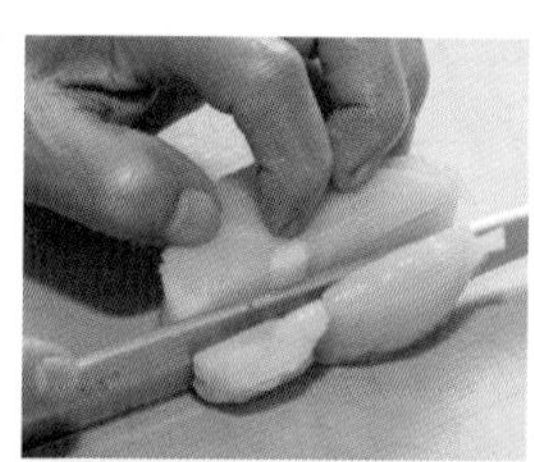

1
크고 관자가 두꺼운 키조개는 세로로 자른다. 표면에 잘게 칼집을 낸다.

2
손질이 끝나면 고추냉이를 바르고, 샤리 위에 올려 스시를 만든다. 샤리에 잘 붙지 않거나 배달 스시인 경우에는 김으로 가운데를 말아준다.

큰 키조개 스시

가리비 [호타테가이/帆立貝]

분류 : 굴목 가리빗과 가리비속
영어명 : scallop

기초 지식

이름의 유래와 생태

가리비는 쌍패류 조개로, 큰 것은 껍데기의 길이가 20cm나 되는 것도 있다.

일본에서는 '호타테가이'란 이름으로 불리는데, 2장의 조개 껍데기의 한쪽을 '돛(호)'처럼 세우고 물속을 이동하기 때문에 붙은 이름이다. 그러나 이 이동 방식은 사실이 아니고, 상상 속의 전설이다.

실제로는 커다란 2장의 껍데기를 꽉 다물고 점프하듯 이동한다. 무리지어 사는 어장에서는 하룻밤 사이에 큰 무리가 모습을 감추기도 한다. 물을 제트 분사하면서 그 기세와 반동으로 다른 조개와는 비교할 수 없는 속도로 하룻밤에 400~500m나 이동한 기록도 있다. 가리비를 한자로 표현할 때 '海扇貝'라고 쓰기도 하는데, 이는 부채 모양을 한 아름다운 모습에서 붙여진 것이다.

안정된 가격의 양식 가리비

가리비의 주요 식용 부분은 관자다. 2장의 껍데기를 열었다가 닫았다가 하며 이동하기 때문에 다른 조개보다 관자가 비대하고 두껍기 때문이다.

제철은 겨울인데, 미야기 현, 이와테 현, 아오모리 현, 홋카이도가 산지다. 자연산은 그 수가 극히 적다.

그러나 요즘에는 양식 가리비가 일 년 내내 유통되고 있어 자연산과 거의 맛의 차이가 없을 정도로 품질이 좋다.

껍데기가 붙은 채로 출하되는 생 가리비, 산지에서 냉동한 것, 데쳐서 냉동한 것 등 다양한 형태로 시장에 출하된다.

산지에서 냉동한 것도 껍데기가 붙은 것과 조갯살만 바른 것으로 나뉜다. 신선할 때 냉동한 것이라 해동해서 생으로 먹어도 충분히 맛이 좋다.

가리비의 관자는 냄새도 없고, 단맛이 강하고 부드러운 살 때문에 인기가 높은 스시 재료 중 하나다.

생 가리비는 사시미뿐만 아니라 조개구이나 초절임 등 안주나 일품요리로써 다양하게 활용한다.

옛날에는 가리비는 '삶은 어패류'에 속해서, 쪄서 조린 가리비만을 사용했다. 이 책에서도 '삶은 어패류' 부분에서 재등장하니, 다음 부분은 참조하기 바란다.

가리비 스시

가리비 손질하기

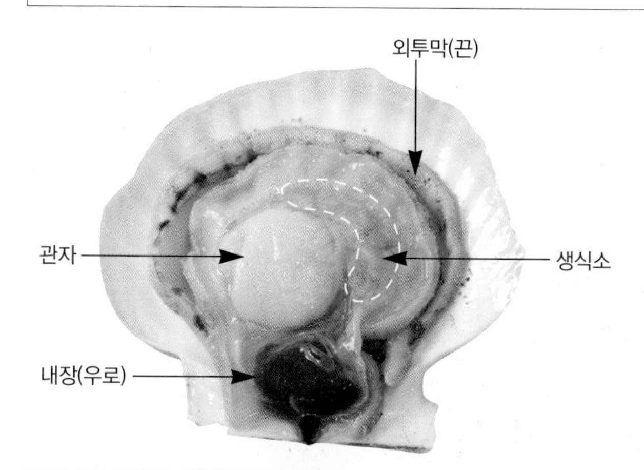

가리비는 주로 관자 부분을 스시 재료로 사용한다. 껍데기가 붙어 있는 생 가리비, 산지에서 냉동한 것, 데쳐서 냉동한 것 등 다양한 형태로 출하되지만, 이 책에서는 조개껍데기가 붙은 생 가리비 손질법을 소개한다. 관자를 껍데기에서 분리할 때, 조개 손질용 칼을 껍데기 모양을 따라 움직이는 것이 관자를 상처내지 않고 분리하는 요령이다.

껍데기를 분리한다

1
가리비는 평편한 쪽을 아래로 하고 들어올려, 조개 손질용 칼을 아래 껍데기와 조갯살 사이에 넣고 관자를 잘라낸다.

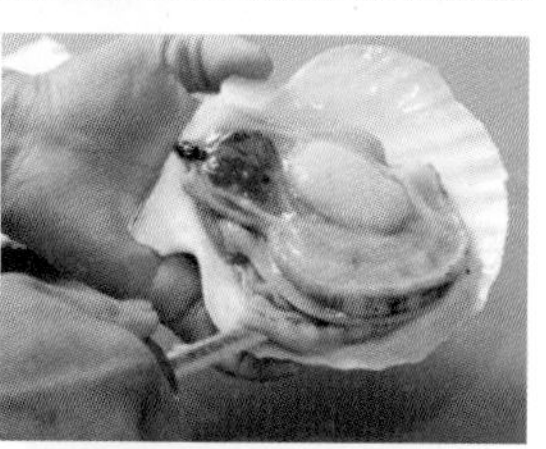

2
다른 한 쪽의 껍데기와 살 사이에도 똑같이 칼을 넣어 껍데기를 따라 관자를 자르고 조갯살을 분리한다.

관자와 외투막, 생식소, 내장을 나눈다

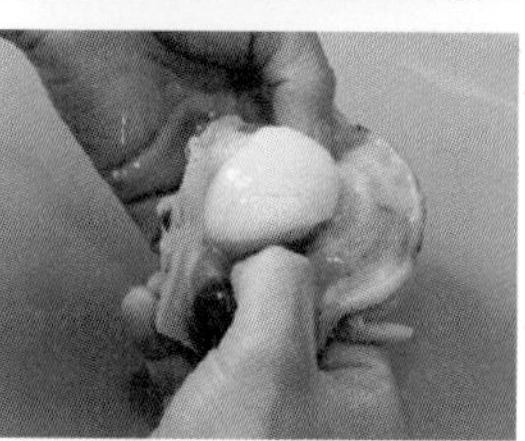

3
손가락을 내장 밑동에 쿡 쑤셔넣고, 관자에서 외투막을 떼어낸다.

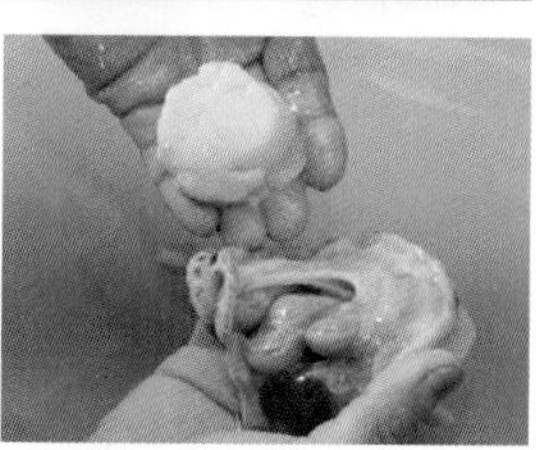

4
그대로 외투막과 연결된 내장(우로, 검은 부분)과 생식소도 잡아당겨 분리한다.

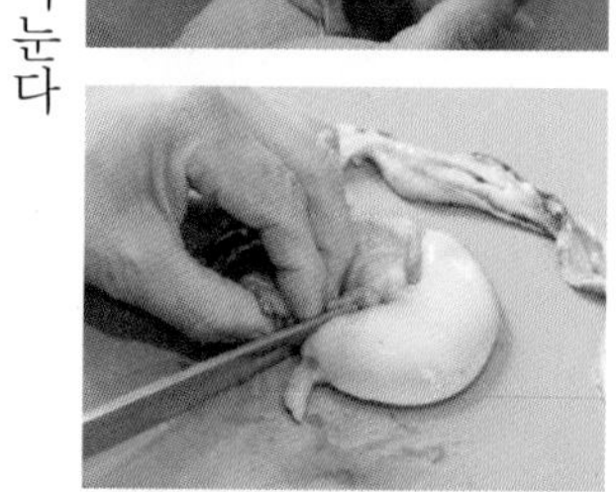

5
외투막과 생식소를 자르고, 생식소에 연결된 내장도 자른다. 내장은 먹을 수 없으므로 버린다.

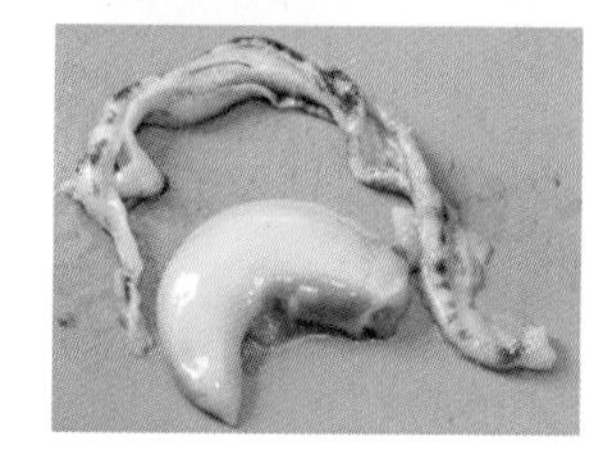

6
외투막과 생식소. 외투막은 소금을 뿌려 씻고, 데쳐서 무침 등을 만든다. 생식소도 찌면 먹을 수 있다.

썰기, 스시 쥐기

통째로 스시 만들기

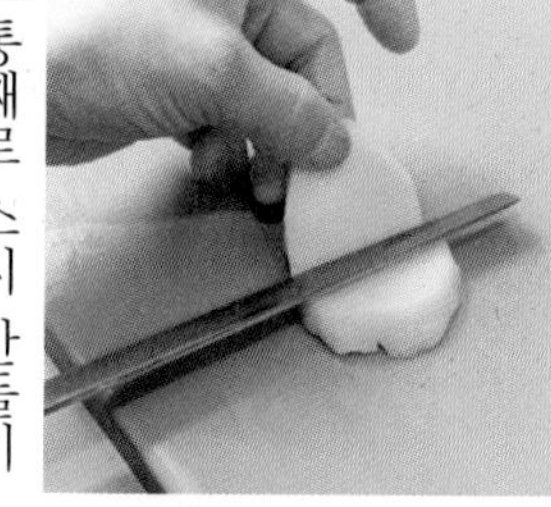

1
관자를 바닷물보다 연한 농도의 소금물로 씻는다. 두꺼운 부분을 절반으로 잘라 펼친다.

2
자른 쪽을 위로 두고, 칼집을 몇 줄 낸 뒤 스시를 만든다.

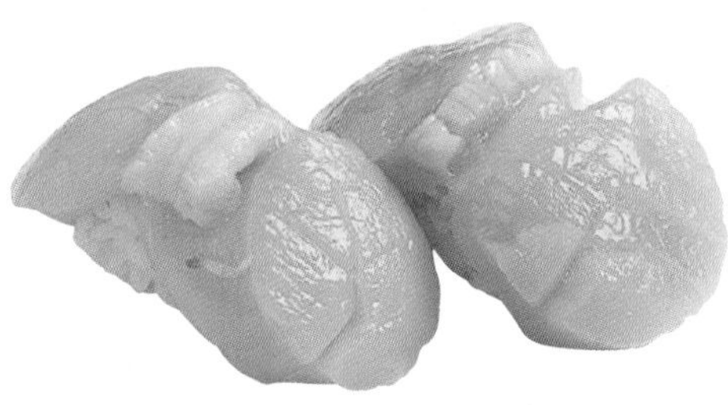

가리비 스시(통째로 펼친 것)

가리비 1개를 반으로 갈라서 만든 스시. 사진 속 스시는 겉 표면을 위로 두었지만, 거꾸로 뒤집어서 만드는 경우도 있다.

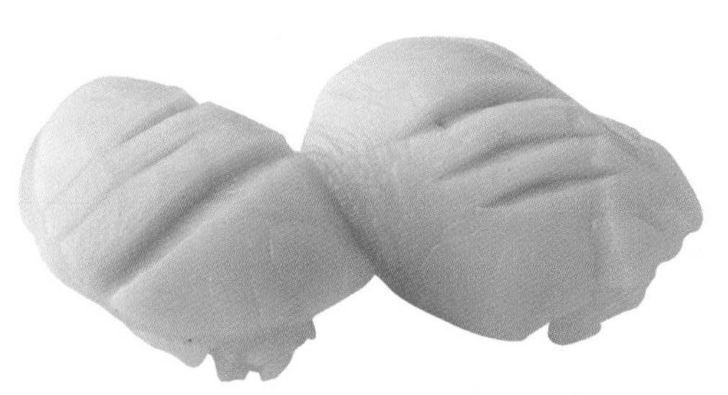

가리비 스시

크기가 약간 큰 가리비는 반으로 잘라 스시 2점으로 만들 수 있다.

전복 [아와비 / 鮑]

분류 : 원시복족목 전복과 전복속
영어명 : abalone

기초 지식

공물로 바쳐진 조개

전복은 일본에서는 '미미가이'과에 속하는데, 조개 모양이 '귀(미미)'와 닮아서 붙은 이름이다.

예로부터 제사 공물로 전복이 바쳐졌는데, 얇게 저며 길게 늘려서 말린 전복의 살(노시아와비)을 헌상했다고 한다. 지금도 일본에서는 경사 때에 선물이나 축하금 봉투 속에 색종이 '노시'를 곁들이는데, 고대의 '노시아와비' 전통이 변형된 것이다.

전복의 종류와 특징

전복의 종류는 다양하지만, 크기가 크고 스시에 쓰이는 대표적인 것은 4종류가 있다.

1. 흑전복(구로아와비) 이 전복은 '오가이' 또는 '아오가이'라고도 불리는데 조갯살의 뒷면이 새까맣다. 육질이 쫄깃하고 단단해서 '생전복(나마가이)'이라고도 부른다.
2. 말전복(메가이아와비) 이 전복은 조갯살과 껍데기 표면이 붉어서 '붉은전복(아카가이)'라고도 불린다. 육질은 약간 부드러운 편이라 쪄서 먹는 게 어울린다.
3. 왕전복(마다카아와비) 이 전복은 껍데기 길이가 20cm 이상이나 되는 대형 전복이다. 눈처럼 보이기도 하는 껍데기의 호흡공이 달린 부분이 높아, 일본어 이름은 '눈이 높은 곳에 달린 전복'이란 뜻이다. 육질이 좋고, 최고급 전복이다.
4. 북방전복(에조아와비) 이 전복은 도호쿠, 홋카이도에서 많이 잡힌다. 껍데기 길이가 15cm 정도로 4종류 가운데 가장 작다. 껍데기 표면에 녹색이 섞여 있고, 껍데기의 모양도 다른 전복보다 가늘고 긴 편이다.

덧붙여, 일본에서는 흑전복은 수전복, 말전복은 암전복이라 부르는데, 전복의 성별과는 관련이 없고, 흑전복의 육질은 딱딱하고, 말전복의 육질은 부드러워 식감의 차이에서 붙은 이름이다.

인기 많은 고급 재료

전복철은 여름이다. 다른 조개류는 봄에 제철을 맞는 것이 많은데, 전복은 여름을 대표하는 스시 재료다. 단, 북방전복은 겨울이 제철이다. 전복 특유의 씹는 맛과 풍미를 좋아하는 사람이 많아 비싼 편이어도 인기가 높다.

일본산 전복의 어획량이 감소해 수입산도 많다. 오스트레일리아, 북아메리카, 남아메리카, 칠레 등지에서 수입된 양식 전복도 많이 유통되고 있다.

전복 스시

전복 손질하기

요즘에는 생 전복을 날로 손질해 스시를 만드는 일이 많지만, 원래 전복은 조려서 스시로 만들었다. 생 전복은 쫄깃한 식감, 풍미가 매력적이다. 손질 순서는 우선 살에 소금을 뿌려 씻고 살을 단단하게 만든다. 이 과정으로 인해 특유의 탄력 있는 식감을 끌어올린다. 전복은 살도 맛있지만, 내장 부분도 매우 진미다. 내장을 찌거나 조려도 맛있고, 무침 등으로 만들어도 아주 맛이 좋다.

소금을 문질러 닦는다

1
전복의 입 부분(까맣고 딱딱한 부분)에 칼집을 내어 자른다.

2
칼집을 낸 입 위에 소금을 올린다.

포인트

전복을 소금으로 문질러 닦으면 살이 단단해지는데, 전복의 입에 해당하는 부분에 칼집을 내고, 그 위에 소금을 뿌린다. 입을 자르지 않고 소금을 뿌리면 소금이 골고루 닿지 않는다.

3
소금을 전체에 바르고, 잠시 기다려 살이 단단해지기를 기다린다. 10분 정도가 적당하다.

4
수세미로 문질러 물에 씻으며 지저분한 것과 점액질을 닦아낸다.

포인트

전복의 살에서 물기를 빼 단단하게 만들고 전체적으로 점액질이나 지저분한 것을 제거한다. 수세미는 반드시 식재료 손질용 수세미를 사용한다. 또한 수세미 조각이 전복에 붙지 않도록 주의해 위생적으로 손질해야 한다.

껍데기를 분리한다

5
처음에 칼집을 넣은 입 아래에 조개 손질용 칼을 푹 찔러넣는다.

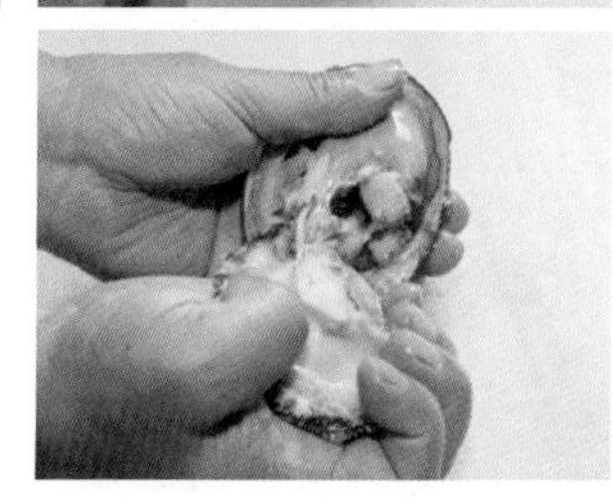

6
칼을 움직여 관자와 살을 껍데기에서 분리하고 살을 꺼낸다.

내장과 모래주머니를 꺼낸다

7
내장과 모래주머니를 손으로 잡아당겨 살에서 분리한다.

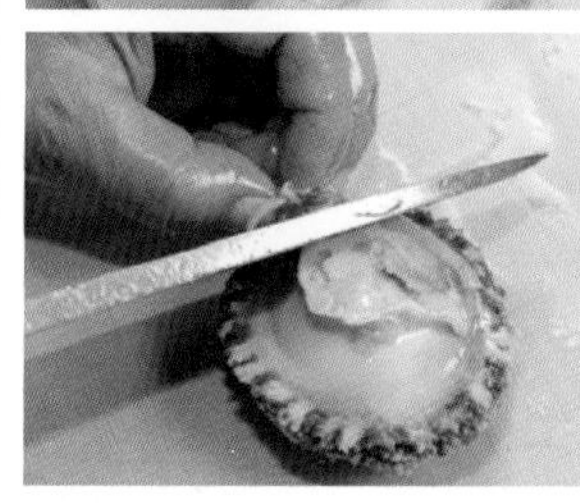

8
살 주위의 외투막과 딱딱한 입 부분을 깨끗하게 잘라낸다.

전복의 내장과 살

썰기, 스시 쥐기

큰 전복

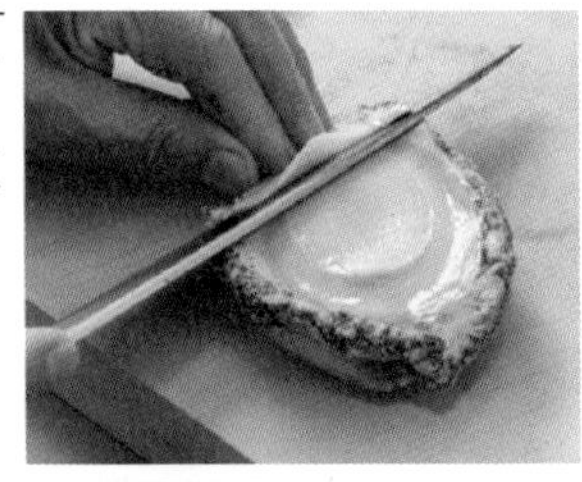

1
큰 전복은 가로로 놓고 얇게 썬다.

2
전복 살은 딱딱해서, 칼집을 내 먹기 편하게 만든다. 그렇게 하면 간장이 배기 쉬워진다.

큰 전복 스시

작은 전복

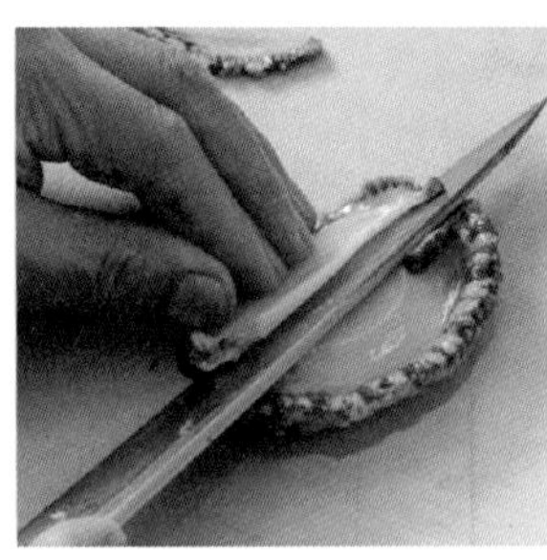

작은 전복은 세로로 놓고, 얇게 사선으로 자른 뒤, 칼집을 내 스시로 만든다.

작은 전복 스시

전복의 관자를 자른다

1
전복의 관자를 잘라낸다.

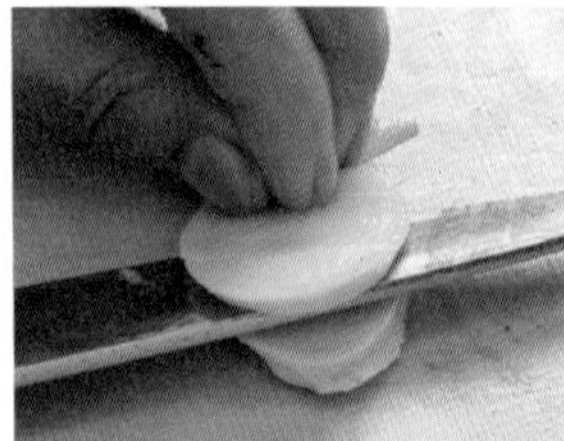

2
잘라낸 관자는 가로로 얇게 썬다.

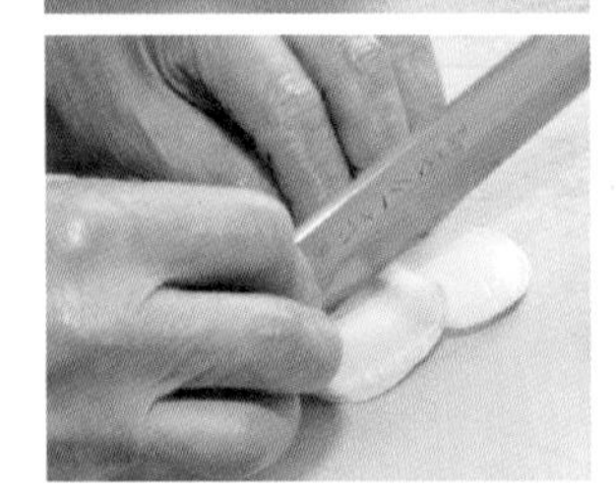

3
관자 가운데에 칼집을 내 펼친다. 펼친 살을 아래로 향해 펼쳐진 부분에 잘게 칼집을 낸다.

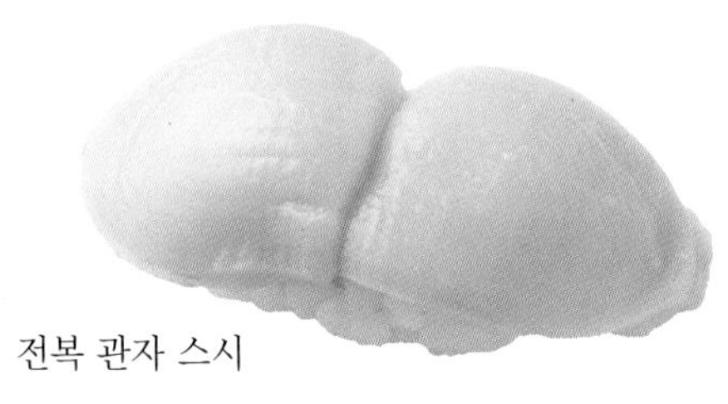

전복 관자 스시

전복 내장 무침 스시

전복 내장 무침 스시

전복의 내장만이 아니라, 성게를 갈아 섞어서 진한 맛과 감칠맛을 더한다. 작게 자른 전복 살과 무쳐 군칸마키를 만든다.

■ 도쿄 하치오지 「스시 기나코」

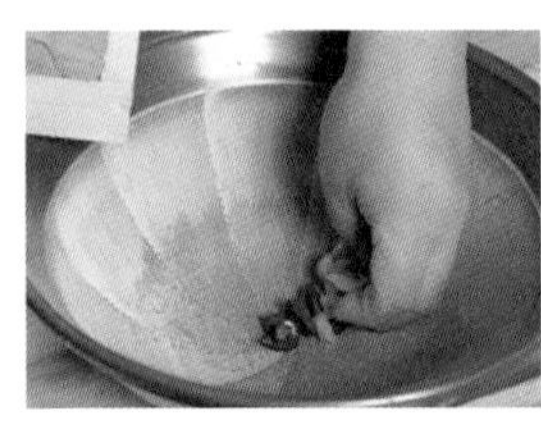

1
양념절구에 전복 내장을 넣는다. 깊은 맛을 완성하기 위해, 성게를 추가해 넣는다.

2
살은 작게 자른 뒤, 전복 내장 소스에 넣고 잘 버무린다.

북방대합 [홋키가이/北寄貝]

종류 : 백합목 개량조갯과 북방대합속
영어명 : surf clam

기초 지식

이름과 산지

북방대합의 이름만 보아도 알 수 있듯이, 일본의 북쪽이 주산지인 조개다. 홋카이도, 도호쿠 지방에서 많이 잡힌다. 껍데기 길이는 10~15cm 정도인 쌍패류로, 껍데기에 검은색 선과 갈색 선이 그어진 것처럼 보인다.

북방대합의 일본에서의 정식 명칭은 '노파 조개'란 뜻의 '우바가이'다. 부르는 이름이 여러 가지여서 다소 복잡하지만, 일반적으로 '홋키가이'로 통한다. 다른 호칭보다 발음하기 쉽고, 조개의 개성도 잘 표현하고 있기 때문이다. 개량조갯과로, 개량조개와도 많이 닮았지만, 훨씬 크고, 살도 두껍다.

옛날에는 북쪽 산지에서만 소비되었지만, 점차 일본 전역으로 퍼져나가고 있다. 유통 기술이 발달하자마자, 그 즉시 전국적으로 인기가 높아진 것이다.

북쪽에 사는 조개인 만큼 제철은 겨울부터 초봄까지인데, 일 년 내내 맛의 차이가 없다. 어획 금지철이 있긴 하지만, 거의 일 년 내내 구할 수 있다.

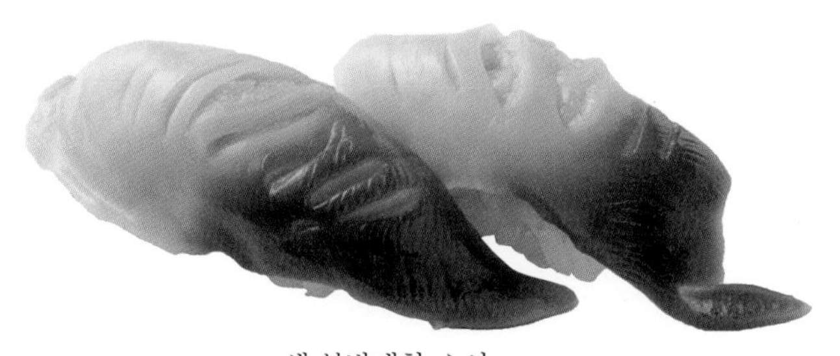

생 북방대합 스시

생 조개는 보라색, 데치면 붉은색

북방대합은 조개껍데기가 붙은 것과 살만 바른 것이 출하된다. 생 북방대합의 조갯살은 전체적으로 노란색이 도는데, 끝으로 갈수록 염색한 것처럼 보라색이 짙어진다.

이 보라색이야말로 북방대합의 특징이다. 날것 그대로 큰 것은 절반으로 잘라 스시를 만든다. 씹는 맛을 좋게 하기 위해 칼집을 낸다. 외투막도 제거하지 않고 피조개류처럼 스시를 만들 때 함께 사용한다. 쫄깃한 식감이 일품이다.

살을 데치면 보라색 부분이 옅은 붉은색으로 변한다. 날것이든 데친 것이든, 두 종류의 스시를 손님의 취향에 맞춰 제공한다.

북방대합은 가열하면 단맛이 강해져 감칠맛도 더해진다. 색이 붉은빛을 띠기 시작하면 바로 뜨거운 물에서 건져 올려 식힌다. 살이 딱딱해지기 때문에 강한 불은 금물이다.

일본산과 동시에 북방대합의 친척으로 수입산 북방대합도 유통되고 있다. 캐나다나 북아메리카산인데, 조개껍데기가 좀 더 희끄무레하다. 주로 냉동 조개가 유통되기 때문에 가격이 싸고, '캐나다홋키' 등으로 불린다.

북방대합 손질하기

겨울에서 봄까지 제철이다. 스시 재료로 생 조개와 데친 것을 둘 다 쓰는데, 각각의 식감과 색, 풍미를 살려야 한다. 생조개는 끝 부분이 어두운 보라색, 데치면 이 부분이 옅은 붉은색으로 바뀐다. 조개류를 손질할 때 공통되는 주의점은 데칠 때 불을 세게 하면 살이 딱딱해지니 충분히 신경을 써야 한다. 북방대합 역시 마찬가지다. 외투막 부분도 살짝 데치면, 스시 재료로 쓸 수 있다.

조개껍데기를 분리하고, 내장을 제거한다

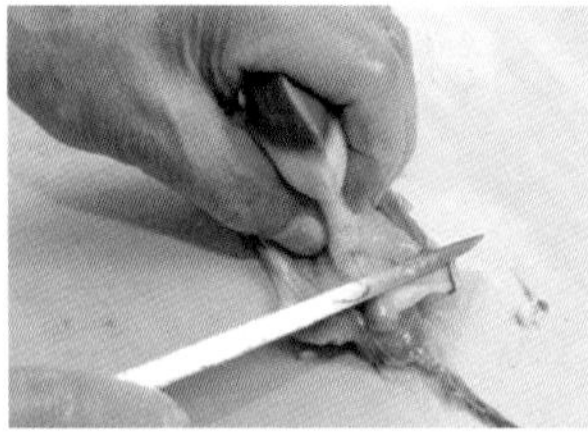

1
껍데기를 펼쳐 관자를 잘라내고 살을 꺼내 내장과 외투막을 칼 끝으로 누른다.

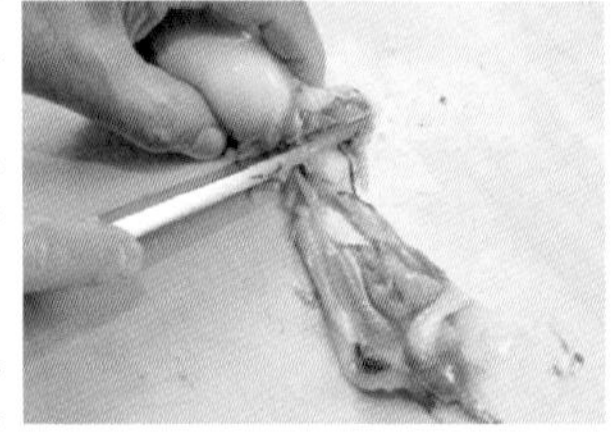

2
그대로 내장과 외투막을 칼 끝으로 누르며 당기듯 자른다.

살을 손질한다

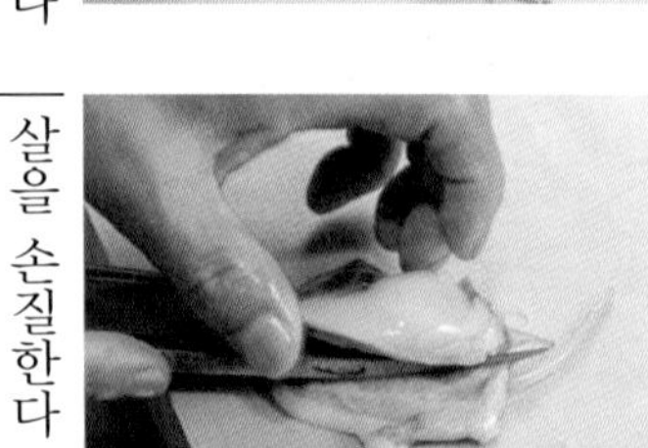

3
살 주변의 검은 막을 칼 끝으로 긁어내고, 두꺼운 살 가운데에 칼집을 넣는다.

4
깊게 칼집을 넣은 조갯살을 펼치고, 안쪽에 붙어 있는 내장을 칼끝으로 긁어낸다.

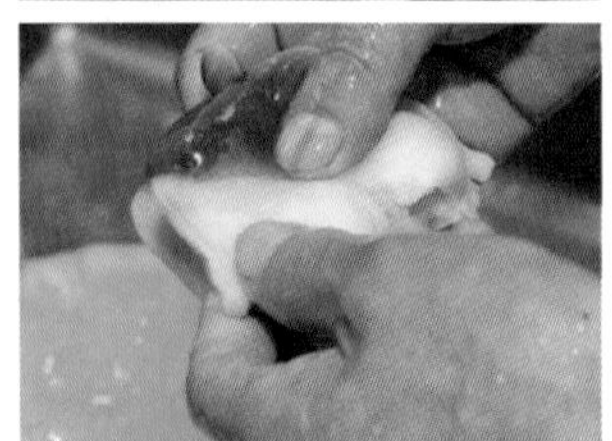

5
깨끗하게 물로 씻고, 물기를 제거한다. 생조개를 쓸 경우에는 이 상태로 손질을 끝낸다.

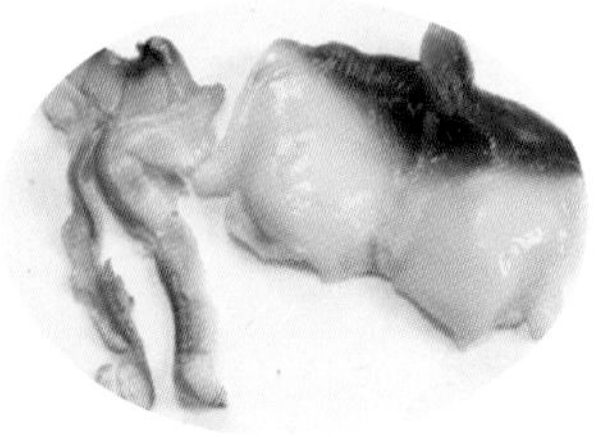

생 북방대합 살과 외투막

살짝 데친다

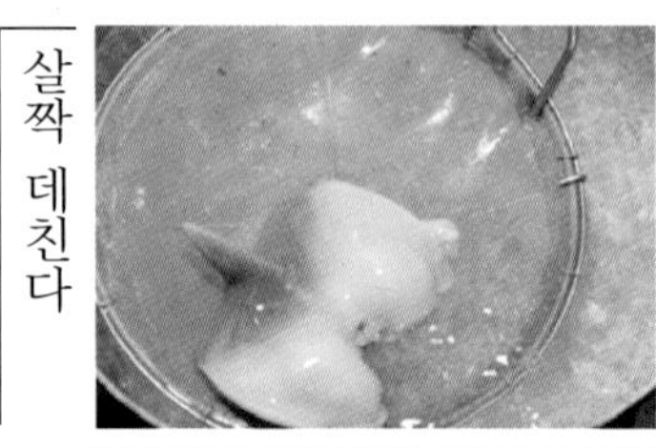

6
생 북방조개 살을 체에 올리고, 끓는 물에 재빨리 데쳐 색을 낸다.

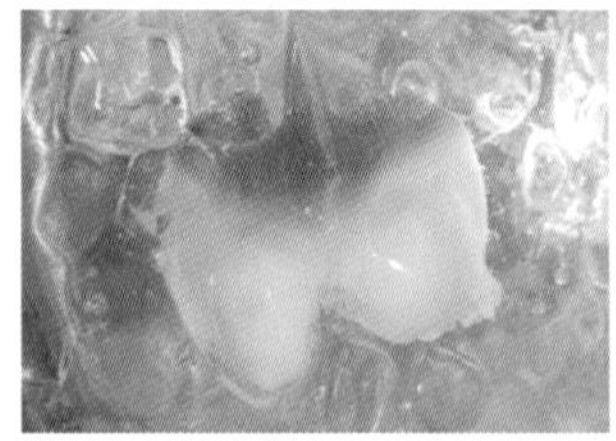

7
색이 변하면 바로 건져 올려 얼음물에 넣고 변색을 방지한다.

외투막을 손질한다

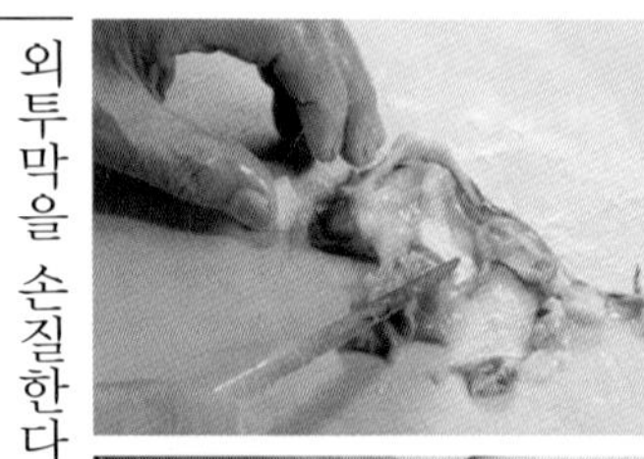

8
내장과 외투막이 연결된 부분을 자른다.

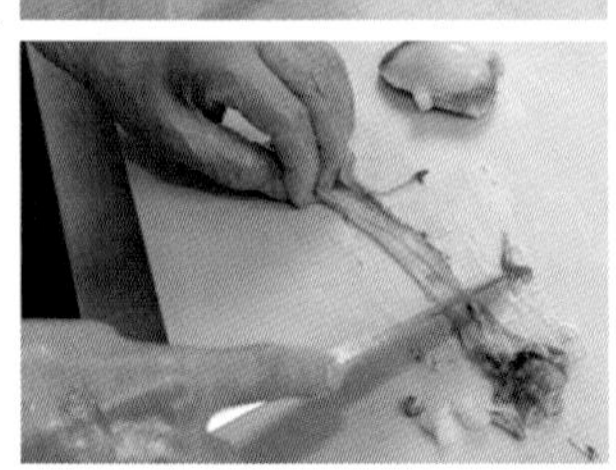

9
내장의 검은색 부분과 더러운 부분을 칼 끝으로 긁어내, 깨끗하게 청소한다.

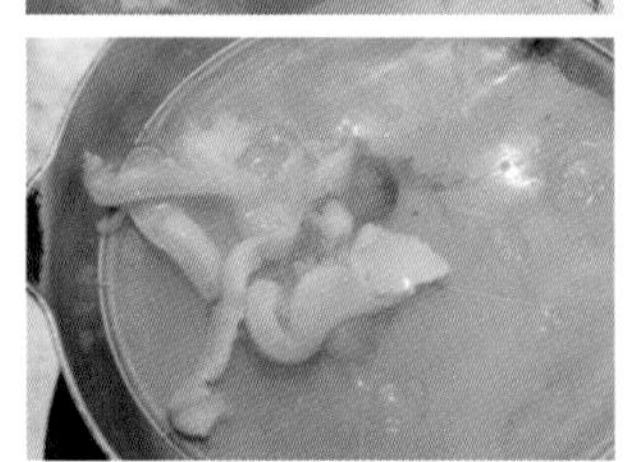

10
끓는 물에 깨끗하게 손질한 외투막을 넣고, 살짝 데친다.

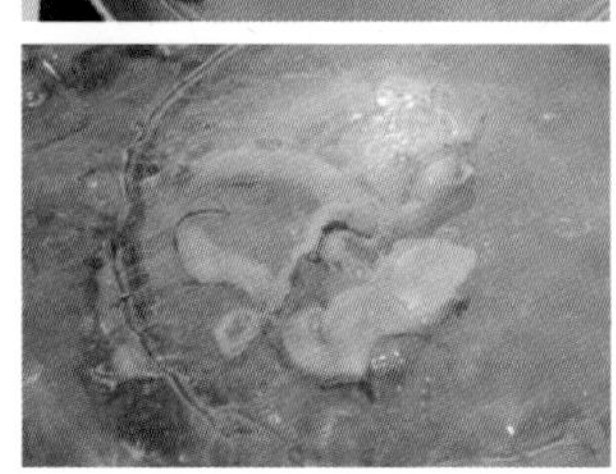

11
얼음물에 넣어 식히고 물기를 뺀다.

썰기, 스시 쥐기

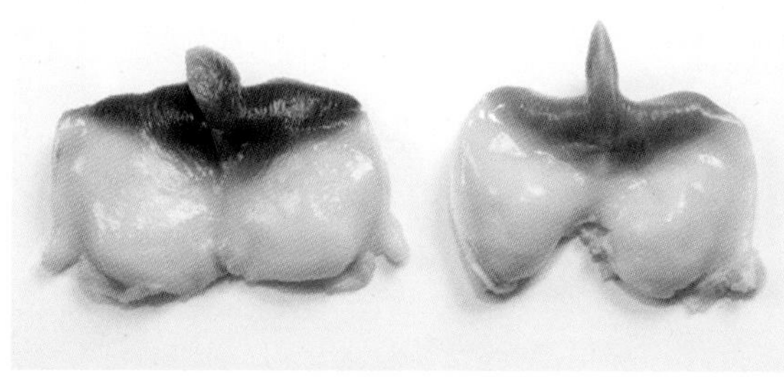
생 북방대합(왼쪽)과 데친 북방대합(오른쪽)

데친 살을 잘라 올린다

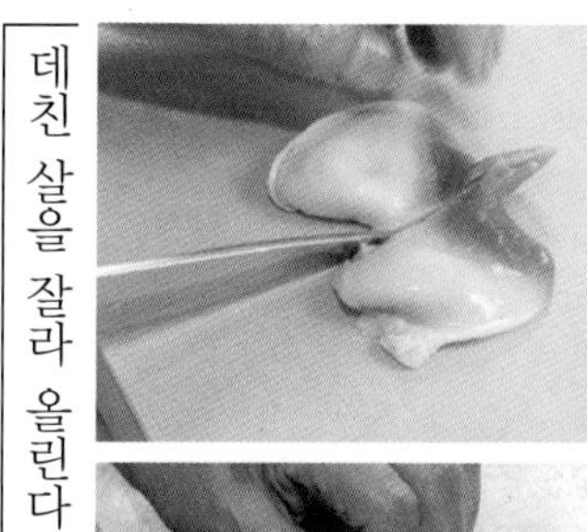
1
데친 조갯살을 펼쳐 가장자리를 정돈한다. 한가운데를 세로로 잘라 반으로 나눈다.

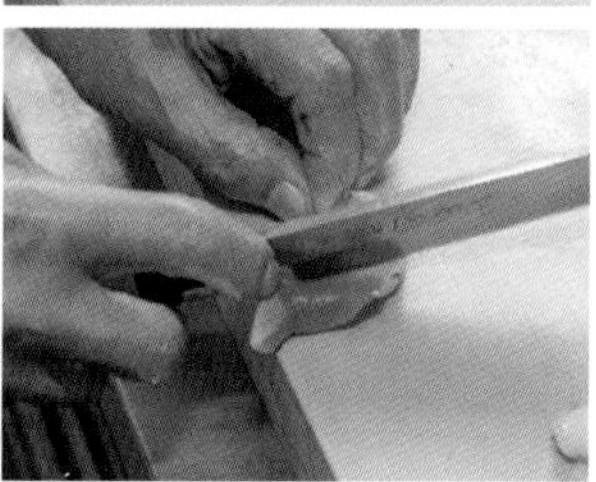
2
칼 턱으로 칼집을 낸다. 색을 낸 끝 부분이 잘 보이는 형태로 스시를 만든다.

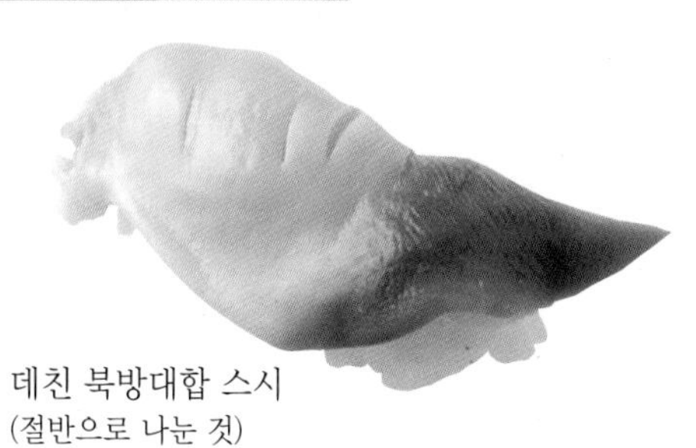
데친 북방대합 스시
(절반으로 나눈 것)

생 조갯살을 잘라 올린다

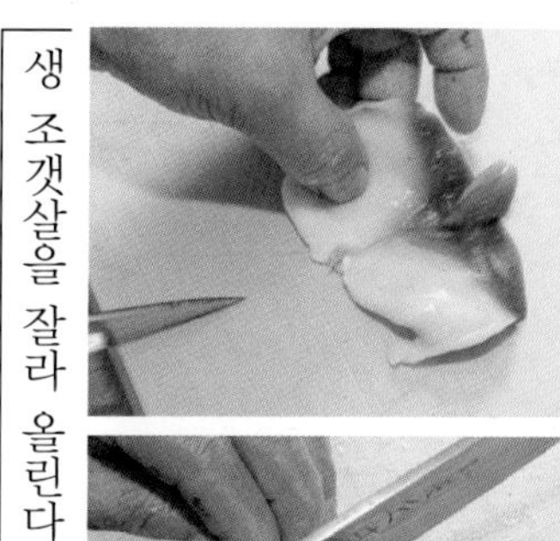
1
조갯살을 잘라 펼친 다음, 가장자리를 정돈하고 반으로 자른다.

2
칼 턱으로 칼집을 낸다.

생 북방대합 스시

외투막을 잘라 올린다

살짝 데친 외투막은, 두께가 있는 관자 부분을 잘라 펼쳐, 스시를 만든다.

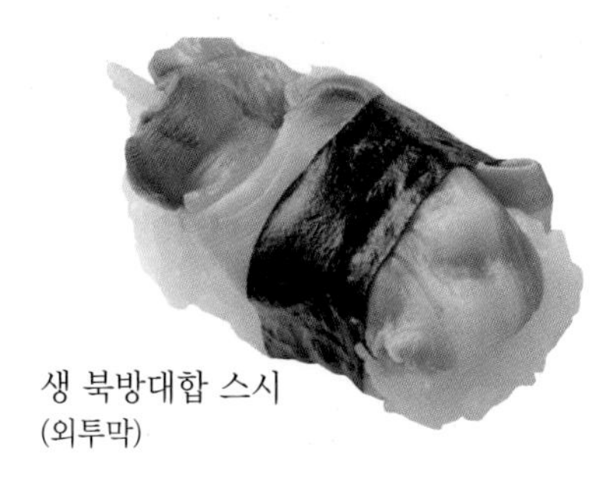
생 북방대합 스시
(외투막)

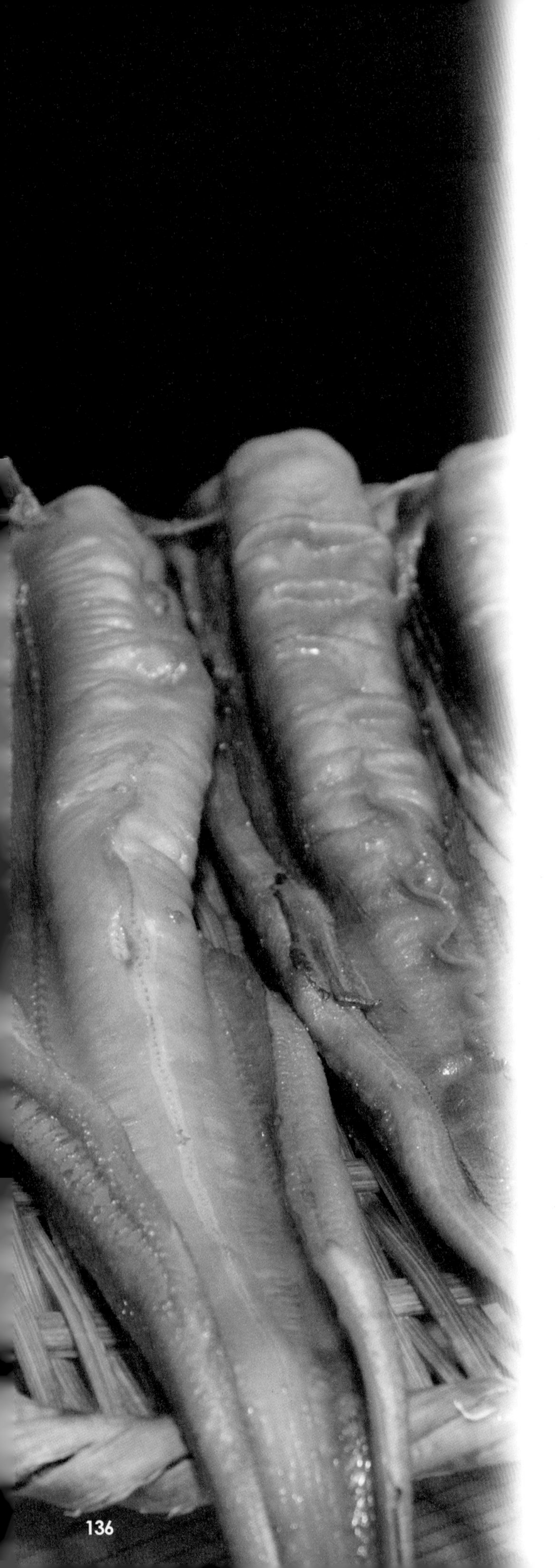

삶은 스시

붕장어 [아나고/穴子]
문어 [다코/蛸·章魚]
삶은 백합 조개 [니하마구리/煮蛤]
갯가재 [샤코/蝦蛄]
삶은 오징어 [니이카/煮烏賊]
찐 전복 [무시아와비/蒸鮑]
삶은 가리비 [니호타테/煮帆立]

에도마에즈시 기술 가운데 삶은 스시는 등 푸른 스시와 나란히 중요한 위치를 차지한다. 냉장고가 없는 시대에 날 생선을 어떻게 보관했을까? 식초로 절이거나 조려서 가열하는 방법은 며칠 동안 보관할 수 있어, 예로부터 이어져 내려온 기술이다. 더욱이 날 생선과는 또 다른 감칠맛이 더해져 사람에 따라 맛과 그 개성이 드러나기 때문에, 자신만의 솜씨를 선보일 수 있다.

그러나 삶은 스시가 요즘 위기를 맞고 있다. 날 생선으로 만든 스시에 인기가 집중되어, 비교적 손이 많이 가는 삶은 스시는 경원시되면서 괜한 수고를 하지 않으려는 가게가 늘고 있기 때문이다.

삶은 스시의 종류

삶은 어패류로 만든 대표적인 스시는 붕장어다. 계절과 산지에 따라 지방이 오른 정도가 다르긴 해도 일년 내내 유통되어 그 맛을 즐길 수 있다.

붕장어에 더해 백합이나 갯가재 등 그 옛날 에도 시대의 재료들이 지금까지도 풍부하게 잡히고 있다. 더욱이 현대에서는 날로 스시를 만들어 먹는 것이 일반적인 가리비, 전복, 오징어 같은 것도 에도 시대에는 한 번 가열해 스시로 만들었다. 모두 삶은 어패류로 만든 스시에 속했던 것으로, 스시에 '니쓰메' 소스를 발라 완성시켰다. '니쓰메'는 조림 국물을 조려서 만든 달달짭잘하고 끈적한 소스로, 조림 스시에 빼놓을 수 없는 재료다.

삶은 스시의 손질 목적

삶은 어패류를 손질하는 이유를 잘 알아두면 각각의 재료를 한층 맛있게 즐길 수 있다.

삶은 어패류를 손질하는 목적은 다음과 같다.

◎ 살의 비린내나 악취, 점액질 등을 제거하기 위한 밑손질을 한다.

붕장어, 문어 등은 표면에 미끌거리는 점액질이 많아 비릿한 냄새가 나는 원인이 된다. 그래서 소금을 뿌려 비비거나 살짝 데치는 등 밑손질을 한 뒤에 삶는다. 삶기 전에 밑손질을 해 두는 게 삶은 스시의 중요한 포인트 기술이다.

◎ 날로는 먹기 힘든 재료를 가열해서 먹기 쉽게 만든다.

문어나 갯가재 등은 삶으면 먹기가 훨씬 편해진다. 붕장어는 조리면 껍질이 부드러워져 껍질과 살 사이의 맛이 강한 부분도 맛볼 수 있다.

◎ 삶으면 감칠맛이 올라가고, 날로는 맛볼 수 없었던 맛을 끌어낸다.

달달하고 짭짤한 간장으로 만든 조림 소스의 맛을 더하면, 감칠맛의 깊이가 깊어진다. 백합, 갯가재처럼 너무 가열하면 살이 딱딱해지는 것은, 먼저 데친 뒤 조미액이나 조림 국물에 담가 맛을 더한다.

◎ 삶고 가열하면 오래 보관할 수 있다.

본래 목적은 보관 기간을 늘리는 것이다. 이때 가열 시간이 중요한데, 오징어나 문어 등이 바로 그 대표적인 예다. 살짝 삶는 방법과 푹 삶는 방법, 2가지가 있다.

조림 국물과 조림 소스

삶은 스시는 장인에 따라 조림 국물의 맛에 차이가 있다. 그 재료의 특성을 살려 조림 국물을 조합하기 때문이다.

조림 국물의 맛, 조림 시간, 조림 국물에 담가 절이는 시간까지 전부 다 다르다. 이 책에서는 표준이 되는 비율을 소개하지만, 각자 연구해야 할 몫이다. 또 니쓰메 소스도 스시의 맛을 좌우하는 중요한 포인트다.

니쓰메 소스는 기본적으로 붕장어를 삶은 국물을 여러 번 걸러서 세심하게 졸여서 만든다. 여기에 몇 가지 재료를 더하면 보다 맛있는 니쓰메 소스를 완성할 수 있다.

옛날에는 붕장어는 붕장어 국물로, 백합은 조개 국물을 졸여 각각의 니쓰메 소스를 만들었다. 그런 소스는 '도모즈메'라고 부르며, 본연의 맛을 보다 깊게 지닌 삶은 어패류로 만든 스시를 완성하는 기술이다.

많은 수고를 들여 손질해야 하는 삶은 스시는 당연한 일이지만 장인마다 개성이 뚜렷하다.

날 생선으로 만든 스시가 메인이 되어 버린 요즘 시대에는 손이 많이 가는 삶은 스시야말로 자신만의 맛을 어필할 수 있는 무기가 될 것이다. 또, 이 장에서 소개하는 스시는 가게의 간판 메뉴로 만들기 쉬운 재료이기도 하다. 기술의 차이가 확연히 드러날 수 있으므로, 기본부터 착실히 몸에 익혀 다양한 스시에 도전해보자.

붕장어 [아나고/穴子]

분류 : 뱀장어목 붕장어과 붕장어속
영어명 : conger eel / sea eel

기초 지식

종류와 이름의 유래

삶은 스시의 대표는 바로 붕장어다. 시대의 요구에 발맞춰 날 생선 스시의 인기가 높아졌다고는 해도, 붕장어 스시가 없는 스시 가게는 '평판이 떨어진다'고 해도 과언이 아니다.

붕장어 조림은 샤리와의 궁합이 매우 좋다. 조림 소스도 붕장어를 졸인 국물로 만들기 때문에, 스시 가게의 필수 재료다.

스시에 쓰이는 붕장어는 붕장어 외에도, '먹붕장어(구로아나고)', '눈테붕장어(고텐아나고)' 등의 종류가 있는데, 가장 맛이 좋은 것은 붕장어다.

붕장어의 일본 이름은 바닷속 암초나 진흙 속 구멍에서 사는 생태에서 따온 것이다.

붕장어의 제철과 산지

붕장어 철은 여름이다. 붕장어의 유어라고 할 수 있는 4~5cm 정도의 반투명한 것을 '노레소레'라고 부르는데, 날것을 그대로 먹는다. 노레소레는 초봄에 맛볼 수 있는 진미다.

성어는 1m 정도까지 자라지만, 머리를 떼고 조린 다음 반으로 잘라 스시 2점을 만들 정도의 크기가 손질하기 딱 좋다.

20~30cm, 40~50g 정도의 작은 붕장어는 '메솟코'라고 부르는데, 1마리를 통째로 쓰면 딱 좋은 크기여서, 하얗게 졸여서 내는 가게도 적지 않다.

에도 시대 간토 지방에서는 등을 갈라 스시를 만들었지만, 간사이 지방에서는 뱀장어처럼 배를 갈라 구워서 스시를 만든다.

산지는 도쿄 만 하네다 앞바다, 도키와, 미카와 만, 세토 내해, 아카시, 아리이카 등 일본 각지를 아우른다. 야행성이라 낚시 애호가들에게는 밤낚시가 유명하지만, 일반적인 붕장어 어획은 그물 통발이나 어망을 사용해 몸통에 손상이 가지 않도록 한다. 삶은 붕장어의 맛을 일정하게 내기 위해서는 깔끔하게 손질한 뒤 조리하는 방법을 추천한다.

붕장어 스시
(1마리로 2점 만든 것)

붕장어 손질하기

붕장어를 손질하는 방법은 지역에 따라 차이가 있다. 간토 지방에서는 등을 가르고, 간사이 지방에서는 배를 가른다. 붕장어를 해체할 때에는 도마의 오른쪽에 머리를 놓고, 등을 아래로 두면 작업이 좀 더 수월하다. 자르는 방법은 붕장어의 크기에 따라 달라지지만, 기본적으로는 1마리를 반으로 잘라 2점으로 만들고 큰 것은 3점으로 만든다. 메솟코라고 불리는 작은 붕장어는 1마리를 통째로 쓰는 경우가 많다. 스시를 쥘 때 주의해야 할 점은 배와 그 안의 내장의 잔해가 남아 있는 윗부분 살은 껍질을 밖으로 하고, 아래쪽 살은 살을 바깥으로 향하게 해 스시를 만드는 것이다. 붕장어 조림은 살이 부드러워 샤리 위에 올릴 때 힘을 빼야 한다.

손질 순서

등 가르기
▼
조리기
▼
썰기

등 가르기

등을 갈라 펼치고, 내장을 제거한다

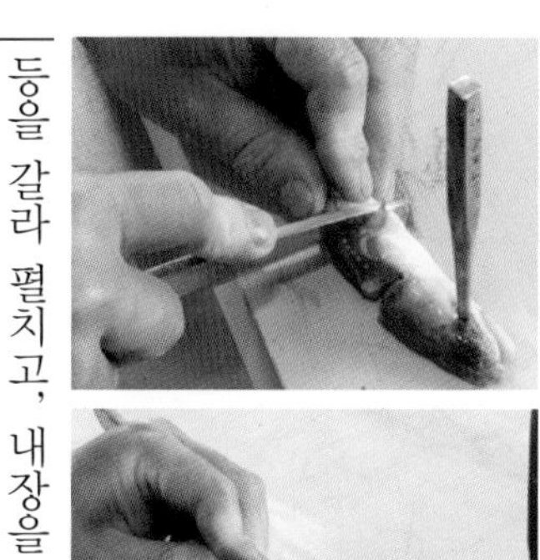

1
머리를 오른쪽, 등을 아래로 둔다. 눈 부근에 송곳을 꽂고, 끝이 뾰족한 칼로 가슴지느러미 근처에 칼을 넣는다.

2
칼날을 비스듬히 틀어, 가운데뼈를 따라 꼬리 쪽을 향해 몸통을 가른다.

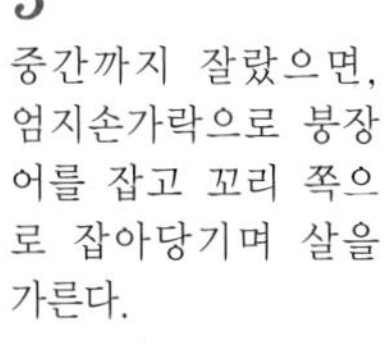

3
중간까지 잘랐으면, 엄지손가락으로 붕장어를 잡고 꼬리 쪽으로 잡아당기며 살을 가른다.

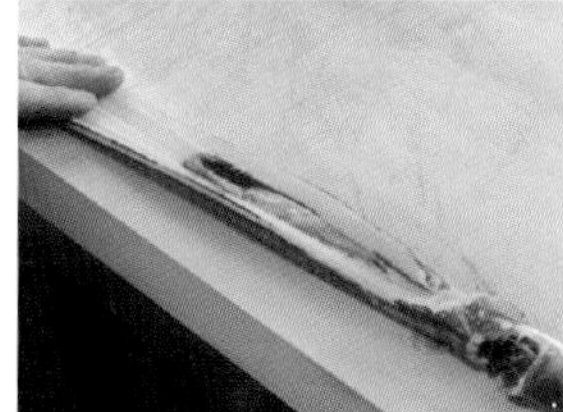

4
항문 근처까지 칼이 갔으면, 단숨에 꼬리까지 잘라 살을 펼친다.

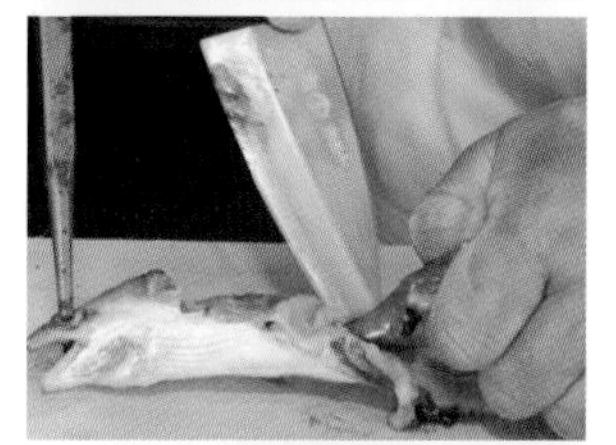

5
칼끝을 사용해 내장을 잘라내고 깨끗하게 닦아낸다.

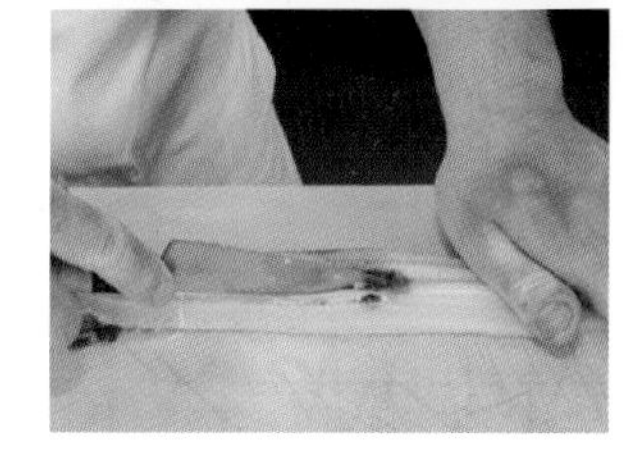

6
가운데뼈 근처에 칼집을 넣고, 가운데뼈 밑을 따라 칼을 거꾸로 세워 꼬리까지 잘라 살을 평편하게 편다.

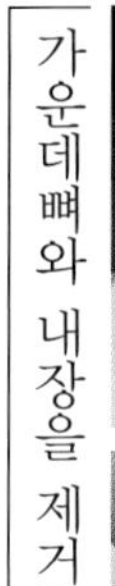

가운데뼈와 내장을 제거한다

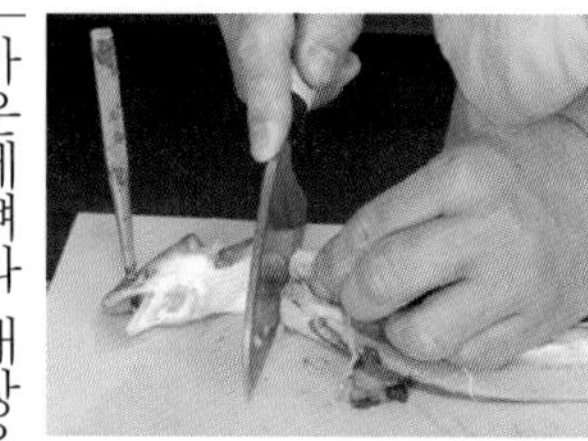

7
가운데뼈와 머리 밑동이 붙어 있는 부분만 살짝 자른다. 이때 머리를 완전히 떼어내지 않는다.

8
칼날을 그대로 가운데뼈 밑으로 미끄러뜨리며, 꼬리까지 쭉 뼈를 제거한다.

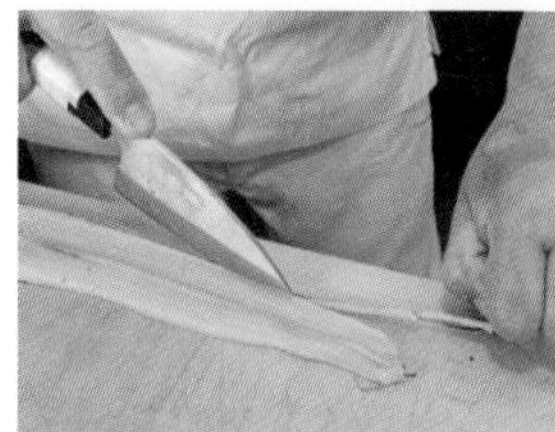

9
가운데뼈는 꼬리에서 떼어내지 말고 그대로 등지느러미를 자른다.

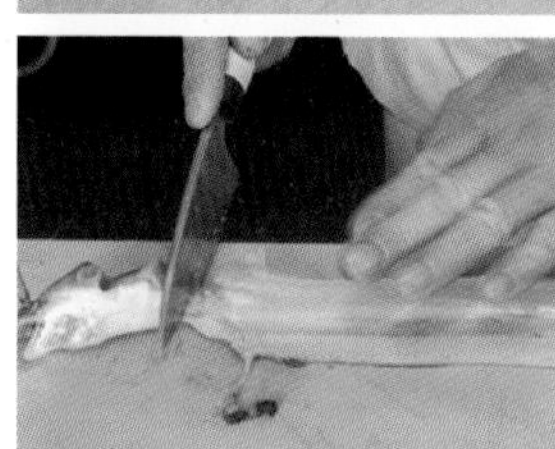

10
머리를 잘라낸다.

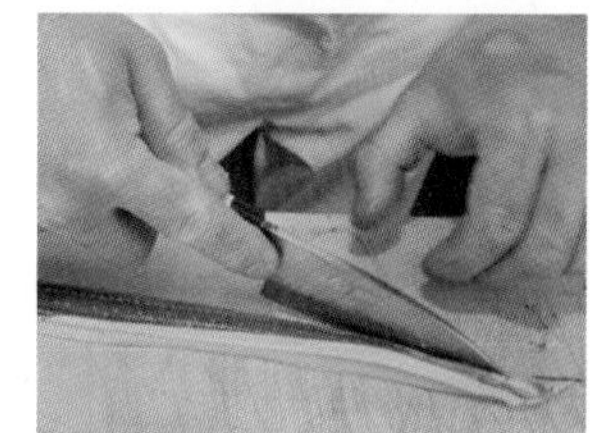

11
껍질이 밖으로 오도록 반으로 접고, 칼 끝으로 배지느러미를 잘라낸다.

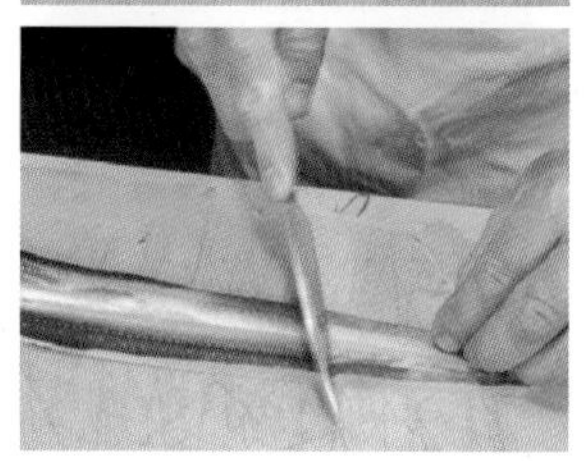

12
껍질이 밖으로 오게 살을 펼친 후, 껍질 표면을 칼날로 긁어내듯 점액질을 제거한다.

소금으로 비벼 씻는다

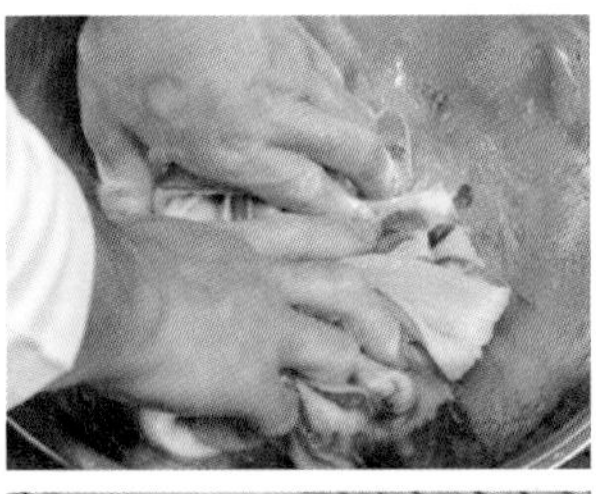

13
붕장어를 큰 볼에 넣고, 소금을 듬뿍 뿌린 뒤 잘 주물러 점액질을 제거한다.

14
소금을 충분히 씻어내고 채반에 담아 물기를 뺀다.

조리기

조미료를 넣고 조린다

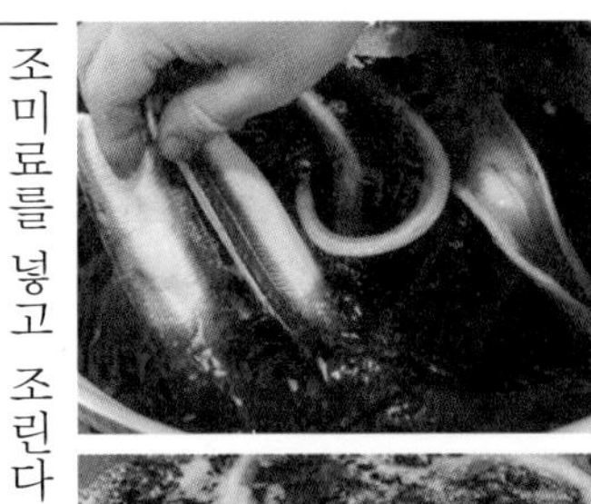

1
냄비에 간장, 술, 설탕, 미림 등의 조미료와 물을 함께 넣고 끓인다. 국물이 졸기 시작하면 붕장어를 조심스레 넣는다.

2
다시 끓기 시작하면 불을 살짝 약하게 줄인다.

3
뚜껑을 덮고 조린다. 작은 붕장어는 10~15분, 큰 것은 30분 정도를 기준으로 삼는다.

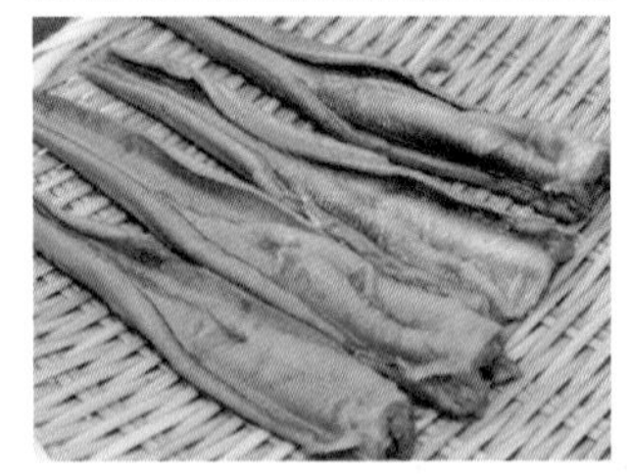

4
꼬리를 손가락 끝으로 집어 상태를 확인한다. 부드러워졌으면 완성이다. 껍질을 위로 두고 채반에 올려 식힌다.

조림 소스 '니쓰메' 만드는 법

나쓰메 소스는 기본적으로 붕장어를 데친 물로 만들며, 가게마다 맛과 조리 방법이 다르다. 붕장어를 데친 국물을 거른 뒤, 여러 번 재료를 보충해 가며 졸여서 농도를 맞춘다. 최소한 5번 이상 붕장어를 데친 물을 사용하면, 맛있는 소스가 완성된다. 삶은 스시에는 빠질 수 없는 재료이므로, 상시 준비해 놓는다.

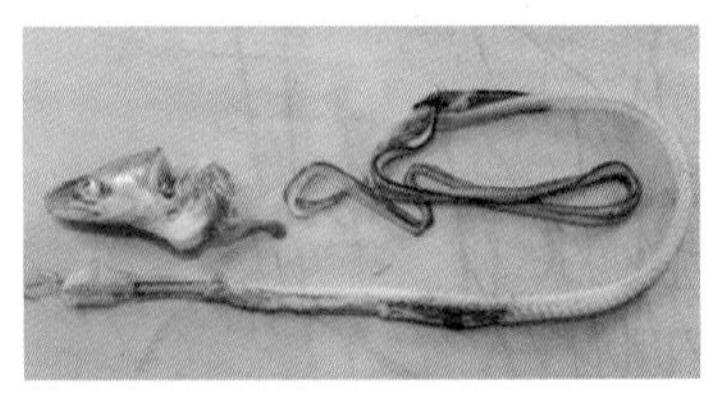

1
붕장어의 머리와 뼈, 지느러미 등을 살짝 구워, 비린내를 잡는다.

2
붕장어를 데친 국물을 거른 뒤, 구운 붕장어의 머리와 뼈를 넣고 졸인 뒤에 다시 한 번 거른다. 그다음 그 국물을 적절한 농도가 될 때까지 졸인다.

3
조림 소스의 농도는 겨울에는 진득하고, 여름에는 묽어질 수 있다. 그 점을 염두에 두고 소스를 완성한다.

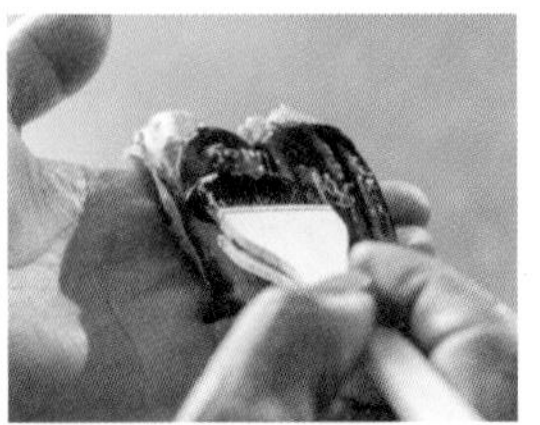

4
스시에 솔로 소스를 바른다. 모둠 스시의 경우에는 다른 날 생선 스시에 묻지 않도록 주의한다.

고급기술

데치면 색과 맛이 좋아진다

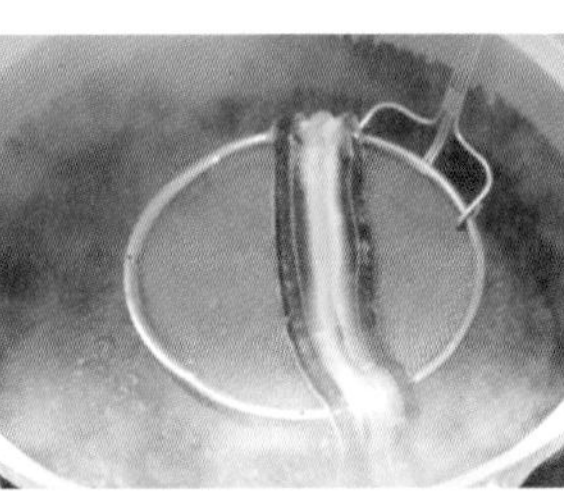

1
밑손질한 붕장어는 채에 올려 뜨거운 물에 살짝 넣었다 뺀다.

2
재빨리 건져 올려 얼음물에 넣어 식힌다. 이렇게 하면 색과 맛이 좋아진다.

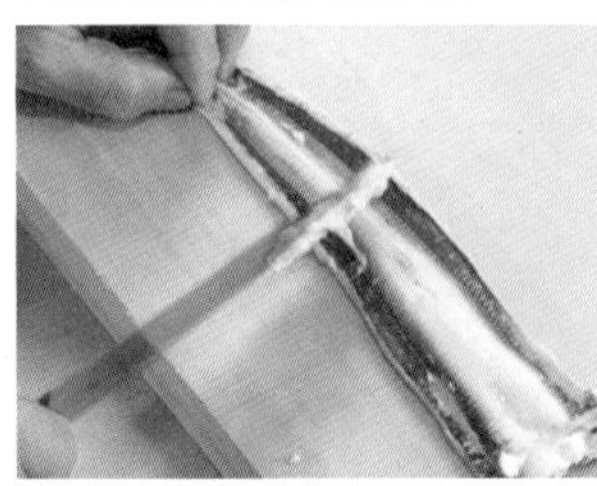

3
얼음물에서 꺼내 껍질을 위로 두고, 꼬리 쪽에서 머리 방향으로 긁어내듯 점액질을 제거한다.

썰기, 스시 쥐기

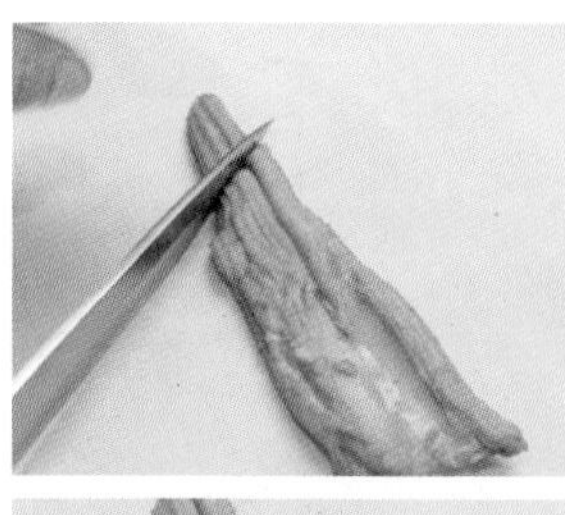

1
중간 크기의 붕장어를 사용할 경우의 가장 기본적인 썰기 기술이다. 우선 꼬리 끝을 잘라 깔끔하게 정리한다.

2
한가운데를 잘라 위쪽과 아래쪽 살로 나눈다. 약간 비스듬히 자르면 좋다.

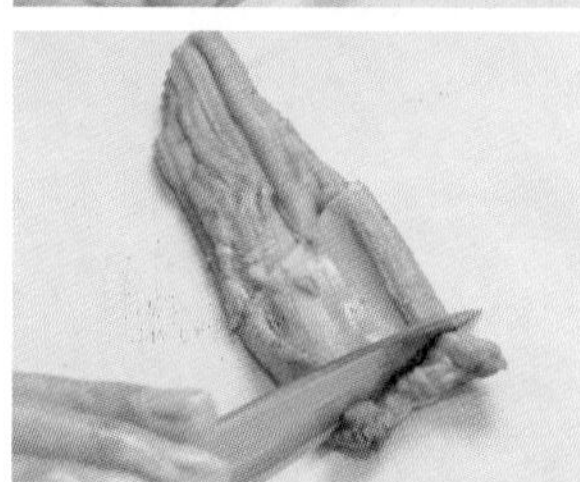

3
머리 쪽 가장자리 살도 잘라 깔끔하게 모양을 정리한다.

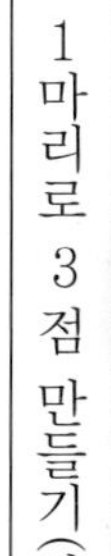

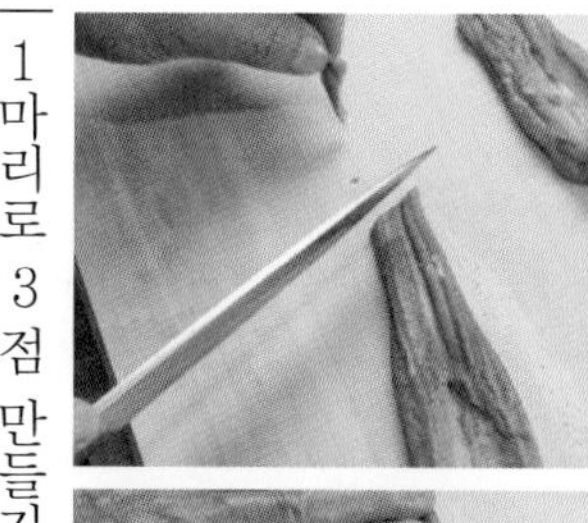

1
붕장어의 꼬리 끝을 잘라 깔끔하게 모양을 정리한다.

2
칼날을 비스듬히 놓고 살을 마름모꼴로 자른다. 스시 3점을 만들 수 있는 크기로 자른다.

붕장어 스시(1마리로 2점으로 만든 것)

위 부분의 살은 껍질을 위로, 아래쪽 살은 살을 위로 향하게 해서 스시를 만드는 것이 기본이다. 조림 소스를 발라 손님에게 제공한다.

붕장어 스시(1마리로 3점 만든 것)

1
붕장어가 클 때에는 껍질을 위로 두고, 우선 데자쿠 크기로 잘라 나눈다.

2
살의 폭이 넓은 경우에는, 껍질 쪽을 아래로 두고 세로로 잘라 3점으로 나눈다.

큰 붕장어 스시
(반 마리로 3점 만든 것)

붕장어 손질법과 여러 가지 스시

메솟코 조림

새끼 붕장어인 메솟코를 찌는 독특한 '사와니' 기법이다. 조림 국물은 설탕과 소금, 연한 간장만으로 붕장어에 색을 입히지 않고 하얗게 데친다. 노시즈쿠리 스시로 만들어, 니쓰메 소스와 니키리 소스를 발라 제공한다.

■ 메솟코 조림 재료

메솟코	4kg
백설탕	600~800g
청주	1되
연한 간장	400ml

등을 갈라 펼쳐, 하얗게 데친다

1
송곳으로 고정하고, 등을 가른다. 내장과 가운데뼈를 제거하고 검붉은 살을 칼로 긁어낸다.

2
머리를 잘라내고, 등지느러미와 배지느러미는 붙인 채로 둔다.

3
밑손질이 끝났으면 담수로 씻어 점액질을 제거한다. 껍질이 위로 오게 펴서 물기를 뺀다.

4
데침용 국물을 만들고, 끓기 시작하면 메솟코의 살을 아래로 조심히 집어넣는다.

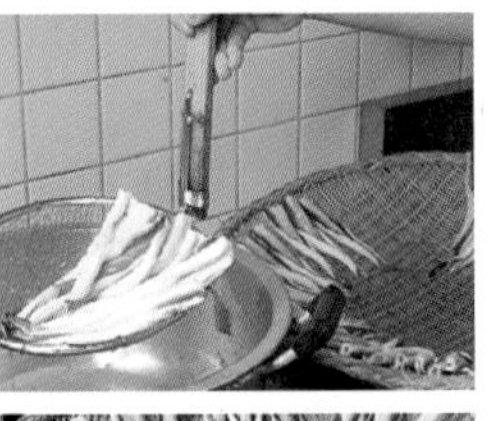

5
끓는 물에 메솟코 4kg을 4번 정도로 나눠 넣고, 마지막으로 뚜껑을 덮는다.

6
처음엔 살을 익히다가, 중간에 껍질을 아래로 두고 강불에 익힌다.

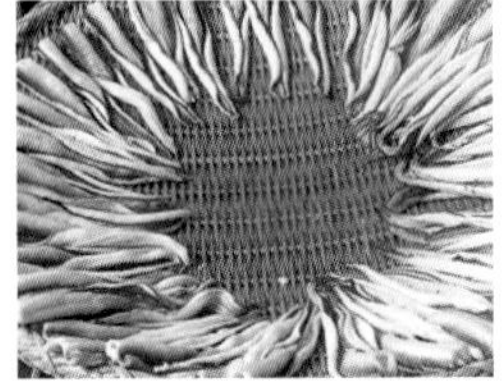

7
살과 껍질이 뜨거워질 때까지 삶은 뒤, 껍질을 아래로 해서 채반에 건져 늘어놓는다.

■ 도쿄 도 아사쿠사 「벤텐야마미야코즈시」

노시즈쿠리 스시에 니쓰메 소스를 바른다

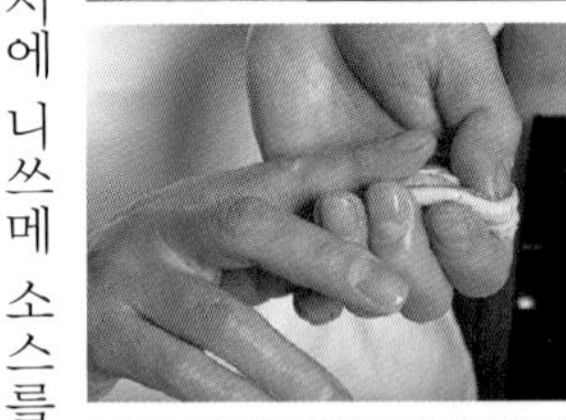

1
메솟코는 1마리를 통째로 스시로 만든다. 우선 껍질을 아래로, 머리는 새끼손가락 쪽으로 두고 쥔다.

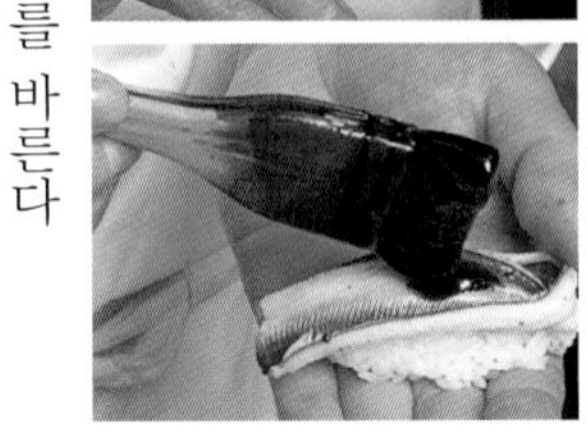

2
꼬리를 몸쪽으로 접어, 노시즈쿠리 모양을 만든다.

3
니쓰메 소스를 바른다. 니쓰메 소스는 붕장어 데친 물과 오징어 데친 물을 섞어 만든 특제 소스다.

메솟코 스시
(니쓰메 소스 바른 것)

살짝 구워 니키리 소스를 바른다

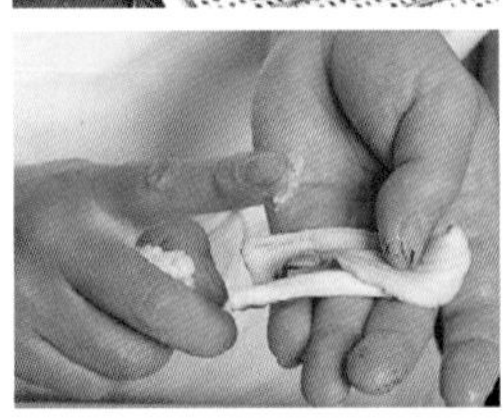

1
붕장어를 철망 위에 올리고 불을 켠다. 살과 껍질 양면에 불맛이 배이도록 살짝 굽는다.

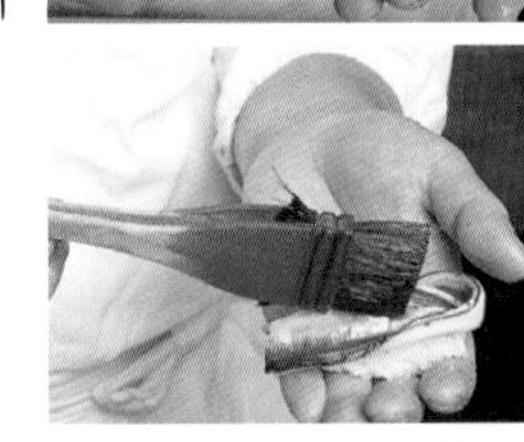

2
살짝 구운 붕장어를 노시즈쿠리 모양으로 만든다.

3
손님의 기호에 맞춰 고추냉이를 바르고, 마지막에 조림 국물 맛을 살린 니키리 소스를 발라 제공한다.

메솟코 스시
(니키리 소스 바른 것)

데친 붕장어 절임

■ 도쿄 도 야나카「스시 노이케」

전통적인 붕장어 절이기 기술로 유명한 '붕장어 즈시'다. 붕장어를 데친 뒤 그대로 데친 물을 활용한 절임용 소스에 담가 맛이 푹 배이게 하고, 그다음 냉장고에 재워 살을 단단하게 만든다. 손님에게 낼 때는 살짝 구워서 제공한다.

스시 명인이 만든 붕장어 스시

■붕장어 절임 소스 재료

물, 연한 간장, 미림, 청주, 설탕

붕장어를 삶은 뒤 절인다

1
살을 펼친 붕장어는 흐르는 물에 더러운 이물질과 점액질을 씻고, 껍질을 바깥으로 채반에 올려 물기를 뺀다.

2
냄비의 물이 끓어오르기 시작하면, 껍질을 위로 해서 붕장어를 넣는다.

3
뚜껑을 덮는다. 도중에 붕장어끼리 달라붙지 않도록 저어준다.

4
다시 끓어오르면 약불로 줄이고, 20분 정도 졸인다. 불을 끄고, 그대로 절임용 소스에 2시간 정도 담가둔다.

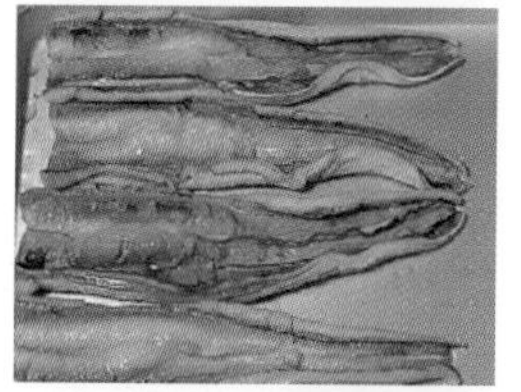

5
맛이 배이면 붕장어를 꺼내 트레이 위에 올려 랩으로 싼다.

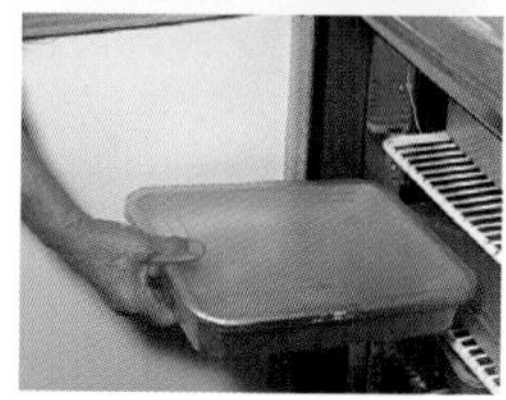

6
*5*를 냉장고에 넣고, 약 3시간 재워 살을 단단하게 만든다.

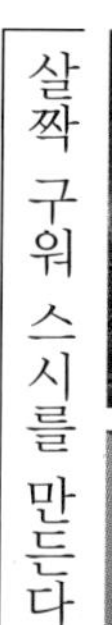

살짝 구워 스시를 만든다

1
1마리 당 3~4점으로 자른 붕장어를 망 위에 올려 망의 무늬가 자국으로 남을 정도로 강불에 굽는다.

2
구운 붕장어는 샤리에 올려 '혼테가에시'로 껍질이 잘 보이게 스시를 쥔다.

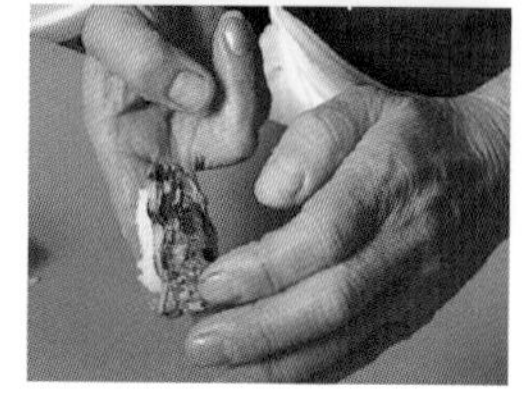

3
마지막으로 매일 졸여 만드는 진득한 니쓰메 소스를 발라 손님에게 제공한다.

니쓰메 소스 만드는 법

1
붕장어를 데친 뒤 남은 물에 간장과 설탕을 넣어 거품을 걷어내며 졸인다.

2
*1*에 매일 새로 붕장어를 데친 물을 섞어 끓인다. 소스를 부을 때 방울이 떨어지지 않을 정도로 진하게 졸인다.

여러 가지 붕장어 스시

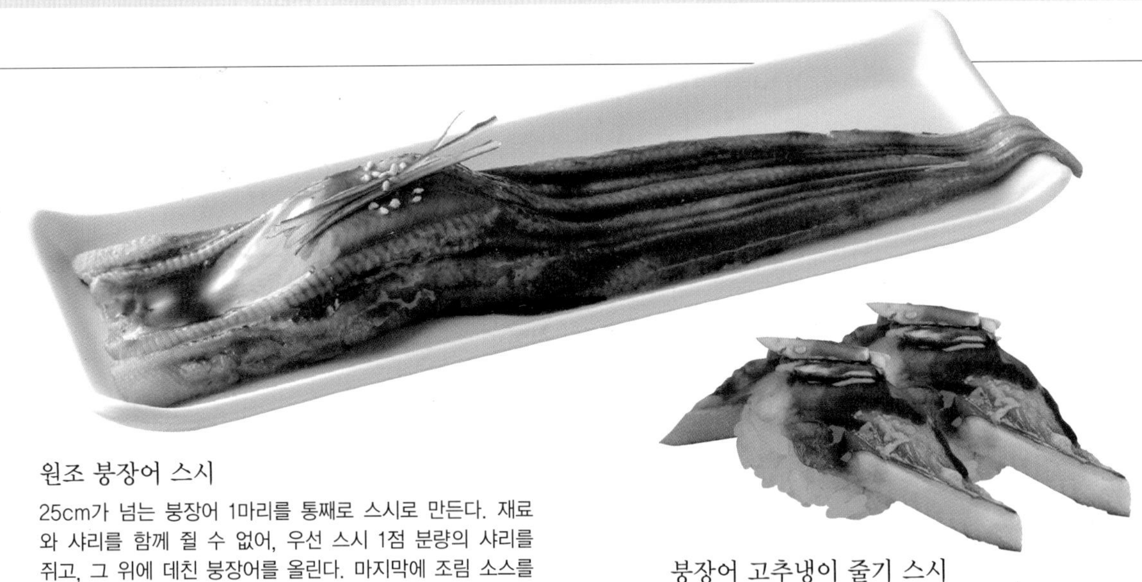

원조 붕장어 스시

25cm가 넘는 붕장어 1마리를 통째로 스시로 만든다. 재료와 샤리를 함께 쥘 수 없어, 우선 스시 1점 분량의 샤리를 쥐고, 그 위에 데친 붕장어를 올린다. 마지막에 조림 소스를 바르고, 얇게 채썬 오이와 흰깨를 고명으로 올린다. 호쾌한 모양으로 인기가 높다.

■ 도쿄 도 우메가오카 「우메가오카스시노미도리 총본점」

붕장어 고추냉이 줄기 스시

부드럽게 데친 붕장어를 재빨리 살짝 구운 뒤 고추냉이 줄기를 채썰어 스시 위에 올린다. 단맛을 죽인 조림 소스를 바르고 흰깨를 뿌려 손님에게 낸다.

■ 사이타마 현 미사토 시 「스에히로즈시」

붕장어 시라니 스시

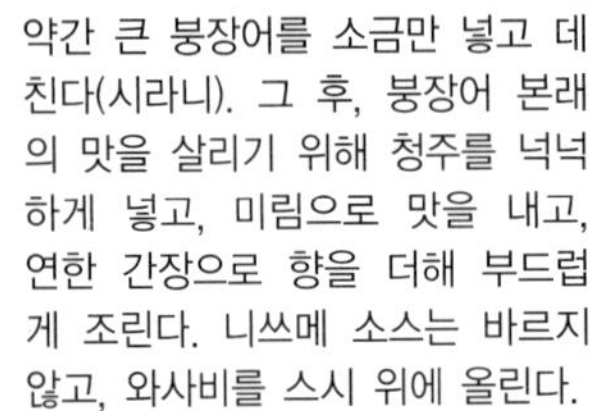

약간 큰 붕장어를 소금만 넣고 데친다(시라니). 그 후, 붕장어 본래의 맛을 살리기 위해 청주를 넉넉하게 넣고, 미림으로 맛을 내고, 연한 간장으로 향을 더해 부드럽게 조린다. 니쓰메 소스는 바르지 않고, 와사비를 스시 위에 올린다.

■ 이시카와 현 가나자와 시 「스시캇포 아오이스시」

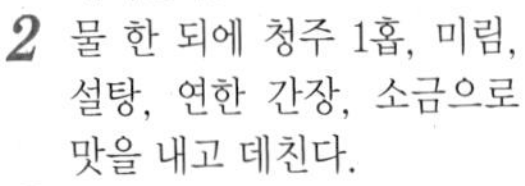

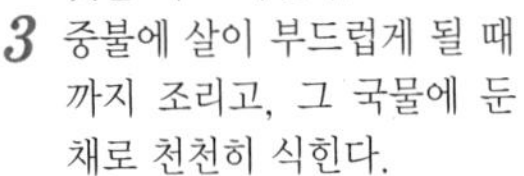

1. 붕장어는 소금으로 주물러 씻은 뒤 물에 씻어 점액질을 제거한다.
2. 물 한 되에 청주 1홉, 미림, 설탕, 연한 간장, 소금으로 맛을 내고 데친다.
3. 중불에 살이 부드럽게 될 때까지 조리고, 그 국물에 둔 채로 천천히 식힌다.

붕장어 스시(마루즈케)

손님들이 붕장어를 충분히 맛볼 수 있도록 1마리를 통째로 스시로 만들었다. 주문을 받을 때마다 붕장어를 재빨리 구워, 샤리를 감싸듯이 붕장어를 접고, 조림 소스를 바른다.

■ 효고 현 아마가사키 시 「시야스」

껍질이 보이도록 샤리를 안에 넣고 반으로 접는다.

데친 붕장어 스시

재료에서 난 조림 국물로 만든 도모즈메 소스를 사용했다. 조림 국물에 붕장어를 넣어 졸이고, 조림 국물에 살짝 절인 다음 채반에 올린다. 도모즈메 소스를 스시에 발라 제공한다.

■ 도쿄 도 시로카네다이 「스시타쿠미 오카베」

붕장어 소금 스시

붕장어를 데친 물을 계속 더해가며 만든 특유의 국물로 낸 깊은 맛이 특징이다. 소금과 영귤을 곁들인다.

■ 도쿄 롯폰기 「롯폰기 나카히사」

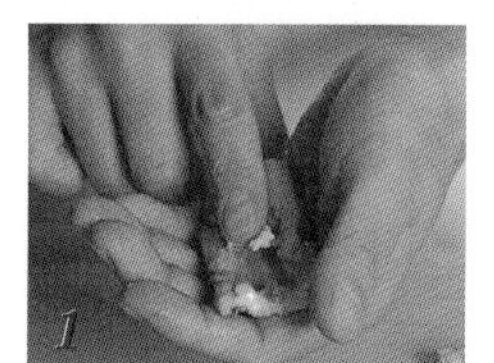

1 붕장어를 손에 올리고, 살 위에 고추냉이를 바르고 스시를 쥔다.

2 굵은소금을 뿌리고, 마지막에 영귤을 짜 상큼한 맛을 연출한다.

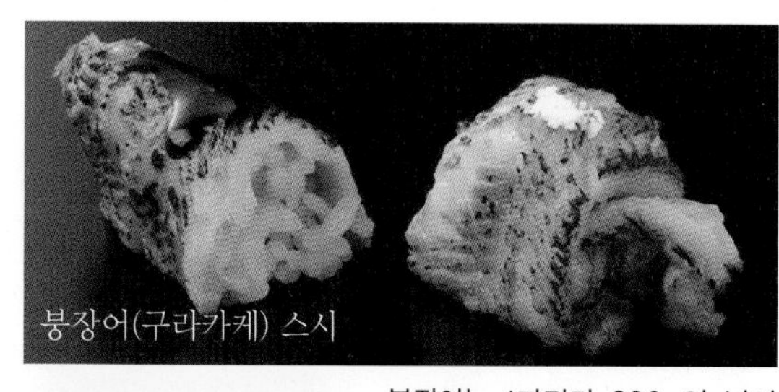

붕장어(구라카케) 스시

붕장어는 지방이 오른 정도를 보고 비법 국물에 20~30분 끓인다.

붕장어는 1마리가 200g이 넘지 않는 것을 사용한다. 1마리로 2~3점을 만들 수 있는데, 말안장 모양으로 밥 위에 둥글게 얹어 스시를 만든다(구라카케). 스시 한 점을 반으로 잘라, 조림 소스와 소금, 두 가지 맛을 즐길 수 있도록 한다.

■ 도쿄 도 긴자 「스시 오지마」

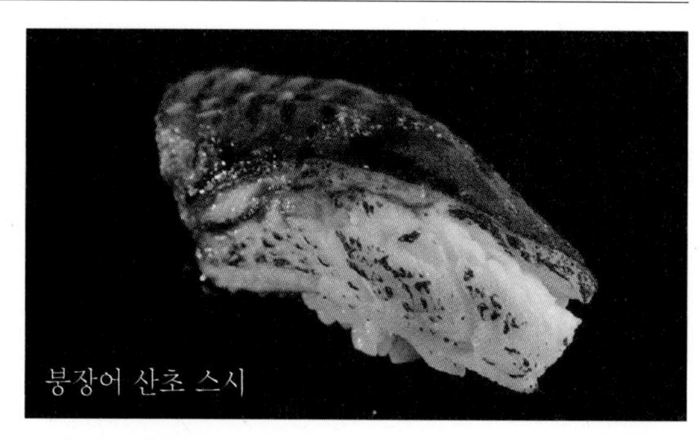

붕장어 산초 스시

붕장어는 껍질이 밖으로 오게 스시를 만든다. 조림 소스를 바르고, 마지막에 산초 가루를 뿌려 손님에게 낸다. 산초 가루 대신 유자를 갈아 올려도 된다.

■ 홋카이도 오타루 시 「이세스시」

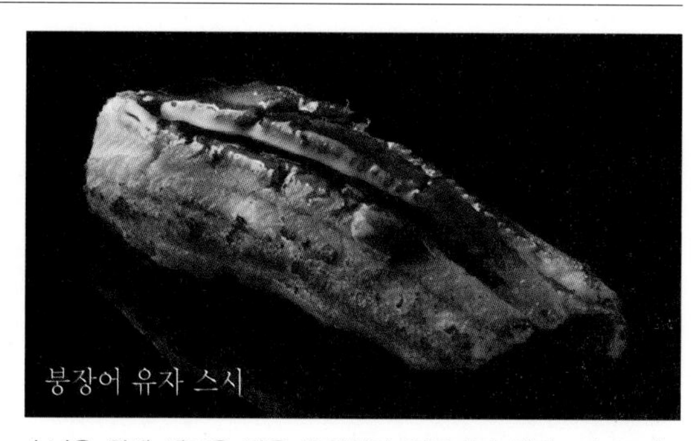

붕장어 유자 스시

손님을 위해 새로운 맛을 끊임없이 연구해야 한다. 이 스시는 샤리에 유자를 갈아 바르고, 불에 구운 붕장어 조림을 올려 만들었다. 상큼한 유자 향이 특징이다.

■ 도쿄 도 긴자 「나카타」

데친 붕장어 스시

갯장어처럼 붕장어 살을 펴 뼈를 빼고 데쳐서 만든 다소 독특한 스시다. 깔끔하면서도 감칠맛이 매력적이다. 매실 엑기스와 단식초에 절인 식용 꽃을 스시 위에 올렸다.

■ 도쿄 도 아라카와 「스시도코로 에도쇼」

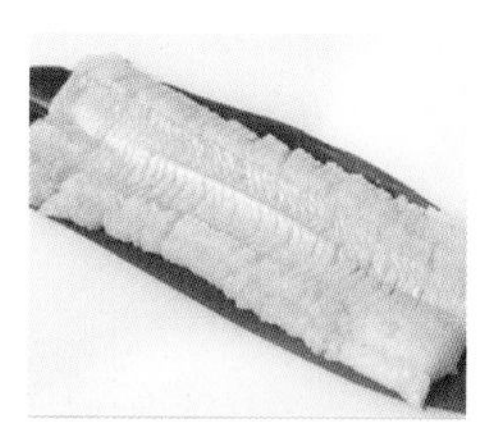

1 점액질을 제거한 붕장어의 살을 펼쳐 뼈를 잘게 자른다.

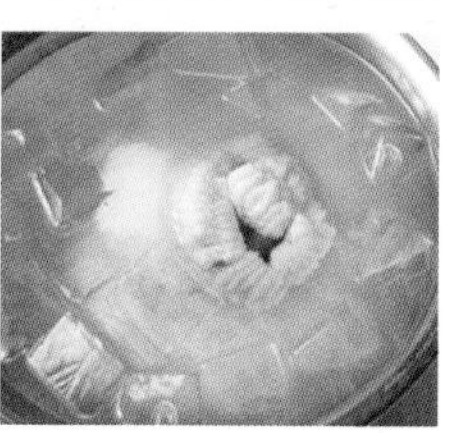

2 살짝 데친 다음 얼음물에 담근다. 이때 익힌 정도가 맛을 결정하므로 잘 살펴야 한다.

문어 [다코/蛸, 章魚]

분류 : 문어목 문어과 문어속
영어명 : octopus

기초 지식

문어의 종류와 제철

문어는 일본인들이 가장 좋아하는 식재료다. 전 세계적으로 따지면 문어를 먹지 않는 나라도 많은데, 스페인이나 이탈리아, 그리스 등 일본을 포함해 문어를 먹는 나라는 적다. 많은 나라에서 문어를 '데빌 피시(악마의 물고기)'라고 부르며, 흉측한 생김새 때문에 경원시하고 있다.

식용하는 문어 종류는 참문어(마다코), 대문어(미즈다코), 낙지(데나가다코), 주꾸미(이다코) 등이 있다. 스시 재료로 쓰이는 것은 주로 참문어다.

문어철은 12~2월까지다. 그러나 산지에 따라서는 여름철 문어도 맛이 좋아 봄 가을에도 어획한다. 산지를 잘 고르면 일 년 내내 맛의 차이가 적다.

어획법과 산지

문어는 주로 통발이나 항아리를 이용해 어획을 한다. 예로부터 행해져 온 방법으로, 구멍 안에 몸을 숨기는 습성을 이용한 것이다. 문어에 상처가 나지 않아 지금까지도 이 방법을 널리 사용한다. 통발의 아가리에는 작은 발이 달려 있어 한 번 들어가면 빠져나갈 수 없다.

생 문어 외에도 산지에서 삶은 문어도 많이 출하된다.

홋카이도나 혼슈, 시코쿠 연안에서 잡히지만, 산리쿠 지방이나 지바의 도미우라, 가나가와의 구리하마, 사지마, 아이치 현의 히마카 섬, 시노지마 섬, 세토 내해의 아카시, 시모쓰이, 도아쓰, 야나이 등이 유명하다.

예쁘게 삶는 기술

소비량은 많지만, 일본산 문어의 어획량은 감소하고 있다. 모로코나 모리타니 등 아프리카의 많은 나라에서 들여온 수입 문어의 수도 점차 늘어남에 따라 의존하고 있는 실정이다.

삶은 문어를 보다 맛있게 만들기 위해 '벚꽃색으로 데치기(사쿠라니)' 기술을 개발해 유명해진 가게도 있다. 부드럽고 풍미가 좋은 사쿠라니 방법은 전통 기술 가운데 하나로 널리 알려져 있다.

삶는 기술도 엽차나 팥 등을 넣어 색과 향을 더해 삶는 등 자신만의 요령을 연구해야 한다.

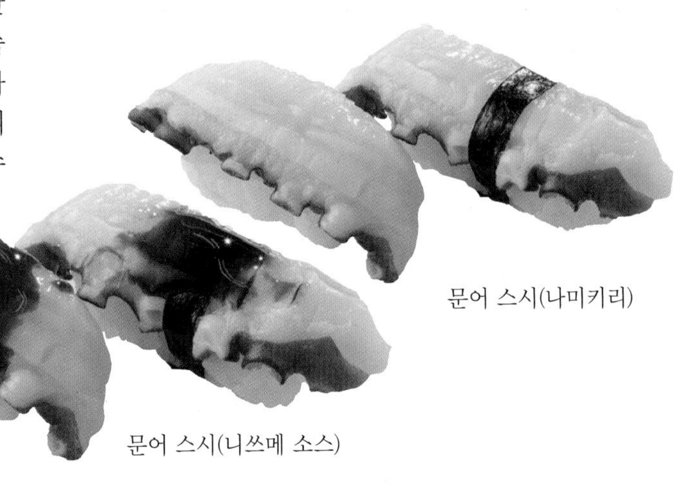

문어 스시(나미키리)

문어 스시(니쓰메 소스)

문어 손질하기

문어는 미리 삶은 것을 매입하는 경우도 있지만, 이 책에서는 생 문어를 손질하는 법을 소개한다.

문어 손질에서 가장 중요한 것은 밑손질이다. 소금을 듬뿍 뿌려 문질러 점액질이나 오물을 제거한다. 삶을 때에는 찻잎이나 식초, 간장 등을 넣어 변색을 방지해 스시로 만들었을 때 예쁜 색이 나오도록 한다. 원래 문어는 니쓰메 소스를 바르는 것이 일반적이지만, 손님의 취향에 따라 니쓰메 소스를 바르지 않고 고추냉이만 바르는 경우도 많다.

손질 순서

머리 처리 ▼ 소금으로 닦기 ▼ 삶기 ▼ 썰기

머리 처리

눈과 입을 제거하고 씻는다

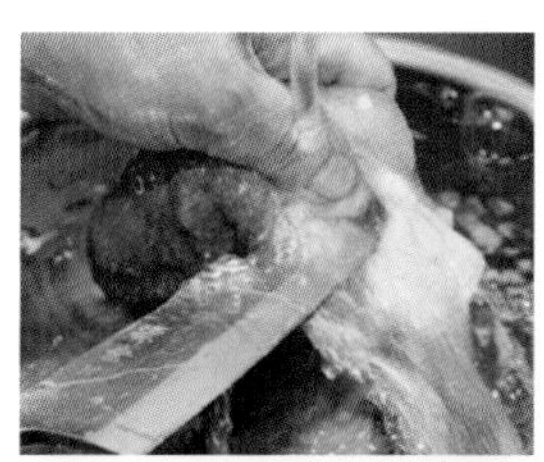

1 흐르는 물에 씻은 뒤 머리 안에 있는 내장과 먹물 주머니의 연결 부분을 칼로 잘라 분리한다.

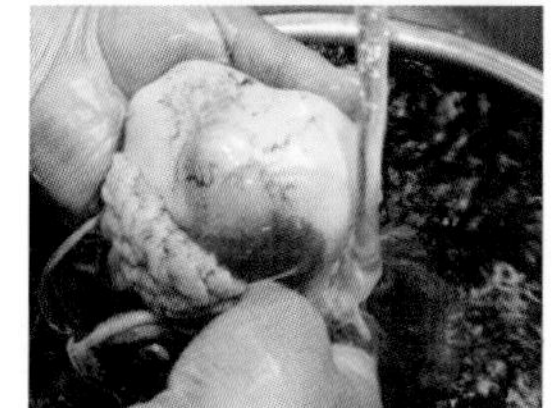

2 머리 안에 손을 넣어 뒤집는다.

3 먹물 주머니가 터지지 않게 주의하며 떼어낸다.

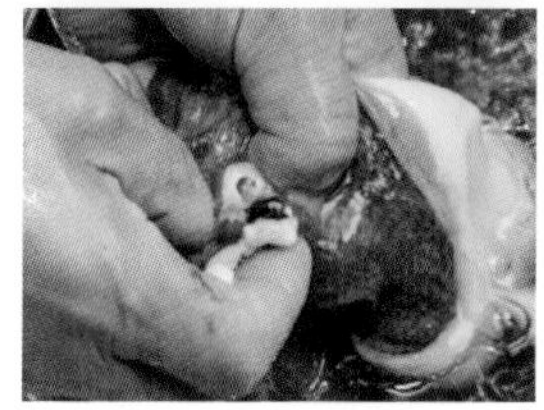

4 눈과 입을 손으로 눌러 제거한다.

포인트

- 문어를 손질할 때는 머리 처리가 중요하다. 머리 안에 내장이나 먹물 주머니 등이 들어 있는 데다, 눈이나 입도 머리 안쪽을 뒤집어 완전히 제거해야 한다.
- 문어의 점액질은 소금으로 문질러 씻어낸다. 표면의 미끌미끌한 점액질은 사실 단백질이다. 단백질은 소금이 닿으면 굳는 성질이 있다. 소금으로 문지르면 점액질이 응고하는데, 이것을 물로 씻어낸다. 소금을 넉넉하게 넣고 거품이 일 정도로 박박 문지른다. 밑손질에 정성을 들여야 삶았을 때 깨끗하다.

소금으로 닦기

소금으로 닦아 점액질을 제거한다

1 소금을 충분히 바르고, 머리부터 다리까지 양손으로 꼼꼼하게 문질러 닦는다.

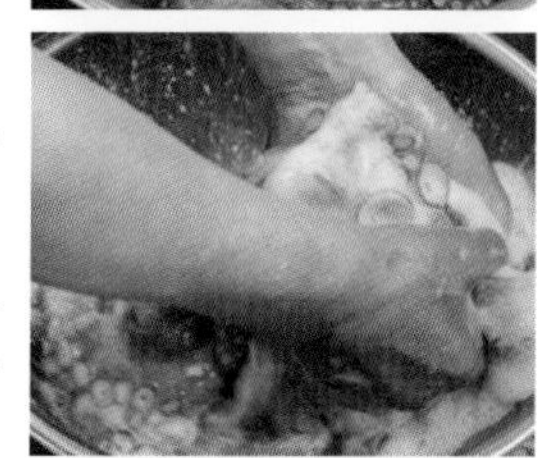

2 거품이 일 정도로 구석구석 소금을 문지른다. 거품과 함께 오물과 점액질이 떠오른다.

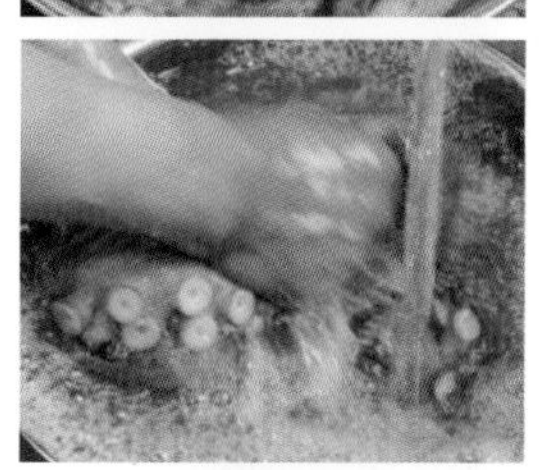

3 볼에 물을 받고, 문어를 흐르는 물에 여러 차례 씻어 내며 소금과 점액질을 깨끗하게 씻어낸다.

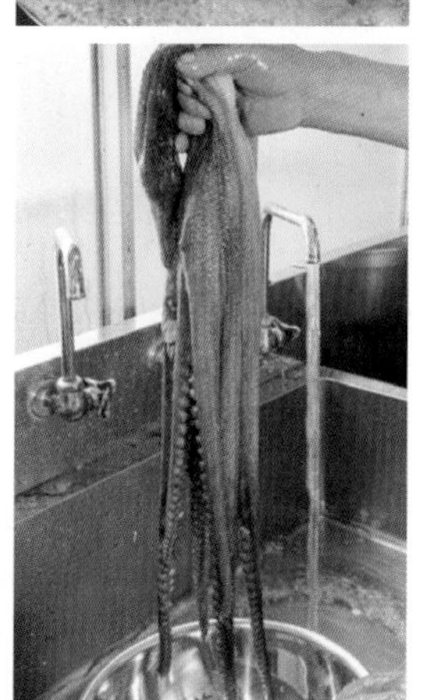

4 소금과 함께 오물과 점액질이 충분히 씻겨나간 상태다. 이러한 과정이 문어를 손질할 때 가장 중요한 포인트다.

삶기

조미액을 배합한다

1
큰 냄비에 뜨거운 물을 넣고 데우며, 녹차 가루를 체에 담아 잘 풀어준다.

2
그다음 소금을 3숟갈, 간장을 130~140ml 정도 넣는다.

3
식초 80~100ml를 더하고 끓인다.
※냄비 지름은 36cm

부드럽게 삶는다

4
물이 끓기 시작하면, 문어 머리를 잡고 다리부터 천천히 끓는 물에 넣는다. 이렇게 하면 다리 모양이 예쁘게 삶아진다.

5
끓는 물에 문어가 완전히 잠기도록 넣는다. 물이 적을 경우에는 뜨거운 물을 추가한다.

6
문어 다리에 꼬치를 찔러 넣었을 때 푹 들어가면 다 삶아진 것이다.

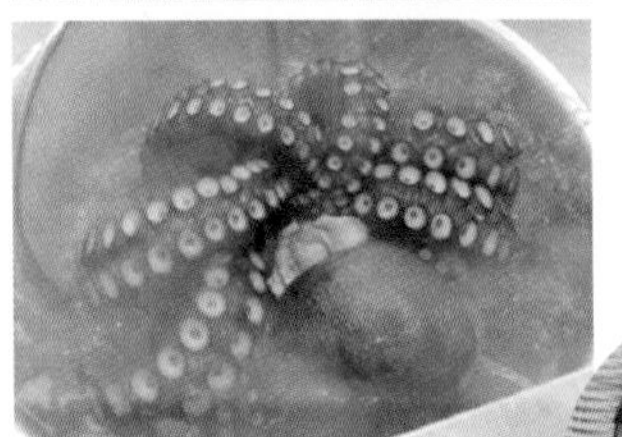

7
건져 올려 채반에 놓고 그대로 식힌다.

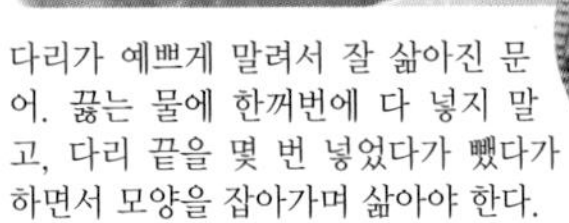

다리가 예쁘게 말려서 잘 삶아진 문어. 끓는 물에 한꺼번에 다 넣지 말고, 다리 끝을 몇 번 넣었다가 뺐다가 하면서 모양을 잡아가며 삶아야 한다.

썰기, 스시 쥐기

나미키리(파도썰기)한다

1
다리를 하나씩 분리한다. 다리 밑동에서 자른다.

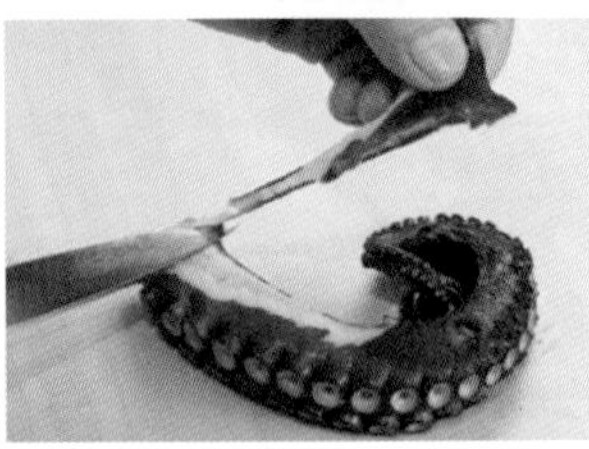

2
다리의 두꺼운 부분부터 썬다. 끝 부분의 살이 너덜너덜한 부분을 정리한다.

3
먹기 편하게 칼을 위아래로 움직이며 나미키리(파도썰기)한다.

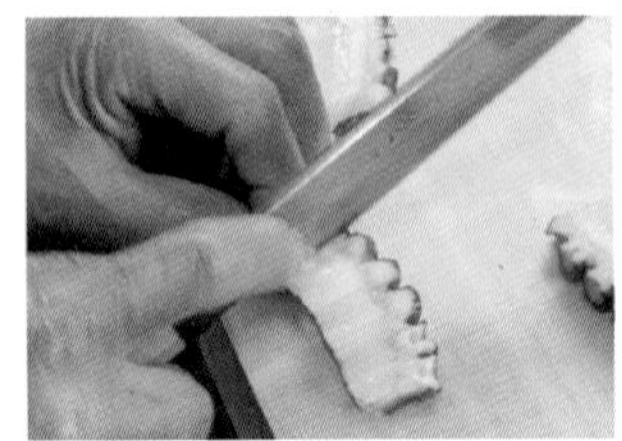

4
칼 턱으로 칼집을 낸 다음, 스시를 만들어 니쓰메 소스를 바른다. 손님의 취향에 따라 소스를 바르지 않을 때도 있다.

문어 스시(나미키리)

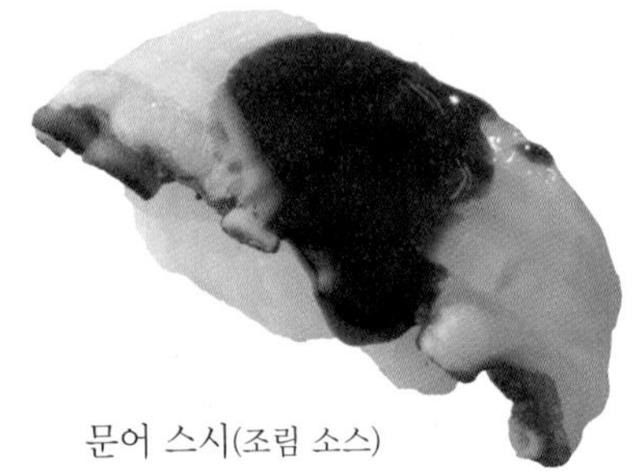

문어 스시(조림 소스)

문어 손질 기술과 여러 가지 스시

문어 삶은 요리

■ 도쿄 도 하마다야마 「이로하스시」

일식의 조리법을 도입해 삶는 방법이 높게 평가받고 있는 스시이다. 우선 생 문어를 소금으로 문질러 씻고, 물로 구석구석 헹군다. 조림용 국물에 무와 엽차를 넣고 부드럽게 졸여 적갈색으로 아름답게 익힌다.

■ 문어 조림 국물 재료

물, 청주, 미림, 간장, 무, 엽차

문어 스시(자숙 문어)

소금으로 문질러 닦는다

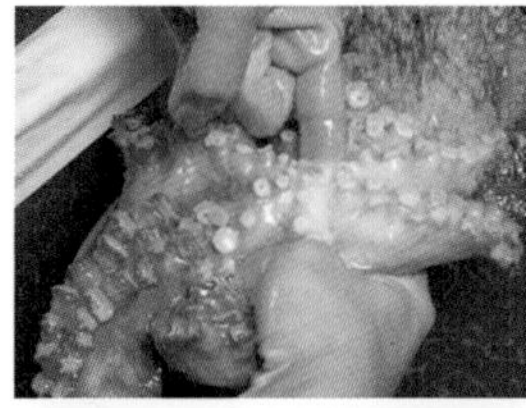

1
신선한 생 문어에 소금을 듬뿍 뿌리고, 머리부터 다리 끝까지 문질러가며 깨끗하게 씻는다.

2
머리를 뒤집어 먹물 주머니와 내장, 눈, 입을 손으로 뽑아 제거한다. 한 번 더 소금을 뿌려 닦은 다음 더러운 부분을 씻는다.

무와 엽차를 넣고 삶는다

3
냄비에 물을 충분히 담고, 반달썰기 한 무를 넣고 불을 올린다.

4
무가 익으면, 엽차를 거름망에 넣고 걸러가면서 물을 끓인다.

5
냄비에 청주, 미림, 진간장을 순서대로 넣고, 조림 국물을 조미한다.

6
문어의 머리를 잡고 다리 끝부터 조금씩 끓는 물에 넣는다.

7
문어가 움직이지 않도록 뚜껑을 덮고, 물이 끓어오르면 중불로 줄인다.

8
꼬치를 찔러 넣었을 때 쑥 들어가면, 채반에 건져 식힌다.

문어 스시(사쿠라니)

녹차 가루를 넣은 초벌 데침용 국물에 2시간 조린 다음, 본격적으로 맛을 낸 조림 국물로 벚꽃색을 낸다.

■ 도쿄 도 긴자 「나카타」

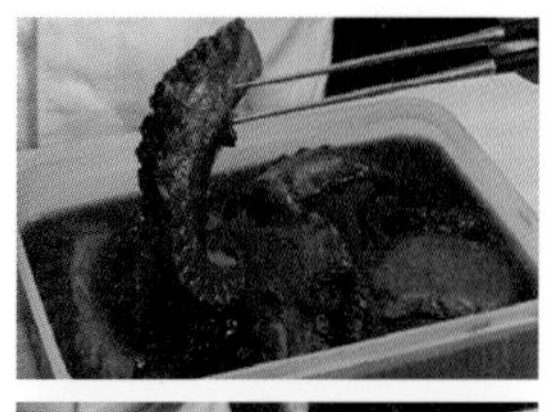

1
벚꽃색으로 부드럽게 삶아진 문어는 주문이 들어오면 썬다.

2
잔물결 무늬가 나오도록 나미키리해서 스시를 만든다.

삶은 백합 조개 [니하마구리 / 煮蛤]

분류 : 백합목 백합과 백합속
영어명 : clam

기초 지식

이름의 유래와 먹는 때

백합은 쌍패류를 대표하는 조개로, '조개의 왕'이라 불린다. 이름의 유래는 여러 가지 설이 있다. 바다(하마)에서 나는 밤(구리), 바다에서 나는 조약돌(구리)라는 의미에서 왔다는 설 등이 있다.

일본인들의 식생활에서 백합의 존재는 특별하고 그 역사도 길다.

헤이안 시대(8세기 말~12세기 말)의 놀이 가운데 '조개 패 맞추기(가이아와세)'란 것이 있는데, 자신이 가진 백합 껍데기의 짝을 찾는 귀족들의 유흥이었다. 또한 백합은 부부의 화합을 기원하는 상징으로, 결혼식이나 경축연 자리에서 반드시 먹었다고 한다. 여자 아이의 행복을 빌던 명절 '히나마쓰리'에도 백합을 넣은 된장국이나 지라시스시를 먹으며 축하한다.

백합의 종류와 특징

백합은 일본 각지의 연안에 서식하고 있지만, 수질 오염이나 기후 변화로 인해 급감했다.

요즘에는 도키와 지방 이남의 지바, 세토 내해, 규슈(오이타, 구마모토) 등지에서 잡히고는 있지만, 그 양이 극히 적다.

먼 바다에서 나는 '초센하마구리', 중국이나 한국에서 수입되는 '시나하마구리'가 거의 대부분인 실정이다.

백합은 종류마다 껍데기에 각기 특징이 있다. 전체의 색은 하얀색에서 갈색, 검은 줄이 들어간 것까지 다양해 눈으로 구분하는 것은 힘들다.

가고시마 산 '초센하마구리'는 한국산이란 뜻이 아니고, 먼 바다에서 잡았다는 뜻이다. 가고시마 산 백합의 맛은 일본 본토에서 난 백합과 견주어 뒤지지 않는다.

전통의 맛을 지닌 삶은 백합 스시

백합은 10월부터 초봄인 3월까지가 제철이다. 일본 산 백합을 사용한 백합 조림 스시는 스시를 잘 아는 사람들에게는 더할 나위 없는 맛이라 칭송받는다.

삶은 백합 스시의 포인트는 당연하게도 삶는 법이다. 너무 삶으면 살이 딱딱해지고 맛도 떨어진다. 삶는 시간도 맛을 좌우한다. 살이 통통한 백합 본래의 감칠맛이 느껴지도록 전통 기술을 계속 전승해 나가야 할 것이다.

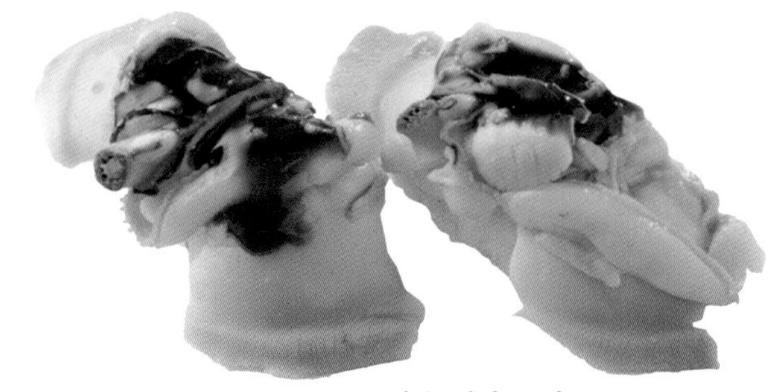

삶은 백합 스시

백합 조개 손질하기

겨울부터 봄까지 스시 재료로 빼놓을 수 없는 것이 바로 백합이다. 조개류는 삶으면 살이 딱딱해지기 쉬우므로 백합의 식감을 살리려면 불 조절이 관건이다. 삶은 뒤 조미액에 절이는 방법이 일반적으로 많이 쓰이지만, 살짝 데쳐 스시를 만든 후 니쓰메 소스를 바르는 방법도 있다. 백합을 손질할 때에는 조갯살을 젓가락에 꿰어 물 속에 흔들어 헹궈 씻어내는 특유의 방법을 쓴다. 재료가 상하지 않고 효율성을 겸비한 방법이다.

밑손질하기

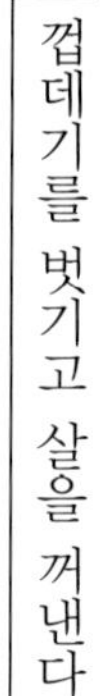

껍데기를 벗기고 살을 꺼낸다

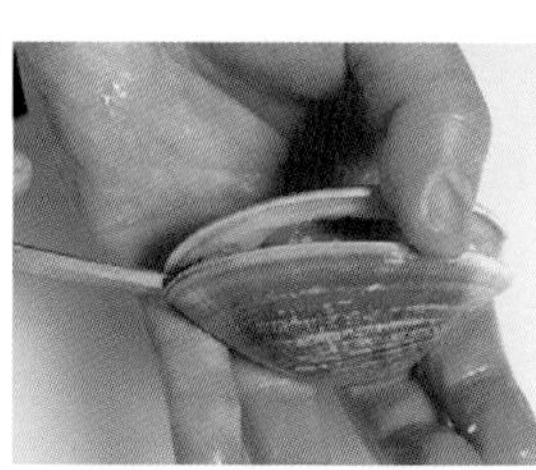

1
조개 경합 부분을 아래로 두고, 조개 손질용 칼을 넣어 관자를 자른다.

2
조개 손질용 칼을 비틀어 껍데기를 연다.

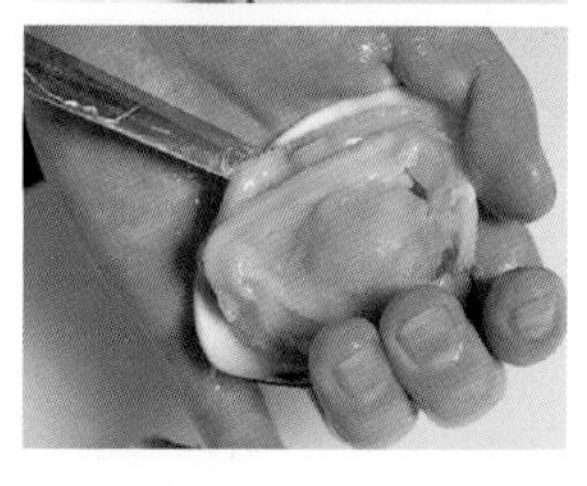

3
칼을 살 아래에 넣고, 다른 쪽 관자도 자른다. 껍데기에서 조갯살이 떨어진다.

조갯살을 헹군다

4
주둥이 부분의 구멍에 젓가락을 꿰어 넣는다.

5
물속에 젓가락을 빙글빙글 돌리며, 수관에 남아 있는 모래나 오물을 씻어낸다.

6
깨끗하게 씻은 뒤 물기를 뺀다.

삶기

삶아서 내장을 제거한다

1
냄비에 물을 끓이고, 조갯살을 넣는다.

2
살짝 데쳐 체에 건져 올린다. 이때 불 조절이 중요하다. 단시간에 부드럽게 데친다.

3
채반에 건져 올려 그대로 식힌다.

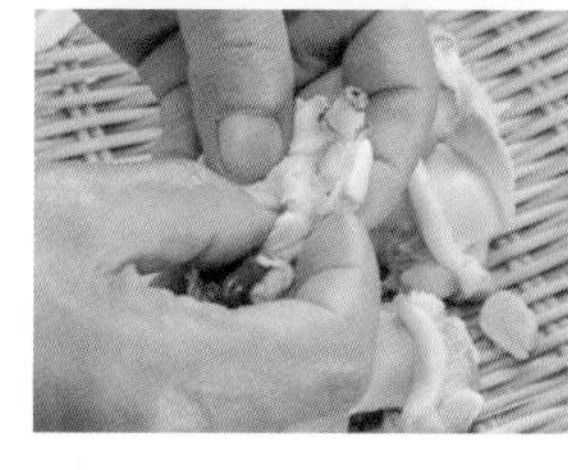

4
조갯살이 식으면 손으로 잡고 손가락으로 밀어 내장을 빼낸다.

썰기

1
조갯살의 두꺼운 부분에 칼을 넣는다. 펄럭거리는 외투막이 잘리지 않도록 주의한다.

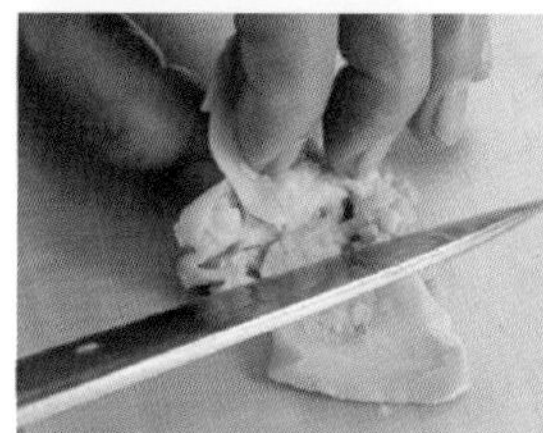

2
살을 갈라 펼치고, 내장이 남아 있으면 제거한다.

손질이 끝난 백합 조갯살을 겹쳐서 쌓아두고, 마르지 않도록 보관한다.

삶은 백합 조개 스시

삶은 백합 조개 절임 스시

■ 도쿄 도 긴자 : 스시코 본점

삶은 백합을 다시 절이는 전통적인 방식의 스시 기법이다. 살짝 데친 백합을 재빨리 부채로 부쳐가며 뜨거운 열을 빨리 식힌다. 이 백합을 하룻밤 푹 절인 뒤 스시를 만든다.

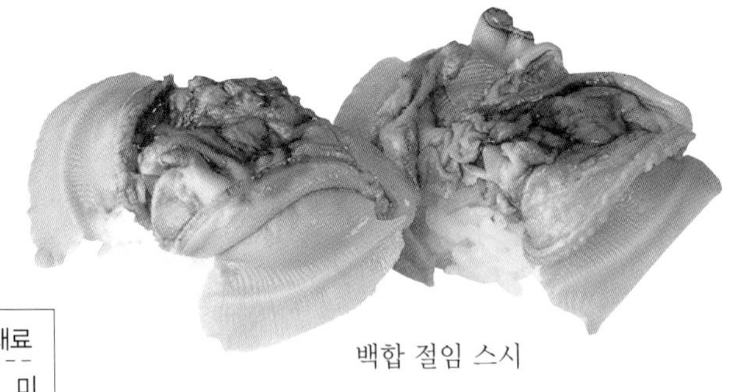

백합 절임 스시

■ 백합 절임용 소스 재료

백합을 삶은 물, 청주, 미림, 간장, 설탕

재빨리 데친다

1
조갯살을 분리하고 수관 구멍에 젓가락을 꿴다.

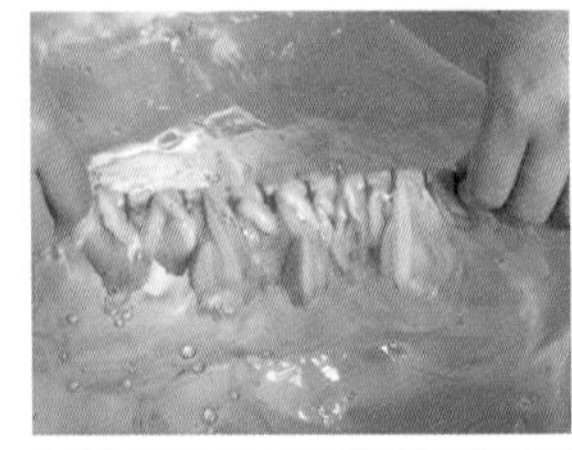

2
물을 받아 놓은 볼 속에 조갯살을 담가, 살살 흔들어가며 모래를 뺀다.

3
모래를 뺀 조갯살을 채반에 늘어놓고 젓가락을 뺀다.

4
끓는 물에 조갯살을 넣고, 거품이 생기면 조심히 떠낸다. 하나하나 건져내 채반에 올린다.

5
곧바로 부채질한다. 조갯살 속까지 익지 않도록 주의한다.

절임용 소스에 재워두고 스시를 만든다

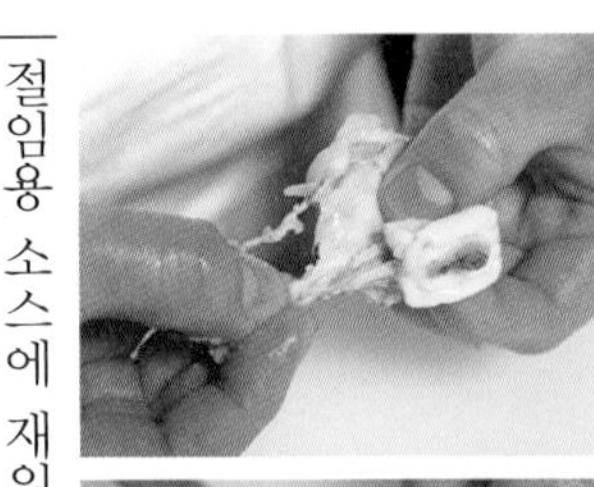

6
내장 부분을 손가락으로 잡고 떼어낸다.

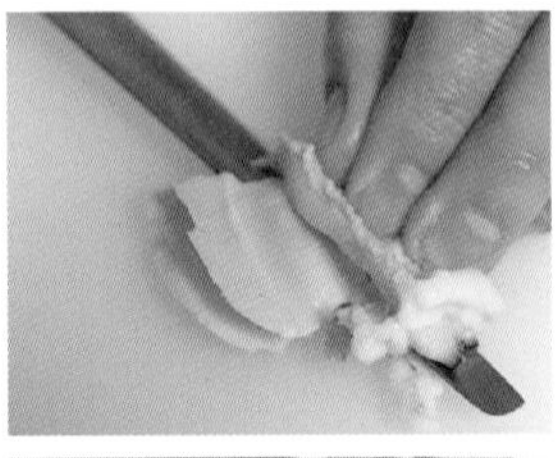

7
조갯살 바깥쪽 펄럭거리는 외투막에 칼을 넣고 살을 갈라 펼친다. 남은 내장이 있으면 제거한다.

8
펼친 조갯살을 용기에 차곡차곡 넣은 뒤, 절임용 소스를 채운다. 조갯살과 소스는 완전히 식은 다음에 넣는 것이 포인트다.

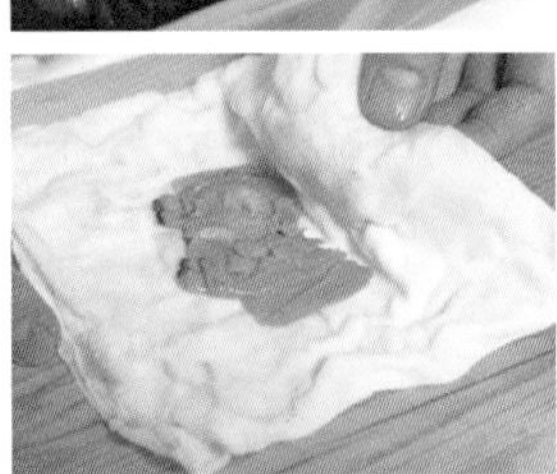

9
하룻밤 절인 뒤 맛이 밴 조갯살은 면보로 꼼꼼히 소스를 닦아내고 스시를 만든다.

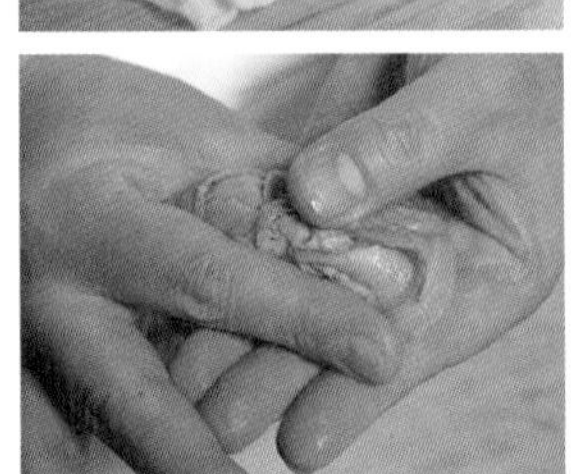

10
물이 나오지 않도록 주의해서 살살 쥐어가며 스시를 만든다. 조림 소스를 발라 손님에게 제공한다.

갯가재 [샤코/ 蝦蛄]

분류 : 구각목 갯가잿과 갯가재속
영어명 : mantis shrimp

기초 지식

새우, 게와 전혀 다른 종

갯가재는 다소 흉측한 모양을 하고 있다. 연회색 몸은 납작하고, 머리보다 꼬리가 더 크다. 갑각류에 속하지만 새우나 게와는 별개의 종이다.

갯가재는 학명 그대로 부르는 것이 일반적이지만 '샤코에비'나 '가사에비'라고 부르기도 한다. 외양이 새우를 연상시키기 때문이다.

한자로 쓸 때에는 일본어 발음을 따라 '車子' 라고 쓸 때도 있다. 갯가재를 '가라지(garage)' 라고 말장난을 섞어 부르는 경우가 있는데, '차고(車庫)' 라는 일본어 단어의 발음(샤코)이 갯가재와 같기 때문이다.

알을 밴 가쓰부시와 포각의 맛

갯가재는 반드시 살아 있는 상태로 삶아야 한다. 소금을 넣어 삶아 껍질을 벗기고, 손질에 꽤나 수고를 들여야 한다. 그 때문에 산지에서 살을 바르고 삶아서 가공해 상자에 깔끔하게 담은 것이 유통되고 있다.

가나가와의 고야스, 미카와 완의 미야, 잇시키, 세토 내해의 히나세 등의 산지가 유명하다.

옛날에는 도쿄 만에서 많이 잡혀 가공업자들도 많았다고 하지만, 요즘에는 어획량이 감소해 수입산도 많고, 일본 국내산은 값이 올랐다.

제철은 초여름부터 여름 한철이다. 특히 '가쓰부시' 라고 불리는 알이 밴 갯가재는 그 맛이 일품이다. 오렌지색 알이 가쓰오부시와도 닮아서, 갯가재 암컷의 살보다 두껍고 맛도 진하다. 초여름에만 맛볼 수 있는 아는 사람만 아는 스시 재료다.

또한 먹이를 잡을 때 쓰는 뒷다리, 포각의 살을 발라낸 '쓰메'는 감칠맛이 훌륭한 진미로 평가받는다. 그러나 1마리에 2개밖에 나오지 않아 환상의 재료로 취급받는다.

갯가재 스시(니쓰메 소스)

갯가재 스시

갯가재 손질하기

■ 이시카와 현 가나자와 시「시도코로 아오이스시」

갯가재 살은 굉장히 손질하기 까다로워, 반드시 살아 있는 상태로 손질해야 한다. 청주와 소금을 넣은 물에 적당히 삶은 다음 껍질을 벗기는데, 이때 자칫하면 살이 으스러지거나 부서져 스시로 만들 수 없게 된다. 삶은 뒤에도 살이 마르면, 살이 바스라져 보관할 때에도 주의해야 한다. 껍질을 벗기는 작업이 힘들어, 산지에서 미리 삶아 껍질을 벗긴 갯가재 '무키'도 유통되고 있다.

손질 순서
삶기 ▶ 껍질 벗기기 ▶ 썰기

삶기

통째로 삶는다

1
끓는 물에 소금과 청주를 적당량 넣고, 살아 있는 갯가재를 통째로 삶는다.

2
거품을 걷어내가며 약 2~3분 삶는다. 알을 밴 갯가재는 그보다 좀 더 오래 삶는다.

3
잘 삶아졌으면 체를 사용해 건져 올린다.

4
채반에 올려 열을 식힌다. 너무 식으면 껍질을 벗기기 힘드므로 적당히 식힌다.

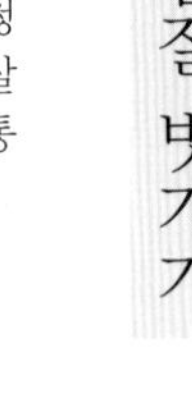

껍질 벗기기

조심스레 껍질을 벗긴다

1
적당히 열기가 남아 있을 때 갯가재의 머리를 잘라낸다.

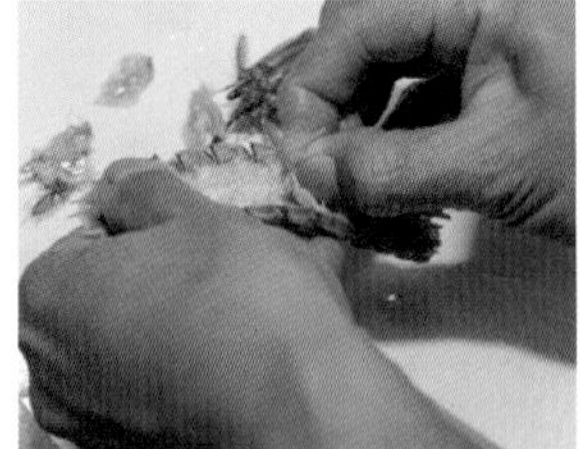

2
배가 보이도록 뒤집어 다리를 떼어낸다.

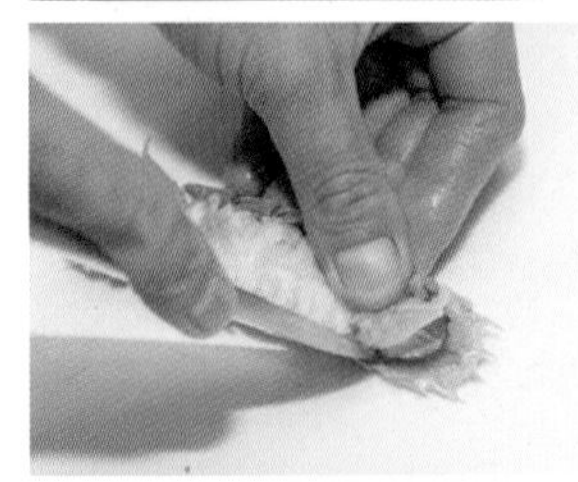

3
껍질과 살 사이에 칼을 넣고 껍질을 따라 칼집을 낸다.

4
꼬리에도 U자로 칼집을 내고, 껍질과 살을 분리한다.

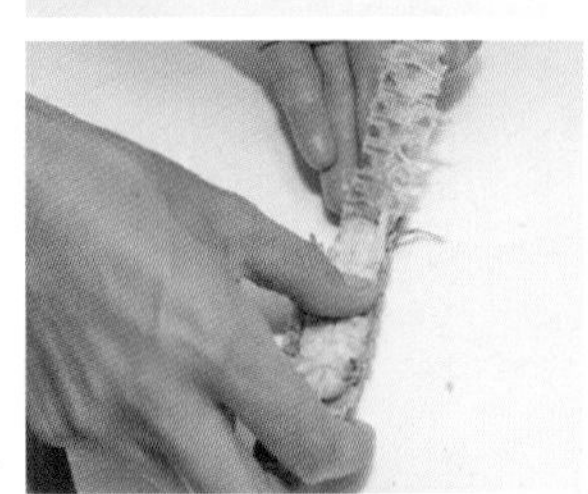

5
껍질 안에 있는 얇은 껍질도 조심스레 벗겨 낸다.

6
다시 뒤집어 딱딱한 겉껍질까지 벗겨낸다. 살에 흠집이 나기 쉬우므로 물기를 잘 닦아낸다.

썰기, 스시 쥐기

갯가재 스시

껍질을 벗긴 갯가재는 양 끝의 지저분한 살을 정리하고, 나쓰메 소스를 발라 제공한다. 취향에 따라 삶은 뒤에 조미액에 절이거나 고추냉이만 묻혀 스시를 만들기도 한다.

고급기술 갯가재 포각 발라내기

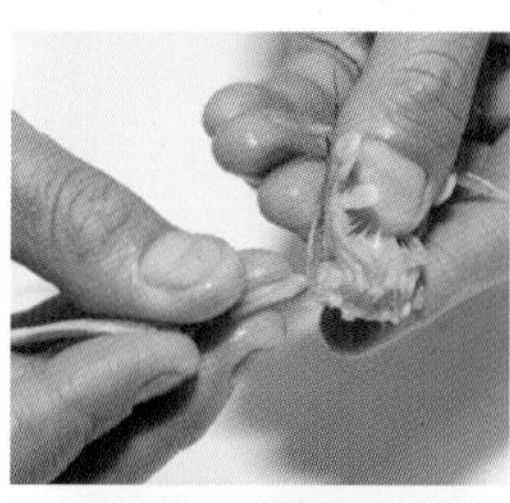

1
손질이 끝난 갯가재의 부산물 가운데 진미인 포각을 떼어낸다.

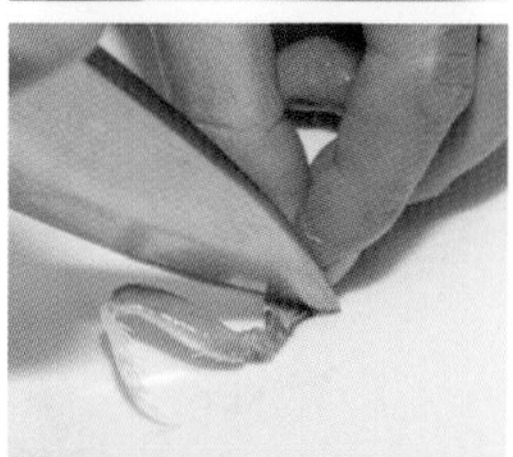

2
관절 부분을 자른다.

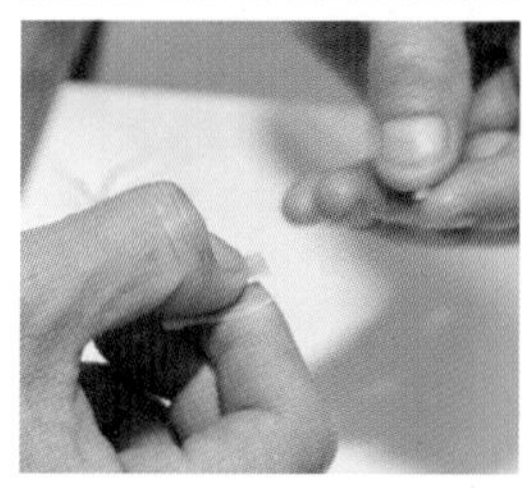

3
손가락으로 꾹 눌러 살을 밀어낸다.

응용기술 삶은 갯가재 손질하기

삶은 갯가재

갯가재 살은 굉장히 부서지기 쉽기 때문에, 살아 있는 상태로 삶아서 손질해야 한다. 삶은 뒤에도 껍질을 벗기고 살을 분리하는 등 손이 많이 가서 산지에서 미리 손질을 마친 갯가재를 포장해 출하하기도 한다.

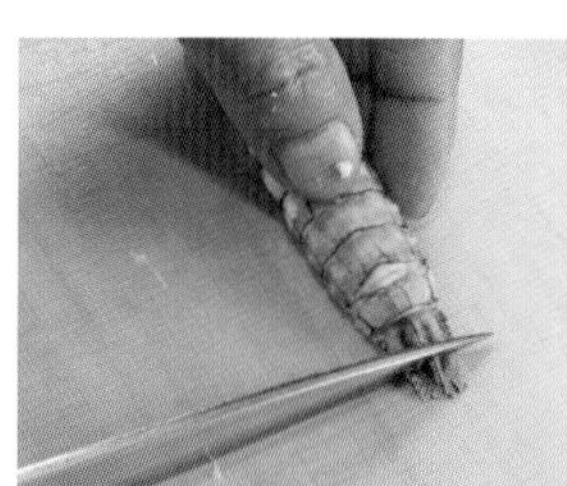

1
살만 발라낸 갯가재인 '무키'의 가장자리를 잘라 정리한다.

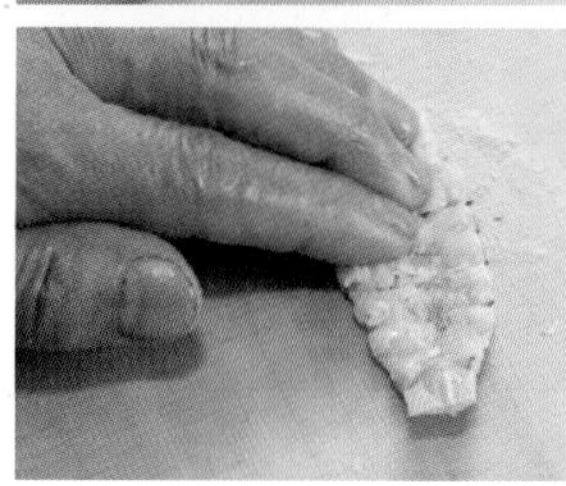

2
두꺼운 살이 샤리에 잘 붙도록 엄지손가락으로 배 안쪽을 가볍게 누른 뒤 스시를 만든다.

삶은 갯가재 스시

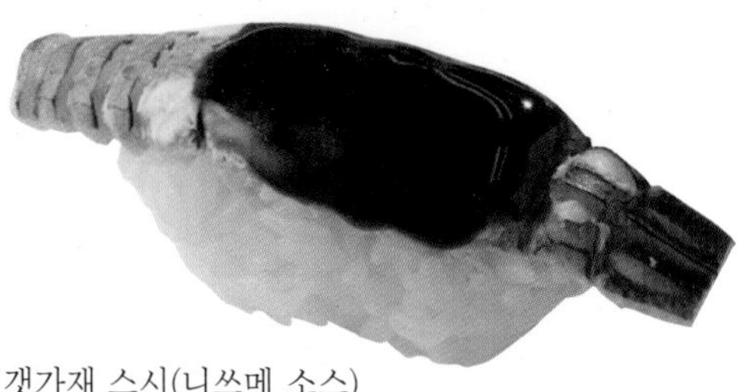

삶은 갯가재 스시(니쓰메 소스)

삶은 오징어 [니이카 / 煮烏賊]

삶은 오징어 손질하기

삶은 오징어 스시는 재빨리 삶은 뒤 스시를 만들거나 조미료를 넣고 데쳐 삼삼하게 맛을 내는 2종류가 있다. 또, 껍질이 붙은 채 껍질의 감칠맛을 남겨두는 방법도 있는데, 손질법이 각기 다르다. 하지만 모두 너무 오래 가열하면 살이 질겨지기 때문에 불 조절이 중요하다. 살오징어와 화살꼴뚜기처럼 작은 오징어 등 제철 오징어를 사용하면 좋다.

삶은 오징어 스시는 주로 작은 크기의 살오징어나 화살꼴뚜기를 사용한다. 몸통, 다리, 지느러미로 잘라 스시를 만든다.

손질 순서: 밑손질하기 ▸ 삶기 ▸ 썰기

밑손질하기

몸통에서 내장과 다리를 분리한다

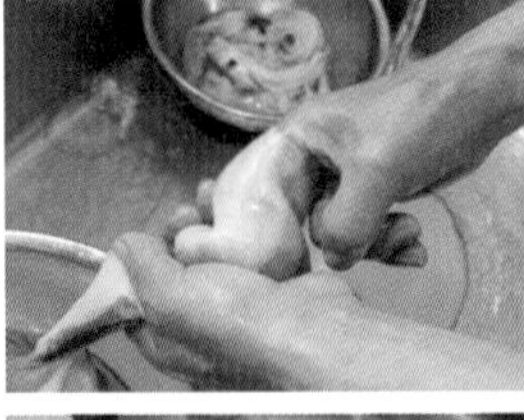

1 몸통 안의 내장을 꺼내기 위해 다리를 잡아 뽑는다.

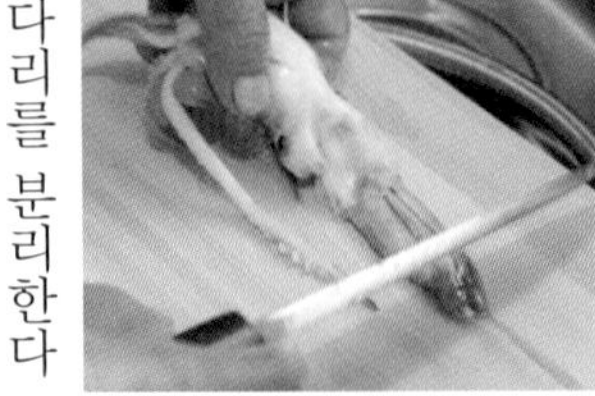

2 다리와 함께 나온 내장을 잘라낸다.

지느러미를 손질한다

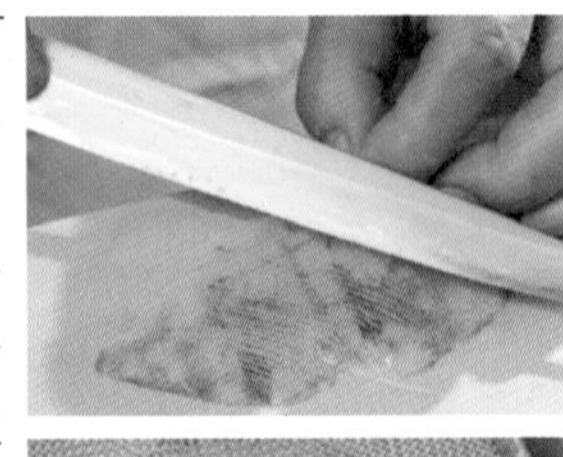

4 지느러미는 아주 잘게 격자무늬로 칼집을 내고 끝을 정리한다.

5 뜨거운 물에 살짝 데쳐, 둘둘 말리면 바로 건져 올려 그대로 식힌다.

삶기

소금으로 문지른 뒤 삶는다

1 다리와 내장을 제거한 몸통에 소금을 넉넉히 뿌리고 주무른다.

2 소금을 깨끗하게 닦아내고, 끓는 물에 넣어 데친다.

3 반숙보다 좀 더 삶은 뒤, 건져 올려 그대로 식힌다.

다리를 손질한다

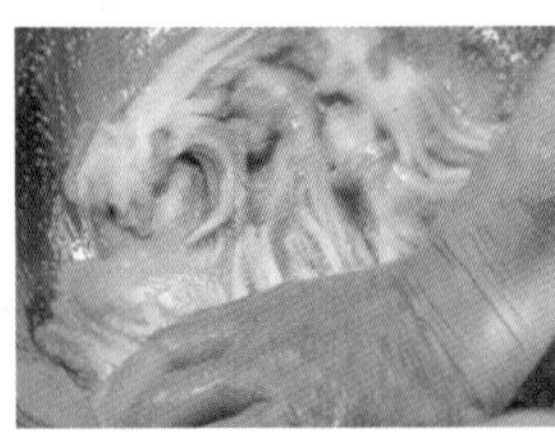

6 다리에 넉넉히 소금을 뿌리고 거품이 일 때까지 잘 주무르고 물로 소금을 씻어낸다.

7 끓는 물에 밑손질한 다리를 넣고 삶는다.

8 색이 변하기 시작하면 건져 올려 그대로 식힌다.

썰기, 스시 쥐기

자른 단면을 살려 썬다

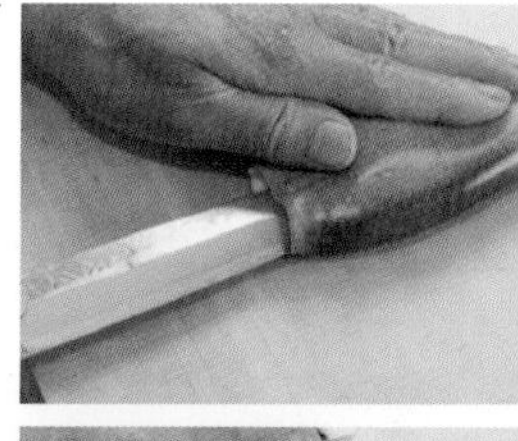

1
몸통에 칼을 넣고, 지느러미 밑동 부근부터 세로로 자르고, 내장 찌꺼기를 제거한다.

2
껍질이 붙은 쪽을 도마 위에 올려놓는다. 끝을 정리하고 사선으로 칼을 앞뒤로 움직이며 썬다. 이때 칼을 세워 썬다.

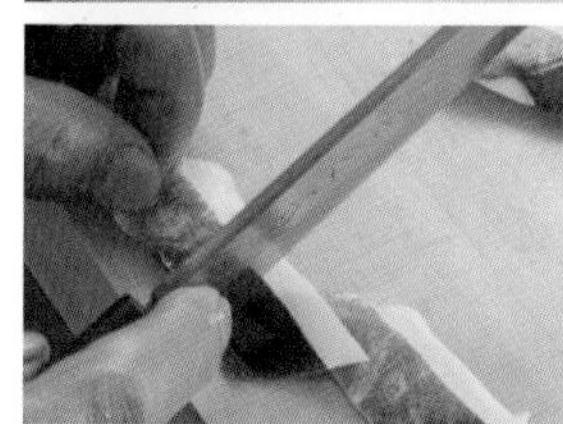

3
먹기 편하도록 표면에 칼집을 낸다. 삶은 오징어는 고추냉이를 쓰지 않는다.

삶은 오징어 스시

데자쿠로 썬다

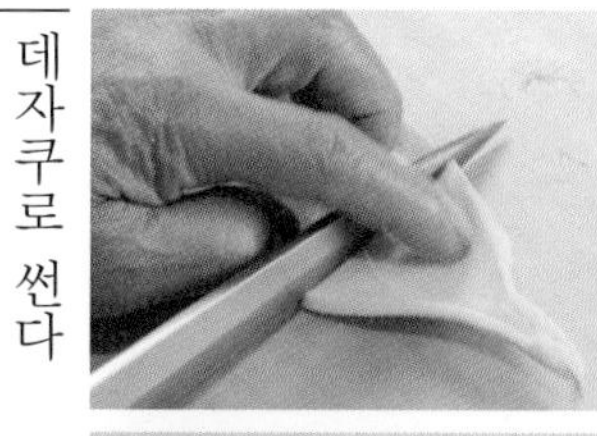

1
원통 상태의 몸통을 갈라 펼친다. 스시용 사쿠도리 법에 따라 데자쿠로 자른다.

2
껍질이 붙은 부분은 밑으로 두고, 끝에서부터 스시용으로 잘라 간다.

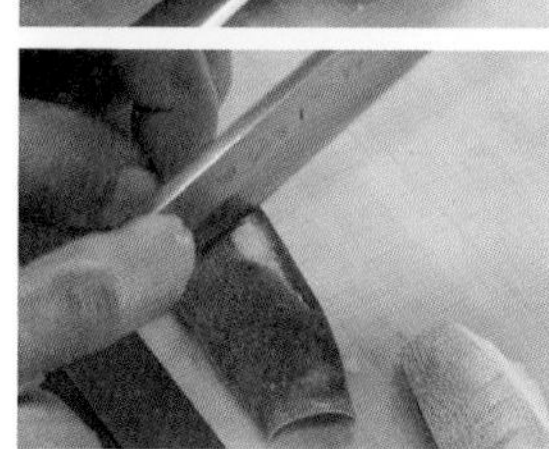

3
껍질이 붙은 부분을 위로 돌려, 먹기 편하게 칼집을 낸다. 고추냉이는 쓰지 않고, 조림 소스를 바른다.

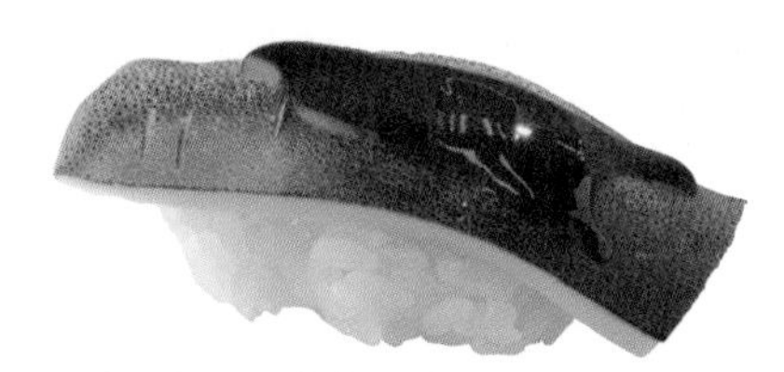

삶은 오징어 스시(데자쿠)

오징어 지느러미

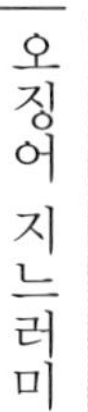

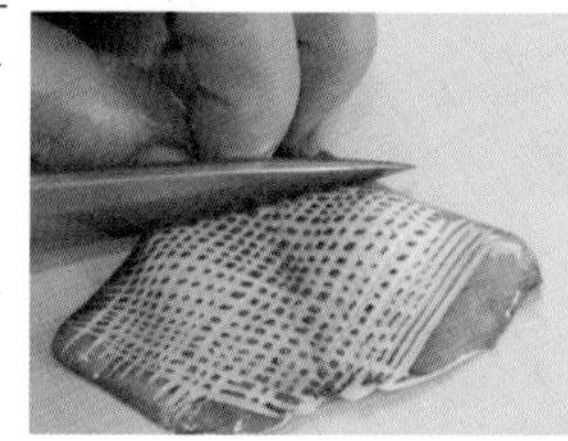

삶은 지느러미의 끝을 잘라 모양을 가다듬은 뒤 스시를 만든다. 니쓰메 소스를 발라 손님에게 제공한다.

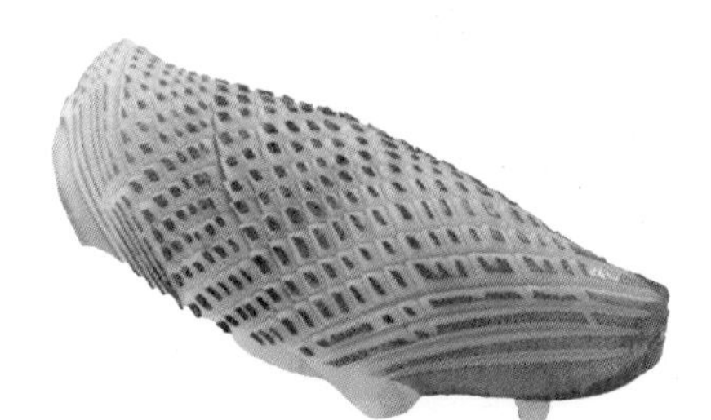

삶은 오징어 스시(지느러미)

오징어 다리

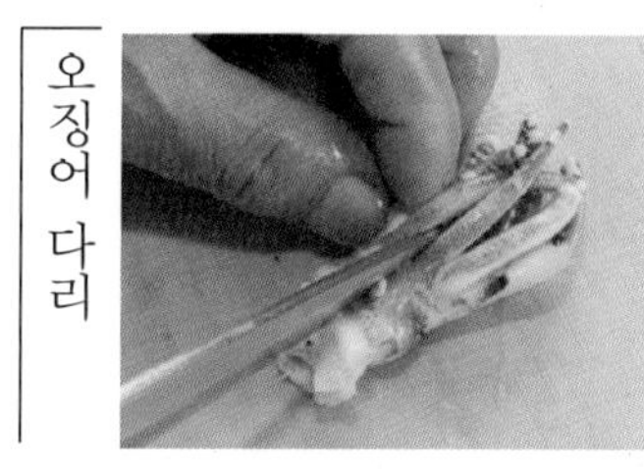

다리는 발끝의 길이를 짧은 쪽에 맞춰 잘라 모양을 가다듬고 세로로 반을 잘라 스시를 만든다. 샤리에 고정하기 쉽도록 김을 잘라 말기도 한다.

삶은 오징어 스시(다리)

삶은 오징어 스시(인로즈메)

옛날부터 전해오는 에도마에즈시 가운데 하나다. 작은 화살꼴뚜기나 살오징어를 삶아서 샤리로 안을 채우고, 먹기 쉽게 둥글게 가로로 썰어 니쓰메 소스를 발라 손님에게 낸다.

삶은 오징어 스시

■ 오징어 조림용 국물 재료

흑설탕, 소주, 간장

삶은 오징어 스시

삶은 오징어 스시는 전통적인 에도마에즈시다. 오징어에서 수분이 나오기 때문에 물을 적게 넣고, 오징어 조림용 국물에 굴려가며 맛을 입힌다. 삶은 오징어는 살오징어나 화살꼴뚜기 외에도 입술무늬갑오징어도 잘 어울린다. 니쓰메 소스를 발라 손님에게 낸다.

■ 도쿄 구단미나미 「구단시타 스시마사」

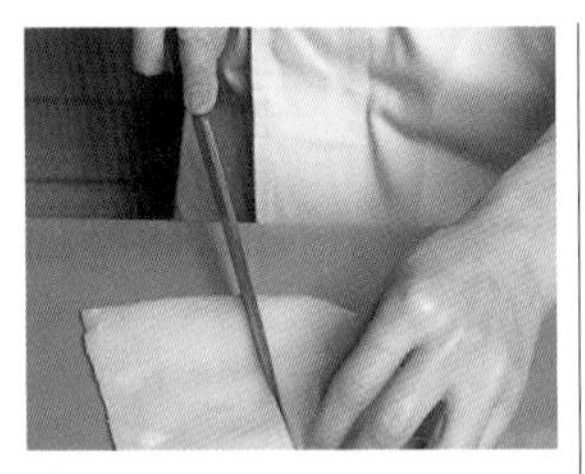

1 껍질을 벗긴 입술무늬갑오징어를 2마리 준비한다.

2 끓는 물에 반숙보다 좀 더 데치고, 찬물에 넣어 식힌다.

3 조림 국물이 끓으면, 냄비 안에 굴리듯 삶는다.

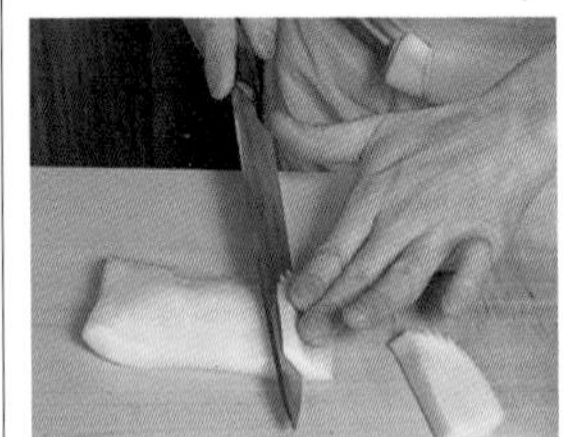

4 사쿠도리하고, 씹기 좋게 칼을 앞뒤로 움직이며 썬다.

오징어 인로즈메 스시

'인로'는 예전에 허리에 찼던 여러 층으로 된 작은 약 상자를 뜻한다. 인로의 안을 채웠다는 뜻의 '인로즈메'란 이름은 여기서 따왔다. 작은 화살꼴뚜기에 잘게 자른 표고버섯, 박고지, 오보로 등을 섞은 샤리를 넣은 유서 깊은 에도마에즈시다.

■ 도쿄 시로가네다이 「스시타쿠미 오카베」

1

샤리에 섞을 재료는 5종류다. 새우 오보로, 잘게 다진 달걀 프라이, 잘게 다진 표고버섯, 박고지, 김가루.

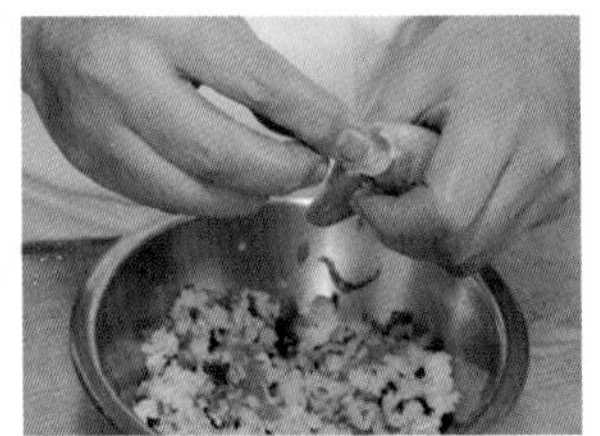

2

부드럽게 삶은 화살꼴뚜기 안에 위의 재료를 전부 섞은 샤리를 채워 완성한다.

찐 전복 [무시아와비 / 蒸鮑]

분류 : 원시복족목 전복과 전복속
영어명 : abalone

찐 전복 손질하기

제철인 여름에 생 전복 스시뿐 아니라 찐 전복도 함께 준비해 두면 2종류의 맛으로 손님의 혀를 즐겁게 만들 수 있다. 껍데기가 붙어 있는 통째로 찌거나, 살만 발라 찌기도 한다. 맛을 내는 방법도 조림 등 여러 가지 방법이 있지만, 고가의 재료인 만큼 조심스럽게 다룬다.

손질 순서

밑손질하기
▼
졸이기

밑손질하기

밑손질한다

1 소금을 많이 뿌리고 손으로 잘 문지른다.

2 표면을 수세미로 문질러 오물을 떼어내고, 살을 단단하게 만든다. 살 쪽을 닦을 때에는 너무 힘을 주지 않도록 주의한다. 껍질 부분도 꼼꼼하게 닦는다.

3 흐르는 물에 깨끗하게 닦고, 껍데기와 살 사이의 오물 등도 잘 닦아낸다.

찌기

껍질째 찐다

1 냄비에 물을 팔팔 끓이고, 술은 넉넉히, 소금은 약간 넣고, 살이 아래로 향하게 물속에 넣는다.

2 중불에 15분 정도 끓인다. 살에 열기가 적당히 전달되면 껍데기가 저절로 떨어진다. 그대로 식힌다.

찐 전복 스시

찐 전복 스시

찐 전복

■ 도쿄 도 긴자「스시 아오키」

전복 스시는 생으로 만드는 경우가 많아졌지만, 찐 전복은 또 다른 맛이 있다. 술과 물만 넣고 불 조절에 주의해가며 3시간에 걸쳐 부드럽게 찐다. 아름다운 노란색이 돋보이는 찐 전복은, 삶은 재료로 만든 스시 가운데 가장 손이 많이 가는 고급 재료다.

찐 전복 스시

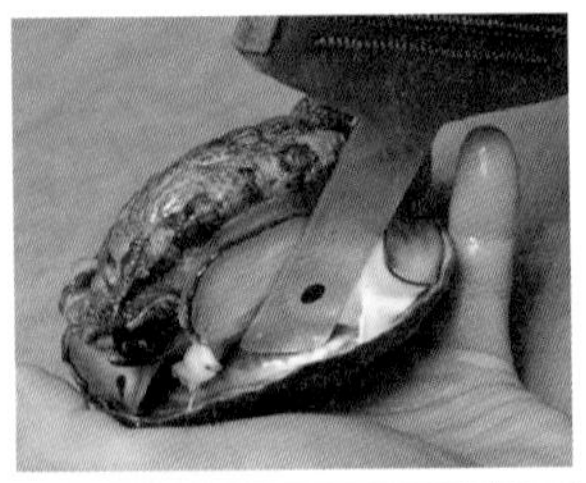

1
강판 손잡이를 조개의 뾰족한 방향부터 밀어넣어 관자를 분리하고, 손으로 살을 떼어낸다.

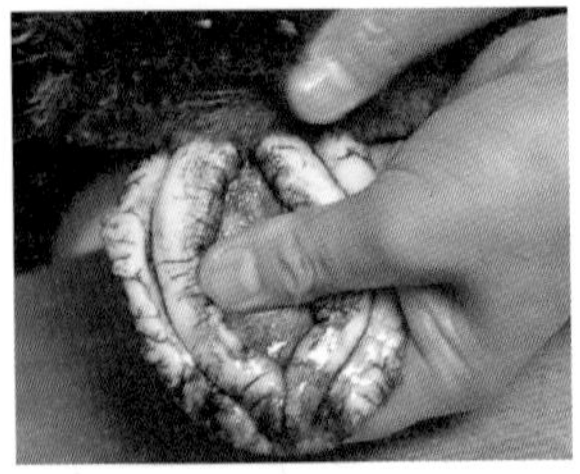

2
수세미로 살을 문질러 점액질을 제거한다. 부드럽게 삶기 때문에, 소금은 뿌리지 않는다.

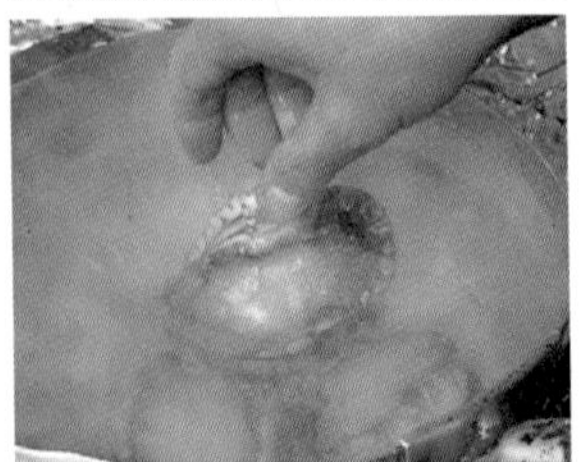

3
알코올 성분을 날린 술과 물을 넣고 끓이다가 소금을 한 꼬집 더하고 전복을 넣는다.

4
거품이 뜨기 시작하면 건져낸다. 중불에서 국물이 반 정도 졸아들면 물을 더 넣는다.

5
3시간 정도 푹 삶는다. 노란색으로 변한 국물은 완전히 졸아붙어, 전복에 감칠맛을 응축시킨다.

6
완전히 졸아들면 향과 윤기를 더하기 위해 연한 맛 간장을 넣고 마무리하여 불을 끈다.

7
전복을 냄비에서 꺼내어 트레이 위에 늘어놓고 열을 식힌다. 윤기가 흐르는 고급스러운 노란색이 된다.

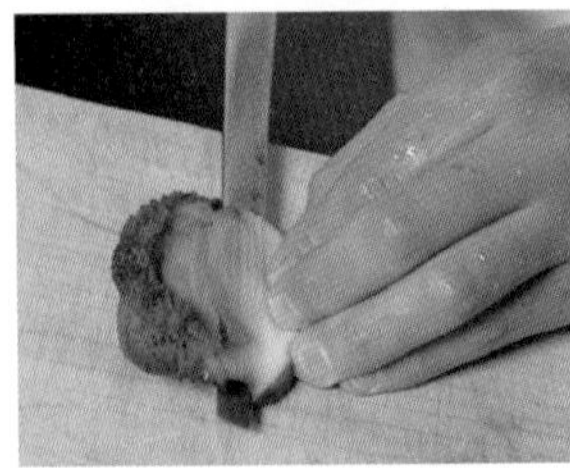

8
껍데기에 붙어 있던 면을 아래로 두고, 비스듬히 칼을 넣어 얇게 엇베어썰기한다.

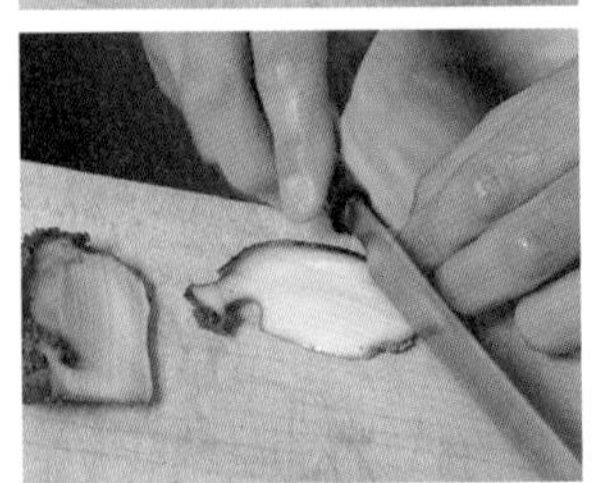

9
썰어낸 전복에 칼집을 낸다. 노란색 테두리와 뽀얀 살이 돋보인다.

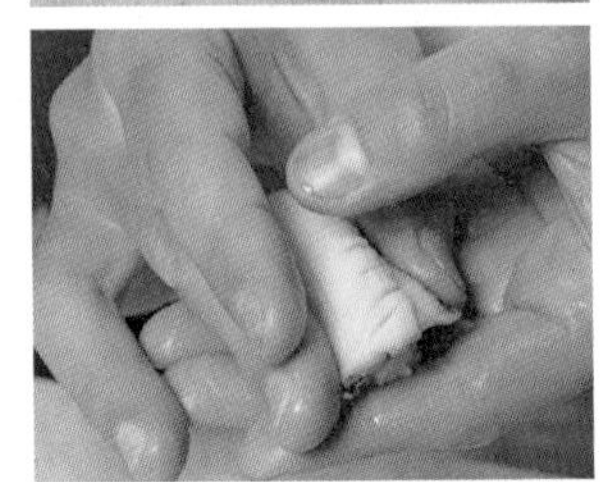

10
칼집을 낸 전복을 스시로 쥔다. 니쓰메 소스를 발라 손님에게 낸다.

여러 가지 찐 전복 스시

찐 전복 스시

소금을 뿌려 살을 닦은 전복을 조림용 국물에 넣고 3시간 찐다. 전용 국물의 맛을 낸 후, 30분 동안 삶아 부드럽게 한다.

■ 도쿄 도 긴자 「나카타」

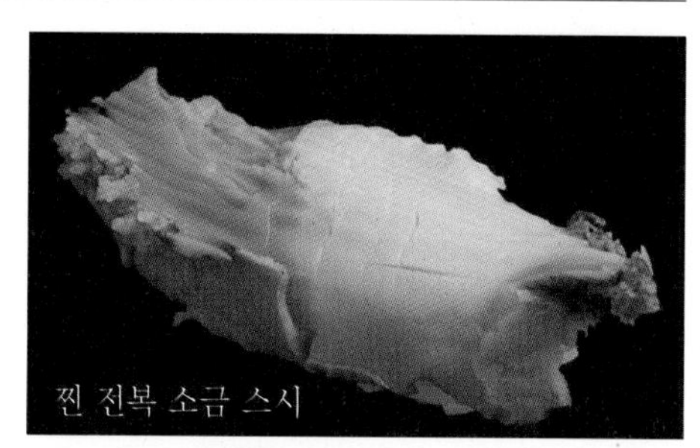
찐 전복 소금 스시

제철 전복을 소금을 넣고 2시간 정도 찐 뒤, 먹기 쉽게 잘게 칼집을 내 스시를 만든다. 전복이 가진 본래의 감칠맛과 식감을 만끽할 수 있다.

■ 홋카이도 삿포로 시 「긴즈시」

찐 전복 내장 스시

전복은 조림 국물에 15분 정도 끓인다. 2점 세트 스시 가운데 1점은 찐 전복의 내장을 썰어 올린다. 다른 1점은 생 내장을 다져 식초를 더해 맛을 내고, 젤리 상태로 만들어 전복 살 위에 올린다. ■ 이시카와 현 가네자와 시 「스시캇포 아오이스시」

1 내장을 다져, 된장, 식초, 간 생강, 산바이즈로 맛을 낸다.

2 섞으면 걸쭉하게 변하는 재료를 넣어 젤리로 만든다.

3 전복은 생선 육수, 술, 미림, 간장, 설탕을 넣은 국물에 약 15분간 찐다.

찐 전복, 니가이 스시

야마나시 현의 명물 삶은 조개로 만든 스시다. 야마나시 현은 바다와 접하지 않은 지역이기 때문에, 유통 기술이 발달하지 못했던 시대에는 해산물이 매우 귀했다. 지바나 도쿄 만에서 잡은 해산물을 운반하는 상인들이 전복을 간장에 졸여 조림 국물과 함께 야마나시 현으로 운반했다. 그것이 바로 찐 전복, '니가이(煮貝)'다. 운반 도중에 흔들려서 목적지에 도착할 즈음이면 알맞게 맛이 배어들어 썰어 먹으면 그 맛이 매우 훌륭한 야마나시 현의 명물이 되었다. 야마나시 현에서는 찐 전복으로 만든 스시가 고정 메뉴다.

니가이 스시

찐 전복은 칼날을 섬세하게 움직여 얇게 나미키리한다. 김으로 말아 스시를 완성한다. 조림 국물이 스며들었기 때문에 니쓰메 소스는 바르지 않는다.

니가이 내장 스시

찐 전복에 붙어 있는 내장으로도 스시를 만들 수 있다. 달달하면서도 짭잘한 쓰쿠다니(어패류와 해초, 채소 등을 설탕과 간장으로 달짝지근하게 조린 반찬)와 비슷한 맛인데, 씹는 식감도 좋고, 맛도 진하다.

삶은 가리비 [니호타테 / 煮帆立]

분류 : 굴목 가리빗과 가리비속
영어명 : scallop

삶은 가리비 손질하기

껍데기가 붙어 있는 가리비를 손질해 관자 부분만 쓰는 경우도 있는데, 요즘에는 통째로 삶은 조갯살이 많이 출하되고 있어 이 상품을 이용해도 좋다. 외투막까지 통째로 스시를 만들면 가리비 관자 스시와는 다른 식감을 즐길 수 있다.

삶는다

1
껍데기를 벗긴 생 가리비를 끓는 물에 넣고 삶는다.

2
너무 삶아지지 않도록 주의해서 재빨리 건져내고 채반에 올려 물기를 뺀다.

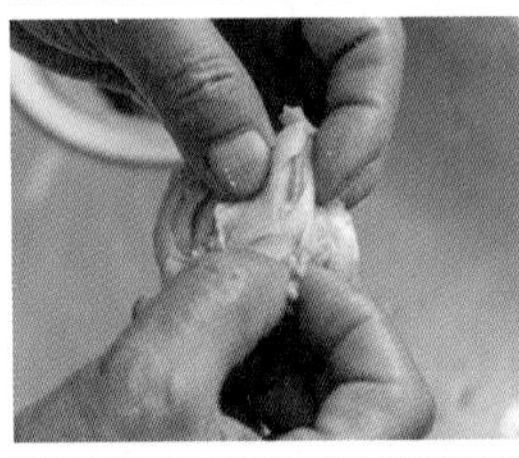

3
'우로'라고 불리는 거무스름한 부분은 먹을 수 없으므로, 손가락으로 집어 떼낸다.

4
관자 주변에 붙어 있는 펄럭펄럭한 외투막을 떼낸다.

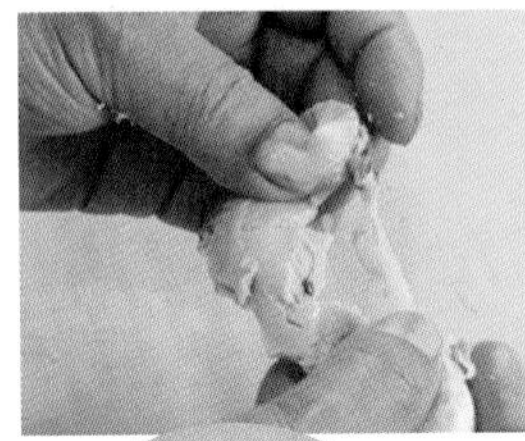

5
생식소도 제거한다. 생식소가 붉은 오렌지색이면 암컷, 하얀색이면 수컷이다.

가리비 조갯살은 외투막과 생식소가 붙어 있는 채로 삶아 상자에 담겨 유통된다. 스시를 만들 때에는 살짝 끓는 물에 데치고, 내장을 제거한 뒤 사용한다.

썰기, 스시 쥐기

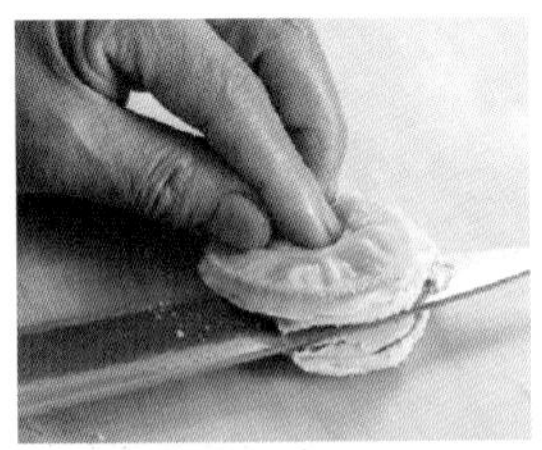

1
외투막이 달려 있는 가리비는 두꺼운 부분을 반으로 갈라 2장으로 나눈다.

2
자른 단면이 아래로 오도록 스시를 만든다. 고추냉이는 바르지 않고 니쓰메 소스만 발라 손님에게 낸다.

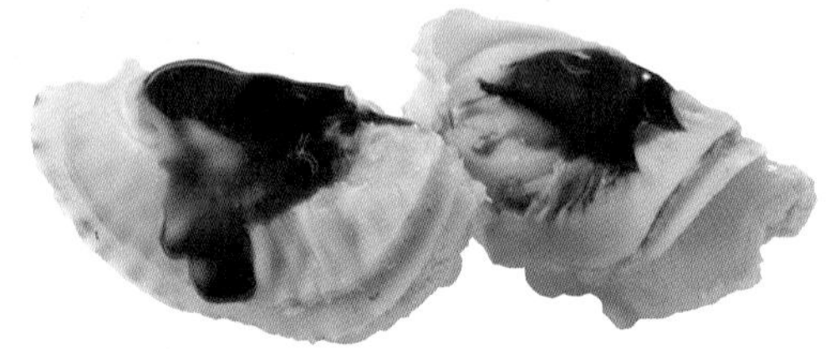

삶은 가리비 스시(외투막 붙어 있는 것)

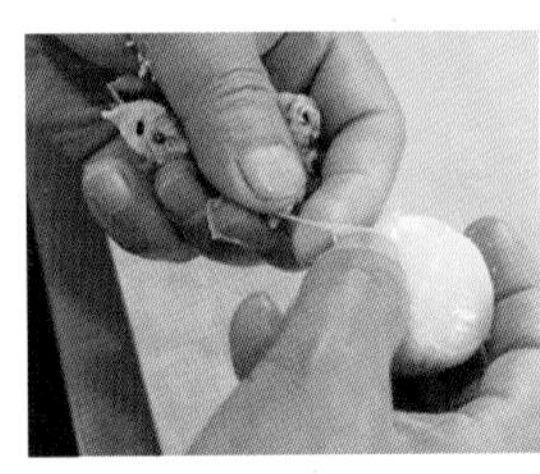

1
관자 주위에 붙어 있는 것을 깨끗하게 떼내어 정리한다.

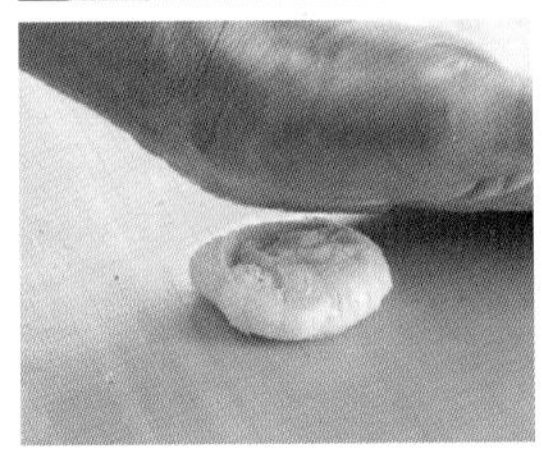

2
손바닥으로 관자 살을 가볍게 누른다. 스시를 만들 때에 샤리에 잘 고정되고 니쓰메 소스도 바르기 쉽다.

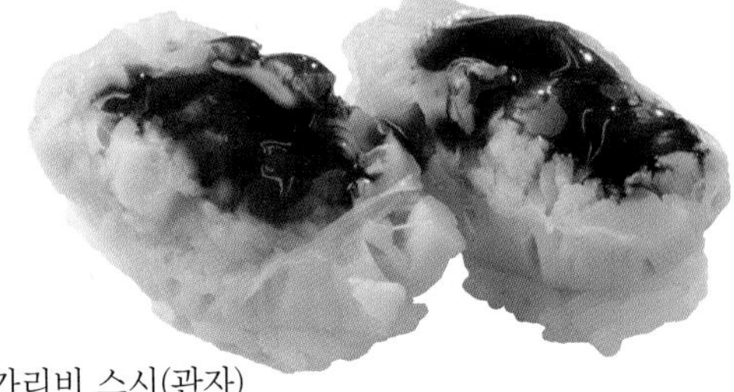

삶은 가리비 스시(관자)

삶은 가리비 스시

삶은 가리비 절임

■ 도쿄 도 니시오지마 「스시 요헤이」

생 가리비와는 다른 매력이 있는 에도마에즈시로, 이 스시는 생 가리비의 관자를 뜨거운 물에 한 번 데운 뒤, 전용 국물로 삶아 하룻밤 재워두면 국물의 맛이 확실하게 가리비에 밴다. 스시를 만들 때에는 샤리에 고정되기 쉽게 삶은 가리비의 관자를 살짝 눌러준 다음 스시로 만든다.

삶은 가리비 절임 스시

■ 가리비 절임 국물 재료

물, 청주, 미림, 간장, 설탕

1
볼에 생 가리비 관자를 넣고, 소금을 살짝 뿌려 가볍게 주물러 점액질을 제거한다.

2
소금으로 닦아낸 관자를 흐르는 물에 씻은 뒤 수분을 제거한다. 다시 볼에 넣고 뜨거운 물을 뿌려 데운다.

3
냄비에 간장, 청주, 설탕, 미림을 넣고 불을 올린다.

4
조림 국물이 끓기 시작하면 관자를 넣고, 잘 섞어가며 재빨리 데친다.

5
1번 끓어오르면 불을 끄고 완전히 식힌다. 조림용 국물과 용기를 계속 교체해가면서 하룻밤 절인다.

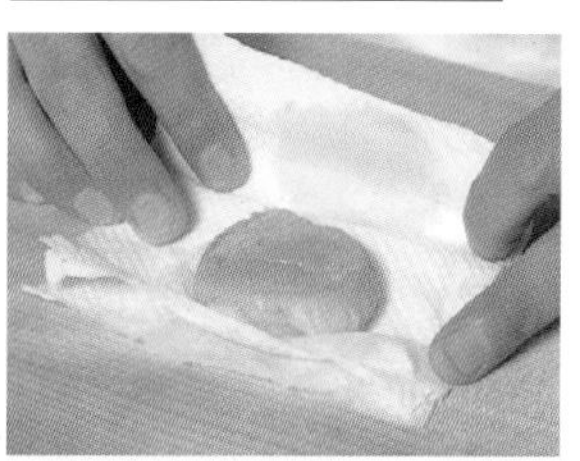

6
스시를 만들 때에는 절인 관자의 물기를 면보로 닦아준다.

7
손바닥으로 관자를 눌러, 샤리에 잘 고정되게 만든다.

8
담백한 맛을 보충하기 위해 유자 껍질을 갈아 샤리에 묻힌다.

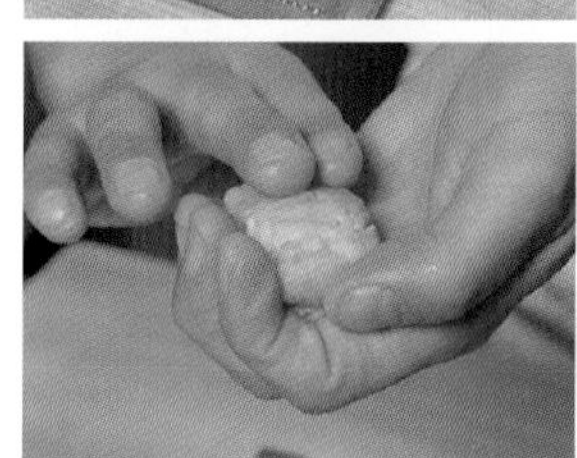

9
누른 면을 바깥으로 두고 스시를 만든다.

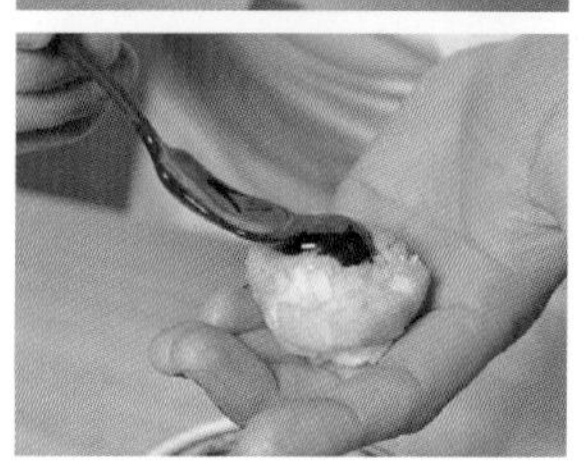

10
니쓰메 소스를 발라 손님에게 낸다. 니쓰메 소스는 오징어, 붕장어, 대합을 끓인 국물로 만들었다.

달걀구이 스시

달걀 굽는 스타일의 변천

달걀구이 스시를 먹으면, 스시를 만든 사람의 손맛과 기술의 수준을 알 수 있다는 시대가 있었다.

옛날에는 달걀이 호화스러운 식재료였기 때문이지만, 달걀구이는 스시를 만든 사람이 직접 만들 수밖에 없어, 자신만의 개성이 드러났기 때문이다.

특히 생선살을 넣어 구운 폭신폭신한 카스텔라 같은 달걀구이는 장인의 기술을 필요로 한다. 생선살로는 차새우(시바에비)나 흰 살 생선의 자투리 살을 일정 비율로 섞고, 약간 양념을 해 균일하게 굽는다. 오븐이 없는 스시 가게에서는 숙련된 장인만이 할 수 있는 일이었다.

고도 경제 성장기에 스시의 수요도 많아지고, 배달 스시도 많아지면서 가게에서 직접 만들 시간이 없어지고, 전문 업자의 제품을 사오는 가게가 많아졌다. 동시에 손이 많이 가는 생선 살 넣은 달걀구이를 사용하는 가게가 적어지고, 맛국물로 맛을 낸 달걀구이로 스시를 만드는 가게가 늘어났다. 지금은 달걀이 맛국물로 맛을 내고 두껍게 구운 달걀구이 스시가 주류가 되었다.

이 책에서는 두껍게 구운 달걀구이(다시마키다마고)와 카스텔라식으로 얇게 구운 달걀구이(우스야키다마고) 2종류의 기술을 소개한다.

두꺼운 달걀구이(다시마키다마고)

■ 도쿄 무사시닛타 「가호루스시」

장식용으로 자르기
(엇갈려 썰기)

두꺼운 달걀구이 스시

■ 재료 (너비 21cm 달걀구이 팬, 달걀구이 1개 분량)

달걀(큰 사이즈)	10개
조미액	아래의 1/10 분량
조미액(약 10장 분량)	
• 맛국물	1,120ml
• 간장	80ml
• 청주	80ml
• 미림	80ml
• 설탕	700g
• 소금	30g

'두꺼운 달걀구이'는 맛국물과 조미료를 더해 달걀을 말아가며 굽는다. 일반 일식당에서 지칭하는 달걀말이는 맛국물을 많이 넣지만, 스시용으로 쓸 때에는 너무 부드럽게 만들면 스시로 만들기 힘들어, 조절을 잘해야 한다.

또한, 약간 조리법을 바꿔 파드득나물이나 제철 채소를 더하는 가게도 있다.

장식용으로 자르거나 칼집을 넣으면, 술안주로도 좋다.

달걀구이 팬

구리로 만든 것은 열전도율이 좋아 달걀구이가 잘 구워진다. 정사각형 모양과 직사각형 형태 등 여러 가지 사이즈가 있으니, 자신에게 잘 맞는 것을 선택한다.

반죽 준비

반죽을 섞고, 달걀물을 만든다

1
달걀을 깨서 넣는다. 이때 껍데기에 붙어 있는 흰자도 손가락으로 긁어내, 남은 달걀이 없도록 한다.

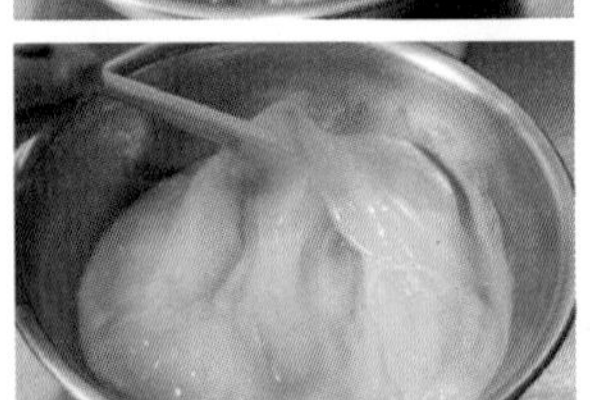

2
달걀을 긴 젓가락 등으로 풀어준다.

3
미리 배합해둔 조미액을 넣고, 뭉친 곳이 없도록 잘 섞어준다.

두꺼운 달걀구이

굽기

달걀물을 넣고 굽는다

1
달걀구이용 팬을 달구고, 기름을 전체에 고루 묻혀준다. 충분히 달아오르면 일단 불에서 내려 젖은 면보 위에 올린다.

2
다시 팬을 불에 올려, 달걀물을 1국자 정도 넣고 골고루 퍼뜨린다. 이때 '치익' 하는 소리가 날 정도로 팬을 달구는 것이 좋다.

3
아랫면이 익고 윗면이 반숙 정도로 익으면, 손잡이를 잡고, 젓가락으로 윗면을 들어 올려 아래쪽으로 3번 접어 달걀을 만다.

4
달걀이 없는 쪽에 기름을 바른다. 기름에 적신 키친타월 등을 사용하면, 골고루 깨끗하게 묻힐 수 있다.

5
달걀구이를 반대편으로 밀고, 기름을 바른다.

달걀물을 더한다

6
팬 아래쪽에 달걀물을 한 국자 더 넣는다. 달걀구이는 팬 위쪽에 옮기고, 달걀물을 아래에 더해준다.

7
아래쪽 달걀구이가 익기 시작하면 젓가락으로 달걀말이를 들어올려 3번 접어 달걀구이를 두껍게 만다.

8
팬의 빈 곳에 기름을 바르고 달걀구이를 밀어놓고, 아래쪽에 달걀물을 1국자 더한다.

9
기존의 달걀구이 아래로도 달걀물을 흘려넣어 전체가 평편해지도록 만든다.

10
달걀물 아랫면이 익으면, 아래쪽으로 말아준다. 이때부터는 2번만 접는다.

11
팬의 빈 곳에 기름을 바르고, 달걀구이를 위쪽에 밀어놓는다. 아래쪽에도 기름을 바르고 달걐물을 더한다.

나무 뚜껑으로 모양을 가다듬는다

12
똑같이 달걀물을 몇 번 더해 달걀구이를 완성한다. 팬의 높이 정도로 달걀말이가 두꺼워지면, 측면을 나무 뚜껑으로 말아주면서 모양을 가다듬는다.

13
달걀구이를 나무 뚜껑 위에 올려 뒤집고, 전체의 모양을 가다듬는다.

완성된 달걀구이는 도마 등에 올려놓고 식힌다. 식으면 조금 단단해져 스시를 만들기 쉬워진다.(너비 21cm인 팬에 구우면 20cm×10cm×높이 4cm 정도의 달걀말이를 만들 수 있다.)

얇은 달걀구이 (카스텔라식)

'얇은 달걀구이'는 어육과 차새우 두 종류를 사용한 카스텔라식 달걀구이를 말한다. 생선살의 종류나 분량은, 만드는 사람에 따라 다르다. 단맛이나 전체적으로 폭신한 촉감을 결정하는 달걀 흰자나 참마 등의 분량도 각각 연구해, 자신만의 맛을 만들어내야 한다.

달걀구이를 카스텔라처럼 부드럽고 폭신하게 굽기는 어렵다. 여기에서는 얇게 굽지만, 실제로는 이보다 2배는 두껍게 굽는 가게도 있다. 맛국물로 맛을 낸 두꺼운 달걀구이보다 조금 고급 기술이 필요하지만, 가게의 명물로서 가게의 급을 올려준다.

■ 재료 (너비 21cm의 달걀구이용 팬, 달걀구이 1개 분량)

재료	분량
달걀(큰 것)	5개
어육	40g
차새우(껍데기 벗긴 것)	40g
설탕	약 100g
참마(간 것)	약간
청주	1큰술
맛국물	3큰술
소금	약간

반죽 준비

어육과 달걀을 준비한다

1 차새우 살은 칼등으로 찰기가 생길 때까지 다져둔다.

2 달걀 5개 중 3개 분량의 흰자는 머랭용으로 따로 분리해두고, 나머지는 모두 볼에 넣어 잘 풀어준다.

3 달걀 흰자 3개 분량을 볼에 넣고 거품기로 60% 정도로 거품을 낸다.

얇은 달걀구이 스시

얇은 달걀구이 스시

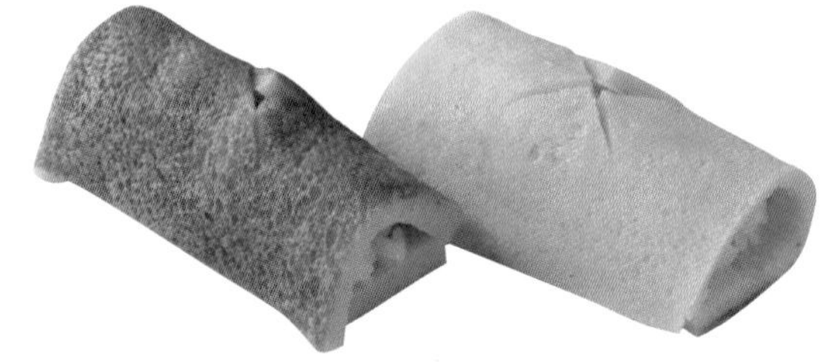

달걀구이 스시(가시와즈케)

달걀구이 스시(구라카케)

반죽을 절구에 넣고 섞는다

4
절구에 차새우와 어육을 넣고, 찰기가 생길 때까지 절구공이로 갈아준다.

5
소금을 넣은 다음 다시 잘 섞는다.

6
미리 갈아둔 참마를 넣고 골고루 섞는다.

7
풀어둔 달걀물을 조금씩 추가하며, 절구공이로 섞는다. 특히 처음에는 분리되기 쉬우므로 꼼꼼히 섞는다.

8
달걀을 조금씩 넣으면서, 그때마다 뭉친 곳이 없도록 잘 섞는다. 달걀이 충분히 풀어지면 조금씩 달걀물을 추가한다.

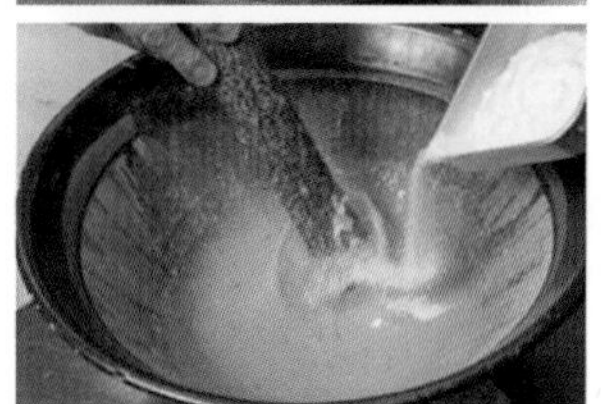

9
설탕을 넣고 설탕 알갱이가 없어지면 부드러워질 때까지 잘 섞는다.

10
맛국물, 청주를 넣고 잘 섞는다. 맛국물도 1번에 다 넣으면 분리되기 쉬우므로 조금씩 추가하면서 섞어야 한다.

11
거품이 잘 생긴 머랭을 몇 번에 걸쳐 나눠 넣고, 그때마다 뭉친 곳이 없도록 재빨리 섞어준다.

12
결이 곱고 걸쭉한 상태의 반죽이 완성된다.

굽기

달걀구이 팬에 달걀물을 넣고 굽는다

1
달걀구이용 팬에 기름을 바르고 불을 켠다. 머랭을 넣은 달걀물을 전부 흘려 넣고 표면을 고르게 만든다.

2
팬을 알루미늄 포일로 싸고 찌듯이 굽는다.

3
약불로 줄이고 천천히 가열한다. 반죽이 조금씩 부풀어오른다.

4
반죽이 팬의 위까지 부풀어오르면, 겉면이 갈라지지 않도록 오븐의 남은 열기로 구워야 한다.

오븐으로 윗면을 굽는다

5
데워 둔 오븐에 달걀구이를 팬째로 넣고, 윗면을 구워 살짝 색을 입힌다.

6
이 과정에서 나중에 반죽을 뒤집기 쉽게 반죽 안까지 열기가 전해지게 한다.

팬을 뒤집어, 위아래로 굽는다

7
알루미늄 포일을 씌운 나무 뚜껑을 이용하여 달걀의 윗면이 아래로 가도록 뒤집어 팬에 돌려놓는다.

8
반죽 윗면을 팬 아래에 두고 색을 입힌다. 그다음 알루미늄 포일을 덮고 속까지 익힌다.

9
양면에 노릇노릇하게 색이 잘 입혀졌으면, 데워둔 도마 위에 꺼내 식힌다. 달걀구이가 식으면 자른다.

차새우와 흰 살 생선 어육을 넣은 것

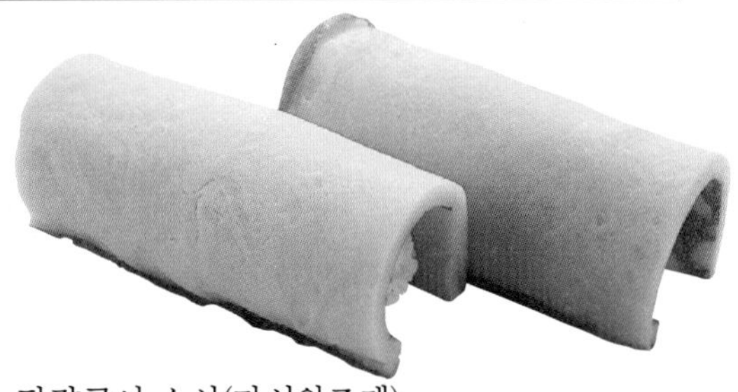

달걀구이 스시(가시와즈케)

니혼바시에 어시장이 있었을 때부터 존재했던 오래된 노포에서는 대대로 전해져 내려오는 전통적인 달걀구이 스시가 있다. 차새우와 흰 살 생선 어육을 넣어 얇게 구운 달걀구이 스시다. ■ 도쿄 도 니혼바시 : 요시노스시 본점

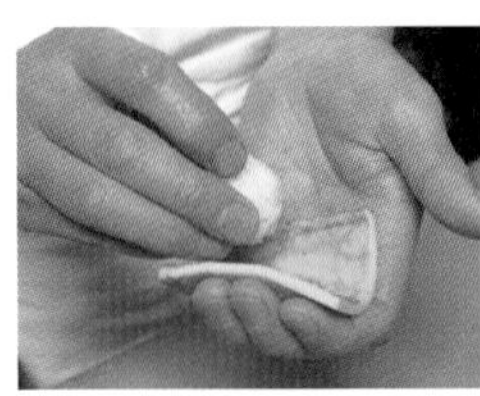

1 달걀구이가 완성되면, 색이 있는 부분을 안쪽에 두고, '쌀가마니 모양'으로 만든 샤리 위에 올린다.

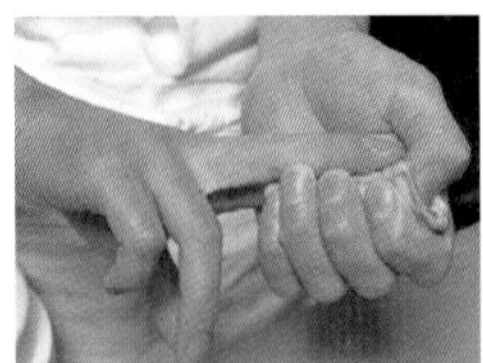

2 달걀구이가 부서지지 않도록 가볍게 샤리 위에 올려 손가락을 사용해 눌러준다.

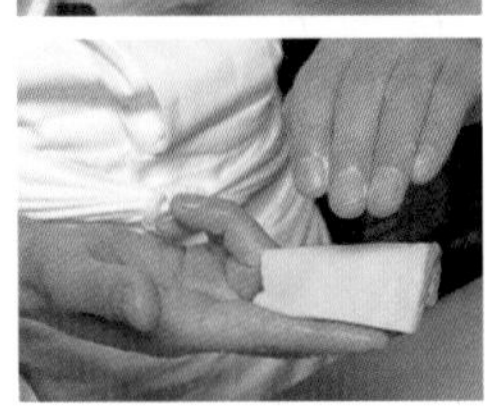

3 샤리를 감싸듯이 혼테가에시 기법으로 쥐고, 가시와즈케 스시로 만든다. 스시 애호가들에게 사랑받는 유서 깊은 달걀구이 스시다.

달걀구이 가시와즈케 스시(오보로 넣은 것)

달걀구이에 오보로가 들어간 달걀구이 가시와즈케 스시다. 설탕을 넣지 않고, 식초와 소금만으로 맛을 낸 샤리와 절묘하게 어울리는 스시다.

■ 도쿄 도 니혼바시「요시노스시 본점」

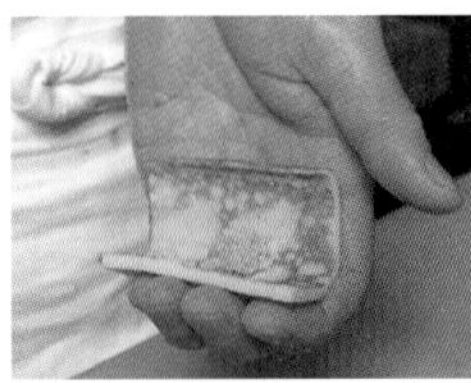

1 달걀구이는 색이 있는 부분의 가운데에 오보로를 적당량 올려놓는다.

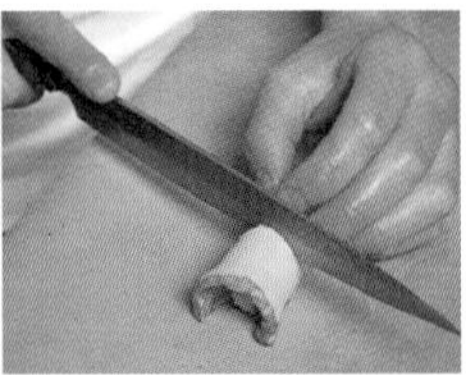

2 가시와즈케 스시를 만들면, 가운데에 X자 모양으로 칼집을 내 오보로를 드러낸다.

차새우와 갯장어 어육을 넣은 것

달걀구이 스시(구라카케)

차새우와 갯장어 어육을 넣은 달걀구이는 재료 고유의맛을 살린 깊은 맛이 일품이다. 만드는 법이나 굽는 법에 대한 연구가 뛰어난 달걀구이 스시다.

■ 도쿄 도 긴자「스시 사사키」

■ 재료

달걀	3kg	청주	2홉
차새우	600g	간장	약간
갯장어	600g	굵은소금	한꼬집
설탕	100g	참마	적당량
미림	3홉		

1 차새우는 머리와 껍데기를 벗기고, 등에 있는 내장을 제거한 뒤, 칼로 찰기가 생길 때까지 잘 다진다.

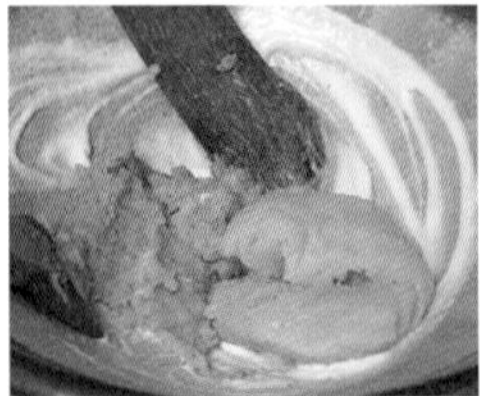

2 절구에 곱게 간 참마와 다진 차새우, 갯장어 어육과 조미료를 섞는다. 그다음 달걀을 넣어 달걀물을 만든다.

3 나무판으로 싸서 특별 제작한 작업대에 뭉근한 불로 달걀구이 팬을 놓고 달걀구이를 굽는다. 두껍고 얇은 두 종류의 달걀구이를 겹쳐서 달걀구이를 만든다.

4 약간 크게 잘라, 달걀구이 가운데에 칼집을 넣어, 구라카케 형태로 스시를 만든다.

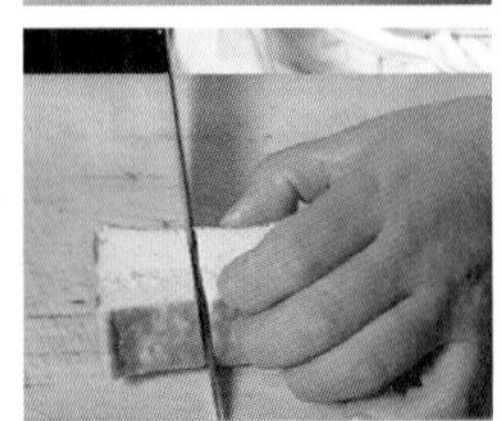

5 크게 만든 구라카케 스시를 2등분 해 손님에게 낸다.

옥돔과 차새우의 어육을 넣은 것

카스텔라처럼 폭신하게 구워낸 달걀구이에 칼집을 넣어 소량의 샤리를 그 밑에 넣었다.

두꺼운 달걀구이가 박력 만점이다. 한가운데 칼집을 넣어 샤리 위에 안장처럼 반으로 갈라 올린다.

■ 후쿠오카 현 후쿠오카 시 「가와쇼 본점」

규슈의 유명 가게의 카스텔라식 달걀구이는 옥돔과 차새우의 어육, 붉은 껍데기의 달걀 등의 고급 재료를 쓴다. 달걀 흰자의 머랭에 오븐에서 굽는 수고와 시간까지 더해져 그 맛이 가히 절품이다.

■ 재료

차새우	10마리
옥돔(으깬 살)	300g
달걀 노른자(붉은 껍데기)	26개
달걀	16개
청주	한 홉
미림, 연한 맛 간장	각 한 홉
설탕	150g

달걀구이 구라카케 스시

달걀구이 구라카케 스시

명주조개 관자를 넣은 희귀한 달걀구이 스시다. 일반적인 새우나 흰 살 생선과는 다른 개성적인 달걀구이로, 명주조개 관자의 감칠맛이 도는 담백한 맛이 매력적이다.

■ 도쿄 도 니시오지마 「스시 요헤이」

1
명주조개 관자를 1번 끓인 미림, 청주, 연한 간장, 설탕, 소금 등의 조미료와 섞어 맛이 배이게 한다.

2
모두 섞은 조미액과 함께 명주조개 관자를 믹서로 간다. 3~5분 갈아 어육을 만든다.

3
2에 달걀을 넣어 잘 섞은 뒤 달걀구이용 팬에 넣고 굽는다. 한쪽 면만 갈색으로 굽고, 다른 쪽은 노란 상태로 둔다.

전통 기술

에도 시대부터 이어져 내려온 전통 스시다. 옛날 에도 시대의 마키즈시는 '노노지마키' 형태가 일반적이었다. 갈색으로 구워진 면이 아름다운 달걀구이로, 단면이 잘 돋보인다.

■ 도쿄 시로가네다이 「스시타쿠미 오카베」

1
달걀구이 위에 샤리를 올리고, 오보로, 잘게 다진 표고버섯, 박고지 등의 재료를 2군데로 나눠 올린다.

2
김발을 들어올려, 우선 앞쪽의 심이 되는 재료를 만다. 펼쳤다가, 다시 한 번 크게 '노(の)' 자처럼 보이게 만다.

3
김발을 벗겨내고 반으로 나눈 뒤 각각 4등분해 8점을 만든다.

연어알, 성게, 기타 진미 스시

획기적인 스시, 군칸마키의 탄생

에도마에즈시는 긴 역사를 거치며, 시대와 함께 변화해 왔다. 새로운 스시 재료도 늘었다. 이제까지 스시로 만들어 먹지 않았던 재료를 연구하고, 새로운 스시를 만들어낸다. 이 획기적인 연구는 '군칸마키'라는 스타일의 스시를 만들어냈다.

'니기리즈시'로 만들기 어려운 성게나 연어알 등의 재료를 김으로 감싼 샤리 위에 올리는 기법이다. 마키즈시는 아니지만, 스시의 모습이 검은 군함처럼 보인다는 데에서 붙은 이름이다.

술안주나 진미로서 내놓는 재료가 그대로 스시가 되니, 그 임팩트의 강렬함 때문에 순식간에 인기 스시로 자리매김하게 되었다.

연어알이나 성게, 날치알, 열빙어알 등 어란으로 만든 스시가 대표적인 군칸마키인데, 그 형태가 무척 다양해 오늘날 스시의 폭을 넓히는 데 큰 역할을 담당하고 있다.

다양하고 풍부한 진미 스시

군칸마키의 탄생으로 인해 오징어젓갈이나 아귀 간, 네기토로 같은 진미가 속속 스시가 되어 정착했다. 성게나 연어알 같은 어란 스시의 인기에 새끼도미나 고모치콘부(생선이 알을 낳아 놓은 다시마) 등으로 만든 스시도 포함되며, 술안주로서 사랑받고 있다.

한편, 군칸마키를 응용해 일상적인 스시 재료도 활용하기 시작했다. 궁합이 좋은 식재료를 다지거나, 버무리거나, 마요네즈 등 서양식 소스를 곁들인 창작 스시도 등장한다.

제철 채소나 산채로 만든 창작 스시

근년에 스시 재료의 폭이 한층 넓어지며, 여성 손님이나 건강한 음식을 좋아하는 손님에게 환영받는 스시가 있다. 바로 채소나 산채 등으로 만든 스시다.

계절감이 있는 채소와 산채, 채소절임 등을 스시로 만든, 새로운 감각의 현대적인 스시가 손님들에게 제공되기 시작했다.

지역에 따라서는 제철 채소나 산채 등을 도입한 스시가 예전부터 존재했다.

죽순 스시나 양하 스시, 채소절임이나 감잎, 목련잎 등으로 싼 스시 등 향토 요리로서 전승되고 있었던 것이다.

현대적인 산채나 절임 스시는 오래된 것을 새로운 감각으로 재탄생된 '온고지신' 창작 스시라고 불러도 손색없다.

어패류에 편향되기 쉬운 스시에 채소류를 더해 건강하고 캐주얼한 스시를 완성한 새로운 스시, 창작 스시에도 주목해야 한다.

새로운 스시의 매력
채소나 진미를 사용한 창작 스시

간장에 절인 참치나 게, 오징어, 연어 등의 스시에는 토핑을 더해 신선한 매력을 연출한다. 생채소나 절임채소를 사용한 스시는 여성 손님들에게 건강함을 어필한다. 새로운 손님층을 끌어들이는 창작 스시는 차세대 스시로 주목받고 있다.

■ 도쿄 도 쓰키지 「쓰키지다마스시」

연어알 [이쿠라]

분류 : 연어목 연어과 연어속
영어목 : salmon roe

'이쿠라'는 연어의 알을 소금이나 간장에 절여 만든 것이다. 냉동 기술이 발전해 지금은 일 년 내내 출하되지만, 초가을에 나온 햇 이쿠라는 껍질이 부드럽고, 농후하고 각별한 맛을 낸다.

그대로 샤리에 올리면 흩어지므로, 군칸마키로 만드는 경우가 많다. '이쿠라'라는 단어는 '생선 알'을 지칭하는 러시아어에서 유래했다고 한다.

군칸마키를 만든다

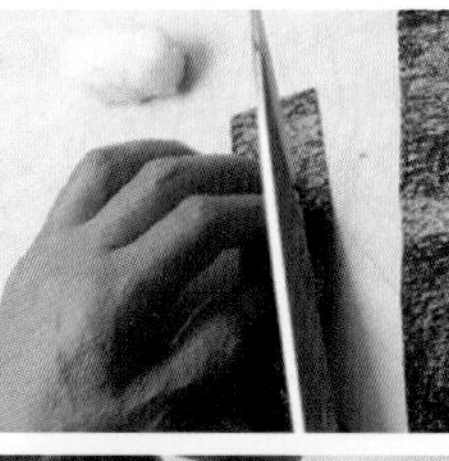

1
샤리는 니기리즈시와 똑같이 쥐어 놓는다. 절반으로 자른 김을 세로로 3등분해 군칸마키용으로 만든다. (김의 폭은 개인에 따라 다르다.)

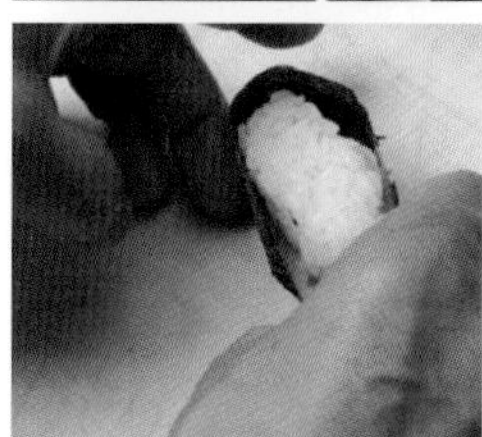

2
샤리 주변에 김을 말고, 끝부분을 밥풀로 이어 붙인다.

3
연어알을 올려야 하므로 샤리보다 김이 높아야 한다. 알이 으깨지지 않도록 작은 스푼 등을 이용해 연어알을 올린다.

연어알 군칸마키

연어알 거북이 스시

오이에 가늘게 칼집을 내 부채꼴 모양으로 펼친 뒤, 군칸마키 끝에 올려 거북이 꼬리 모양으로 연출한다. 연어알을 올리고, 앞부분에는 고추냉이를 곁들여 거북이 머리를 만든다. 장수나 결혼기념일 등을 축하하는 스시로 각광받고 있다.

1
먼저 거북이 꼬리 부분을 만든다. 오이는 껍질 부분을 남긴 채 양끝을 다듬고, 칼 끝을 사용해 잘게 칼집을 낸다.

2
샤리에 김을 말아 군칸마키를 만든다. 오이를 부채꼴로 펼치고, 군칸마키 끝에 올린다.

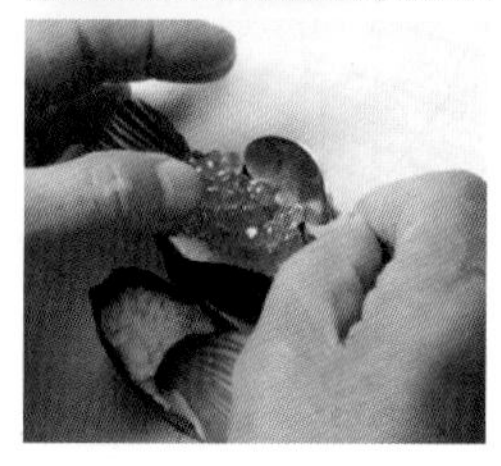

3
오이가 떨어지지 않도록, 오이 위에도 연어알을 올린다. 마지막에 고추냉이를 곁들인다.

연어알 손질하기

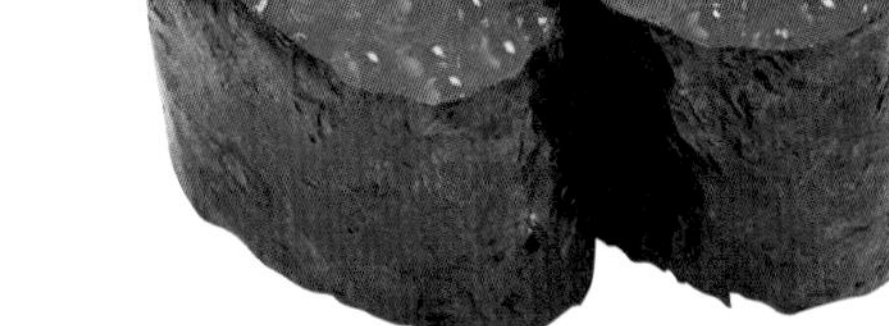

연어알 스시(소금 절임)

소금에 절인 연어알을 다시 청주와 미림에 절이면 맛이 순해지고 알이 마르지 않는다. 하룻밤 재워둔 뒤 스시에 사용한다.

■ 사이타마 미사토 「스에히로스시」

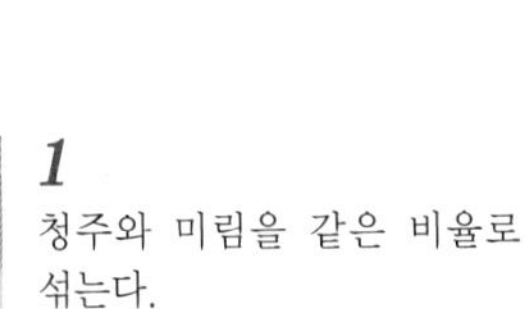

1
청주와 미림을 같은 비율로 섞는다.

2
소금에 절인 연어알에 *1*을 넣고 절인다.

3
한 알 한 알을 젓가락으로 잘 풀어주면서 조미액을 침투시킨다.

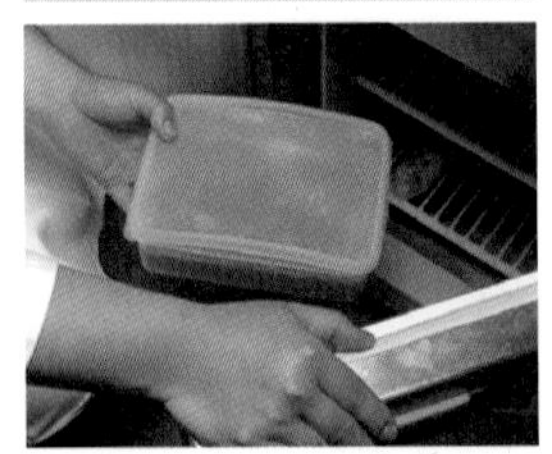

4
냉장고에 넣어 보관한다.

5
군칸마키로 만든 샤리 위에 연어알을 올려 니키리(간장 소스)를 바른다.

여러 가지 연어알 스시

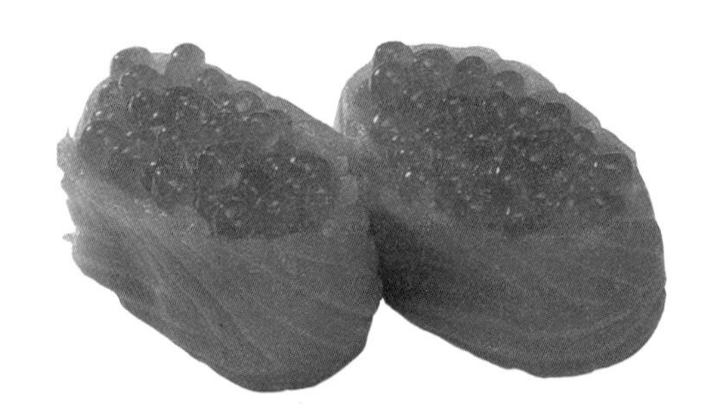

연어알 연어 군칸마키(연어알 오야코즈시)

김 대신 얇게 썬 연어로 샤리를 말았다. 연어알과 연어라는 '부모-자식' 조합이 깊은 맛을 만들어낸다. 모듬 스시에 더해지면 밝은 색채가 화려함을 더해 눈길을 끈다.

■ 도쿄 도 쓰키지 「쓰키지다마스시」

연어알 와인 젤리 스시

김 대신 다른 재료를 사용해 외양에 멋을 낸 스시다. 샤리에 당근과 오이를 얇게 썰어 말아 연어알을 올린다. 완성 후, 와인 젤리를 토핑으로 올린다.

■ 도쿄 도 아라카와 「스시도코로 에도쇼」

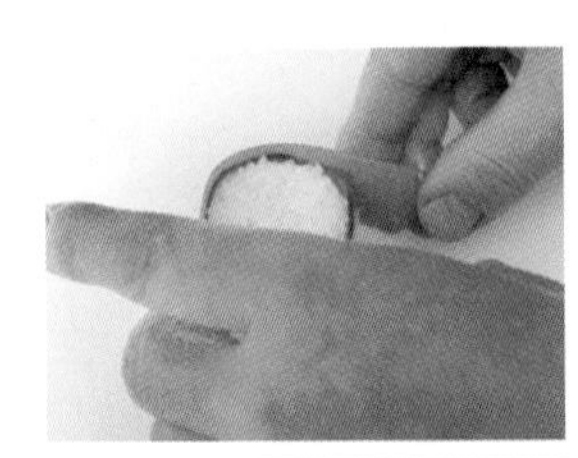

1
얇게 썬 당근과 오이를 겹쳐 만다. 당근은 말기 쉽게 감초에 절여둔다.

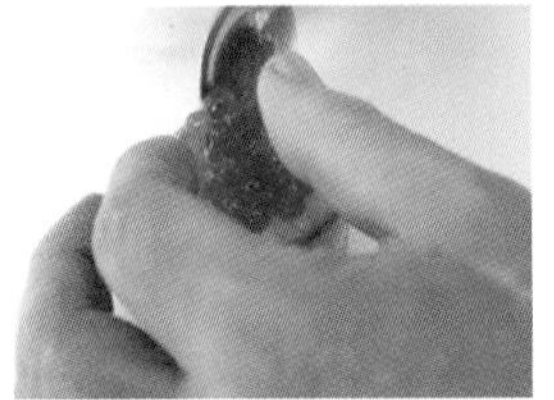

2
샤리 위에 연어알을 올린다. 젤리는 매실초와 와인을 섞어 만든 것이다.

성게 [우니 / 海胆, 雲丹]

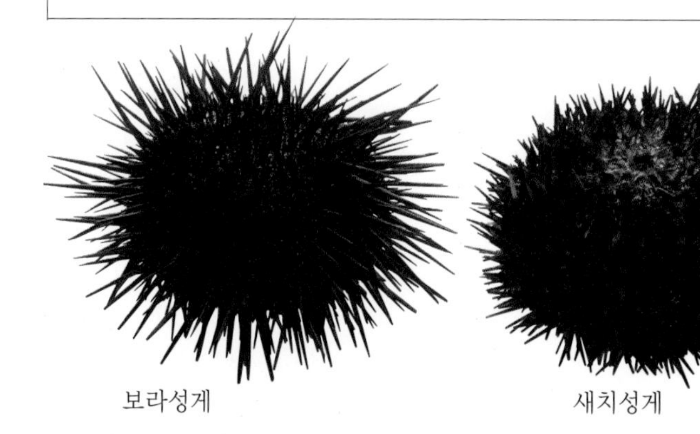

보라성게　　　　새치성게

군칸마키가 탄생한 제2차 세계대전 전후 급속하게 인기가 높아진 대표적 스시 재료다. 가을이 제철을 맞는 온대성 희귀한 성게인 분홍성게(아카우니) 등도 있지만, 일본에서 유통되는 것은 둥근성게(기타무라사키우니)와 새치성게(에조바훈우니)가 주류로, 생식소를 먹는다. 제철은 여름이다. 일반적으로 손질된 상태로 상자에 담겨 유통되고 있다. 싱싱한 성게는 알이 촘촘하게 모여 있는데, 으깨지지 않도록 섬세하게 다뤄야 한다.

분홍성게 스시

2종류 성게의 맛을 선사한다. 1점은 그대로 간장을 찍어 먹고, 1점은 날치알과 차조기잎을 올려 레몬이나 유자 즙을 뿌린다.

■ 후쿠오카 현 오구라 시 「스시 모리타」

나가사키산 분홍성게

성게 군칸마키

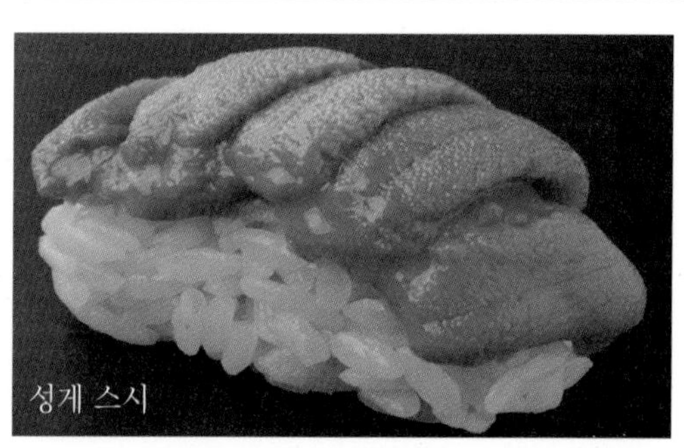

성게 스시

군칸마키처럼 김의 풍미를 더하지 않고, 성게 본래의 맛을 살리기 위해 니기리즈스시로 손님에게 낸다. 성게 상자에서 젓가락으로 알을 떼어내고, 샤리 위에 올려 아름다운 모양을 완성한다.

■ 도쿄 도 긴자 「스시 오지마」

산지별 성게

보라성게

윤기가 있는 짙은 보라색의 긴 가시가 특징이다. 둥근성게보다도 알이 크고 연한 황색이어서 '흰 성게'라고 불리기도 한다. 산뜻하고 고급스런 맛이 특징이다. 주요 산지는 홋카이도 남부부터 산리쿠, 동해까지다.

둥근성게

주요 산지는 홋카이도 북부에 있는 리시리, 라우스 등이다. 가시가 짧고, 먹는 부분은 짙은 오렌지색이 섞인 노란색이다. 맛이 진하고 단맛도 강하다. 일반적으로 보라성게보다 비싸게 거래된다.

여러 가지 어란, 기타 진미 스시

스시 재료는 날이 갈수록 계속 늘고 있다. 전통적인 에도마에즈시에는 없었던 스시도 많이 등장하고 있다. 그 대표적인 것이 바로 어란이나 생선 간, 내장 등 각종 진미로 만든 스시다. 메이지 시대에 뱅어가 새로운 스시 재료로서 인기를 끌었던 것처럼 지방의 특산품이 전국적인 스시가 되는 경우도 자주 있다. 이런 스시 재료의 다양화가 새로운 손님을 끌어모으고 있다.

날치알 [도비코]

도비코 군칸마키 스시

날치 알을 소금 절임해, 톡톡 터지는 식감이 특징이다. 그릇에 담았을 때 화려한 스시다.

■ 도쿄 도 쓰키지 「쓰키지다마스시」

연어알 젓갈 [스지코]

연어알 젓갈 스시

연어알 젓갈을 샤리 위에 올리고, 위에 고추냉이를 조금 올린다. 김을 아래에 깔아, 말아서 먹기도 한다.

■ 도쿄 도 우메가오카 「스시노미도리 총본점」

명란젓 [다라코]

명란 스시

생으로 먹어도 맛있지만, 가볍게 불에 구워 깊은 맛을 내고, 감칠맛이 돈다.

■ 홋카이도 오타루 시 「이세스시」

청어알 절임 [가즈노코]

청어알 스시

청어알은 생선 조림 후 남은 국물에 절여 맛을 배이게 하고, 샤리에 올리기 쉽지 않으니 김을 가운데 말아준다. 잘게 썬 가쓰오부시를 뿌린다.

■ 도쿄 도 쓰키지 「쓰키지다마스시」

오징어 젓갈 [이카노시오카라]

오징어젓갈 군칸마키 스시

오징어를 손질한 후, 다리처럼 스시 재료로 쓰기 힘든 자투리 살에 간을 해 만든 진미 스시다.

■ 도쿄 도 쓰키지 「쓰키지다마스시」

생선알 곁들인 다시마 [고모치콘부]

생선알 곁들인 다시마 스시

인기 있는 진미 스시로 국물용 간장에 절인 다시마를 스시로 만든다. 김을 가운데 말아, 잘게 썬 가쓰오부시를 위에 뿌린다. ■ 도쿄 도 쓰키지 「쓰키지다마스시」

해삼 내장 [고노와타]

해삼 내장 군칸마키 스시

해삼의 내장을 소금에 절여 만든 일본의 삼대 진미인 '해삼 내장'으로 만든 고급 스시다.

■ 이시카와 현 가나자와 시 「스시캇포 아오이스시」

해삼 [나마코]

해삼 군칸마키 스시

해삼을 슬라이스로 썰어 군칸마키를 만들었다. 폰즈 섞은 간장을 뿌리고, 유자를 위에 올려 내놓는다.

바다참게 [즈와니가니]

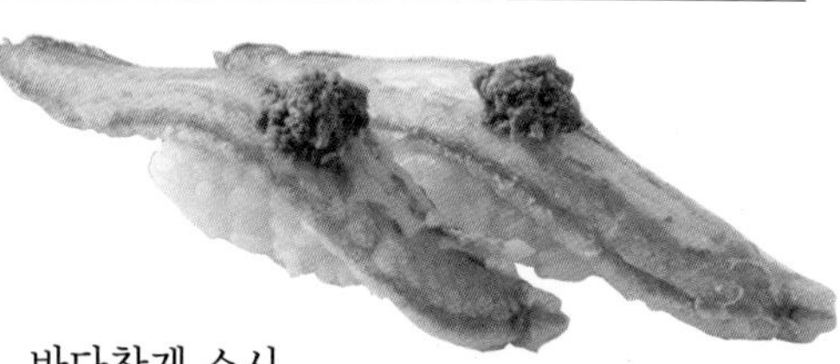

바다참게 스시

소금을 넣고 찐 이시카와 현의 특산물 바다참게의 다리를 스시로 만들었다. 게 내장은 청주를 조금 넣고 반죽해 스시 위에 올렸다.

■ 이시카와 현 가나자와 시 「스시캇포 아오이스시」

생 바다참게 [나마즈와니가니]

생 바다참게 스시

바다참게의 다리를 껍질째 스시를 만들어, 생 재료의 매력과 볼륨감을 끌어올린다.

■ 도쿄 도 우메가오카 「우메가오카스시노미도리 총본점」

뱅어 [시라우오]

뱅어 군칸마키 스시

메이지 시대에는 뱅어를 데쳐 스시로 만들었다. 현대에는 날 생선을 먹는 경우가 많다.

새끼멸치 [시라스]

새끼멸치 스시

멸치의 새끼로 만든 스시다. 날 생선을 듬뿍 올려, 간 생강과 싹파를 잘게 잘라 고명으로 올린다.

아귀 간 [안키모]

아귀 간 군칸마키 스시

랩으로 싸서 찐 다음 냉장고에 넣어 식힌다. 산파와 함께 모미지오로시를 스시 위에 올린다.

■ 이시카와 현 가나자와 시 「스시캇포 아오이스시」

새끼바다참게 [고바코가니]

새끼바다참게 군칸마키 스시

바다참게의 새끼의 내장과 살을 모두 스시 재료로 올린다.

■ 이시카와 현 가나자와 시 「스시캇포 아오이스시」

털게 [게가니]

털게 스시

홋카이도에서 잡은 털게를 사용했다. 소금을 넣고 데친 다릿살을 슬라이스해 스시를 만들고, 폰즈와 간장을 젤리처럼 만들어 스시 위에 올린다.

게 내장 [가니미소]

게 내장 군칸마키 스시

군칸마키에 차조기 잎을 곁들여, 게 내장을 올린다. 그다음 게살을 작게 잘라 그 위에 올린다.

새끼복어 [후구시라스]

새끼복어 군칸마키 스시

새끼 복어는 데친 후 군칸마키 위에 올리고, 산파와 모미지오로시를 곁들인다. 폰즈를 뿌려 제공한다.

복어 껍질 [후구가와]

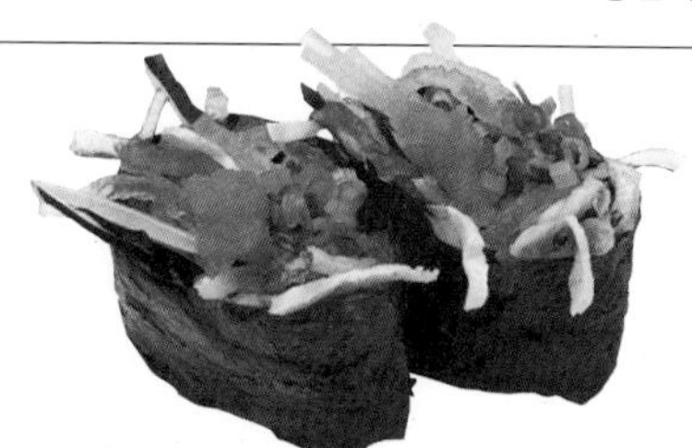

복어 껍질 군칸마키 스시

복어 껍질을 데친 후 잘게 썰어 스시를 만든다. 산파와 모미지오로시를 스시 위에 올리고, 폰즈를 스시와 함께 낸다.

여러 가지 채소 스시

현대인들은 건강한 식사를 지향하는 경향이 높아지면서 채소 스시를 선보이는 가게가 늘고 있다. 채소는 갓파마키처럼 날것을 사용하는 경우도 있지만, 데치거나 굽거나 절이는 등 조리법마다 맛의 변화가 나타나는, 재미있는 스시 재료다.

아욱 [오쿠라]

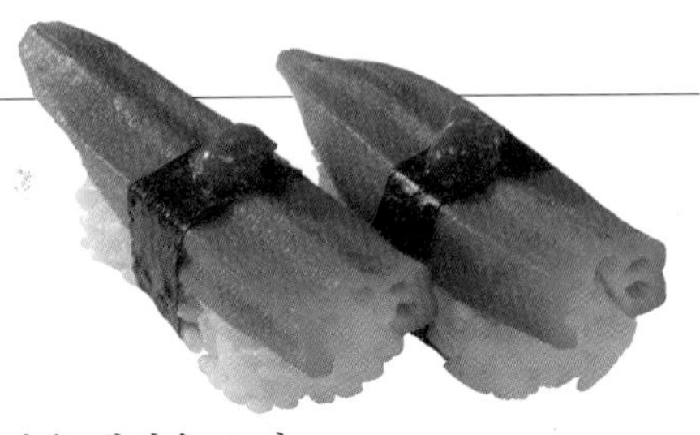

아욱 매실육 스시

아욱을 소금물에 데치고, 세로로 1번 잘라 2개로 나눠 스시를 만든다. 김으로 가운데를 묶고, 위에는 매실육을 올려 손님에게 제공한다.

■ 도쿄 도 쓰키지 「쓰키지다마스시」

표고버섯 [시이타케]

표고버섯 아부리 스시

두툼한 표고버섯을 사용한다. 버섯은 밑동을 자르고 버섯 갓에 십자 모양으로 칼집을 내고 구워 스시를 만든다.

■ 도쿄 도 쓰키지 「쓰키지다마스시」

가지 [나스]

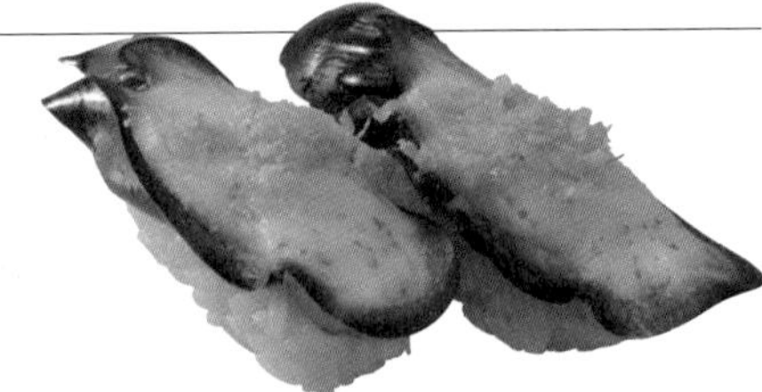

가지 고추냉이 스시

스시에 절임 반찬을 활용했다. 통째로 절여둔 가지를 사선으로 잘라 스시를 만들고, 그 위에 잘게 썬 가쓰오부시를 올린다.

■ 도쿄 도 쓰키지 「쓰키지다마스시」

산마 [야마이모]

참마 돈부리 군칸마키 스시

참마를 갈아, 식감이 좋은 돈부리와 감칠맛을 더하는 메추라기 알의 노른자를 함께 스시 위에 올린다.

■ 도쿄 도 쓰키지 「쓰키지다마스시」

만간지 홍고추 [아카만간지토가라시]

만간지 홍고추 찜 스시

생선을 졸인 뒤의 국물과 간장, 미림으로 홍고추를 살짝 데치고, 그 물에 절인다. 표면에 칼을 사용해 격자무늬를 넣은 다음 스시를 완성한다.

■ 도쿄 도 긴자 「스시 오지마」

만간지 고추 [만간지토가라시]

만간지 고추 스시

만간지 고추는 교토 특산품으로, 생으로 먹어도 아삭하고 단맛이 강하다. 구우면 단맛이 강해지고 부드러워 스시와의 궁합이 좋아진다.

■ 도쿄 도 쓰키지 「쓰키지다마스시」

그린 아스파라거스

그린 아스파라거스 스시

그린 아스파라거스는 소금을 넣고 1번 데친다. 스시를 쥔 뒤에 김을 두르고, 마요네즈를 올려 매운 맛을 없앤다.

두릅 [우도]

두릅 스시

특유의 향과 식감이 매력적인 두릅은 매실초에 절여 냄새를 빼고, 색을 입혀 스시 위에 올린다.

유채 [나노하나]

유채 다시마절임 무침 스시

데친 유채 꽃을 다시마 절임한다. 그다음 가라스미(소금에 절인 생선알집)를 잘게 뿌려 맛을 풍부하게 한다.

■ 도쿄 도 긴자 「스시 오지마」

여러 가지 구운 스시

현대의 스시 가운데 인기가 높은 아부리 스시는 재료를 불에 살짝 구움으로써 향이 짙어지고 단맛이 더해진다. 비린내도 줄어들어 날생선을 잘 못 먹는 손님들도 맛있게 먹을 수 있는 조리 기술이다. 표면만 살짝 그을려 너무 굽지 않는 것이 포인트다. 참치나 연어 외에도 조개류 역시 단맛이 강해져 먹기 쉽다. 완성된 스시를 불에 살짝 쬐어 구운 '아부리 스시'는 앞으로도 주목받을 것이다.

참치

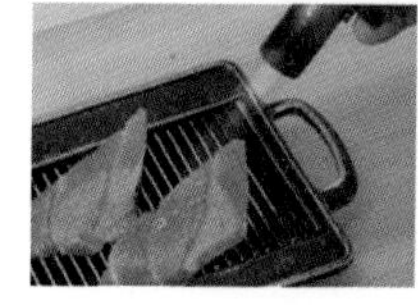

참치 오토로 아부리 스시

참치 오토로의 매력은 지방의 맛에 있다. 불에 구워 지방의 단맛을 더했다. 간 무에 색을 입혀 손님에게 낸다.

■ 도쿄 도 쓰키지 「쓰키지다마스시」

연어

연어 뱃살 아부리 스시

노르웨이 연어를 살짝 구워 만든 스시. 독특한 맛이 특징인 '파 소금 소스'를 올려 감칠맛을 높였다.

■ 도쿄 도 쓰키지 「쓰키지다마스시」

가리비

가리비 아부리 스시

가리비 관자에 칼집을 내 스시를 만든 후, 표면을 살짝 불에 쬐어 향을 입히고 산초나무 순을 올려 손님에게 낸다. ■ 도쿄 도 쓰키지 「쓰키지다마스시」

성게

성게 아부리 스시

군칸마키로 만들지 않고, 표면을 살짝 구워 향이 살아 있는 상태로 손님에게 제공한다.

오징어

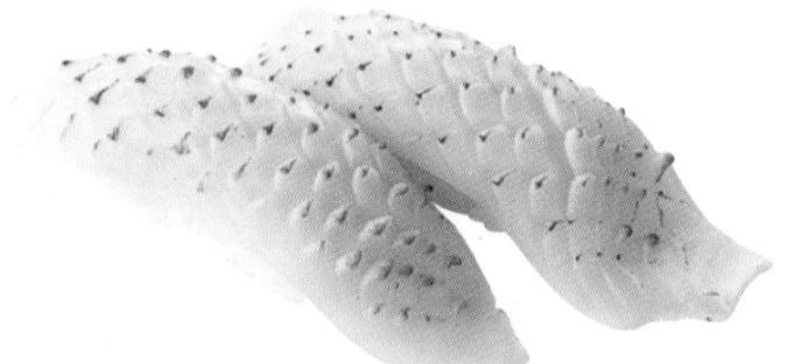

오징어 아부리 스시

오징어 살에 칼집을 내서 스시를 만든 후, 표면을 살짝 불에 쬐어 칼집이 살아나게 했다.

아부리 모둠 스시

여성 손님, 젊은 층에게 인기가 높은 아부리 모둠 스시다. 참치 뱃살, 지느러미살, 새우 치즈, 오징어, 연어를 조합했다. 위에 연어알, 검은 날치알, 산파, 파채 등을 올려 스시 재료의 매력을 한층 끌어올렸다.

■ 도쿄 도 우메가오카 「우메가오카스시노미도리 총본점」

샤리 기술

샤리와 쌀의 관계

스시의 맛을 결정하는 '샤리 만드는 법'은 가장 설명하기 힘든 기술이다. 하지만 예로부터 '스시의 맛은 밥이 60% 결정한다'라는 말이 있을 정도로 다른 재료보다 샤리가 스시의 맛을 결정하는 중요한 요소다.

처음에 해야 할 일은 쌀을 선택하는 것이다. 벼 품종 개량이 성과를 거두면서 1950년대부터 고시히카리부터 사사니시키 등이 생산되어 인기를 얻고 있다. 품종 개량의 목표는 맛, 품질 향상이었지만, 신종 벼가 개발되어 일본 각지에서 새로 나온 벼 품종은 무려 300종 이상이라고 한다.

유명 브랜드 쌀도 생겨나고 그 시대의 취향에 맞춰 인기를 끌고 있다. 계속해서 새로운 브랜드 쌀이 탄생하고 있지만, 반면 사라진 품종도 있다. 따라서 항상 새로운 정보를 얻으면서, 자신과 맞는 샤리를 연구해야 한다.

한 종류의 쌀이 아닌 몇 종류의 쌀을 섞어 쓰는 가게도 적지 않다. 벼 품종에 따라 특성을 고려해, 샤리에 적합하게 배합한 브랜드 쌀도 있다. 쌀알이 작은 편이고, 찰기가 강하지 않고, 밥을 지었을 때 밥알이 후르륵 퍼지고, 수분 함량이 일정한 쌀이 샤리에 적합하다.

밥 짓기에 대해

샤리용 밥 짓는 법은 제2차 세계대전을 기점으로 큰 변화를 겪었다.

제2차 세계대전 이전에는 불을 피우는 연료와 밥을 짓는 가마 등이 각 점포마다 가지각색이었다. 또한 배달 스시 전성기에는 가게에 따라 밥만 짓는 전문가를 두고, 하루에 4~9말 정도의 밥을 지었다고 한다. 장작 등의 땔감을 대신해 가스 가마, 전기 밥솥 등의 자동 취사기가 보편화되면서, 사람의 손에 맡기지 않고 기계가 밥을 지어도 충분히 수준이 높은 밥을 지을 수 있게 되었다.

하지만 쌀의 정미, 씻기, 불리기, 물 조절, 불 조절, 뜸들이기 등 몇 가지 체크할 포인트를 알아보자.

◎ 쌀의 정미

현미 상태에서 보존하다가 주문할 때마다 쌀을 도정한다. 정미된 쌀은 급격하게 맛이 떨어지기 때문에 1개월 내에 소진한다.

◎ 쌀 씻기

지금은 정미 기술이 발달해, 쌀을 씻는 횟수를 적게 해도 쌀겨나

불순물이 잘 씻겨 내려간다. 또, 씻지 않아도 되는 쌀까지 선택지에 포함하면, 수도 요금이나 시간을 줄일 수 있어 경제적이다.

◎ 쌀 불리기

쌀을 씻은 뒤에 쌀을 불려 밥을 짓는다. 씻은 뒤 소쿠리에 건져 물을 뺀 뒤 불리는 시간을 갖는다. 쌀을 불리는 시간을 두면 건조되었던 쌀의 안쪽까지 수분이 흡수되어, 원래 상태로 돌아온다.

◎ 물 조절

햅쌀일수록 수분 함유량이 많고 오래될수록 수분 함량이 줄어든다. 일반적으로 햅쌀이 나오는 시기가 되면 물 조절이 어려워지는 것은 바로 그 때문이다. 따라서 철이 바뀔 때마다 물조절에 주의해야 한다. 평소 밥을 지을 때에 필요한 물의 정도는 쌀보다 20% 정도 더 넣는 것이 기본이다.

샤리는 약간 고들고들하게 지어야 하고, 식초물의 수분도 더해지므로, 약 10% 정도만 물을 넣어야 좋다. 햅쌀이나 묵은쌀, 혹은 사용하는 쌀이 가진 수분 함량에 따라 물의 양을 조절한다.

◎ 불 조절

밥을 짓는 것은 쌀에 함유된 전분인 베타 전분을 알파화하는 것이다. 수분을 더해 가열하면 전분이 끈기가 있는 전분으로 변화해 호화(糊化)한다. 이 과정이 고르게 될수록 맛있는 밥을 지을 수 있다.

◎ 뜸 들이기

불을 끄고 뜸을 들이는 것은 여열로 쌀알의 안까지 완전히 호화시킴과 동시에 표면에 남아 있는 여분의 수분을 날리는 목적이 있다.

밥을 지은 이후 뜸들이는 시간은 대략 20분 필요하다. 충분히 뜸을 들여야 더욱 몽실몽실하고 고르게 밥을 지을 수 있다.

식초물과 스시의 맛

식초물 배합에 대해 과거에 여러 차례 설문조사를 했지만, 그 결과 조미료의 분량은 가게에 따라 크게 차이가 나는 것으로 밝혀졌다. 간토 지방이나 간사이 지방 간의 차이도 있었고, 같은 도쿄 지역 내에서도 차이가 존재했다. 극단적으로 말하면 설탕과 소금의 분량이 역전된 경우도 있었다.

점포의 입지나 손님층의 차이까지 고려하면 식초물의 일정한 배합 비율을 정하는 것은 참 어렵다.

점포에 따라 다른 식초물 배합 비율이 전승 및 개량되면서 현재에 이르렀기 때문일 것이다. 각 점포의 예를 참고하여, 자신만의 맛을 완성해야 한다. (아래 '식초물의 배합 비율'은 실제 스시 가게를 취재해 얻은 것이다.)

현재, 식초물을 만드는 식초는 쌀로 만든 쌀식초를 사용하는 것이 일반적이다. 그러나 제2차 세계대전 전에는 술지게미로 만든 것을 쓰는 경우가 많았다고 한다. 술지게미는 독특한 풍미와 감칠맛이 있고, 붉은색을 띠어 '붉은 식초'라는 뜻의 '아카즈(赤酢)'라고도 불렸다. 그러나 이후 밥이 붉게 물드는 점 때문에 경원시되고 투명한 식초를 사용하게 되었다.

◎ 식초물 만들기

식초물 만들기는 설탕과 소금을 완전하게 녹이는 것부터 시작한다. 불을 쓸 필요는 없지만, 녹이기 쉽도록 가열할 경우에는 반드시 60℃ 이하로, 끓지 않도록 주의하여 가열한다. 식초의 성분이 변화하고 초 성분이 날아가버리기 때문이다.

또한 밥에 식초물을 섞을 때에도 고르게 섞는 포인트가 있다. 뜨거울 때 섞으면 밥알에 식초물이 잘 스며들지만, 찰기도 많아지므로 밥을 자르듯이 섞으며 끈적이지 않도록 한다. 동시에 수분을 날리듯 밥을 잘 펼쳐줘야 한다. 식초물이 구석구석 섞였으면, 재빨리 밥을 식혀 윤기를 더한다. 밥알 표면의 수분을 날리고, 식초나 설탕의 당분 성분으로 밥알 겉면을 코팅해 윤기를 내는 것이다.

◎ 샤리의 온도

샤리는 사람의 피부 온도 정도가 적당하다. 먹었을 때 뜨거우면, 스시 재료에도 그 온도가 전해져 맛있지 않다. 사람의 피부 온도에 맞추면 입에 넣었을 때 밥알이 타액을 빨아들이며 적당하게 풀어진다.

그렇다고 샤리의 온도가 너무 낮으면 찰기를 잃고, 밥알의 전분 성분이 베타화한다. 딱딱한 밥알이 흐트러지는 상태로 변한다. 보온, 보습력이 있는 용기에 보관하고, 항상 적절한 온도로 샤리를 보관하는 것이 중요한 포인트다.

식초물의 배합 비율

	점포 위치	쌀의 양	식초	설탕	소금
A점	도쿄	2되	2홉	130g	90g
B점	도쿄	2되	쌀식초 380ml	백설탕 180g	90g
C점	도쿄	2되	400ml	50g	100g
D점	도쿄	2되	2홉보다 약간 많게	160g	90g
E점	도쿄	2되	2.1홉	75g	94g
F점	도쿄	1되	아카즈 1홉	백설탕 1큰술	2.5큰술
G점	도쿄	1되	240ml 쌀식초 8:순미아카즈 2	108g	굵은소금 48g
H점	이시카와	2되	540ml	140g	70g
I점	히로시마	1되	1홉보다 약간 많게	150g	50g
J점	후쿠오카	1되	1홉	125g	55g

샤리 준비하기

■ 이시카와 현 가나자와 시「스시캇포 아오이스시」

샤리 준비는 점포에 있어서 가장 중요한 일이다. 이전에는 밥 짓는 전문 장인이 있었을 정도로 섬세한 기술을 요하는 작업이다.

쌀을 선정하고, 밥을 짓기까지의 일련의 과정에 모두 전문가의 손길이 필요하다. 또한 '식초물'의 배합 비율이나 갓 지은 밥에 식초물을 섞는 작업 등에도 섬세한 주의가 필요하다. 그다음 사람 피부 온도 정도로 식혀 보관해 샤리의 맛을 보존한다. 보온하고 맛이 떨어지는 것을 막는 것이 중요하다.

손질 순서: 쌀 씻기 ▶ 취사 ▶ 식초물 배합

쌀 씻기

쌀을 씻는다

1

쌀에 물을 붓고, 대강 섞어가며 재빨리 씻는다.

2

맨 처음 쌀뜨물은 바로 버린다. 1번째 물은 쌀에 바로 흡수되므로 재빨리 버리지 않으면 밥에서 누린내가 난다.

3

손바닥으로 가볍게 누르듯 쌀끼리 비벼가며 닦고, 쌀알에 붙어 있는 껍질 등을 제거한다.

4

물을 더해가며 비비듯이 쌀을 닦고, 탁해진 살뜨물을 버린다. 불순물과 더러움은 물론이고 변색된 쌀알 등도 제거한다.

5

쌀뜨물을 3번 정도 버린다. 힘을 너무 주면 쌀알이 바스러지므로 주의한다.

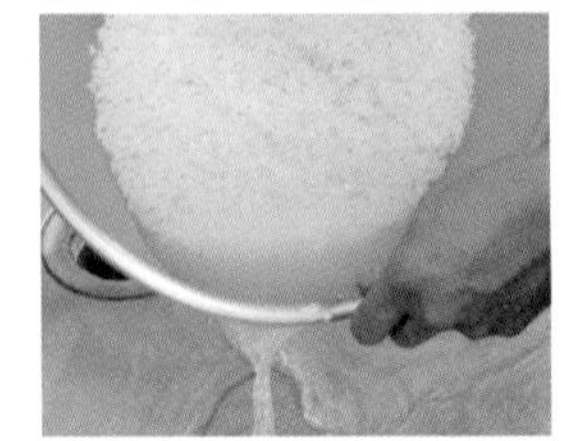

6

정미 기술이 좋아져 쌀겨 등이 잘 떨어진다. 3번 정도 씻으면 충분하다.

취사

쌀을 불려 밥을 짓고 뜸을 들인다

1

씻은 쌀을 소쿠리에 건져 물을 뺀다. 밥솥에 쌀을 넣는다(사진에서는 5홉 용량의 밥솥에 2홉을 넣어 밥 짓는 준비를 했다).

2

밥솥의 물 기준선보다 조금 적게 물을 넣는다. 쌀의 상태와 계절에 따라 물 양을 조절한다(스시용 기준선이 표시된 밥솥도 있다).

3

다시마(5cm 정도)와 대나무 숯을 함께 넣고 쌀을 불린 뒤(여름에는 30분, 겨울에는 1시간 정도), 밥을 짓는다. 다 되면 뜸을 들인다(다시마와 대나무 숯 등은 넣지 않아도 된다).

현대의 기술

세미기(쌀 씻는 기계)로 쌀 씻기

1

세미기에 쌀을 넣는다. 세미기로 쌀을 씻으면 물 양의 조절이 아주 중요하다.

2

물의 양을 조절해가며 세미기를 돌린다. 물이 얇아지면 소쿠리를 올린다.

3

소쿠리를 올려 물을 뺀다. 단시간에 쌀을 씻을 수 있는 세미기를 활용하는 것도 방법이다.

■ 식초물 배합 분량(쌀 2홉 분량)	
식초	540ml
설탕	140g
소금	70g
감칠맛 조미료	1작은술

※ 예로 든 점포의 경우

식초물 배합

식초물을 만든다

1
냄비에 설탕을 넣고, 식초를 정해진 분량만큼 더한다. 설탕 분량은 여름에는 조금 적게 하는 등 계절에 따라 조절한다.

2
식초를 더해가며 불을 올리고 소금을 넣는다. 잘 섞어가며 녹인다.

3
약불로 설탕과 소금이 녹을 때까지 잘 저어주며 식초물을 만든다. 식초물이 끓어 식초가 날아가지 않도록 주의한다.

식초물을 섞는다

4
큰 나무 밥통(한다이)을 준비한다. 젖은 면보로 밥통 내부를 닦아 습도를 유지한다. 밥주걱에도 물을 묻혀 준비해둔다.

5
밥솥에서 밥을 꺼내 밥통으로 옮긴다. 밥통 가운데부터 툭툭 올려놓는다. 처음에는 밥이 너무 퍼지지 않도록 한다.

6
식초물을 주걱에 따라가며 밥에 뿌린다. 맛이 뭉치는 곳이 없게 밥에 직접 따르지 않도록 주의한다.

7
주걱으로 밥을 퍼올리듯 식초물을 섞는다. 가장자리부터 밥을 자르듯 섞는다.

8
골고루 잘 섞이면, 밥을 평편하게 편다. 주걱에 붙은 밥알도 깨끗하게 닦아낸다.

9
식초물이 밥알 심지까지 침투하도록 잠시 기다린다. 표면을 가볍게 부채질해 밥알의 윤기가 살아나도록 한다.

10
다시 한 번 주걱으로 밥을 퍼올려 위아래를 뒤집는다. 밥알을 절대로 짓이기지 않도록 주의한다. 식초물이 뭉친 곳이 없도록 골고루 침투시킨다.

11
다시 한 번 밥을 평편하게 폈으면 가볍게 부채질한다. 부채질하는 이유는 밥을 식히는 것이 아니라 윤기를 더하기 위함이다.

12
밥 전체에 골고루 식초물이 스며들었으면 샤리가 완성된 것이다. 찰기가 많지 않고, 밥알이 후르르 흩어지면 좋다.

작은 밥통에 넣는다

13
샤리를 작은 밥통(오히츠)으로 옮긴다. 사람의 피부 온도 정도로 보관하기 위해 보온 효과가 있는 샤리용 밥통에 넣는다.

14
예로 든 점포에서는 샤리가 뭉치지 않도록 다시 적절한 온도로 보온하는 효과가 있는 전용 포장재로 싸두었다.

15
밥통에 샤리를 30℃ 정도를 유지하며 보관한다. 샤리를 만들 때에는 샤리를 꽉 짠 면보 등에 옮겨 풀어준 다음에 사용한다.

니기리즈시 쥐는 기술

■ 도쿄 도 스가모
「스시도코로 자노메」

니기리즈시의 형태와 기술

'니기리즈시'를 쥐는 방법은 몇 가지로 나뉜다. 일반적으로 많이 쓰이는 방법은 주로 다음 4가지 기술이다.

1. 고테가에시(小手返し) 2. 다테가에시(立て返し)
3. 혼테가에시(本手返し) 4. 잇테가에시(一手返し)

이상의 4가지 방법의 특징은 스시를 돌려놓는 방법이다. 제일 일반적이고 주류인 방법은 '고테가에시'로, 그 다음은 '다테가에시'다. '혼테가에시'는 옛날부터 전해져 내려오는 방법으로, 스시 형태가 다른 방법보다 깔끔한 모양이지만, 수고가 많이 들어 지금은 이 방법을 쓰는 사람이 적다. '잇테가에시'는 손이 덜 가고 빨리 스시를 만들 수 있지만, 형태가 흐트러지기 쉽고 엉성해 보인다는 단점이 있다.

어떤 방법이든 스시를 돌려놓을 때의 방법에 차이가 있을 뿐, 스시를 쥐는 과정에는 큰 차이가 없다. 184쪽 과정 사진의 1번째 동작부터 4번째 동작까지는 거의 똑같다. 어떤 방법을 익힐지는 가르치는 사람과 수련하는 가게에 따라 다를 수 있다. 하지만 '고테가에시'와 '다테가에시'는 스시 재료에 따라 구분해 사용하는 사람도 많으므로 두 가지 방법만은 확실히 익혀두는 것이 좋다.

고테가에시

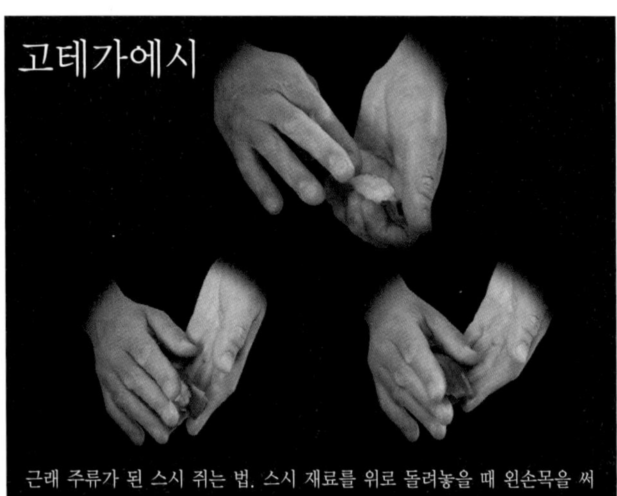

근래 주류가 된 스시 쥐는 법. 스시 재료를 위로 돌려놓을 때 왼손목을 써서 회전시킨다. 왼손의 손가락 관절로 샤리 아래의 모양을 가다듬고, 오른손 손가락 2개로 위에서 재료를 누른다. 일련의 과정이 물 흐르듯 자연스럽고 아름답다.

혼테가에시

옛날부터 전해져 내려온 방법으로 손이 많이 간다. 손을 뒤집을 때, 한 번 오른손에 옮겼다가 왼손으로 덮듯이 스시를 잡는다. 이 방법으로 스시를 반회전시키는데, 손이 많이 가기 때문에 이제는 이 방법을 쓰는 사람이 적어졌다.

다테가에시

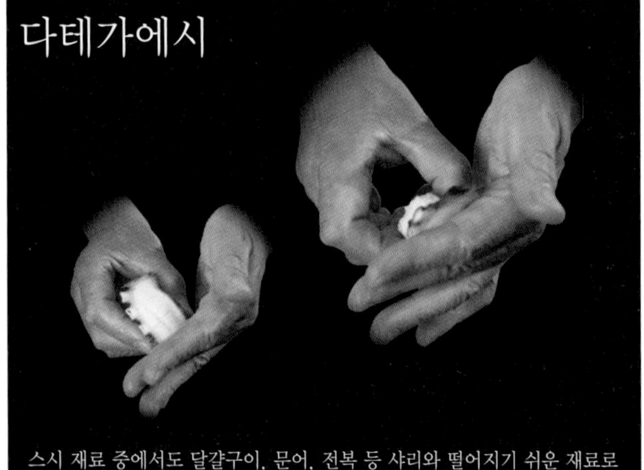

스시 재료 중에서도 달걀구이, 문어, 전복 등 샤리와 떨어지기 쉬운 재료로 스시를 만들 때 적합하다. 탄력을 이용해, 세로로 세우듯 돌리는 것이 특징이다.

잇테가에시

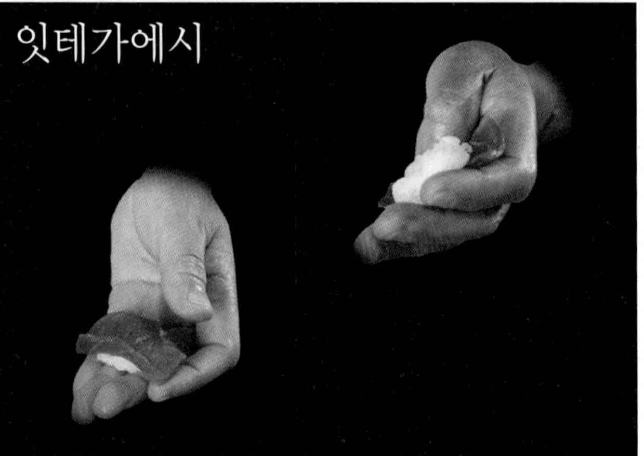

스시 재료를 돌려놓을 때, 왼손 손목을 써서 회전켜 한 손으로 스시를 만들 수 있다. 한때 빠른 방법이라는 뜻의 '하야니기리'라고 부르며 인기를 끌었던 시기도 있었다. 스시를 빨리 만들 수 있지만, 스시 모양이 흐트러지기 쉬우므로 주의한다.

맛을 결정하는 니기리즈시 쥐는 요령

흔히들 스시를 쥐는 방법으로 맛이 결정된다고 한다. 니기리즈시의 목적이라고도 할 수 있는 포인트는 다음의 3가지다.

1. 스시 재료와 샤리의 밸런스를 고려한다

스시 1점은 스시 재료와 샤리를 합쳐 약 30g이 적당하다. 흰 살 생선의 경우엔 스시 재료가 10~12g, 붉은 살 생선은 약 15g, 달걀구이는 약 20g 정도다. 스시 재료에 따라 샤리의 분량을 미묘하게 바꾸며 맛의 균형을 잡는다.

2. 집었을 때 흐뜨러지지 않고, 입안에서 풀어지도록 스시를 쥔다

밥알이 뭉개지지 않은 채 스시의 모양을 만들고, 밥 사이에 공기가 있다고 상상하며 스시를 쥔다.

3. 스시 재료와 샤리를 밀착시켜 일체감이 느껴지도록 한다

고추냉이를 바르지만, 스시 재료를 올리는 게 아니라 누르듯 모양과 맛의 일체감을 살리는 것을 목표로 삼아야 한다. 니기리즈시의 모양은 '쌀가마 모양(다와라가타)'과 '부채꼴 모양(스에히로가타)'가 있다.

준비

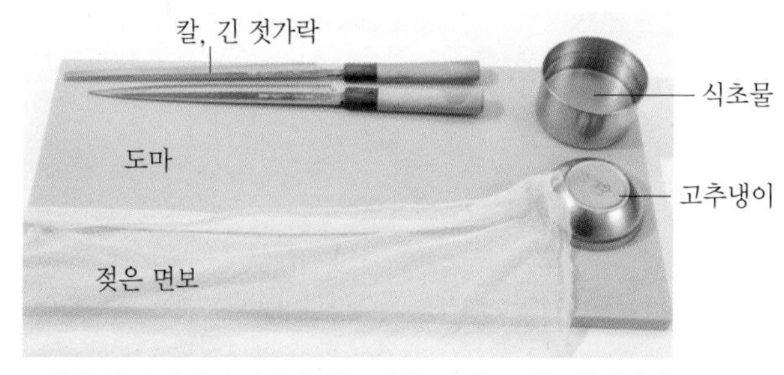

스시를 쥐기 전에 준비해야 하는 것들. 우선 도마는 청결하게 닦고, 꽉 짠 면보를 준비한다. 도마의 위쪽에 칼과 긴 젓가락을 둔다. 칼날은 바깥쪽을 향하게 둔다. 식초물과 고추냉이 용기는 오른쪽 끝에 둔다.

샤리

1
나무 밥통 속 샤리는 청결하게 꽉 짠 면보로 위아래를 뒤집듯 풀어준다. 잘 풀어두지 않으면 스시를 만들 수 없다.

고추냉이

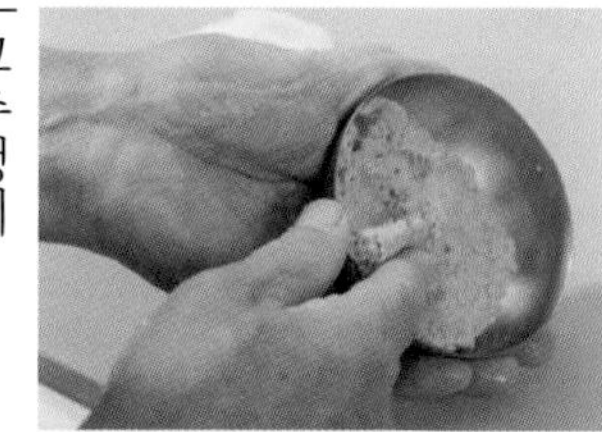

2
매운맛이 날아가지 않도록 엎어 둔 고추냉이 그릇을 뒤집어, 매운맛이 날아간 표면을 걷어낸 뒤 사용한다.

식초물

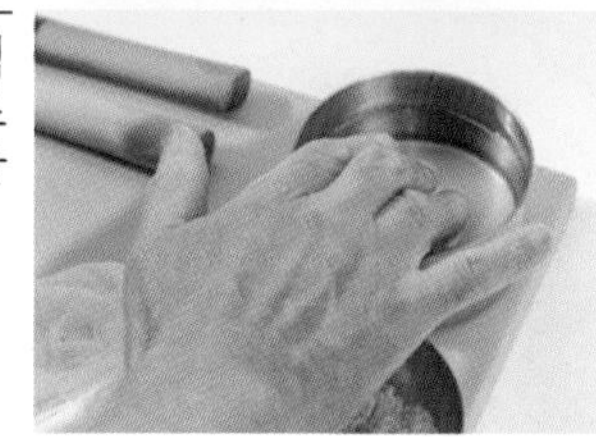

3
식초 1 : 물 3의 비율로 식초물을 만들어 준비해둔다. 손끝과 손바닥에 식초물을 바르고 스시를 쥔다. 식초물은 밥알이 붙지 않고 소독하는 효과가 있다.

니기리즈시의 모양

니기리즈시의 모양은 크게 2종류로 나뉜다. 아래가 둥근 '쌀가마 모양'과 아래에 거꾸로 쓴 '팔(八)자' 모양인 '부채꼴 모양'이 바로 그것이다. 쌀가마 모양은 배달 스시나 찬합 안에 스시를 넣을 때 어울리고, 부채꼴 모양은 젓가락으로 집어 먹기 쉬운 이상적인 형태라고 한다.

[부채꼴 모양]

바닥의 모양이 부채꼴이다. 부채 모양과 닮아 '부채 모양(지가미가타)'이라고도 부른다. 엄지손가락을 활용해 스시를 쥔다.

[쌀가마 모양]

니기리즈시를 먹기 시작한 시대부터 전해져 내려오는 모양이다. 바닥이 안정되어 있어, 찬합에 담아 배달하는 스시 등에 적합한다. '상자 모양(하코가타)'이라고 부르기도 한다.

[기본] 고테가에시

동작 1 샤리를 잡는다

머리 잘 풀어둔 샤리를 잡는다. 1점 분량의 샤리를 잡고, 손 안에서 굴리면서 둥글리고, 밥알을 가볍게 '짜듯이' 쥔다.

동작 2 스시 재료를 잡는다

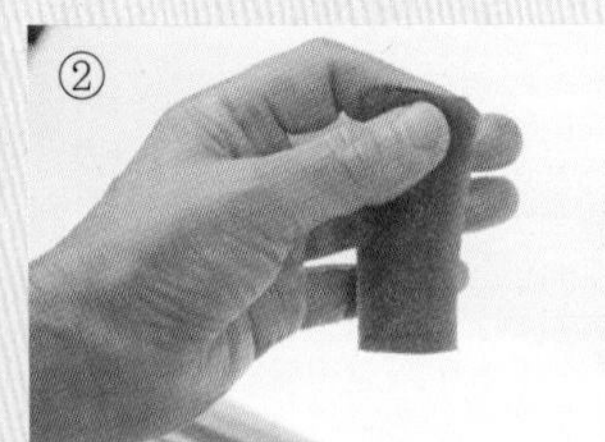

썰어둔 스시 재료를 잡는다. 스시 재료는 엄지와 검지로 잡는데, 손의 열기가 전달되지 않도록 주의한다.

동작 3 고추냉이를 바른다

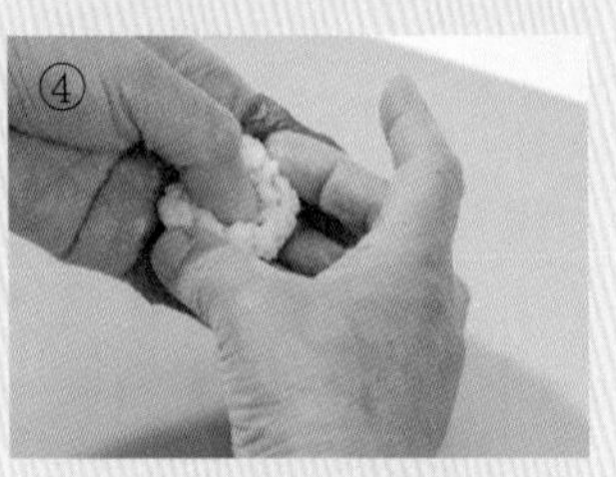

샤리를 손 안에 쥔 채, 검지로 고추냉이를 적당량 덜어 스시 재료에 바른다. 스시 재료를 잡는 동시에 고추냉이를 덜어내면 좋다.

동작 4 샤리에 홈을 만든다

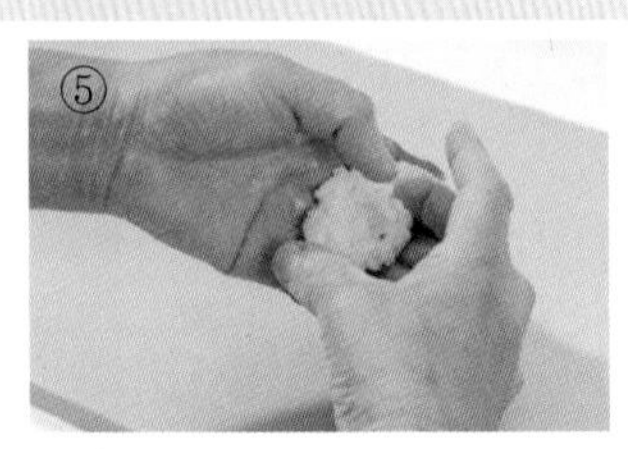

샤리를 올리고 엄지로 샤리 가운데에 홈을 판다는 느낌으로 꾹 누른다. 이때 가볍게 샤리 가장자리를 눌러, 샤리가 재료 밖으로 튀어나가지 않게 한다.

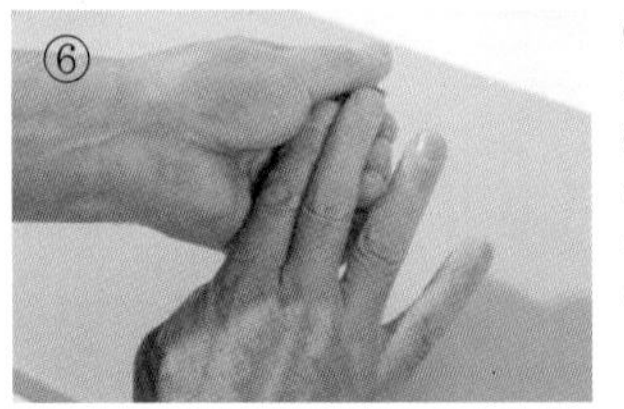

⑤ 샤리 위아래를 엄지로 가볍게 누른다.
⑥ 검지와 중지로 위에서 샤리를 가볍게 눌러 스시 재료와 샤리를 붙인다.

고테가에시한다

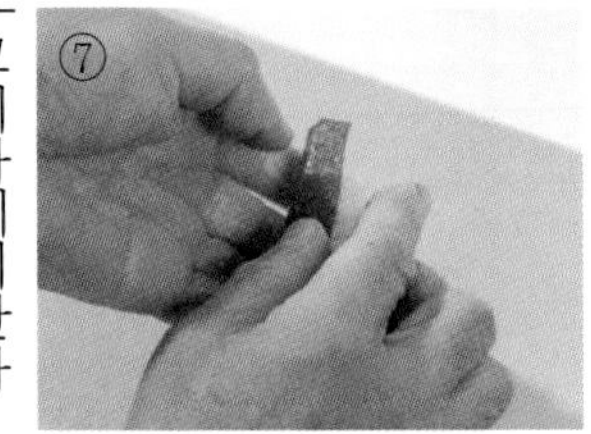

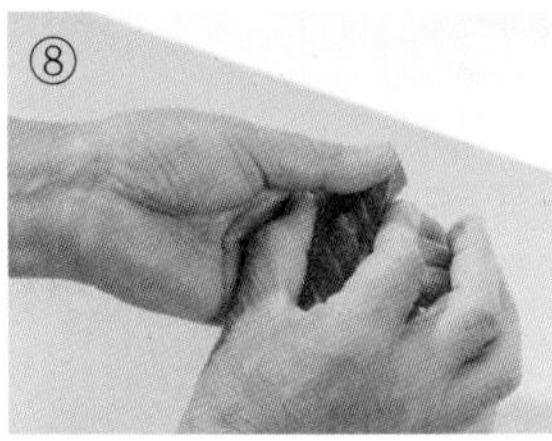

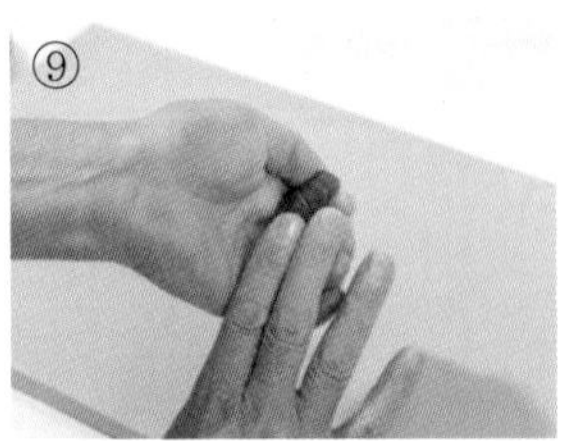

⑦ 오른손을 가져다 대고 왼손 손목을 뒤집듯 스시를 굴려, 스시 재료가 위로 가게 만든다.
⑧ 스시의 양 옆을 누른다.
⑨ 엄지로 스시를 고정하고, 검지와 중지로 위에서 가볍게 눌러 모양을 가다듬는다.

회전시켜, 스시의 모양을 가다듬는다

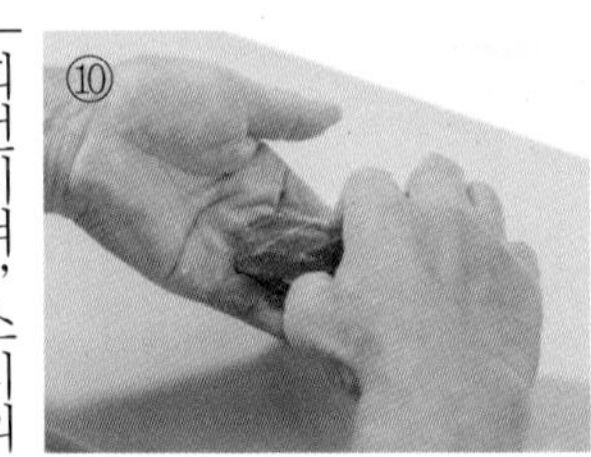

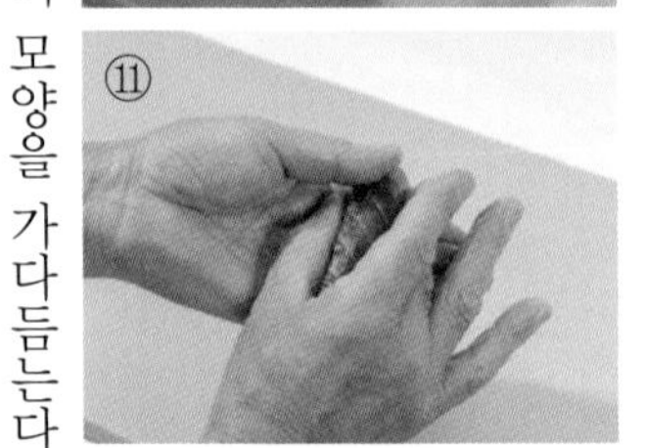

⑩ 왼손 위에서 스시를 반회전시킨다.
⑪ 스시의 양 옆을 꽉 죄듯이 모양을 가다듬는다.

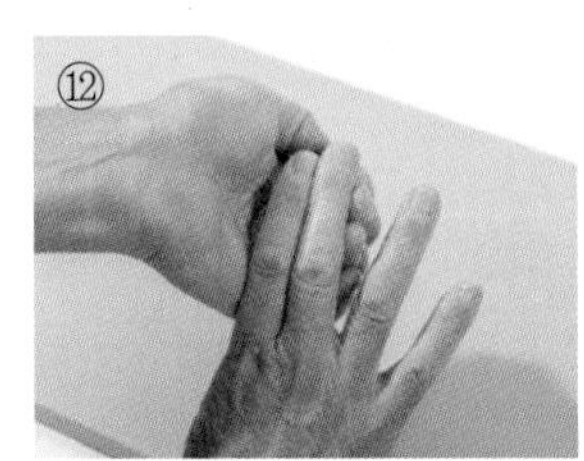

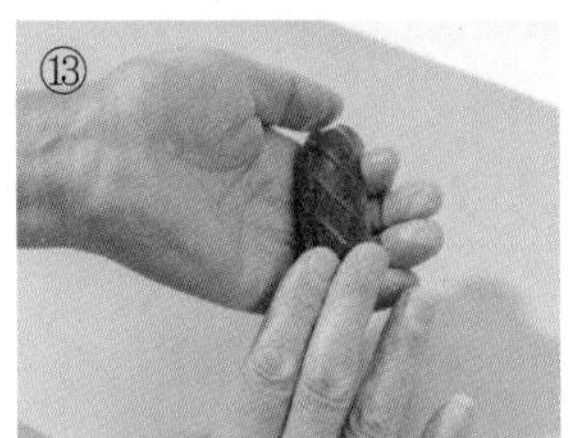

⑫,⑬ 다시 스시 재료의 위를 손가락으로 가볍게 눌러 손끝 방향으로 밀며 스시 재료의 윤기를 낸다.
※ 배달 스시나 찬합용으로 튼튼하게 만들어야 할 때에는 ⑩~⑬의 과정을 반복해 다시 한 번 반회전시켜 모양을 가다듬는다.

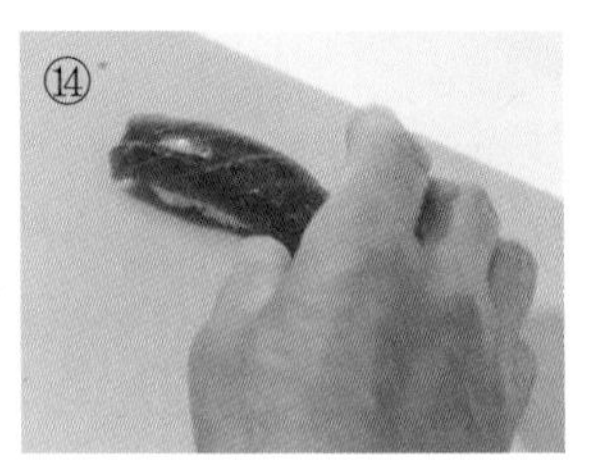

⑭ 스시에 손자국이 남지 않도록, 윤기가 있는 상태로 완성한다.

스시를 쥐는 자세

스시를 만들 때의 자세도 중요하다. 도마 앞 밥통 쪽을 향해 발을 반 보 뒤로 물린 채 비스듬히 선다. 상반신의 유연성을 유지하며, 양팔과 팔꿈치가 자유자재로 움직일 수 있어야 한다. 이렇게 하면 바른 자세로 스시를 만들면서 손님 응대도 기분 좋게 할 수 있다.

고테가에시(새우 스시를 만들 때)

고테가에시로 새우 스시를 만들 때의 포인트를 살펴보자! 새우 꼬리가 말리지 않고 재료에 상처가 나지 않도록 손놀림에 유의한다!

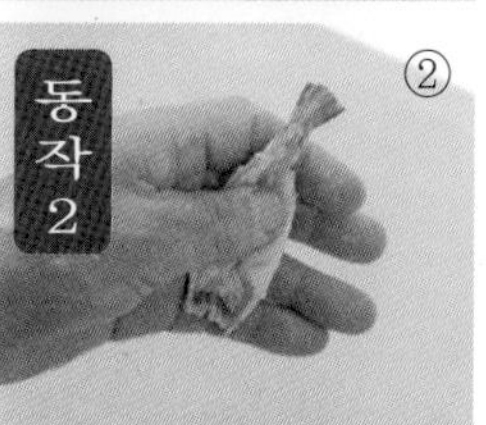

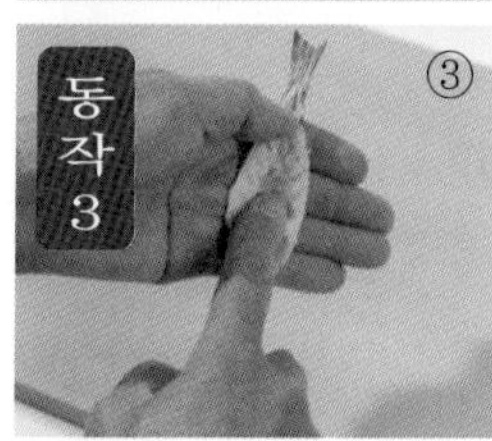

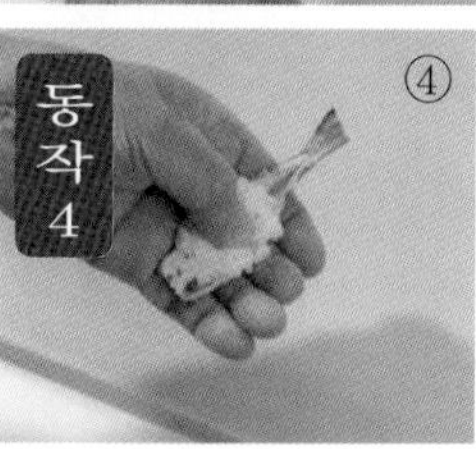

동작 ① : 스시 1점 분량으로 샤리를 가볍게 떼어낸다.
동작② : 새우를 잡고 스시를 만들기 쉽게 살을 벌린다.
동작 ③ : 고추냉이를 가운데에 바른다.
동작 ④ : 샤리를 올리고 엄지로 홈을 판다. 새우 꼬리가 상하지 않도록 손 밖으로 빼낸 채 스시를 만든다.

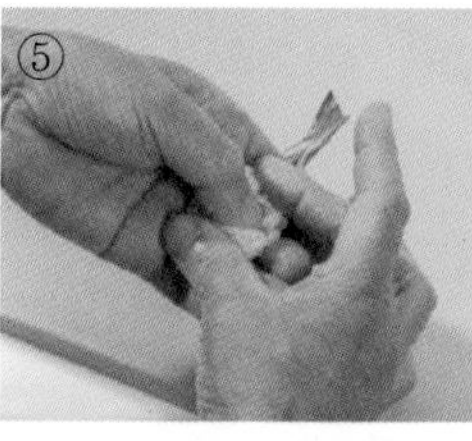

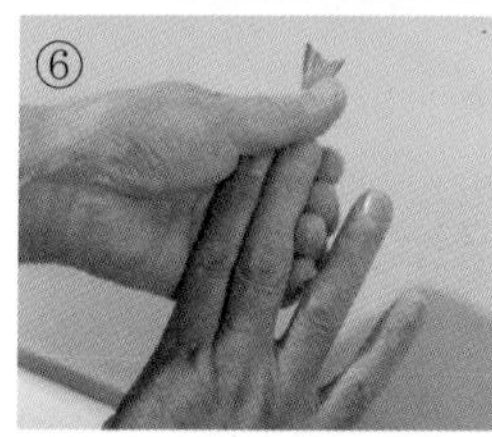

⑤ 샤리의 앞뒤를 눌러 새우 밖으로 튀어나가지 않도록 한다. ⑥ 위에서 가볍게 눌러 샤리를 새우에 밀착시킨다.

고테가에시한다

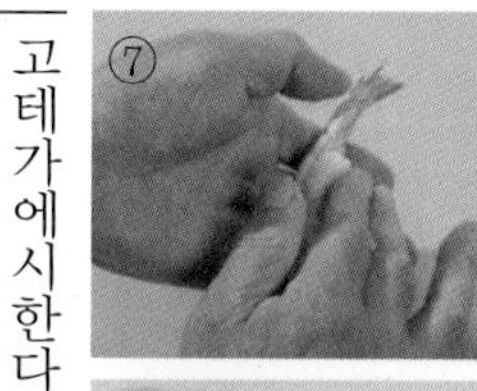

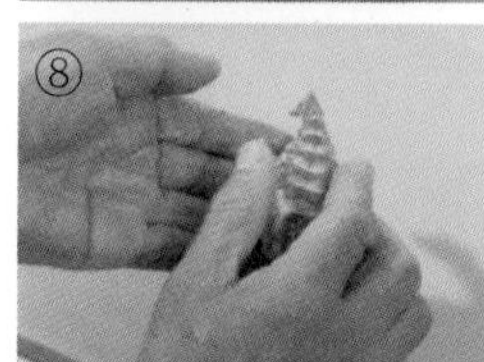

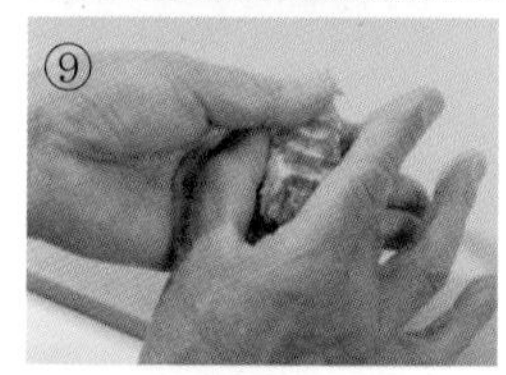

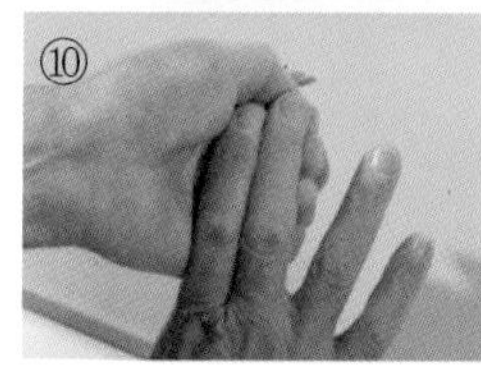

⑦ 오른손을 대고, 왼손목을 활용해 스시를 굴린다. ⑧ 새우가 위에 오도록 고테가에시한다. ⑨ 양 가장자리를 눌러 정리하고, ⑩ 새우 위쪽도 눌러준다.

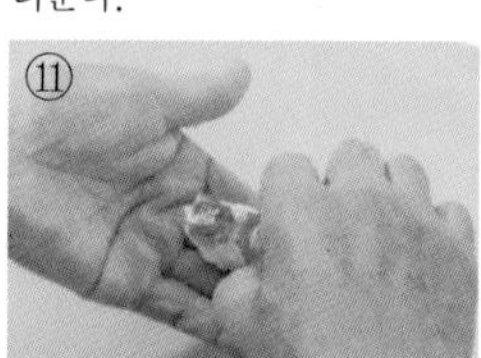

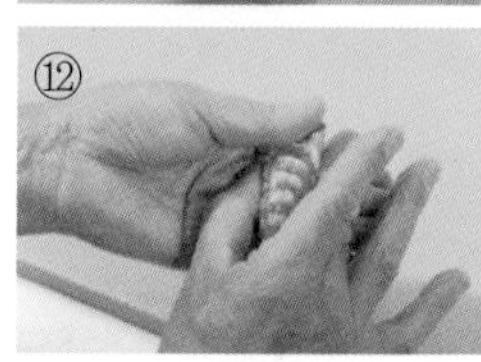

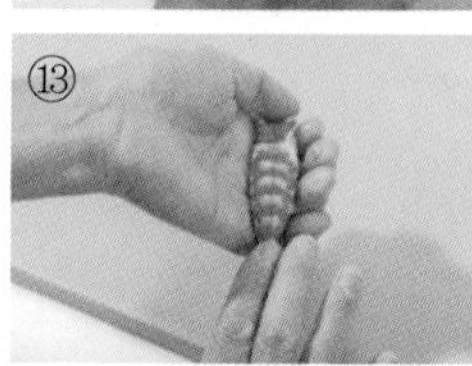

⑪ 스시를 반회전시킨다.
⑫ 스시의 양쪽 가장자리를 눌러 모양을 가다듬는다. ⑬ 새우를 위에서 가볍게 누르며 손가락을 미끄러뜨려 윤기를 낸다.

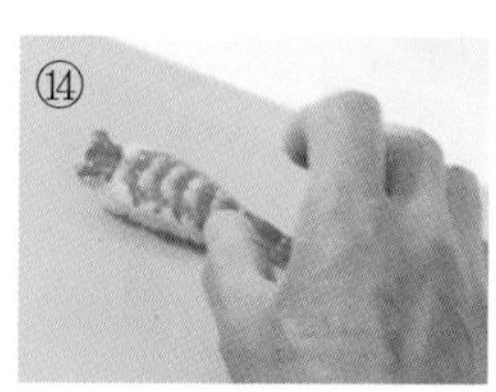

⑭ 전체 모양과 꼬리의 형태를 살려가며 스시를 만든다.

다테가에시(달걀구이 스시를 만들 때)

달걀구이, 문어, 전복 등 샤리와 잘 붙지 않는 재료는 다테가에시 방법이 좋다!

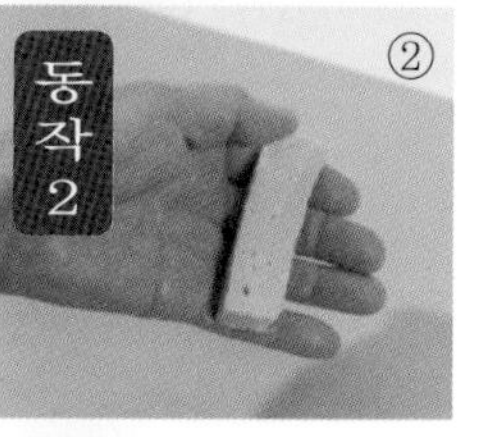

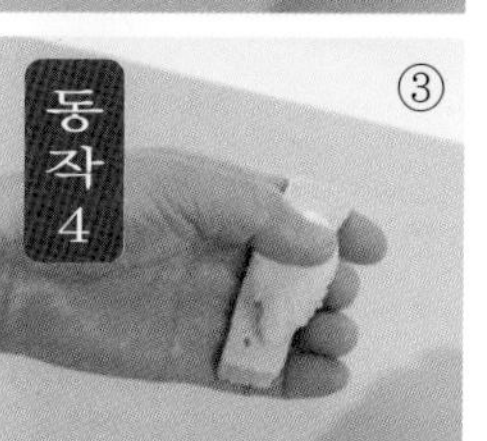

동작 ① : 샤리를 스시 한 점 분량으로 가볍게 떼어낸다. 달걀구이는 보통의 스시 1점 분량보다 항상 적게 잡는다.
동작 ② : 달걀구이를 잡는다(고추냉이는 바르지 않기 때문에 동작 ③은 생략)
동작 ④ : 달걀구이 가운데에 샤리를 올리고, 엄지로 홈을 판다.

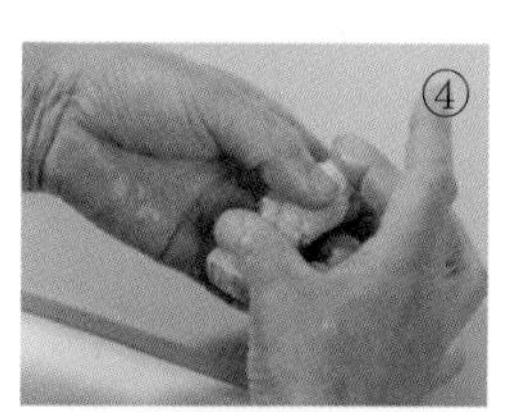

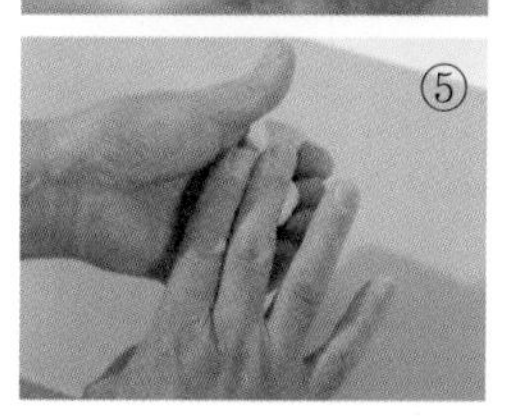

④ 샤리 앞뒤를 눌러 샤리가 달걀구이 밖으로 튀어나가지 않도록 한다. ⑤ 샤리 위에서 가볍게 눌러, 달걀구이에 샤리를 붙인다.

다테가에시한다

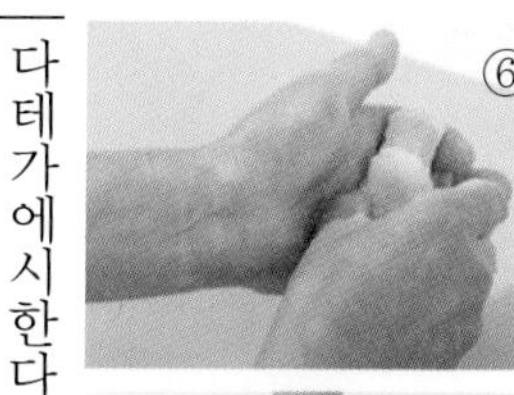

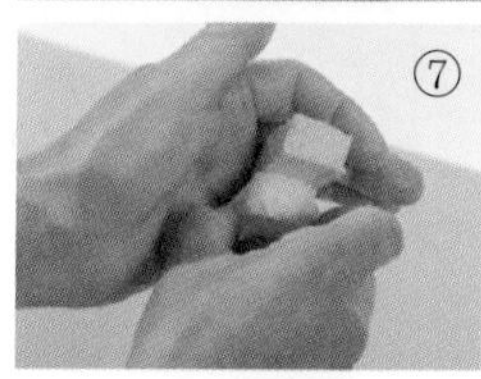

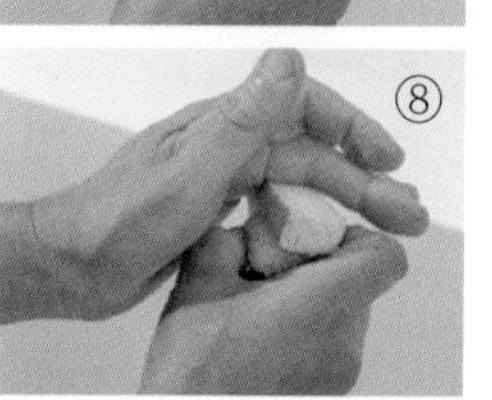

⑥ 스시 양 옆을 누르고, 왼 손목을 이용해 스시를 뒤집는다.
⑦,⑧ 세로로 세우듯 회전시키고, 달걀구이가 위로 오도록 뒤집는다.

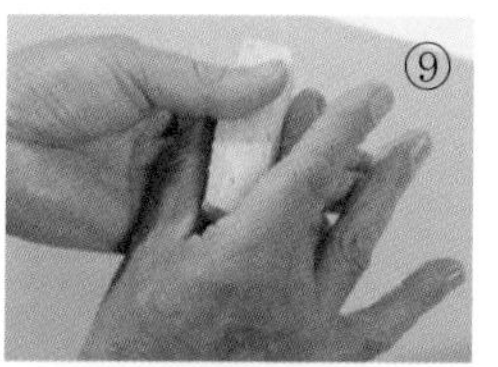

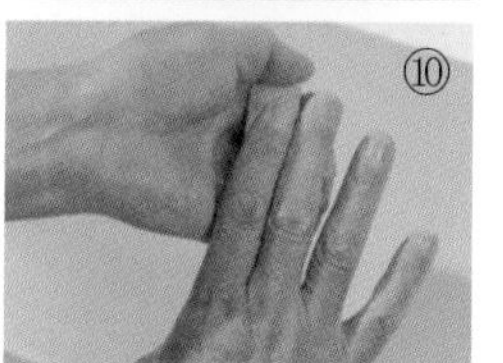

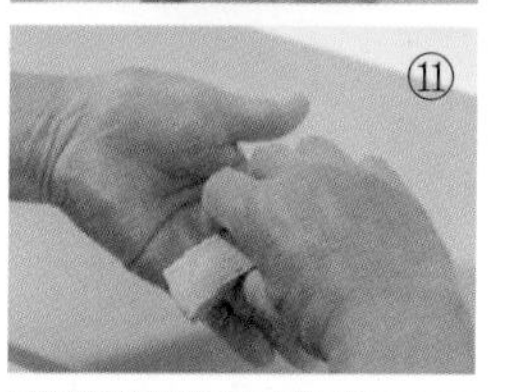

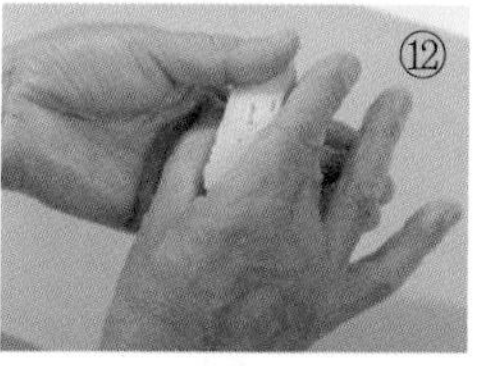

⑨ 스시 양 옆을 눌러 정리한다. ⑩ 달걀구이 위를 가볍게 눌러 샤리에 밀착시킨다.
⑪,⑫ 반회전시켜 양 옆을 눌러 모양을 가다듬는다.

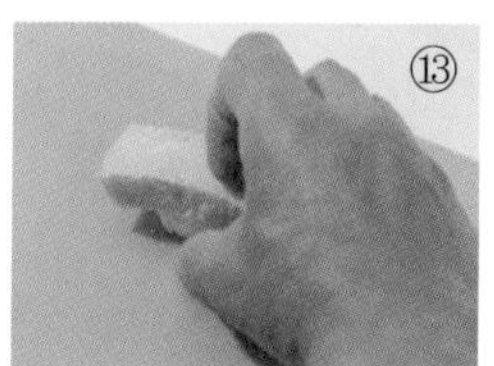

⑬ 달걀구이 스시의 경우, 김을 말아 완성하기도 한다.

잇테가에시(하야니기리라고도 불리는 방법)

스시를 뒤집을 때에 오른손을 쓰지 않고, 왼손만으로 굴리는 방법을 '잇테가에시'라고 부른다. 스시를 빨리 만들 수 있고, '손으로 움켜쥐는 스시'라는 뜻의 '쓰카미즈시'라고 부르던 시기도 있었다. 그다지 공들이는 방법은 아니기 때문에 잇테가에시를 하면 스시의 모양이 흐트러지지 않게 후처리를 해야 한다.

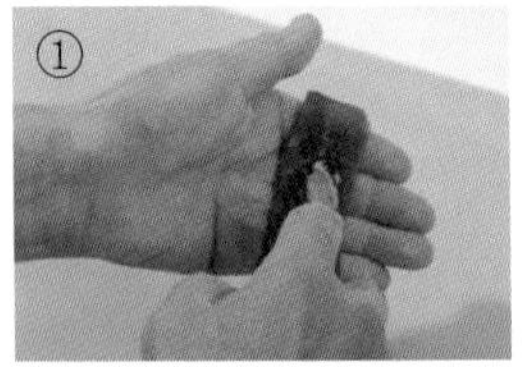

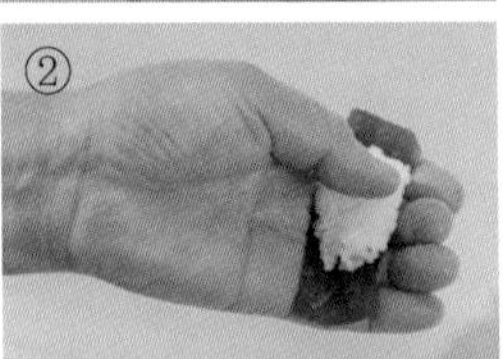

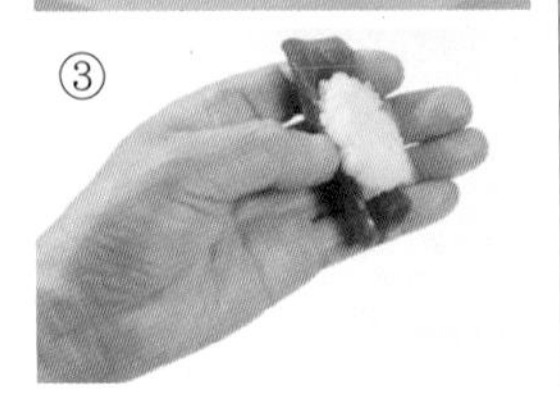

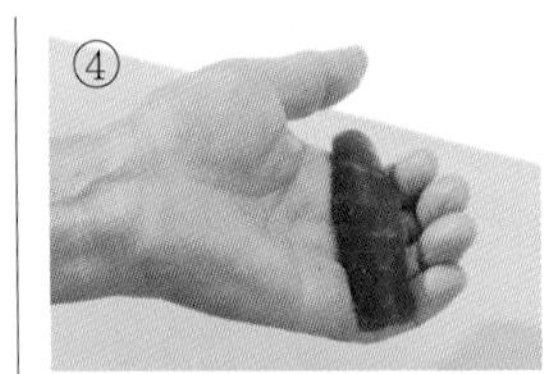

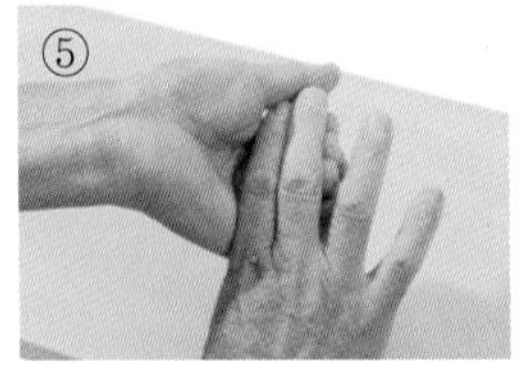

① 스시 재료에 고추냉이를 바른다. ② 샤리를 올리고, 엄지로 홈을 판다. ③,④ 손목의 스냅을 이용해 스시를 굴려 뒤집는다. 한손으로 굴리기 때문에 '잇테가에시'라고 부른다. ⑤ 스시 재료를 위에서 눌러 모양을 가다듬는다.

혼테가에시(예로부터 전해진 방법)

첫 번째 동작부터 네 번째 동작까지는 '고테가에시'와 같지만, 스시를 뒤집는 방법이 다르다. 일단 스시를 왼손에서 오른손으로 옮긴 뒤, 반회전시키며 왼손으로 옮겨 잡는다. 양손의 움직임을 물 흐르듯이 재빨리 하지 않으면 스시 모양이 예쁘지 않다. 손이 많이 가는 방법이라, 현재는 거의 쓰지 않는다.

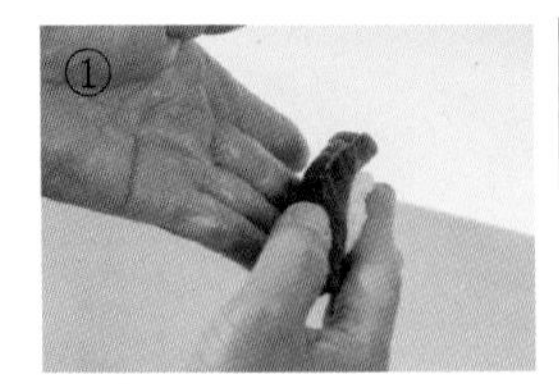

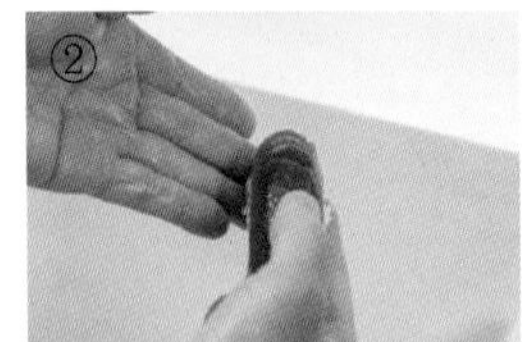

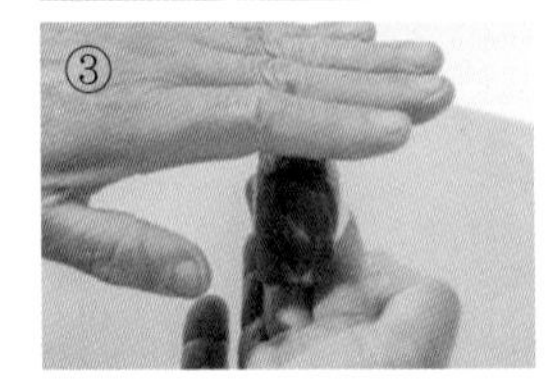

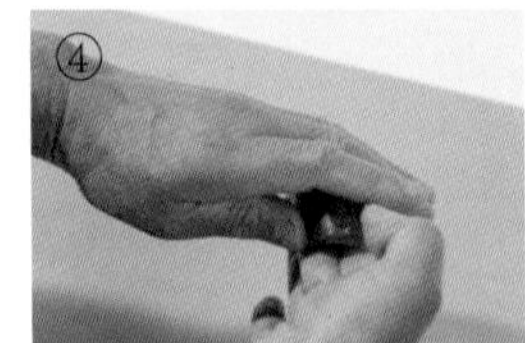

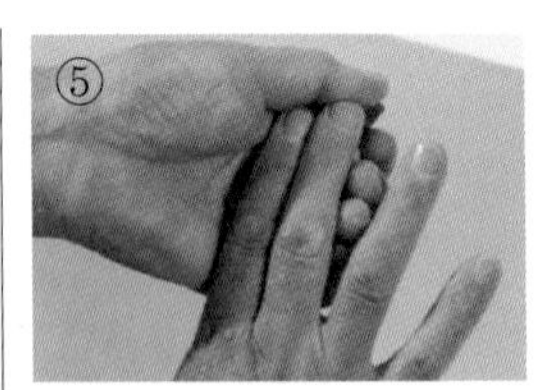

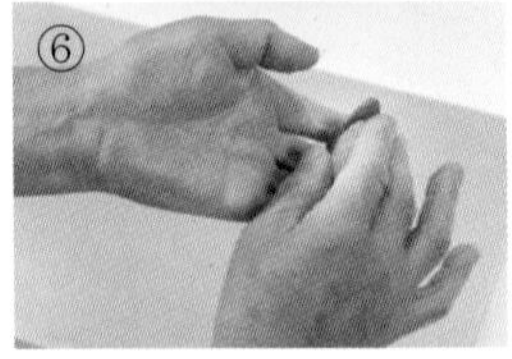

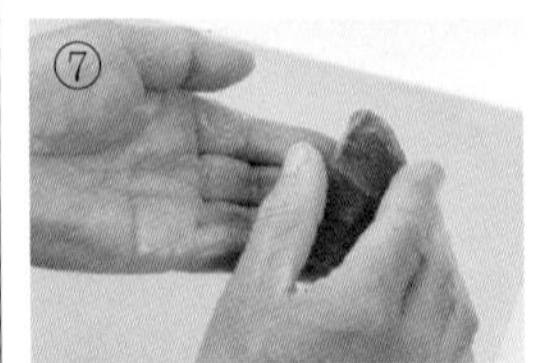

스시 재료에 고추냉이를 바르고, 샤리를 올려 홈을 파 스시의 앞뒤를 가볍게 눌러주는 과정까지는 동일하다. ①,② 스시를 오른손에 올린다. ③,④,⑤ 왼손으로 잡아 반회전시키며 모양을 가다듬고, ⑥,⑦ 스시 재료를 뒤집어 완성한다.

군칸마키

군칸마키는 연어알이나 성게 등의 재료로 스시를 만들기 위해 고안된 방법이다. 군칸마키가 등장하면서 스시의 폭이 극적으로 넓어졌다. 다른 어패류로 만든 니기리즈시와도 위화감이 없어 어란이나 그 외 다른 재료에 그치지 않고, 서양식 스시나 창작 스시로도 발전하고 있다.

군칸마키를 만들 때에는 김이 무척 중요하다. 김의 맛과 질을 잘 음미하고, 눅눅해지지 않도록 보관이나 취급에 주의한다.

군칸마키는 손님이 가져온 지방 특산물 재료를 스시로 만들어 달라는 요청을 받아 태어난 스시라고 한다. 군칸마키라는 이름과도 절묘하게 어울려, 곧바로 큰 인기를 얻었다.

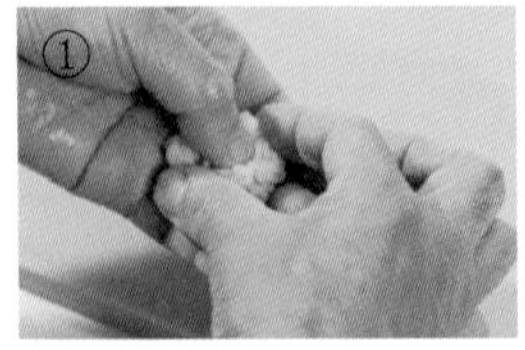

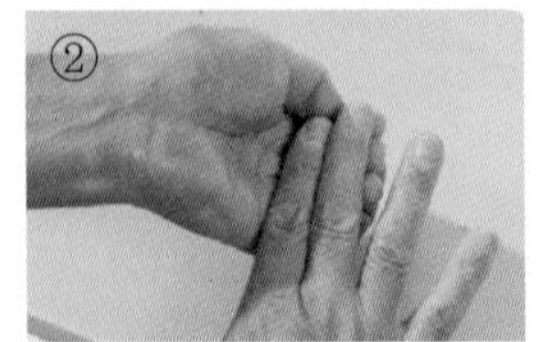

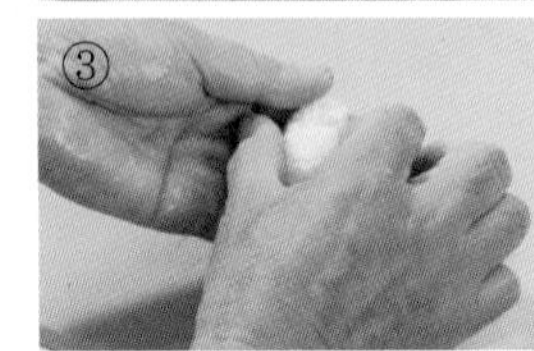

①,②,③ 샤리를 잡아 니기리즈시와 똑같이 가운데 홈을 파고, 위에서 가볍게 눌러 가장자리를 눌러 모양을 정리한다.

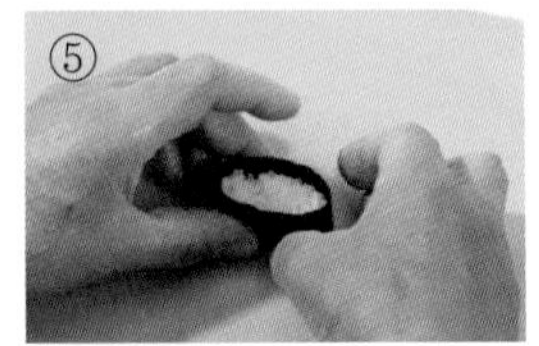

④,⑤ 샤리에 김을 만다. 샤리보다 5~6mm 높게 잘라 밥알이 튀어나오지 않게 한다. ⑥ 연어알을 올려 완성한다.

제2장

마키즈시·지라시즈시·스시동 기술

마키즈시(김초밥)

마키즈시의 역사와 변천

마키즈시는 에도 시대에 니기리즈시가 탄생했을 무렵의 문헌에 함께 등장한다.

그러나 당시에는 김으로 마는 스시가 아닌 '요리'의 한 가지 장르로 기록되었다. 에도 시대의 아사쿠사 김을 사용한 아사쿠사노리마키의 평판이 좋아 스시의 한 장르로 확립되었다. 물론 간사이 지방의 후토마키도 빼놓을 수 없다. 옛날에는 1장 이상의 김을 써서 만드는 '오오마키'와 반 장으로 만드는 '한마키'를 구분해서 불렀다.

반으로 자른 김을 '한세쓰, 한사이' 등으로 부르는데, '한마키' 는 지금의 '호소마키'다. 노리마키를 만들 때 재료는 '박고지(간표)'를 쓰는데, 여러 가지 방법이 등장하는 것은 한참 뒤의 일이다.

써는 법과 맛의 상관관계

노리마키(간표마키)는 처음에 1줄 당 3개로 썰었다고 한다. 손님에게 낼 때의 모양도 정해진 형태가 있는데, '뗏목', '창치키', '피라미드', '난간' 등이 대표적이다. 나중에 손님 수에 맞추기 위해선 3개로 나누기보다 4개로 나누는 편이 나아, 4개로 자르는 법이 정착했다. 게다가 노리마키를 응용해 여러 가지 호소마키가 등장하는데, 뎃카마키나 갓파마키는 6개로 자르는 것이 정석이 되었다. 하지만 모든 마키즈시는 써는 방법에 따라 그 맛이 달라진다고 한다. 간표마키는 1/4 길이로, 뎃카마키는 1/6 길이로 짧게 잘라야 맛있다고 주장하는 선인들의 사고방식이 지금까지도 통용되고 있다.

덧붙여 후토마키는 김을 세로로 길게 마는 다테마키와 가로로 길게 마는 요코마키로 나뉜다. 예전에는 다테마키는 7개로, 요코마키는 8개로 써는 것이 일반적이었지만, 지금은 어느 쪽이나 8개로 써는 것이 일반화적이다.

진화하는 데마키즈시와 스시 롤

마키즈시의 혁명은 데마키즈시의 등장이다. 옛날에는 마키즈시로 만들어 먹지 않았던 다양한 재료들도 속속 등장해, 여성 손님이나 젊은층에게 인기를 얻고 있다. 또 다른 혁명은 캘리포니아 롤의 역수입이다. 새우나 게, 아보카도의 조합과 '우라마키(김에 익숙하지 않은 외국인들을 위해 김을 안쪽에 넣고, 샤리를 표면에 보이게 거꾸로 만든 마키즈시)'가 인기를 얻었다. 이 수법에서 힌트를 얻어 스시 롤이 진화해 미국에서 스시 붐의 불을 지피고, 일본에서도 대성공을 거두었다. 종전의 스시 재료에 서양의 식재료와 조미료를 콜라보한 새로운 '스시 롤'이나 '창작 롤'은 앞으로도 주목을 받을 것이다.

'데마키즈시'나 입춘 전날에 먹는 '에호마키', 경로의 날에 먹는 '장수마키' 등이 새로운 풍습으로 정착하고 있다. 어린이나 여성 손님, 가족 손님을 타겟으로 한 새로운 스시 롤이 스시의 매력을 넓히고 있다.

호소마키

간표마키

호소마키의 기본은 간표마키다. 반으로 자른 김을 가로로 길게 깔고, 김의 안쪽 면이나 김발을 사용하는 법 역시 간표마키를 기본이라고 부르는 이유다. 샤리는 니기리즈시 3점 정도의 양을 사용한다. 간장으로 졸인 박고지가 가운데 위치하도록 잘 말아 4개로 썬다.

김에 샤리를 펼친다

1
김발을 준비한다. 김발은 매끈한 부분을 아래로 두고, 실매듭이 있는 쪽을 위로 둔다.

2
반으로 자른 김을 김발 끝나는 부분에 맞춰 올려놓는다. 이때 김 표면이 아래에 가도록 둔다.

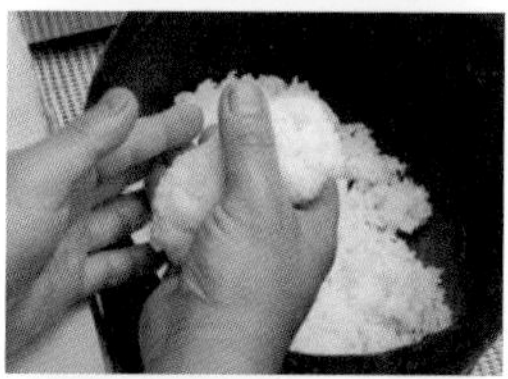

3
니기리즈시 3점 분량의 샤리를 손에 쥐고 가볍게 쌀가마 모양을 잡는다.

4
김의 약간 위쪽에 샤리를 올려두고, 가늘고 길게 펼친다. 가장자리는 조금 남겨둔다.

5
샤리 끝의 위치를 정했으면, 손끝으로 샤리를 조금씩 펼쳐 간다.

6
김 가장자리에 조금 여유를 두면서 샤리를 동일한 두께로 펼친다.

박고지를 올린 뒤, 만다

7
물기를 짠 박고지를 김의 길이에 맞춰 적당하게 자르고, 샤리 가운데에 올린다.

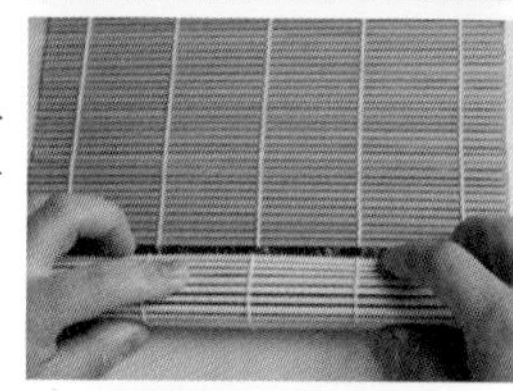

8
김이 움직이지 않도록 김발을 조심히 들어올려, 단숨에 샤리의 반대쪽 끝까지 김발을 가져간다.

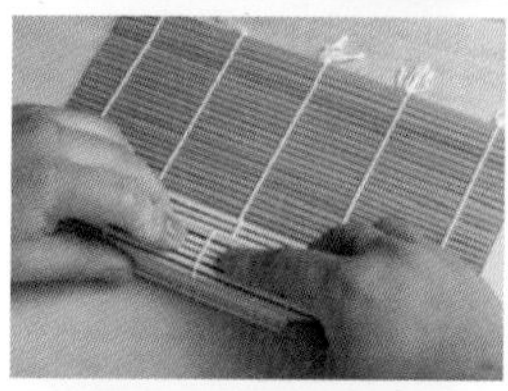

9
손으로 꾹꾹 눌러, 김의 가장자리가 겹쳐지도록 가볍게 굴려가며 모양을 가다듬는다.

10
김발을 펴고 마키즈시를 눌러 모양을 가다듬는다. 샤리가 균일하게 펼쳐져야 두께가 동일해진다.

11
먼저 절반으로 자른다. 칼을 반대쪽으로 밀어내듯 자르면 잘 잘린다.

12
2줄이 된 마키즈시를 모아 쥐고, 다시 반으로 잘라 4개를 만든다. 칼을 젖은 면보 등으로 닦아가면서 자르면 깔끔하다.

노리마키를 담아내는 전통 방식

뗏목

창치키

피라미드

난간

갓파마키(오이)

오이는 껍질을 제거해 세로로 길게 4등분해 둔다. 간표마키는 조금 두껍게 말아 4개로 자르지만, 갓파마키는 가장자리를 잘라낸 뒤 6개로 썬다. 오이는 길고 얇게 잘라서 손질하거나, 하나마루오이처럼 원래 얇은 오이인 경우엔 통째로 쓰는 경우도 있다.

오이를 올려 만다

1
간표마키와 똑같이 김에 샤리를 올려 펼친다. 가운데에 고추냉이를 바르고, 참깨를 뿌린다.

2
오이는 두께에 따라 세로로 4~6등분해 자르고 참깨와 고추냉이 위에 올린다.

3
김발을 들어올려 말아가며 몸 쪽으로 당기고, 사각형처럼 보이게 모양을 가다듬는다.

썬다

4
양 끝의 모양을 가다듬고, 김발을 펼쳐 반으로 자른다.

5
반으로 자른 2줄을 모아 쥐고, 어디에서 3등분할지 살핀다.

6
끝에서부터 3등분하면 1줄이 6개로 나뉜다.

뎃카마키(참치)

뎃카마키는 가운데 재료가 붉은 대포처럼 보인다고 해서 붙은 이름이다. 혹은 노름장을 뜻하는 '뎃카바'에서 자주 먹었다고 해서 붙은 이름이라는 설도 있다. 다랑어의 붉은 살을 사용하는데, 뱃살을 사용하면 '도로뎃카', 잘게 다진 단무지(다쿠앙)와 함께 말아 '도로다쿠마키' 등으로 변화를 주는 경우도 있다.

다랑어를 올려 만다

1
간표마키와 똑같이 김에 샤리를 올려 펼친다. 가운데에 고추냉이를 바른다.

2
고추냉이 위에 다랑어를 올리고 김발을 말아, 사각형처럼 보이게 모양을 가다듬는다.

썬다

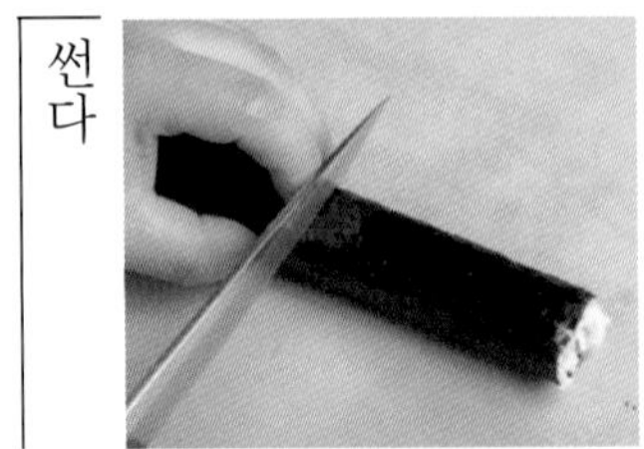

3
절반으로 자른 뒤, 다시 3등분해 6개로 나눈다.

뎃카마키

갓파마키

후토마키 (굵게 만 김초밥)

후토마키

에도마에즈시에서의 후토마키는 '노노지마키'가 일반적이었지만, 지금은 김을 가로로 깔아 마는 방법이 주류다. 속 재료는 달걀구이, 오보로, 표고버섯, 간표, 푸른색 채소까지 5가지가 기본이다.

■ 후토마키 속재료

생선살 가루, 달걀구이, 오이, 표고버섯, 박고지(후쿠진즈케)

샤리를 펼친다

1
적당량의 샤리를 잡아 가볍게 쌀가마 모양으로 정리한다. 샤리는 호소마키를 만들 때보다 3배 정도 많이 잡는다.

2
김은 겉면을 아래로 두고 가로로 깐다. 샤리는 가장자리 부분을 조금 남기고 잘 편다.

속재료를 올린다

3
준비해 둔 속재료를 샤리 가운데에 올린다. 먼저 오보로와 얇게 썬 표고버섯, 달걀구이를 올린다.

4
박고지를 김 길이만큼 잘라 샤리 위에 올린다.

5
마지막으로 푸른색 재료(오이)를 올린다. 재료는 완성했을 때의 색 조합을 고려해 준비한다.

만다

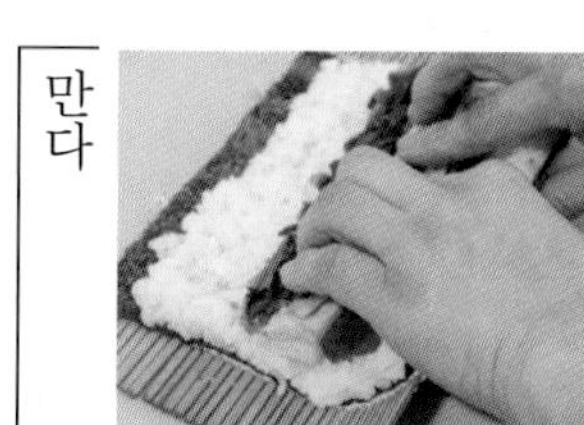

6
손 안의 재료가 흐트러지지 않도록 조심스레 김발을 들어 만다.

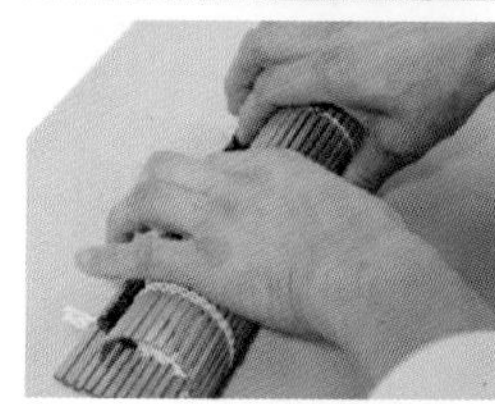

7
그대로 반대쪽 김을 조금 남기고 김발을 샤리 끝까지 꾹꾹 눌러가며 만다.

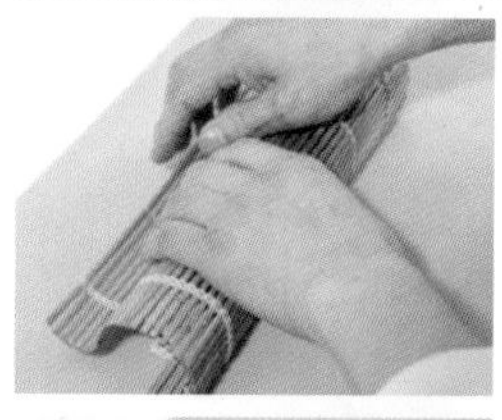

8
이때, 남겨 둔 김의 폭이 동일하면 후토마키의 두께를 동일하게 만들 수 있다.

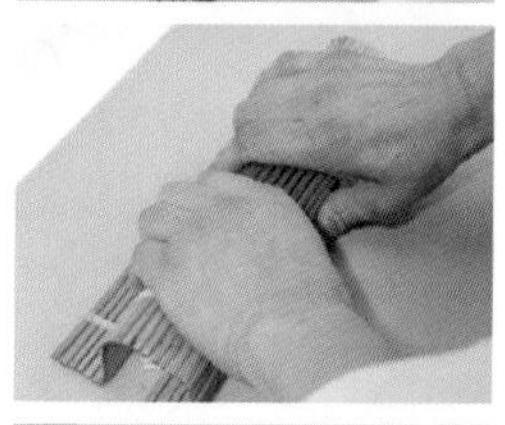

9
김발의 끝을 남기고 돌돌 말아가며 마무리 짓는다.

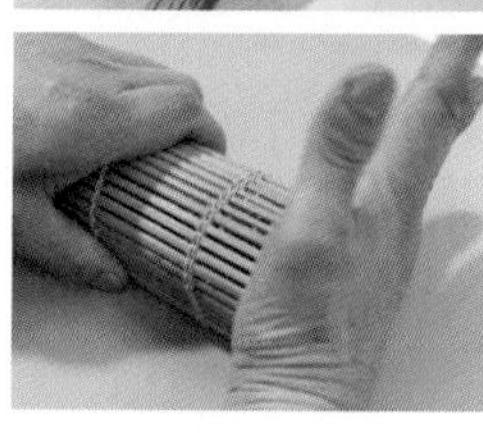

10
김발을 후토마키 끝에 맞춰, 손바닥으로 끝을 누르며 모양을 가다듬는다.

자른다

11
절반으로 자르고, 각각을 다시 절반으로 잘라 총 8개로 자른다.

후토마키(응용)

마는 법이나 안에 넣는 속재료는 기본 후토마키와 거의 비슷하지만, 속재료를 삼각형으로 잘라 예쁘게 배치하면 잘랐을 때 보기 좋다. 모든 속재료를 넣었을 때 속재료의 형태가 제대로 부채꼴로 보이게 마는 것이 중요하다.

■ 후토마키(응용) 속재료

오보로, 달걀구이, 표고버섯, 박고지, 오이

샤리를 펼친다

1
김은 겉면을 아래로 세로로 길게 김발 위에 올린다.

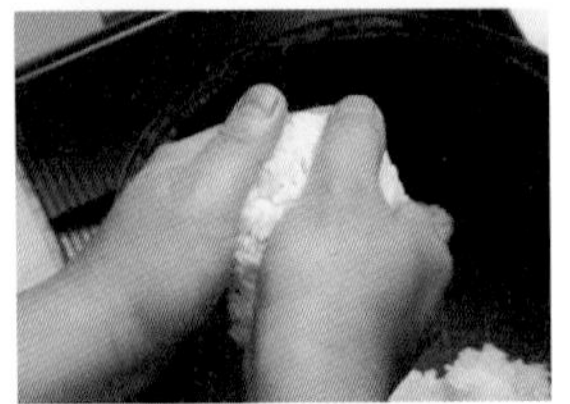

2
샤리를 손으로 잡고, 가볍게 모양을 가다듬는다.

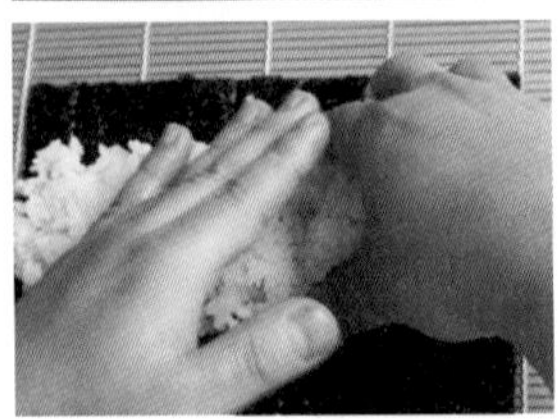

3
김 위에 샤리를 올리고, 손끝으로 펼친다.

4
김 반대편의 남겨둔 곳은 나중에 풀 역할을 하기 때문에 1~2cm 정도 남겨 둔다. 샤리의 두께를 균등하게 펼친다.

5
가운데에 오보로를 올리고 평편하게 펼친다.

6
삼각형으로 자른 달걀구이, 오이 순서로 겹쳐 올린다.

7
박고지를 김 길이만큼 잘라 달걀구이 위에 올린다.

8
얇게 다른 표고버섯을 반대편에 올린다.

만다

9
후토마키의 속재료 모양이 부채꼴 모양이 되도록 정리한다.

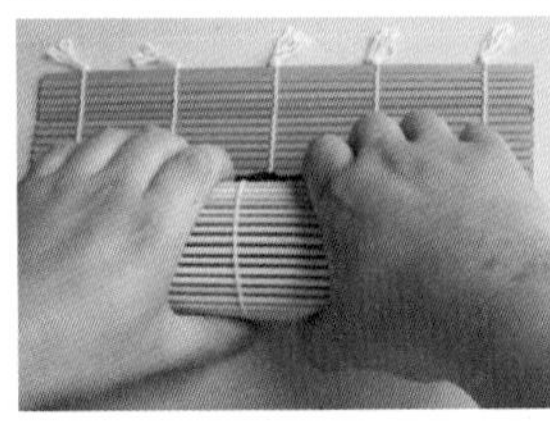

10
기본 후토마키와 똑같은 요령으로 김발을 들어올려 꾹꾹 누르며 만다.

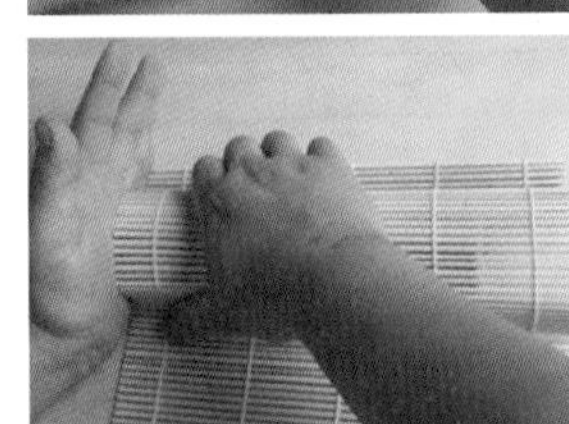

11
둘둘 반대편 끝까지 말아간다. 김발을 벗긴 다음, 다시 한 번 김발을 씌워 모양을 정리한다.

자른다

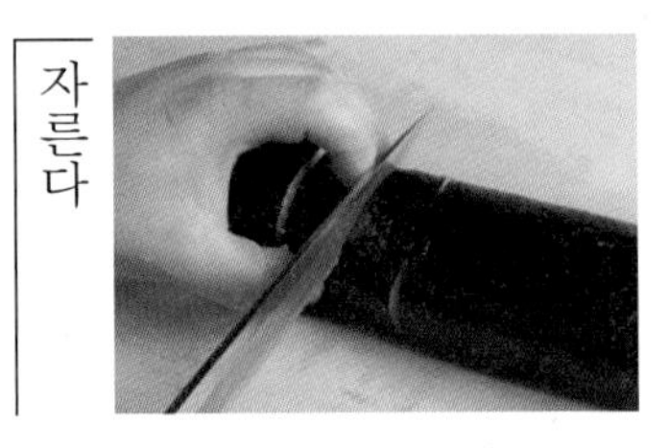

12
1줄을 8개로 자른다. 절반으로 자른 뒤, 다시 절반으로 자르는 방법을 반복해 8개의 두께를 똑같이 맞춘다.

우라마키(뒤집어 말기)

우라마키는 김이 안쪽 샤리가 바깥쪽에 오는 마키즈시다. 원래는 서양에서 김에 저항감을 느끼는 외국인들에게 인기를 얻은 마키즈시로, 일본에 역수입된 형태다. 샤리가 김발에 묻지 않도록 랩을 활용하는 것이 포인트다.

■ 우라마키 속재료

날치알, 삶은 새우, 오이, 볶은 참깨

샤리를 펼친다

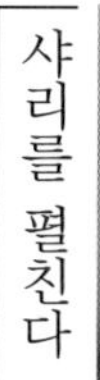

1
반절로 자른 김에 샤리를 올려 펼친다.

2
샤리 위에 랩을 올린다. 이때 샤리가 동일한 두께가 되도록 한다.

김을 뒤집어 재료를 올린다

3
샤리가 아래로 가도록 위아래를 뒤집는다.

4
중앙에 날치알을 올린다.

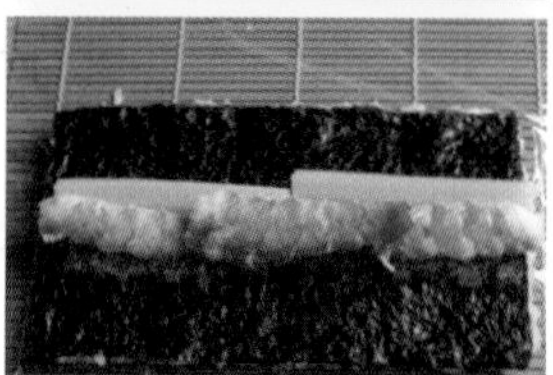

5
오이, 삶은 새우를 김 길이에 맞춰 올린다.

만다

6
기본 후토마키와 똑같은 요령으로 김발을 들어올려 꾹 눌러가며 만다.

7
반대쪽으로 회전시켜, 각이 지도록 모양을 정리한다.

8
김발과 랩을 벗긴다.

참깨를 묻힌다

9
볶은 참깨를 샤리 표면에 골고루 묻힌다.

10
다시 랩을 말아 김발로 모양을 정리한다.

자른다

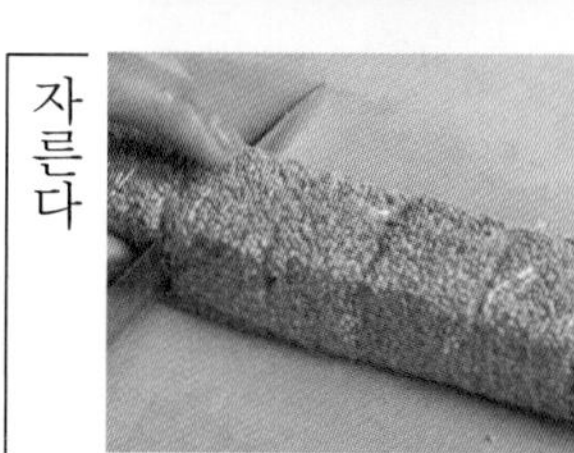

11
랩을 만 채로 반을 자르고, 다시 각각을 3등분해 6개로 자른다.

후토마키(변형)

후토마키는 호소마키에 비해 샤리의 양이 많고, 속재료도 다채롭게 조합할 수 있는 것이 매력이다. 변형 후토마키로 점포의 개성을 드러낼 수도 있다. 변형 후토마키는 주토로, 오징어, 낫토, 단무지 등 색다른 조합으로 식감에 변화를 준다.

■ 도쿄 도 스가모 「스시도코로 자노메」

■ 변형 후토마키 속재료

다랑어의 주토로(다진 것), 오징어, 낫토, 단무지, 차조기 잎

1 김 1장의 겉면을 아래로 깐다. 샤리의 절반 분량을 위쪽 끝에 놓고 펼친다.

2 남은 샤리를 아래쪽에 놓고 펼친 다음, 간장 조금과 파를 넣어 섞은 낫토를 올린다.

3 다진 주토로를 낫토 위에 올린다.

4 차조기 잎 위에 오징어, 단무지를 채 썰어 올리고, 기본 후토마키와 똑같은 방법으로 8개로 자른다.

김을 세로로 깔고 만든 후토마키

에도 지방에서는 김을 가로로 길게 두고 마키즈시를 만들지만, 간사이 지방에서는 김을 세로로 길게 두고 마는 것이 일반적이다. 가로로 마는 것보다 마키즈시가 두꺼워져 볼륨감을 연출할 수 있다.

1 김을 세로로 길게 깐다. 이렇게 하면 에도마에즈시의 후토마키보다 두껍게 만들 수 있다.

2 김은 위쪽 끝을 3cm 정도 남기고 샤리를 올려 펼친다.

3 샤리에 오보로, 표고버섯, 달걀구이를 올린다.

■ 이시카와 현 가나자와 시 「스시도코로 아오이즈시」

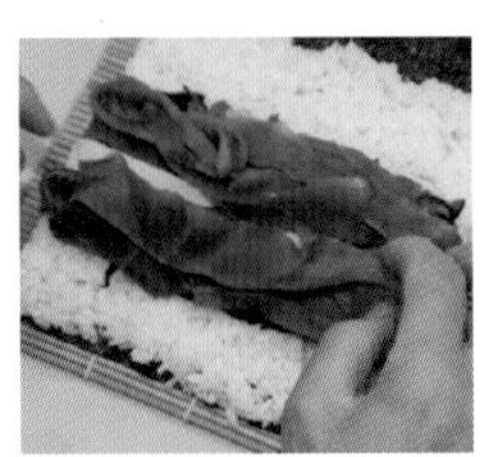

4 다음으로 푸른색 채소(데친 시금치)와 박고지를 올린다.

5 기본 후토마키와 똑같은 요령으로 아래에서 말아 올린다.

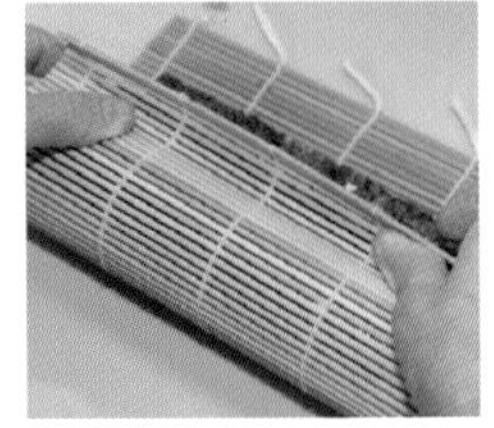

6 남은 김의 폭에 맞춰 김발을 들어 위로 말아 올리며, 모양을 정리하고 8개로 자른다.

데마키

부채꼴 데마키즈시 ■ 도쿄 도 쓰키지 「쓰키지다마스시」

데마키즈시가 정착한 시기는 오래되었지만, '쓰키지다마스시'에서는 이 모양을 '원조 부채꼴 데마키'라고 이름을 붙여 판매하면서 폭발적인 인기를 끌었다. 각 지점에서는 데마키 명인을 인정해 원조 이름에 걸맞는 '부채꼴 데마키 즈시'를 선보이고 있다. 현재 40종류 이상의 부채꼴 데마키즈시가 있다고 한다.

달걀구이는 직사각형으로 자른 후, 다시 한 번 비스듬히 삼각형 모양으로 자르면 데마키즈시를 예쁘게 만들수 있다.

달걀구이 부채꼴 데마키즈시

1
데마키용 김을 손에 올리고, 샤리(약 40g)를 세로로 올려, 가운데에 홈을 만든다.

2
달걀구이를 잘라 홈 위에 살짝 올린다. 샤리보다 달걀구이가 길어야 한다.

3 포인트
김의 안쪽 가장자리를 1cm 접어 김을 마는 것이 요령이다. 이렇게 하면 모양이 깔끔하다.

4
김의 삼각형 끝과 속 재료의 중심이 일직선이 되도록 한다. 모양이 흐트러지지 않고 부채꼴 데마키가 완성된다.

뎃카 부채꼴 데마키

1
데마키용 김을 잡고, 샤리를 올려 홈을 만든 뒤, 고추냉이를 바른다.

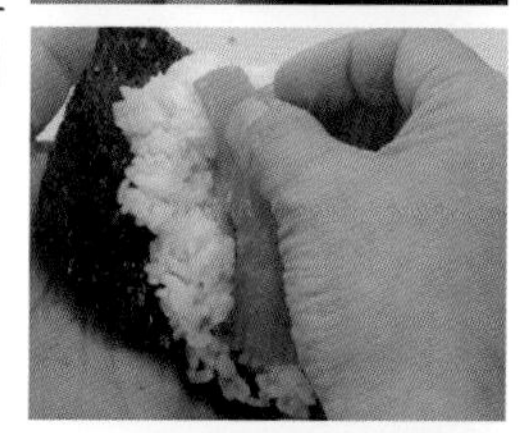

2
막대기처럼 길게 자른 다랑어(약 15g)을 샤리에서 튀어나온 것처럼 올린다.

3
김의 가장자리를 접어 만다. 모양을 정리한 부채꼴 데마키즈시는 손님이 정면을 볼 수 있도록 건넨다.

여러 가지 부채꼴 데마키즈시

여러 가지 창작 변형 마키

■ 도쿄 도 우메가오카
「우메가오카스시노미도리 총본점」

캘리포니아 롤

현대 창작 스시의 원점이라고 부를 만한 캘리포니아 롤. 아보카도와 스시의 궁합과 우라마키 기법이 상승 효과를 불러일으켜, 다양한 창작 스시 롤이 고안되었다.

1
특별 주문한 사이즈의 김 위에 샤리를 올리고, 균일한 두께로 펼친다.

2
랩을 펼친 위에 샤리째 뒤집어 올리고, 김이 밖으로 오게 만든다. 상추를 올린다.

3
상추 위에 게살을 찢어 산 모양이 무너지지 않도록 잘 쌓아 올린다.

4
게살 아래에 막대기 모양으로 길게 자른 다랑어 붉은살을 올린다.

5
김 아래 부분을 들어올려 만다. 속재료가 흩어지지 않도록 랩째로 만다.

6
샤리가 바깥 부분에 있기 때문에 조심해야 한다. 이때 샤리의 두께가 일정하지 않으면 롤의 두께가 일정하지 않게 된다.

7
롤 위에 젖은 면보를 덮고, 김발로 위쪽을 볼록하게 모양을 다듬는다. 면보를 사용하는 이유는 김발의 자국을 남기지 않기 위해서다.

8
얇게 슬라이스한 아보카도를 조금씩 겹쳐가면서 샤리 위에 올린다. 아보카도는 약 1/2개 분량을 쓴다.

9
롤 전체에 아보카도를 올렸으면, 랩으로 감싼다.

10
젖은 면보와 김발을 덮고, 위에서 가볍게 누르며 다시 한 번 모양을 잡아준다. 그다음 8개로 자른다.

11
레몬즙과 조림 소스를 뿌리고, 마요네즈, 날치알을 토핑한다.

다이묘 미도리마키

큰 김 2장, 샤리 약 800g을 사용한 점보 사이즈의 명물 후토마키. 달걀구이까지 속재료만 총 16가지 재료를 사용해 노노지마키를 만든 호화스러운 후토마키다. 하나만 먹어도 만족감이 느껴지기 때문에 다양한 손님들에게 폭 넓게 사랑을 받고 있다. 선물용으로도 인기가 높다.

■ 다이묘 미도리마키 재료 (총 16가지)

[위의 접시]
연어알, 박고지, 오보로, 산우엉
[아래 접시]
도미, 전갱이, 다랑어, 광어, 새우, 연어, 오징어, 붕장어, 청어알, 오이, 달걀구이, 상추

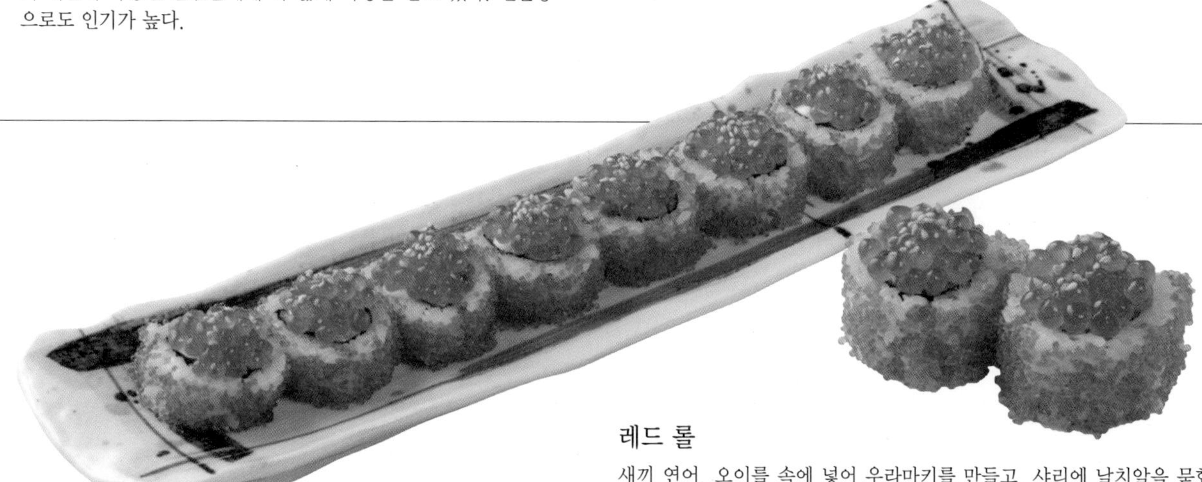

레드 롤

새끼 연어, 오이를 속에 넣어 우라마키를 만들고, 샤리에 날치알을 묻혔다. 8개로 잘라, 위에 마요네즈, 연어알, 참깨를 토핑한다. 오르되브르(술안주로 나오는 간단한 요리) 같은 느낌으로, 여성 손님들에게 호평이다.

노르웨이 롤

게살과 오이를 속에 넣어 우라마키하고, 연어를 겉에 말았다. 이름은 재료로 사용한 노르웨이 연어에서 따왔다. 게살과의 궁합도 좋고, 지방이 오른 다랑어 뱃살처럼 맛이 좋은 연어의 인기가 높아 나눠 먹는 손님도 많다.

지라시즈시·스시동

지라시즈시의 변천

지라시즈시는 샤리 위에 각종 재료를 올린 덮밥 종류인데, 시대가 바뀌며 조금씩 변화해왔다.

'지라시'는 '흩뿌린다'는 의미로, 글자 그대로 여러 가지 재료를 표면에 흩뿌리듯 늘어놓는 모양에서 그 이름이 붙었다. 옛날에는 '지라시고모쿠'라는 이름으로 표기한 문헌이 남아 있는데, 샤리에 박고지와 표고버섯을 섞고, 오보로와 달걀구이 등을 위에 올린 것으로, 날 재료는 전혀 사용하지 않았다고 한다.

제2차 세계대전까지의 지라시즈시는 새우나 붕장어, 삶은 오징어 등의 재료가 더해져 조금 호화로워졌지만, 아직도 날 재료는 쓰이지 않았다.

지금처럼 날 재료가 쓰이게 된 것은 제2차 세계대전 이후부터다. 지금은 '나마지라시'나 '우에지라시' 등으로 불리며, 배달 스시 등으로도 인기가 높아 폭넓은 손님층에게 사랑받고 있다.

호화로움이 넘치는 현대판 한 그릇 스시

요즘 많이 보이는 지라시즈시는 10종류 이상의 재료를 사용해, 대부분은 날 재료를 듬뿍 올린 호화로운 요리다. 니기리즈시에 사용하는 재료는 거의 같은 크기로 썰지만, 지라시즈시용 재료는 각기 다른 크기를 사용한다. 옛날에는 자투리 재료를 잘 손질해 버리는 부분을 줄이는 것이 목적이었지만, 지금은 그에 비견할 수 없을 정도로 다양한 재료를 사용한다.

오보로, 표고버섯, 각종 찐 재료는 물론이고, 날 재료를 입체적으로 담아 샤리와 함께 마지막까지 질리지 않는 풍요로운 맛을 연출하기 위한 연구가 중요하다.

지라시즈시, 스시동 상품 개발

날 재료를 중시하는 에도마에즈시의 지라시즈시에 비해 재료를 얇게 잘라 골고루 섞어 담는 '바라치라시'로 평판이 좋은 점포의 수도 적지 않다. 새우와 붕장어, 전어 등 웬만한 스시 재료들을 작게 잘라 샤리 위에 얹은 것이 바라치라시의 특징이다. 간사이 지방의 스시 기법이라고도 하는데, 샤리와 섞어 먹기 편하고, 테이크 아웃하기에도 좋다. 게다가 2단 찬합에 담아, 위에 올린 재료와 샤리를 분리해 담는 지라시즈시도 있다. 술안주로도 좋아 호평이다.

일찍이 '뎃카동'이 개발되어 인기를 끌었듯이, 성게와 연어알을 사용해 두 가지 색을 내는 스시동이나 여기에 오징어를 추가한 세 가지 색깔의 스시동처럼 인기 많은 재료를 조합한 스시동도 등장해 인기를 얻고 있다.

또한 각 지역의 특산어를 한데 모은 '가이센동'도 속속 등장하고 있다. 아직 신상품 개발의 여지가 있는 '지라시즈시'나 '스시동'의 미래가 기대된다.

에도마에지라시즈시

현대의 에도마에지라시즈시는 날 재료를 듬뿍 담아 내는 것이 기본이다. 또한, 질리지 않고 끝까지 먹을 수 있도록 오보로나 어묵, 달걀구이 등 다른 재료도 추가한다. 스시 재료를 접어 입체적으로 담는 등 기본에서 더욱 발전한 방법으로, 품격 높은 지라시즈시를 연출할 수도 있다.

■ 에도마에지라시즈시의 재료

전어, 가리비, 피조개, 다랑어, 붕장어, 새우, 광어, 오징어, 연어알, 김 가루, 오보로, 달걀구이, 박고지, 어묵, 오이, 차조기 잎, 감초생강

샤리를 담는다

1
샤리를 잘 풀어준 다음, 면보에 싸서 용기에 담는다. 테두리에 밥알이 붙지 않도록 조심한다.

2
샤리 위에 김가루를 뿌린다. 너무 많이 뿌리면 나중에 샤리가 뭉치기 때문에 주의한다.

3
젓가락으로 풀어주며, 김가루가 샤리에 골고루 섞이도록 한다.

날 재료 이외의 재료를 담는다

4
용기 테두리 안쪽에 기대어 세우듯 달걀구이를 담고, 오보로를 뿌린다.

5
왼쪽 끝에 생강을 담고, 나라즈케 절임을 곁들인다. 예로부터 나라즈케 절임은 지라시즈시에 빠지지 않는 재료다.

6
어묵과 얇게 썬 오이를 올린다. 윗부분 절반을 채웠으면, 날 재료를 올리기 시작한다.

날 재료를 올린다

7
손질한 가리비, 피조개, 전어를 올리고, 다랑어 2점을 접어서 샤리 위에 올린다.

8
데친 재료인 붕장어를 올리고 조림 소스를 바른다.

9
새우를 세로로 세워 올리고, 흰 살 생선을 올린다. 니쓰메 소스가 다른 재료에 묻지 않도록 차조기 잎을 붕장어 위에 올린다.

10
오징어 한 면에 원형으로 칼집을 내고, 가운데에 연어알을 올려 꽃 모양을 만들고, 고추냉이를 곁들인다.

지라시즈시 담는 법

포인트 1

재료를 담을 때 가장 중요한 것은 날 재료와 다른 재료의 비율로, 반반씩 담는다. 젓가락으로 십자가를 만들어 구획을 나눠 기준으로 삼는다.

포인트 2

날 재료가 많은 경우에는, 앞쪽에 생선살을 반으로 접어 입체적으로 담으면 볼륨감이 살아난다. 끝나는 부분에는 차조기 잎이나 오이 등을 깔아 구분한다.

2단 지라시즈시

■ 도쿄 도 스가모 「스시도코로 자노메」

윗단은 스시를 담고, 아랫단은 바라지라시를 담은 2단 지라시즈시이다. 술안주로 윗단을 먹고, 식사로 아랫단을 먹을 수 있어 연회석이나 배달 스시로 호평을 받고 있다.

■ 2단 지라시즈시 재료

[스시 재료]
다랑어 주토로, 문어, 전어, 도미, 오징어, 북방대합, 피조개, 새우, 청어알, 연어알, 달걀구이, 어묵, 무, 차조기 잎, 절인 생강, 고추냉이, 차조기 새순

[샤리 재료]
달걀 지단, 표고버섯, 연근 초절임, 오보로, 김가루, 산초나무 새순

샤리를 담는다(아랫단)

1
샤리를 넣을 단에 샤리(약 200g)를 넣고 표면을 정리한 뒤, 김가루를 전체에 골고루 뿌린다.

2
재료를 올린다. 우선 위쪽에 달걀 지단을 듬뿍 올리고, 아래쪽에 표고버섯을 올린다.

3
남은 부분에 색 조합을 고려해 오보로를 올린다.

4
마지막으로 식초에 절인 연근을 올린다. 손바닥으로 산초나무 새순을 비벼 향을 강하게 만든 뒤 곁들인다.

스시 재료를 담는다(윗단)

5
찬합 안쪽에 달걀구이 2개를 담고, 그 앞에 아주 얇게 썬 무채를 담는다.

6
어묵과 차조기 잎으로 구획을 나누고, 차조기 잎 앞에 다랑어를 놓는다. 어묵 앞에는 전갱이와 도미, 반대쪽에는 문어를 담는다.

7
새우, 북방대합, 피조개, 청어알을 담고, 부채꼴로 만 오징어 위에 연어알을 올리고, 생강절임과 고추냉이, 차조기 새순을 곁들인다.

2단 지라시즈시
샤리와 스시로 볼륨감을 살린 지라시즈시로, 날 재료는 안주로도 제격이다.

후키요세지라시즈시(바라지라시즈시)

■ 도쿄 구단미나미 「구단시타 스시마사」

후키요세지라시즈시는 바라지라시즈시라고도 부르며, 간사이 지방에서 자주 먹는 지라시즈시다. 날 재료를 사용하지 않고, 불에 구운 재료나 식초에 절인 재료를 주로 쓴다. 게다가 오보로나 박고지 등의 재료는 샤리와 섞어 먹기 쉽게 만든다. 테이크 아웃이나 선물용으로 많은 인기를 얻고 있다. 이 책에서는 전쟁 전부터 오래된 에도마에 즈시 노포에 전해져 내려오는 '후키요세지라시즈시' 기술을 소개한다.

■ 후키요세지라시즈시 재료

다랑어 붉은 살, 다랑어 주토로, 붕장어, 데친 오징어, 광어, 새조개, 개량조개, 피조개, 전어, 달걀구이, 차새우, 껍질콩, 절인 생강, 박고지, 김가루, 표고버섯, 연근 초절임, 오보로, 고추냉이

담는다

1
샤리를 2단으로 나눠 담는다 샤리의 1/2분량을 먼저 담고, 그 위에 생강, 박고지, 김가루를 뿌린다.

2
그다음 남은 밥을 담아 살짝 펼쳐 준다. 동시에 생강, 박고지, 표고버섯, 연근, 김을 뿌린다.

3
작게 자른 다랑어, 붕장어, 데친 오징어 등의 재료를 골고루 올리고, 데친 재료에는 니쓰메 소스를 바른다.

4
그 위에 흰 살 생선, 새조개, 개량조개, 피조개 등의 재료를 색 조합을 생각하며 올린다.

5
재료 사이에 새우 오보로를 뿌리고, 잘게 자른 전어를 올린다.

6
작게 자른 달걀구이, 반으로 자른 보리새우를 장식하고, 소금을 넣어 데친 껍질콩과 고추냉이를 곁들이면 완성이다.

후키요세지라시즈시(3인분)

뎃카동(참치덮밥) ■ 도쿄 도 스가모 「스시도코로 자노메」

다랑어를 넣어 만든 뎃카마키에서 이름을 따와 만든 스시동이다. 인기가 많은 다랑어를 마음껏 먹고 싶어 하는 사람들의 요청에 의해 정식 메뉴가 되었다. 다랑어 살을 장미꽃처럼 담아 입체감과 화려함을 연출했다. 붉은살, 주토로 등 다른 부위를 함께 사용해도 좋다. 즈케동이나 네기토로동처럼 변화를 준 메뉴도 있다.

담는다

1
그릇에 샤리(약 200g)를 담는다. 다랑어를 꽃 모양으로 올렸을 때 안정된 모양을 잡기 위해, 샤리 중앙 부분에 약간 홈을 파 둔다.

2
샤리에 얇게 저민 감초생강을 뿌리고, 데자쿠로 썬 다랑어 4점을 가운데를 비워두고 샤리 위에 올린다.

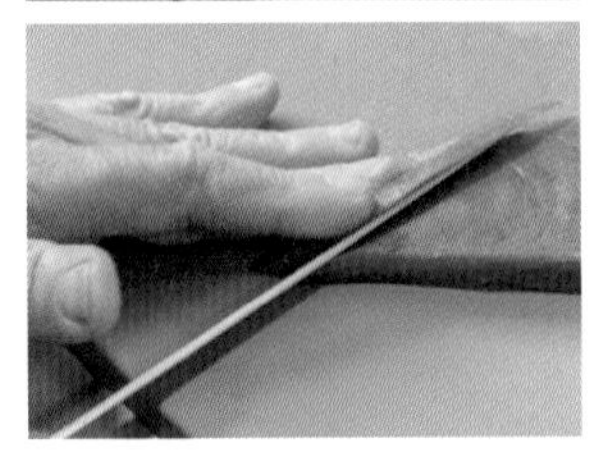

3
꽃을 만들 다랑어를 자른다. 비스듬히 4점을 썬다.

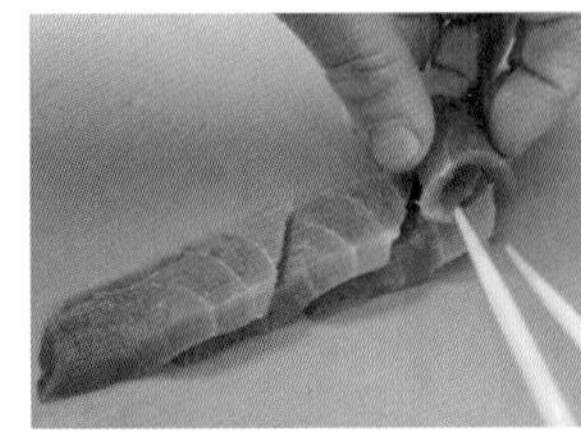

4
비스듬히 자른 다랑어를 세로로 1줄이 되도록 조금씩 겹쳐 두고, 젓가락으로 집어 반대쪽으로 만다.

5
꽃처럼 보이도록 모양을 가다듬으면서 만다. 처음에 꽃의 심지 부분을 단단하게 마는 것이 포인트다.

6
샤리의 홈에 차조기 잎을 깔고, 꽃 모양으로 연출한 다랑어를 올린다. 테두리에도 김을 뿌리고 고추냉이를 곁들인다.

여러 가지 다랑어 스시동

다랑어 네기토로 스시동

잘게 다진 다랑어 자투리살을 활용한 스시동. 실파나 쪽파를 섞는 경우도 있지만, 사진 속 예시에서는 다랑어 살 위에 올렸다. 다랑어의 부위에 따라 고급 요리가 되기도 한다.

다랑어 간장 절임 스시동

다랑어의 붉은살 겉면을 살짝 데쳐, 동량의 청주, 간장을 조린 소스에 절인다. 비스듬히 썰어 샤리 위에 담고, 색의 대비를 위해 오이를 곁들인다. 점심 메뉴로 호평을 받고 있는 스시동이다.

여러 가지 지라시즈시와 스시동

정어리 스시동

제철 정어리나 전갱이처럼 푸른 생선으로 만든 스시동은 현대인에게 부족한 EPA, DHA 등의 영양소가 많아 주목받고 있는 추천 메뉴다. 점심 메뉴 등으로도 잘 어울리는 변형 스시동으로, 저렴한 가격 또한 매력적이다.

■ 이시카와 현 가나자와 시 「스시캇포 아오이스시」

게살 지라시동

날 재료를 잘 못 먹는 사람들도 즐길 수 있게 개발한 메뉴. 게살과 날치알, 달걀구이 등과 함께 식감이 좋은 무와 오이 등을 얇게 채썰어 흩뿌려 강조했다.

■ 미야기 현 시오가마 시 「스시 시라하타」

트리플 스시동

성게, 연어알, 다랑어 주오치 같은 삼색 재료를 얇게 썬 오이로 구획을 나눠 담아 여러 가지 감칠맛을 만끽할 수 있다. 손님의 주문에 따라 여러 가지 재료로 변형할 수 있다.

■ 지바 현 지바 시 「사카에스시」

센다이 즈케동

센다이 특산물인 흰 살 생선을 간장에 절여 스시동으로 개발해 여러 평론가, 전문가 들에게 극찬을 받았다. 특제 소스에 절인 여러 종류의 흰 살 생선과 연어알, 달걀구이 등을 곁들여 다양한 색채와 화려함을 자랑한다.

■ 미야기 현 센다이 시 「후키즈시」

특제 지라시동

그 지역에서 나는 고급 스시 재료를 손님의 예산이나 취향에 맞게 조합해 담은 호화 지라시동. 생선 회처럼 썰어 가이센지라시풍으로 연출했다. 한 그릇으로 지방의 단골 손님뿐만 아니라, 관광객들에게도 대만족을 선사한다.

■ 이시카와 현 가나자와 시 「가나자와다마스시 본점」

시즈오카 지라시동

시즈오카 현의 스시상조합 가맹점이 지역의 특산품인 '다랑어, 벚꽃새우, 초절임 반찬, 녹차, 고추냉이'를 중심으로 연구해 개발한 지라시동이다. 바라지라시풍으로 그릇에 담았을 때 다채로운 색상이 매우 인기가 높다.

■ 시즈오카 현 구사나기 시 「아나고노우오타케스시」

지라시즈시·마키즈시 재료 손질

■ 이시카와 현 가나자와 시「스시캇포 아오이스시」

지라시즈시, 마키즈시에 빠지지 않는 재료인 박고지, 오보로, 표고버섯, 연근 초절임 만드는 법을 소개한다. 박고지와 표고버섯은 말린 재료이므로, 물에 불려 찌는 과정도 포함한다. 오보로는 흰 살 생선을 섬유상태로 만들어 볶는 작업 등이 있어 수고가 많이 든다. 그러나 이 책에서 소개하는 모든 손질은 꼭 해야 하는 작업이기도 하고, 이로 인해 특유의 맛을 낼 수 있다. 일상 스케줄에 재료 손질할 시간을 두고, 이 재료들을 상비해야 한다.

박고지, 오보로, 표고버섯, 연근 초절임 손질 방법과 양념은 점포에 따라 다르므로 이 책에서 소개하는 예는 참고만 하길 바란다.

박고지 손질하기

박고지는 박의 과육 껍질을 벗긴 것인데, 산지에 따라 맛이 다르므로 맛을 보고 선택해야 한다. 옛날에는 교토의 기즈가 주산지였기 때문에, '기즈 박고지'란 이름이 더 유명했던 적도 있다. 지금은 이바라키 현이 주요 산지로, 품질 좋은 박고지가 생산되고 있다.

박고지는 여름에 수확해 가공한 것이 부드럽고 맛도 좋다. 껍질에 가까운 부분일수록 딱딱하고, 심지에 가까운 부분일수록 부드럽다. 가공된 등급별로 분류해 판매되는데, 유백색으로 폭이 일정하며, 두껍고 품질이 좋은 것을 선택한다.

■ 재료(만들기 쉬운 분량)

박고지	500g
굵은 황설탕	500g
간장	500ml

*1 : 1 : 1의 비율

밑손질

길이를 자르고, 소금으로 문질러 닦는다

1
박고지를 자른다. 마른 박고지는 폭이 넓고 질이 좋은 것을 고른다. 김의 길이에 맞춰 18~20cm 정도의 길이로 자른다.

2
박고지를 큰 볼에 넣고, 소금은 한꼬집 정도로 소량을 물에 녹여 잘 문지른다. 방부제나 표백제 등을 씻어내기 위함이다.

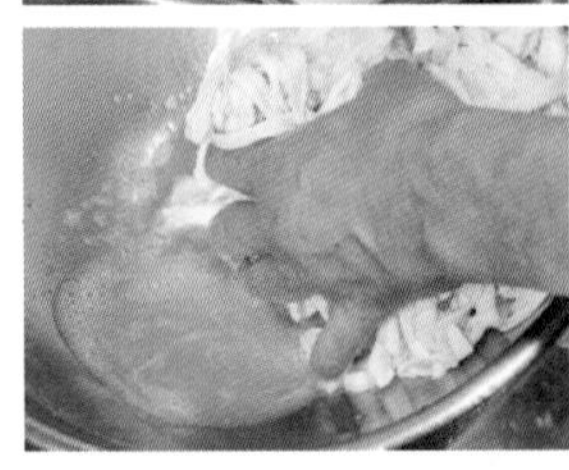

3
말린 박고지는 소금과 수분을 소량 더해 잘 문지르면, 거품이 나고 섬유질이 풀어져 부드러워진다.

물로 씻는다

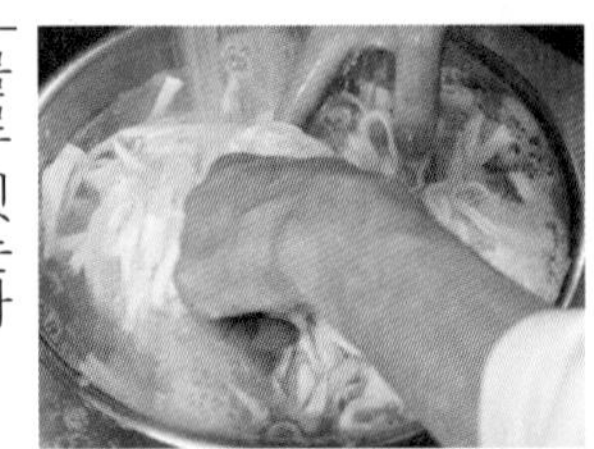

4
소금물에 잘 문질러 부드러워진 박고지는 물에 담궈 충분히 헹군다. 물이 탁해지지 않을 때까지 2~3번 더 씻는다.

5
물에 잘 헹궜으면, 소쿠리에 건져 올려 물을 뺀다. 소금을 문질러 닦고, 물로 충분히 씻을수록 박고지의 냄새와 쓴맛이 빠진다.

애벌 삶기

부드러워질 때까지 삶는다

1
커다란 냄비에 물을 넉넉히 담고, 깨끗하게 씻은 박고지를 넣어 불을 켠다.

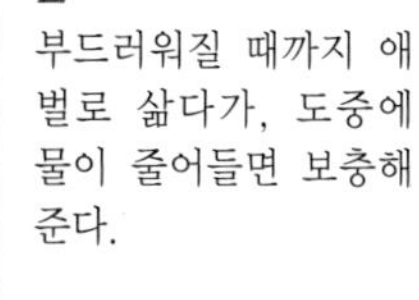

2
부드러워질 때까지 애벌로 삶다가, 도중에 물이 줄어들면 보충해 준다.

3
젓가락으로 위아래를 뒤집으며, 천천히 섞어 불 기운이 골고루 퍼지게 한다.

4
중간에 삶은 정도를 확인한다. 박고지 전체가 투명해지고, 손톱으로 잘릴 정도로 삶는다.

물기를 짠다

5
다 삶아졌으면, 박고지를 소쿠리에 건져 뜨거운 물을 뺀다.

6
소쿠리에 담은 박고지가 아직 뜨거울 동안에 물기를 짠다. 박고지가 상하지 않게 볼 등의 도구를 사용해 꾹 눌러 물기를 짠다.

조린다

조미료를 넣고 조린다

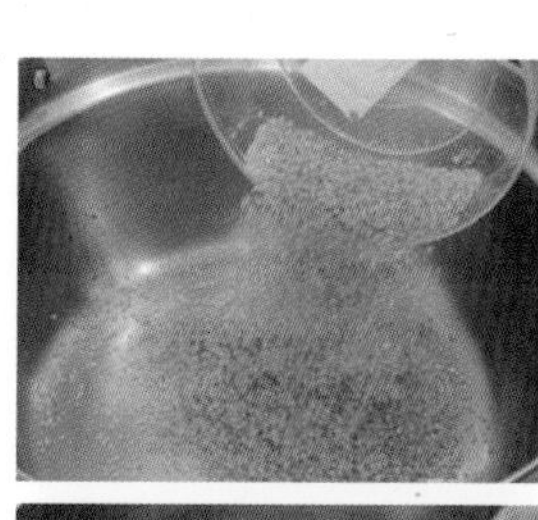

1
박고지 조림 국물을 준비한다. 냄비에 준비한 분량의 황설탕을 넣는다.

2
간장을 넣고 불을 켠다. 황설탕을 녹이면서 졸이고, 거품이 떠오르면 건져 올려 제거한다.

조림 국물에 박고지를 넣어 색을 골고루 입힌다

3
애벌 삶기한 박고지를 조림 국물에 넣고, 맛이 배도록 천천히 조린다.

4
박고지는 애벌로 삶는 단계에서 부드러워졌기 때문에, 끊어지지 않도록 젓가락으로 살살 위아래를 섞어가며 조린다.

5
색이 골고루 입혀졌으면 조림 국물이 없어질 때까지 잘 조린다.

6
완성했으면, 쟁반 등에 펼쳐 놓고 잘 식힌 다음 냉장고에 넣어 보관한다. 중간에 잘려 짧아진 것은 별도로 보관한다.

도미 살 오보로 만들기

오보로는 도미나 넙치 등의 흰 살 생선을 사용한 '도미 살 오보로'와 새우로 만든 '새우 오보로'가 있다. 점포에 따라서는 다양한 생선 살을 섞어 만들기도 한다. 도미 살 오보로나 새우 오보로 둘 다 손이 많이 가는 것은 마찬가지여서 직접 만드는 점포의 수가 줄고 있다. 물로 씻어 생선의 지방을 제거하고, 골고루 볶아 주는 것이 포인트다. 부드럽고 풍부한 맛을 자랑하는 오보로는, 가게의 품격을 높여주는 역할을 한다. 오랫동안 전수되어야 할 기술 가운데 하나다.

■ 재료(만들기 쉬운 분량)

도미	반 마리
청주	40ml
설탕	1큰술보다 약간 많이
소금	약간
붉은색 식용 색소	약간

*도미 한 마리 (1.5kg)

도미 준비

3장 뜨기한 뒤 껍질을 벗긴다

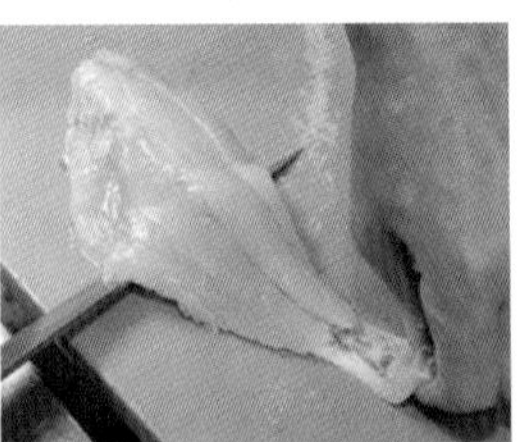

1
돔을 3장 뜨기한 뒤, 배뼈를 제거하고 껍질을 벗긴다. 약 1.5kg 짜리 돔의 1장을 사용해 도미 살 오보로를 만든다.

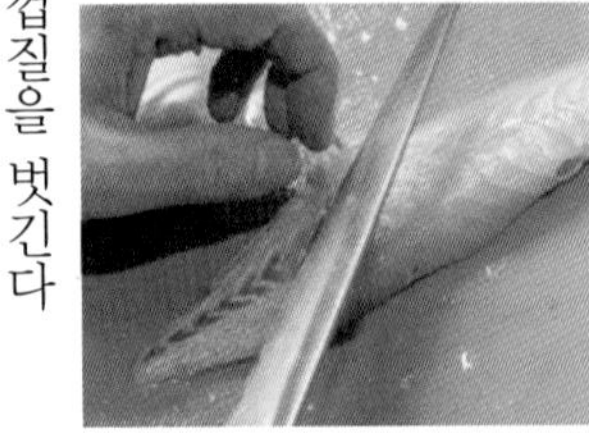

2
가운데뼈의 지아이와 껍질이 붙어 있던 갈색 부분을 제거한다. 지아이가 남아 있으면 나중에 오보로가 검은 색을 띠기 때문에 깔끔히 제거한다.

데치기

데친 후 물로 헹군다

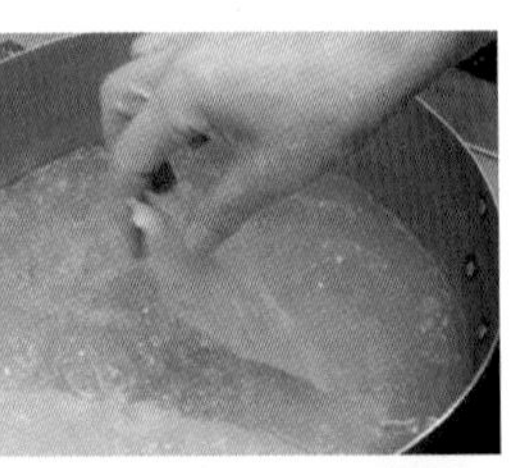

1
깔끔하게 손질한 도미 살을 뜨거운 물에 넣어 데친다.

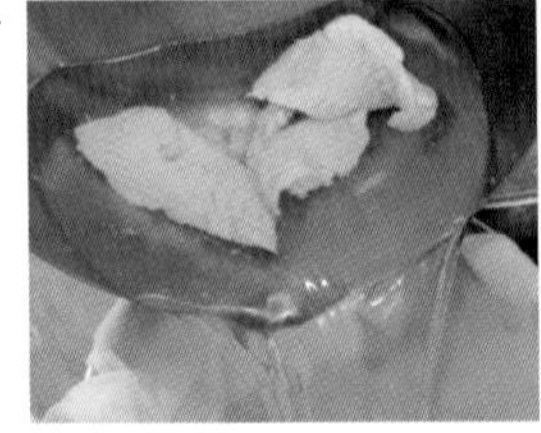

2
완전히 익으면, 삼베 천을 깐 채반에 도미 살을 건져올린다.

3
삼베 천으로 도미 살을 감싸고, 고무줄 등으로 묶은 다음, 물속에 넣고 헹군다.

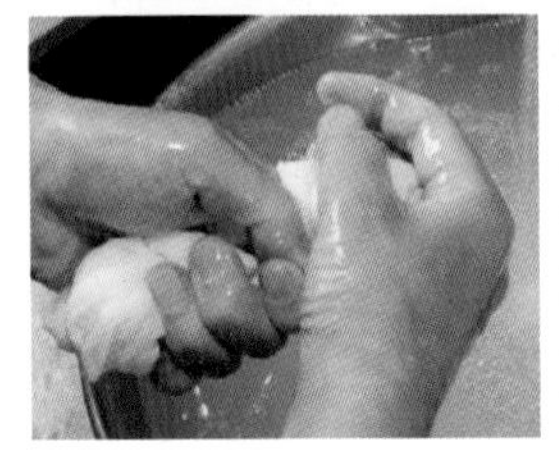

4
물과 함께 지방 성분 등도 꼭 짜낸다. 살이 바스러져 섬유질 상태가 되면 물이 탁해지지 않을 때까지 헹구며 꽉 짜준다.

볶기

중탕해서 소보로 상태가 될 때까지 볶는다

1
냄비에 도미 살과 청주를 넣은 뒤, 설탕과 소금도 넣고 잘 섞는다.

2
좀 더 큰 냄비에 뜨거운 물을 넣고, 중탕으로 볶기 시작한다. 중탕한 물이 냄비 안으로 들어가지 않게 신문지 등으로 감싼다.

색소를 넣어 색을 입힌다

3
어느 정도 수분이 날아가면, 물에 녹인 소량의 식용 색소로 색을 입힌다. 옅은 핑크색이 될 때까지 조금씩 색을 입혀간다.

4
수분이 날아가 소보로 상태가 될 때까지 계속 볶는다. 섬유질이 보들보들한 도미 살 오보로가 완성된다.

응용 새우 오보로 만들기

■ 재료

차새우, 넙치, 설탕, 간장, 소금, 식용 색소

차새우는 삶아서 껍데기를 깐다. 데친 뒤 물로 씻은 넙치 살과 함께 민치(고기 다지는 기계)로 갈아놓는다. 냄비에 물, 설탕, 간장, 소금 등의 조미료를 넣고 조리다가, 식용 색소를 조금 넣고 색을 입힌다. 냄비에 다진 생선 살을 넣고 볶아 준다. 약불에서 볶다가, 수분기가 날아가면 조금씩 보충해주며 촉촉하게 볶는다. 새우 오보로는 예시로 든 가게의 바라지라시에 반드시 필요한 재료라고 한다.

■ 도쿄 구단미나미 「구단시타 스시마사」

표고버섯 손질하기

말린 표고버섯은 중간 크기의 것을 사용한다. 두툼하고 커다란 표고버섯은 간사이 지방의 스시에서는 많이 쓰이지만, 에도마에즈시에서는 좀처럼 쓰이지 않는다. 중간 크기의 표고버섯을 통째로 지라시즈시에 올리거나, 잘게 다져 마키즈시에 넣는 등 다양하게 사용하는데, 손질하기도 쉬운 편이다. 미림이나 설탕의 분량은 취향에 따라 가감해도 상관없지만, 담백한 단맛이 탁월한 편이다. 천천히 조려서, 몽실몽실 부풀어오르게 손질한다.

■ 재료(중간 크기 12개 분량)

말린 표고버섯(중간 크기)	12개
표고버섯 불린 물	3컵
간장	1큰술
미림	1큰술
설탕	40g
소금	약간

밑손질

버섯을 불려 줄기를 제거한다

1
중간 크기의 말린 표고버섯을 준비한다. 전체가 잠길 정도로 물을 붓고, 하룻밤 불린다.

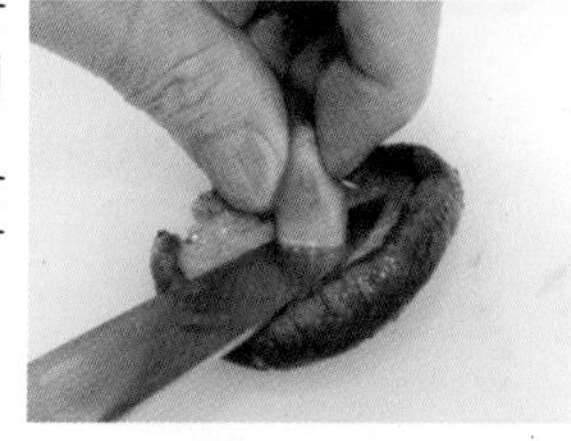

2
불어난 표고버섯을 꺼내, 줄기 부분을 잘라낸다.

삶는다

조미료를 넣는다

1
표고버섯을 불린 물이 모자라면 물을 더 넣어 3컵 정도의 분량을 만든다. 냄비에 표고버섯과 함께 넣고 끓인다.

2
미리 준비해둔 조미료를 넣는다. 우선 간장부터 넣는다.

3
그 다음 미림을 넣는다.

거품을 제거하고, 조린다

4
준비한 분량의 설탕을 넣는다. 간장, 미림, 설탕을 전부 다 넣었으면, 전체를 잘 섞는다.

5
끓어오르기 시작해 거품이 끓어오르면, 부지런히 떠낸다.

6
거품을 떠냈으면, 불을 줄이고 천천히 시간을 들여 조린다.

7
조림 국물이 줄어들면 표고버섯을 뒤집어 계속 조린다.

8
냄비를 흔들어가며, 완전히 국물이 없어질 때까지 조린다. 식힌 뒤 냉장고에 보관한다.

연근 초절임 손질하기

연근 초절임은 손질이 간단해, 한 번에 많은 양을 준비할 필요가 없다. 중간 크기의 연근을 마디마다 껍질을 벗기고, 꽃모양으로 자른다. 재료를 모두 쓰려면 껍질만 벗기고 장식용으로 자르지 않아도 된다.

연근은 계절이나 부위에 따라 쓴맛의 정도가 다르므로, 반드시 식초물로 헹궈 쓴맛을 제거한다. 단식초에 절여두면, 지라시즈시뿐만 아니라 절임이나 구이 등 일품요리의 부재료나 반찬 등으로 사용할 수 있어 중요하다.

■재료(만들기 쉬운 분량)

연근	1마디
[단식초]	
식초	180ml
물	90ml
설탕	1큰술
소금	약간
홍고추	적당량

껍질 벗기기

껍질을 벗기고, 장식용으로 자른다

1
연근의 껍질을 벗긴다. 그 후, 구멍 부분에 V자로 칼집을 낸다.

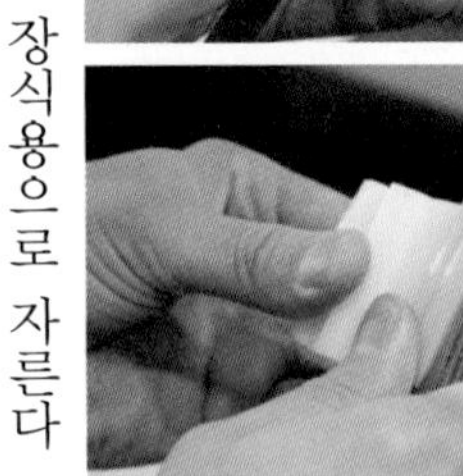

2
구멍 주위를 둥글게 깎는다.

3
연근의 자연스런 모양을 따라 장식용 칼집을 내면 꽃 모양이 된다.

얇게 썬다

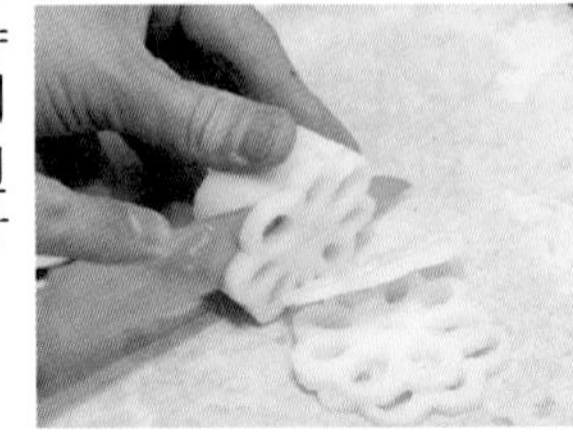

4
얇게 썬 다음, 식초물에 헹궈 쓴맛을 제거한다. 너무 많이 헹구면 연근의 풍미가 사라지므로 주의한다.

단식초에 절이기

삶은 뒤 단식초에 절인다

1
뜨거운 물에 넣고 삶는다. 얇게 썰어두었기 때문에 반투명하게 색이 변하면 얼른 채반에 건져낸다.

2
물기를 뺀 다음, 아직 연근이 뜨거울 때 준비해 둔 재료로 미리 만들어둔 단식초에 절인다.

3
단식초를 스며들게 한다. 단식초에 담근 채로 보관한다. 사용할 때에는 단식초의 물기를 잘 빼야 한다.

제3장

스시를 담는 기술

스시를 담는 전통 방식(복원)

큰 그릇에 스시를 쌓아 담는 시대의 방식을 재현했다. 니기리즈시를 쌓는 경우에는 사이에 조릿대를 깐다. 새우나 오징어 인로즈메 스시를 쌓거나 세워 입체적으로 볼륨감을 살린다. 메이지 시대부터 쇼와 초기까지 이어진 전통 방식이지만, 지금까지도 오래된 느낌이 들지 않는다. 오히려 신선하고 변화를 준 방식처럼 느껴진다.

스시를 담는 기술

스시를 담는 방식의 역사와 변천

니기리즈시의 탄생부터 현재에 이르기까지 그릇에 담는 방식도 꽤나 많은 변화를 거쳐 왔다.

제2차 세계대전 이전에는 '담기' 보다는 '쌓기' 방식이 주류였다. 스시를 여러 단 겹쳐 쌓기 때문에 '쌓는다'라는 표현이 쓰였다. 에도 시대의 풍속화나 민화에 남아 있는 것처럼, 배달 스시는 뚜껑이 달린 통에 담겨 있었다. 후에 화려하게 무늬가 그려진 대접이나 큰 그릇 등이 쓰였는데, 이때도 쌓는 방식이 일반적이었다.

에도, 메이지, 다이쇼, 쇼와 시대를 거쳐 왔지만, 스시는 '다이야'라고 불리는 유곽이나 요정, '오차야'라고 불리는 손님에게 음식이나 유흥을 제공하던 가게 등에서 주문을 받아 배달하는 배달 요리의 성격이 강했다. 그로 인해 쌓아 올린 스시의 형태를 탈피해, 평편하게 1단으로 담아 손님에게 내기 시작했다. 결국 스시의 양이 적어지고, 배달을 주문한 가게에서 스시를 덜어낸 뒤 손님에게 제공하게 되면서 스시를 담는 법이 바뀌게 되었다.

쌓는 방식을 버리자 스시를 평편하게 흐르듯 담는 '나가시모리' 혹은 '간나가시' 방법이 정착했다. 당시에는 '다이야모리'나 '다이야시고토'라고 부르며 일반일들 사이에서는 그다지 인식이 좋지 않았다. 하지만 쌓는 것보다 스시의 양이 적어지고 스시의 모양도 흐트러지지 않는 등 장점도 있어, 순식간에 이 방법이 보급되었다. 나중에 다루겠지만, 스시를 담는 용기 역시 현재와 비슷하게 바뀌는 것은 제2차 세계대전 이후의 일이다.

전쟁 후 얼마 동안은 쌀의 보급을 나라가 통제하면서 위탁 가공 형태로 스시가 판매되었는데, 이 역시 스시를 담는 방식으로 이행하는 데 큰 역할을 했다고 볼 수 있다. 쌀을 가져와 위탁하면서, 스시 1인분의 양이 명확하게 정해졌기 때문이다. 스시의 수를 한눈에 확인할 수 있기 때문에, '나가시모리' 방식이 퍼진 것이다.

'나가시모리'의 기본과 응용

'나가시모리'가 스시를 담는 법의 주류가 된 이후에도, 각 점포별로 다양한 연구를 했다. 쌓는 스시를 먼산에 비교해 나가시모리식으로 바꾼 '산스이모리'는 절충형이긴 하지만, 운치가 느껴지는 방식이라 좋은 평판을 얻었다고 한다. 명인이라 불리는 스시 장인들의 여러 가지 방법이 그 당시는 남아 있었던 것이다.

축하연이나 궂은 일, 또는 각각 다른 용도에 따라 색 배합이나 디자인적인 변화를 주기도 했다. 붉은색과 흰색을 강조한 '미즈히키모리'나 연회석 등에서 먹기 편하게 만든 '호샤모리(별칭은 핫포니라미)'나 새우 세 마리를 중심에 세워 화려함을 자랑하고 경사스러운 자리에 어울리는 '아타리야모리' 등 각양각색의 방식이 전해지고 있다.

담는 방식의 기본과 순서

1. 스시 용기와 인원수를 확인한다
   스시의 수는 인원수에 맞춰 조절하지만, 반드시 똑같은 재료로 구성하지는 않는다. 스시 재료에 다양한 변화를 주고, 동시에 용기를 결정한다.
2. 조릿대 모양을 결정하고, 스시 재료를 잘라 준비한다
   조릿대는 미리 잘라두어 준비한다. 스시 재료는 인원수에 맞춰 썰어 준비한다.
3. 마키즈시를 준비하고 만든다
   마키즈시는 속재료를 정한 다음 만든다. 호소마키, 후토마키를 미리 만들어 두면, 썰기 쉽다.
4. 순서를 고려해 스시를 쥔다
   달걀구이나 데치거나 삶은 재료로 만드는 스시처럼 신선도가 꽤 오래 유지되는 재료부터 스시를 만들고, 신선도가 떨어지기 쉬운 날 재료 스시나 군칸마키를 나중에 만든다. 모든 스시는 완성품의 높이를 맞춰, 도마 한켠에 정리해둔다.
5. 오색의 배합과 밸런스를 고려해 담는다
   용기에 담을 때에는 맨 처음 용기의 가장 위쪽에서 아래쪽으로 차례차례 늘어놓으며 담는다. 용기의 가장 위쪽을 '머리(아타마)'라고 부르며, 일반적으로는 마키즈시를 담는다. 그리고 가장 아래쪽은 삶거나 데친 재료로 만든 스시를 담고 마지막으로 조림 소스를 바르는데, 조림 소스가 다른 스시에 묻지 않도록 하기 위함이다.
6. 조릿대를 적절한 곳에 장식하고, 감초생강을 곁들인다
   이상의 내용이 극히 일반적인 기본 방법이다. 하지만 이 과정을 막히는 곳 없이 유창하면서도 재빨리 소화하고 게다가 완성된 모습이 아름답기란 쉽지 않다. 반복 연습이 필요하지만, 이야말로 모든 것의 좋고 나쁨을 가르는 기준이 된다.

스시의 오색 배합이 포인트

스시를 담는 기술에서 가장 중요한 것은 스시의 색을 살려 배치하는 것이다. 보통 스시의 오색은 '청, 황, 적, 백, 흑'이라 한다. '청'은 전어, 전갱이, 고등어처럼 등 푸른 생선으로 만든 스시를 가리킨다.

'황'은 달걀구이나 날치알 등의 노란색 스시다.

'적'은 다랑어, 새우, 연어, 피조개 등 붉은색 스시이며, '백'은 도미, 광어, 오징어 등 흰색 스시로, 적색 스시와 대비하면 좋다.

'흑'은 김을 사용한 마키즈시나 새조개 등으로 만든 스시로, 전체를 정리하며 강조하는 색이다.

이러한 오색의 장점을 살려, 배색에 신경 쓰면 균형이 잘 잡혔다는 인상이 들게 스시를 담을 수 있다.

'나가시모리'의 기본을 우선 습득한 뒤, 목적에 맞게 스시를 담을 수 있도록 응용력을 키워가면 좋다.

대표적인 '나가시모리'로 담기

현재 주류로 쓰이는 '나가시모리'로 스시를 담았다. 스시가 오른쪽 밑으로 흘러가듯이 담는다. 스시를 먹을 때에 오른손으로 잡기 쉬운 각도(약 30°)로 기울여 담는다. 오색의 균형도 좋고, 측면 라인과 각도를 잘 맞추면서도 스시가 움직이지 않도록 담는 것이 포인트이다.

현대적인 '호샤모리'로 담기

한 손님만이 정면을 마주하는 종래의 방법이 아니라, 사방에서 덜어 먹기 쉽도록 연구한 방법이 바로 '호샤모리'다. 중심을 정해 눈길을 끄는 스시를 담는다. 연구하기에 따라 보통 3점을 세트로 방사선형으로 담는데, 때로는 2점씩 담기도 하는 등 얼마든지 화려하게 연출할 수 있다.

스시를 담는 '용기'의 변천

스시를 담는 용기도 담는 방식과 함께 변화해왔다. 에도 시대에는 노점상과는 별개로, 배달할 때에는 나무통이 많이 쓰였던 모양이다. 요정이나 오차야 등에서 주문을 하면 나무껍질을 벗겨 만든 통에 뚜껑을 달고, 감초생강 등은 무늬목으로 만든 별도의 상자에 담아 배달했다고 한다. 또한 주문한 사람이 들고 온 찬합에 담아 배달하는 시대도 있었다고 한다. 상류층 저택이나 오차야에서 주문을 받아 배달할 때에는 용기나 담는 방식도 달랐다.

앞서 다뤘듯이, 에도 시대의 민화를 살펴보면 유명한 스시 가게에서는 배달할 때 나무통을 사용했다. 그 후 시대가 바뀌어 메이지, 다이쇼 시대에는 그릇에 담는 방법이 주류가 되었다. 일본 요리에 많이 쓰였던 접시나 그릇은 색채가 다양하고 풍부해, 특히 화려한 그림이 그려진 용기가 스시 가게에서 많이 쓰였던 모양이다. 테두리에 장식이 있는 그릇도 많이 사용했지만, 그 당시에는 아직 스시를 쌓아 담았다.

그 후, 다이쇼 시대의 간토대지진 등을 겪으며 도자기 그릇에서 다시 목제 용기를 사용하는 가게가 많아졌다.

그릇이나 접시 등의 도자기 용기는 무겁고 깨지기 쉽다는 단점이 있어, 나무통이 재등장한 것이다. 그러나 껍질을 벗겨 대충 손질한 나무통은 더러운 부분이 눈에 잘 띄어서, 옻칠을 한 용기가 쓰이게 되었다.

하지만 옻칠을 한 용기는 가격도 비싸고 보관도 힘들어, 합성수지로 만든 통이 제작되고 보급되기 시작했다. 현재까지도 스시 용기 가운데 대표적인 위치를 차지하고 있는 것이 바로 이 스시통이다. 가볍고, 사용에도 부담이 없고, 몇 층으로 쌓아서 운반해도 좋고, 수납도 편리하다. 그 이후 지금까지 스시 보관 기능도 겸비한 스시통이 주류가 되었다.

다양하게 변화한 스시 용기

스시 통은 지금도 많은 스시 가게에서 사용하고 있다. 그후 배달보다 가게 안에서 먹고 가는 손님의 수가 많아지면서, 용기의 형태가 다양해졌다. 스시 가게의 카운터석을 이미지화시킨 나무 용기는 통칭 '게타'라고 불리며 스시 가게에서만 쓰이는 독특한 용기로 자리매김했다. 이 용기는 청결감도 있고, 스시가 돋보인다.

도자기 그릇도 둥근 접시만이 아니라, 도마 접시라고도 불리는 직사각형 모양의 접시나 계절감이 느껴지는 유리 그릇 등 다양한 용기가 쓰이게 되었다.

기성 제품에 한정되지 않고, 상품 가치를 높이는 용기를 사용하는 센스가 필요한 시대다.

스시 그릇(모리바치)
스시를 쌓아 담는 방법이 주류였던 시대에는 도자기 그릇을 많이 사용했다. 나가시모리 방법이 많이 쓰이면서 평편한 그릇도 쓰이고는 있지만, 깨지기 쉬워서 배달 스시에는 적합하지 않다.

스시 담는 대(모리다이)
다리가 달린, 나무로 만든 대는 카운터석의 쓰케다이(카운터 손님에게 샤리를 만들어 내놓는 대)의 모습을 본판 것. 보통 '게타'라고 부른다. 청결감이 느껴지고, 1인분 스시를 담아내기 좋다.

스시통(스시오케) 혹은 **한다이**
다목적용 찬합을 스시를 담는 용기로 쓰게 되었다. 나무통에 옻칠을 해 튼튼하게 만들었다. 보관성도 있어 기능면에서 우수하다. 간토 지방에서는 안쪽을 검은색으로 칠한 것, 간사이 지방에서는 안쪽을 빨간색으로 칠한 용기를 많이 쓴다고 한다.

1인분 스시 담는 법

1인분 스시 담는 법의 예시. 니기리즈시 7점, 호소마키 3점으로 구성했다. 뎃카마키 반 줄을 3개로 자르고, 달걀구이, 새우, 흰 살 생선, 연어알, 다랑어의 붉은 살, 오토로, 붕장어가 1점씩 있다. 연어알 스시는 등 푸른 생선으로 만든 스시로 대신해도 좋다. 1인분 담는 법이야말로 스시 담는 법의 가장 기본이다.

1
1인분 스시를 준비한다. 뎃카마키부터 차례로 달걀구이, 새우와 날 생선이 아닌 것부터 만드는데, 군칸마키는 김이 눅눅해지기 쉬우므로 가장 나중에 만든다.

2
용기를 준비한다. 물기를 꽉 짠 면보로 용기를 닦는다. 이 경우에는 1인분 용기를 사용한다.

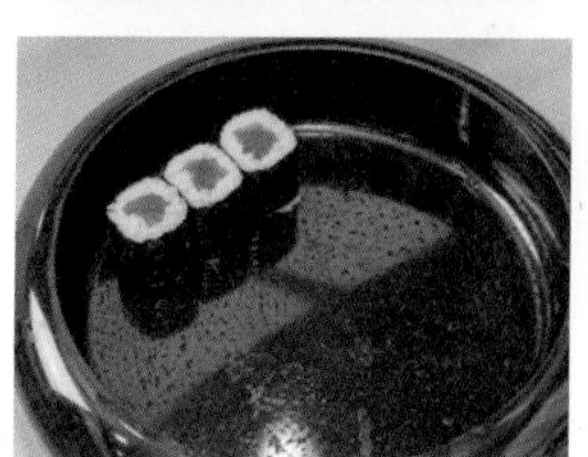

3
우선 용기의 정면을 정한 뒤, 가장 위쪽의 중앙에 뎃카마키 3점(반 줄 분량)을 담는다. 이 부분을 '머리(아타마)'라고 부른다.

4
겐자사를 2장 준비한다. 겐자사의 아래 부분을 접어, 뎃카마키 앞에 세운다.

5
2번째 줄에 놓을 스시를 잡고, 달걀구이, 새우, 흰 살 생선 순으로 겐자사 앞에 올려놓는다. 스시는 오른쪽 밑을 향해 비스듬히 놓는다.

6
3번째 줄에는 연어알, 붉은 살 생선, 오토로를 담는다. 2번째 줄과 틈이 생기지 않도록 각도를 맞춰 용기에 담는다.

7
네 번째 줄은 틈을 매우듯, 붕장어를 가로로 담는다. 배달 스시인 경우에는 조림 소스가 다른 스시에 닿지 않도록 주의한다.

8
감초생강의 물기를 짜고, 오른쪽 위에 담아 완성한다. 스시의 높이를 맞추고 방향을 가지런하게 정리하면, 통이 움직여도 스시가 흐트러지지 않는다.

나가시모리로 스시 담는 법

스시를 담는 대표적인 방법인 '나가시모리'의 일례. 새우, 오징어의 색이 팽팽하게 대비되며, 연어알, 성게, 다랑어의 붉은 색 스시가 화려하게 돋보인다. 조연 역할을 하는 호소마키도 일자로 담아 존재감을 드러낸다.

똑같은 스시 재료를 사람 수에 맞춰 준비하는 것이 아니라, 재료의 종류를 다양하게 사용하는 것이 포인트다. 청, 황, 적, 백, 흑의 오색의 밸런스를 잡고, 정갈하면서도 아름답게 담는다.

1번째 줄

2번째 줄

첫 번째 줄은 호소마키, 두 번째 줄은 비스듬히 담는다

1

약 4~5인분(여기에서는 1척 1자 크기) 용기를 준비한다. 스시를 담기 전에 물기를 꽉 짠 면보로 깨끗하게 닦는다.

2

용기의 정면을 정하고, 가장 위에 간표마키를 담는다. 1줄을 4개로 잘라, 2줄 분량을 뗏목 형태로 겹쳐 담는다.

3

조릿대 장식을 세키쇼 모양으로 잘라, 간표마키 앞에 세운다. 간표마키와 날 생선으로 만든 스시가 서로 닿지 않도록 한다.

4

2번째 줄에 다랑어 스시를 비스듬히 담는다. 붉은 살 스시를 3점 손에 쥐고, 오른쪽 아래를 향해 약 30° 각도로 비스듬히 담고, 오토로 3점도 그 뒤를 이어 담는다.

3번째 줄

비스듬한 각도로 스시를 줄지어 담는다

5

3번재 줄은 오징어와 흰 살 생선을 좌우 끝에, 가운데에는 새우를 담아 붉은 색과 흰색의 대비를 살린다. 우선 오징어 스시 2점을 왼쪽 끝에 담는다.

6

새우를 2점씩 잡고, 4점을 꼬리가 잘 보이도록 3번째 줄 가운데에 담고, 흰 살 스시를 오른쪽 끝에 담는다.

4번째 줄

용기의 절반까지 스시를 담는다

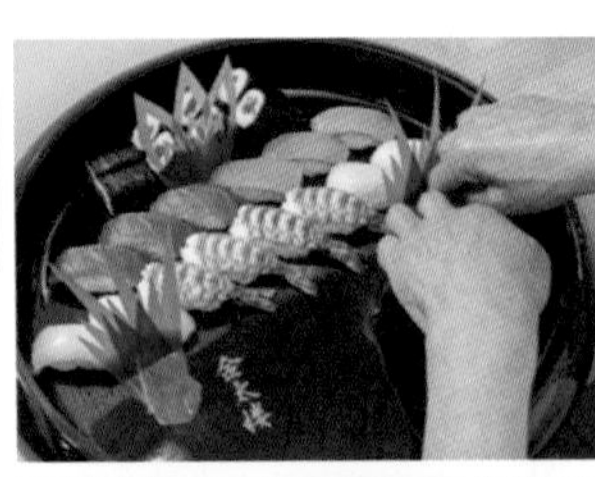

7

3번째 줄까지 스시를 담았으면, 겐자사의 아래를 접어 두 군데에 세운다. 다음으로 담을 호소마키와 날 생선 스시 사이를 구분해 준다.

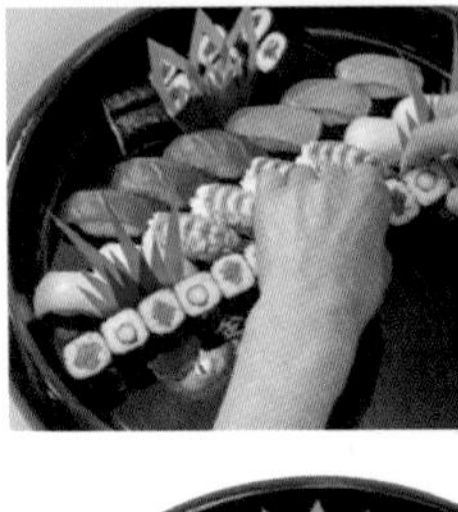

8

4번째 줄에 호소마키 2줄 분량을 일자로 담는다. 뎃카마키와 갓파마키를 교차로 세워 색채 대비를 살린다. 4번째 줄까지 담으면 용기의 절반이 채워진다.

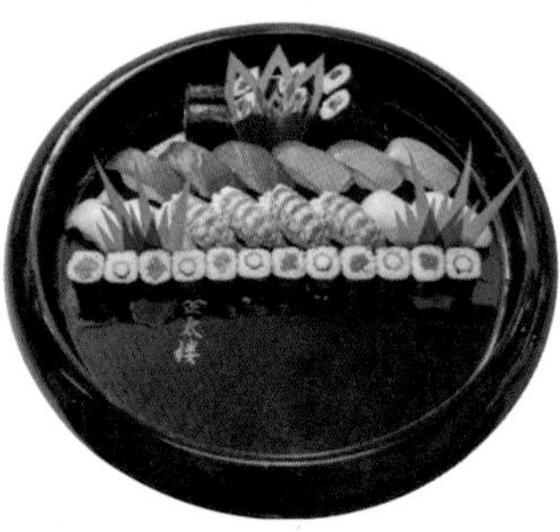

달걀구이와 군칸마키를 담는다

9
5번째 줄은 달걀구이, 성게와 연어알 군칸마키 조합을 담는다. 달걀구이는 빈 공간에 맞춰 가로로 담는다.

6번째 줄

조개류와 등 푸른 생선 스시를 담는다

10
6번째 줄은 새조개, 피조개 같은 조개류 스시와 학꽁치와 같은 등 푸른 생선으로 만든 스시를 담는다. 호불호가 갈리는 재료로 만든 스시는 아래쪽에 담는다.

7번째 줄

삶거나 데친 재료로 만든 스시를 가장 아래에 담는다

11
가장 아래 부분에는 붕장어 스시를 담는다. 용기 아래쪽에 빈 틈이 생기면 스시가 움직이므로 주의한다.

12
붕장어에 조림 소스를 바르는데, 다른 스시에 소스가 묻지 않도록 조심한다. 완성하면 왼쪽 위 구석에 감초생강을 담는다.

호샤모리로 스시 담는 법

둥근 용기의 모양을 살린 '호샤모리'의 일례. 미리 배색에 신경을 써 스시 세트를 만들어 둔다. 바깥의 1번째 줄에 놓을 스시를 3점씩 세트로 만들어 두면, 위치를 정하거나 담기 쉬워진다.

정중앙에는 둥근 공간이 생기므로, 꽃 모양으로 만든 호소마키나 간단하게 만들 수 있는 꽃 모양의 사이쿠즈시 등을 담으면 화려함을 강조할 수 있다. 어느 방향에서든 스시를 집기 쉽고, 전체가 꽃 모양처럼 보이는 '호샤모리'는 연회석이나 축하연을 빛내는 방법이다.

호샤모리로 담을 스시 준비. 스시의 색을 고려해 3점씩 세트로 만들어 둔다. 순서를 미리 정해두면 빠르면서도 예쁘게 담을 수 있다.

용기와 스시를 준비하고 바깥쪽부터 담는다

1
호샤모리로 담을 용기를 준비한다. 둥근 형태의 용기가 적당한데, 사각형 용기라도 연구를 하면 호샤모리로 담을 수 있다.

2
호샤모리의 경우엔 2~3점을 1세트로 준비한다. 붉은색과 흰색 스시나 색이 강한 스시를 조합하면 좋다.

3
용기의 정면을 정한다. 용기의 가로 1/2 위치에 좌우로 스시를 3점씩 담는다. 다랑어 스시 2점, 흰 살 생선 1점을 1세트로 담는다.

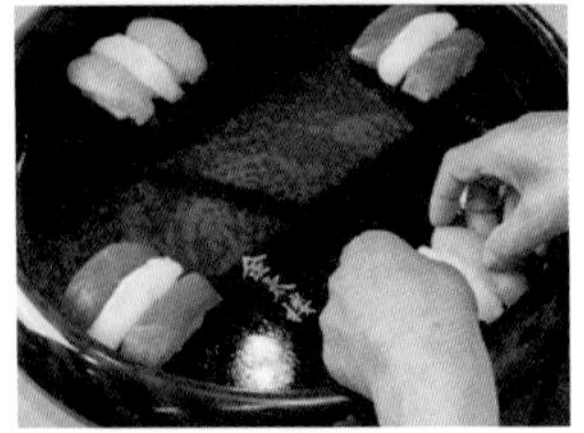

4
용기의 정면 아래 부분에 스시를 3점, 그 반대편에도 스시를 3점 담는다. 주토로 2점, 흰 살 생선 1점을 1세트로 담는다.

바깥쪽에 방사형으로 스시를 담는다

5
앞서 담은 스시 사이에 전어, 새우, 오징어 스시 3점을 1세트로 스시를 담는다. 새우 꼬리는 중심을 향하게 놓는다.

6
새조개, 새우, 피조개 스시 3점을 1세트로 빈 곳을 채운다.

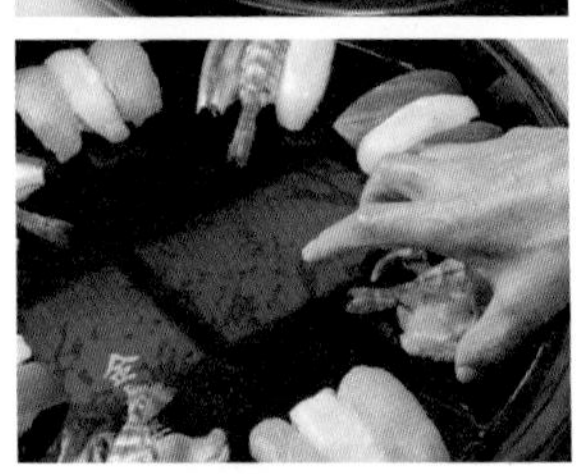

7
총 4곳 사이에 스시 3점씩 4세트의 스시를 담는다. 용기의 테두리를 따라 방사형이 되도록 깔끔하게 담는다.

가운데에 호소마키를 담고, 스시로 감싼다

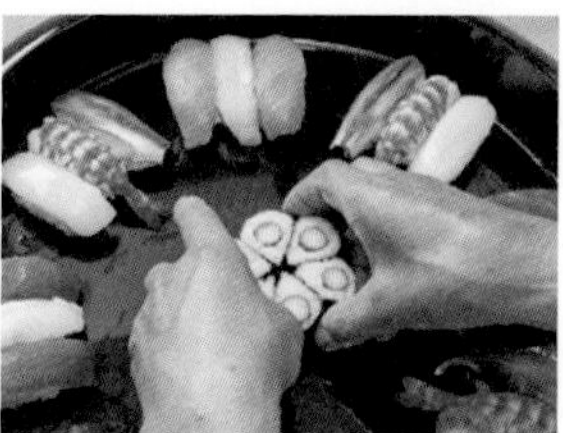

8
가운데 포인트에 호소마키를 담는다. 갓파마키는 꽃잎 모양으로 말아, 단면이 위로 가게 둥글게 모아 꽃 모양을 만든다.

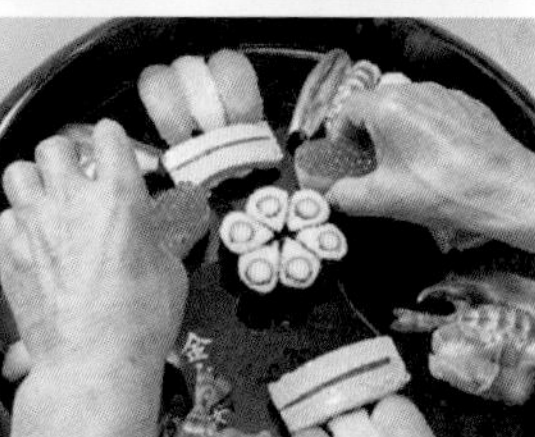

9
호소마키 꽃을 감싸듯 연어알, 달걀구이 스시를 담는다.

10
학꽁치, 붕장어 스시를 담는다. 호소마키 꽃을 감싸며 원을 만들어지도록 균형을 잡아가며 담는다.

조릿대 장식을 곁들여 완성한다

11
앞서 담은 바깥쪽 스시 3점을 안쪽 스시와 붙이듯 자리를 정리하면, 스시가 움직이지 않는다.

12
가운데 호소마키 밑에 세키쇼 모양으로 자른 조릿대 장식 4장을 끼운다. 사방으로 늘어지도록 잘 만져준다. 니쓰메 소스를 바르고, 감초생강을 몇 군데 나눠 담으면 완성이다.

여러 가지 스시 담는 법

2인 손님에게 각광받는 1.5인분 스시

약 1.5인분 분량을 담았다. 새우를 세워 담아 입체감을 살렸다. 회나 일품요리를 먹은 뒤에 주문하는 2인 손님들에게 인기가 많은 메뉴다. 1인분에 집착하지 않고, 스시의 수를 늘려 버라이어티함을 살렸다.

스시와 사시미 모듬

스시 가게에 와서 맛보고 싶은 '스시와 사시미'를 한 접시에 세팅했다. 이런 메뉴가 있으면, 여성 손님들도 주문하기 편하지 않을까. '날생선 안주'로 제공되는 사시미를 스시와 함께 묶어 매력도를 높였다.

온고지신의 정신을 스시 통에 담다

에도 시대의 민화에 등장하는 스시통을 현대적으로 변화시킨 용기는, 실로 온고지신이라 평할 만하다. 옛스런 모양을 그대로 살린 통은 현대인들에게 신선하게 보인다. 스시가 돋보이도록 통의 깊이를 높게 만들고, 본격적인 에도마에즈시와 제철 재료를 모아 구성했다.

■ 도쿄 도 쓰키지 「쓰키지다마스시」

'나가시모리'의 멋이 진화한 형태

심플하고 긴 접시에 나가시모리로 담아 스시의 아름다움을 살렸다. 카운터 석에서 취향에 맞는 스시만 주문해 먹는 이미지도 느껴지면서, 모던한 멋을 살린 진화한 형태의 1인분 스시다. 조연 역할을 하는 마키즈시를 가운데에 담고, 조릿대를 깔아 장식한 방식도 참신하다.

■ 이와테 현 미야코 시 「요시즈시」

센스가 빛나는 신선한 용기 활용법

성게와 연어알은 군칸마키 대신에 귀여운 접시에 담았다. 용기 활용법에 변화를 줄 뿐만 아니라, 자신만의 지라시즈시를 만들 수도 있어 스시의 맛에 변화를 줄 수 있다. 특산품 재료를 충분히 살려, 간장도 2종류 곁들여 강한 인상을 남기는 패셔너블한 방법으로 스시를 담았다.

■ 니가타 현 니가타 시 「스시갓포 마루이」

일식의 우아함과 화려함을 담았다

일식의 매력을 더한, 한눈에 보기에도 아름다운 스시 연출법. 새우, 다랑어, 오징어, 연어 등 기본 스시로 구성했지만, 단풍잎이나 제철 채소 등으로 계절감을 연출했다. 게다가 양하나 청유자 등을 고명으로 올리고, 백다시마 등을 곁들여 일본의 맛의 품격을 높였다.

■ 홋카이도 오타루 시 「니혼바시 본점」

기능과 멋을 겸비한 '호샤모리'

사방에서 집기 편한 기능적인 면과 아름다움을 겸비한 방법. 2점씩 한 세트로 방사형으로 스시를 담는다. 다랑어의 붉은 살과 흰 살 생선으로 만든 스시를 효과적으로 담아, 품격 높은 화려함이 느껴진다. 비주얼적으로 호화로운 식사를 하는 감각을 연출한다.

■ 도쿄 도 스가모 「스시도코로 자노메」

스시 기술 콩쿠르를 빛낸 스시 연출법

제9회 전국스시기술콩쿠르의 최우수상, 일본 후생노동대신상을 수상한 작품이다. 사이쿠마키나 학과 거북이 모양으로 만든 조릿대 장식 등 고도의 테크닉이 빛난다. 에도마에즈시의 전통을 지키면서도, 새로운 단계에 대한 도전 의식이 느껴진다.

■ 도쿄 도 아사쿠사 「긴타로스시」

오리즈메 기술

'콩나물 시루'처럼 꽉 들어찬 모양을 일본에서는 '스시즈메'라고 하는데, 이 단어는 '오리즈메'에서 따온 말이다. 한 치의 빈틈도 없이 꽉 들어차 있는 모양은, 오리바코(종이를 접거나 얇은 판자로 만든 상자)의 면적이 정해져 있어 미리 만들어둔 스시의 개수나 크기를 딱 맞춰 정갈하게 채워야 하기 때문이다. 오리즈메는 보통 스시 용기에 담는 것보다 좀 더 기술을 필요로 한다.

오리바코의 냄새가 배거나 밥알이 달라붙지 않도록 조릿대를 깐다. 옛날부터 오리즈메 기술은 지방 특산 스시의 부가가치를 높이는 데 일조했다. 정성이 담긴 오리즈메 기술은 앞으로도 계승되어야 한다.

1

오리바코는 젖은 면보로 닦고, 조릿대를 아래에 깐다. 상자 테두리를 따라 1번 접은 조릿대를 두르고, 스시를 담는다.

2

스시와 스시 사이에 1번 접은 조릿대를 끼우고, 감초생강도 물기를 짜서 조릿대로 감아 상자 안에 넣는다.

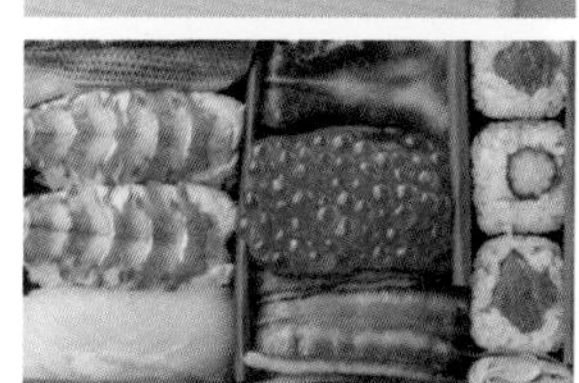

3

니기리즈시를 3줄로, 호소마키를 1줄로 담는다. 붕장어 스시에 조림 소스를 바르고, 조릿대 장식을 올려, 뚜껑 안쪽에 묻지 않도록 한다. 뚜껑을 꽉 닫아 포장한다.

지라시즈시, 바라지라시즈시의 오리즈메(도시락 담기)

■ 도쿄 도 긴자 「나카타」

테이크아웃이나 특산품을 선물받았을 때 일본 사람들이 좋아하는 지라시즈시 오리즈메(나무상자에 담긴 도시락)이다. 각 점포의 유명 메뉴인 '후키요세 지라시즈시'와 '바라지라시즈시'를 오리즈메로 만들었다. 일본 사람들은 고급스런 선물을 하거나 문병을 갈 때, 오리즈메를 최고의 선물로 친다.

후키요세지라시즈시 오리즈메

다랑어, 오징어, 전어, 붕장어 등 10종류 이상의 재료로 꽉 채운 지라시즈시. 잔물결이 치는 듯한 이미지로 담은 고급스런 감각이 느껴지는 지방 특산 명물이다.

바라지라시즈시 오리즈메

샤리 위에 잘게 다진 붕장어, 박고지, 오보로 등을 흩뿌려 담고, 생선 조림을 주변에 둘러 담는다. 거기에 벚꽃색으로 데친 문어, 삶은 전복 등 고급 재료를 올린 화려하면서도 호화로운 오리즈메다.

조릿대 자르는 기술

기초 지식

조릿대의 효과

접시나 오리즈메용 상자에 스시를 담을 때에는 조릿대 장식을 적절하게 활용해야 한다.

조릿대는 단순한 장식이 아니다. 조릿대가 가진 특성이 스시에는 필수불가결해 옛날부터 사용해왔다.

조릿대는 살균 작용이나 단열 효과가 있어서 음식을 싸거나 요리를 담는 용기 대신 잎으로 만든 접시나 쟁반으로 이용하기도 했다. 맑고 시원한 조릿대의 향기도 은은하게 스치며, 조릿대에 함유된 사리틸산이나 아황산이 살균 작용을 해, 음식의 부패를 막아주는 효과가 있기 때문이다.

현대에 들어 알려진 효과이지만, 옛날부터 조릿대를 사용한 선조들의 지혜가 참 대단하다.

조릿대 자르는 법

조릿대 장식은 얼룩조릿대를 이용한다. 4~6월경부터 나는 조릿대 잎은 새순이라 부드럽고 자르기도 쉽다. 11월을 지나면 잎이 두꺼워지기 때문에, 그럴 경우에는 살짝 데친 후 사용하면 자르기 쉽다. 줄기째 물로 깨끗하게 씻어 더러운 곳을 닦아내고, 잎을 1장씩 줄기에서 떼어내 잘 포개서 다발로 묶어둔다. 이후에도 잎이 마르지 않도록 수분과 함께 보관해야 한다. 조릿대를 자르기 전까지 이와 같이 준비해둔다.

조릿대의 역할

조릿대 장식은 쓰임에 따라 자르는 법이 달라야 한다. 효율 좋게 3~4장을 겹쳐놓고 자르는 방법이 일반적이다. 용도에 따라 분류하면 다음과 같다.

◎ 겐자사(劍笹)

가장 심플한 방법으로, 2~3곳을 칼날처럼 자른다. 1장의 조릿대로 2장의 겐자사를 만들 수 있다. 스시와 노리마키 사이에 넣거나 스시에 바른 조림 소스가 다른 스시에 묻지 않도록 공간을 나눌 때 사용한다.

◎ 세키쇼(石菖)

세키쇼란 이름은 석창포란 식물에서 따왔는데, 긴 잎모양이 특징이다. 스시 사이에 세워 공간을 나누거나 장식하는 용도를 겸한다. 잎을 세로로 접어 자르는데, 가운데가 아치 형태인 '소나무' 모양과 좌우로 새우 수염처럼 갈라진 '새우' 모양 디자인으로 나뉜다.

◎ 게쇼자사(化粧笹)

스시를 접시나 오리즈메 상자에 담을 때에 곁들이는 조릿대 장식을 게쇼자사라고 부른다. 화조풍월(花鳥風月)이나 사계절의 풍속을 표현한 것이 많아, 화려한 인상을 준다. 예로부터 축하 자리에서 먹는 스시에는 가문의 문양을 조릿대 장식으로 만들어 손님을 기쁘게 했다고 한다.

조릿대 장식은 잎을 잘라낸 부분이 마르기 전에 스시를 먹으라는 스시 점포의 주의사항으로도 그 역할을 다하고 있다. 또한, 고기가 없는 장례식용 스시에는 무늬목을 잘라 조릿대 장식 대용으로 사용했다는 이야기도 남아 있다. 예로부터 조릿대 장식을 자르는 것은 중요한 일이었다. 섬세한 작업이므로, 칼을 다루는 기술을 잘 연마해야 한다.

비닐로 만든 가짜 조릿대 장식도 보급되고 있지만, 조릿대 장식의 전통은 계속 이어가야 할 것이다.

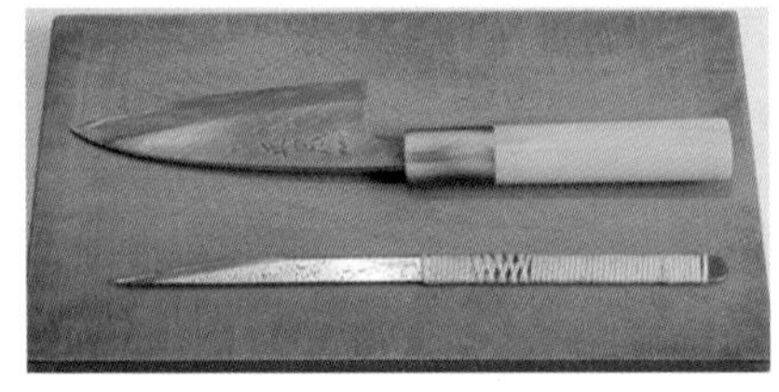

조릿대 장식을 자르는 전용 칼(자기 손에 맞는 사이즈로 준비)과 섬세한 모양을 자를 때 사용하는 세공용 칼. 조릿대 장식 전용 작은 도마도 준비해 둔다.

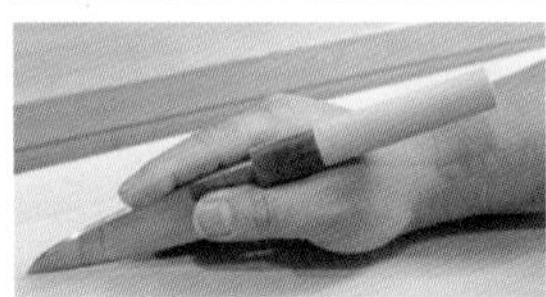

조릿대 장식을 자를 때의 자세와 칼 쥐는 법. 전용 칼은 연필을 쥐듯이 잡고, 작은 무늬를 자를 때에는 칼날을 세워 자른다.

겐자사(고모치겐자사) 자르는 법

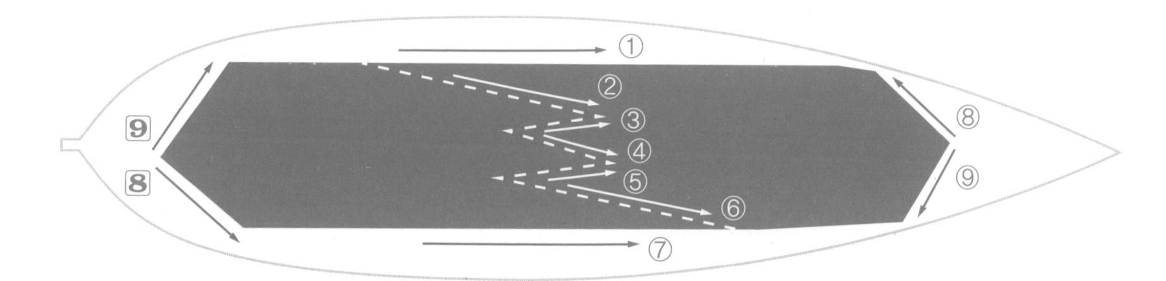

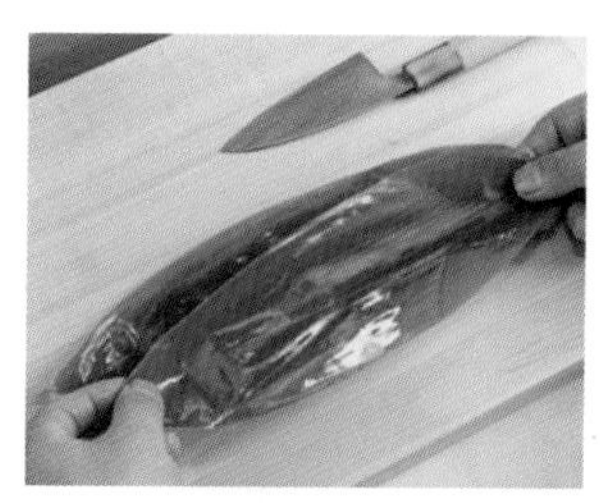

1

조릿대는 깨끗하게 물로 씻어, 살짝 물기를 닦아낸다. 조릿대 이파리 끝을 모아 쥐고 3~4장을 겹쳐 놓는다.

2

잎 밑동의 딱딱한 부분을 겹쳐놓고 자른다.

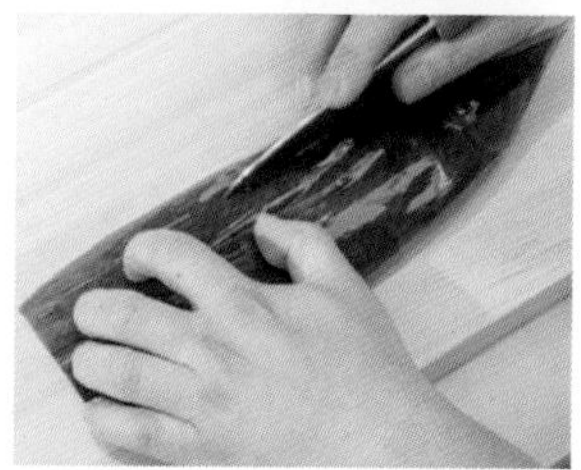

3

2에서 자른 부분을 왼쪽에 둔다. 다음으로 이파리의 넓이를 일정하게 만들기 위해 넓은 부분을 직선으로 잘라버린다.(①)

4

1번째 큰 산 모양을 자른다.(②, ③)

5

2번째 산과 3번째 산은 1번째보다 작게 자른다.(④, ⑤)

6

마지막까지 잘랐으면, 1장의 조릿대를 좌우로 벌려 2개로 나눈다.(⑥, ⑦)

7

2개로 나눈 조릿대의 뾰족한 부분을 겹친다.

8

아까 자른 부분의 반대쪽을 폭이 넓은 산 모양으로 정리한다(⑧, ⑨와 **8**, **9**를 동시에 자른다).

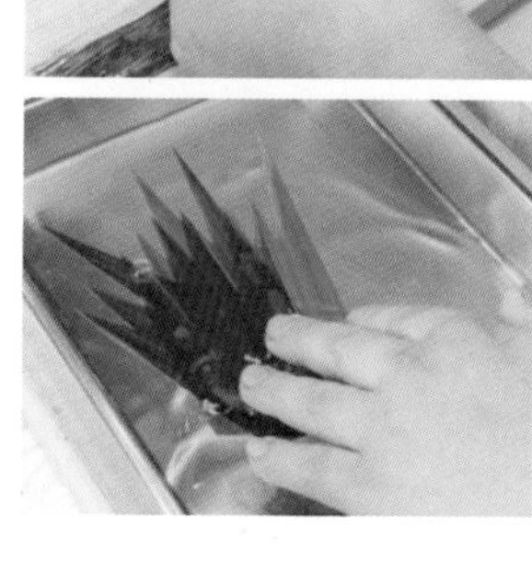

9

자른 겐자사는 물을 채운 용기에 넣어 보관한다. 물기가 없으면 자른 부분이 말라 쪼그라든다.

여러 가지 겐자사 모양

심플한 것부터 작은 산 모양이 있는 것까지 다양하고 독창적인 디자인을 할 수 있다.

새우 모양 세키쇼(기본) 자르는 법

새우 모양 세키쇼는 조릿대 잎을 세로축으로 접어, 접힌 부분을 위로 두고 잘라야 한다. 그렇게 하면 곡선으로 자르는 부분을 편하게 자를 수 있다. 우선 기본 모양부터 연습해보자.

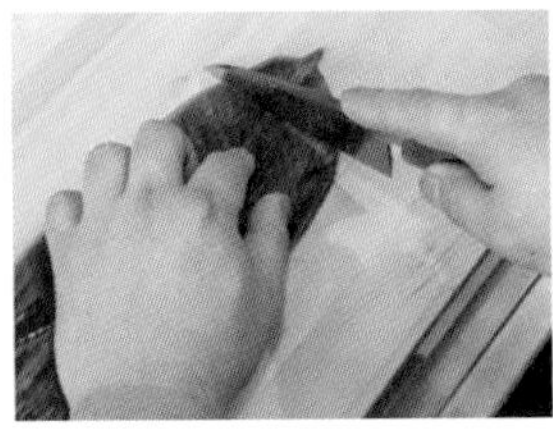

1
깨끗하게 물로 씻은 조릿대는 잎의 밑동을 모아 4~5장을 함께 자른다. 줄기가 붙어 있는 부분을 잘라 버린다.

2
가운데 축이 있는 부분을 기준으로 세로로 접는다. 새우 모양을 자를 때에는 접은 쪽이 위를 향하도록 놓는다.

3
조릿대 전용 칼로 새로로 접은 축 부분부터 작은 뿔 모양을 비스듬히 자르고, 새우 모양의 가장 긴 부분을 곡선으로 자른다.(①, ②)

4
새우의 수염 부분을 곡선으로 자른다.(③)

5
수염처럼 자른 바깥 3줄을 가늘게 자른다.(④, ⑤)

6
다 잘랐으면, 조릿대를 들어, 마지막 자른 선을 따라 손으로 쪼개듯이 떼어낸다.(⑥)

7
접은 채로 아랫부분을 적당한 길이로 잘라 마무리한다.(⑦)

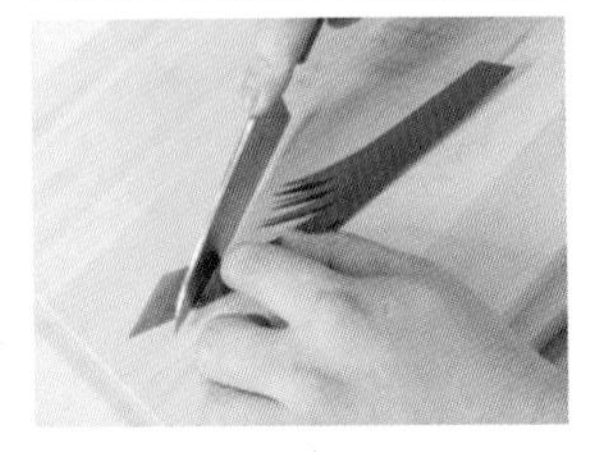

8
접은 채로 새우 수염 부분을 적당한 길이로 비스듬히 잘라 완성한다.(⑧)

※ 화살표와 ○ 안의 숫자는 자르는 순서를 표시한 것이다(p.225, p.226도 동일하다).

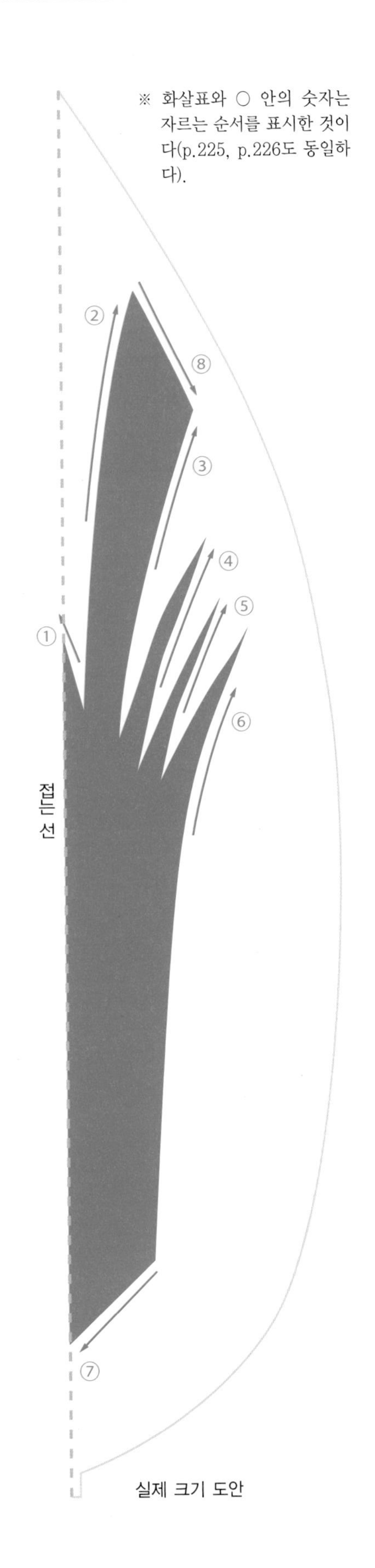

실제 크기 도안

소나무 모양 세키쇼(기본) 자르는 법

소나무 모양 세키쇼는 새우 모양과는 반대로 접은 부분을 아래로 두고 자른다. 아치 모양의 곡선을 자르려면 그 편이 편하기 때문이다. 곡선 부분의 폭을 동일하게 자르는 것이 포인트다.

1
깨끗하게 물로 씻은 조릿대는 잎을 4~5장 모아 줄기가 붙어 있는 부분을 잘라 버린다.

2
자른 부분을 왼쪽으로 두고, 가운데 축이 있는 부분을 기준으로 세로로 접는다.

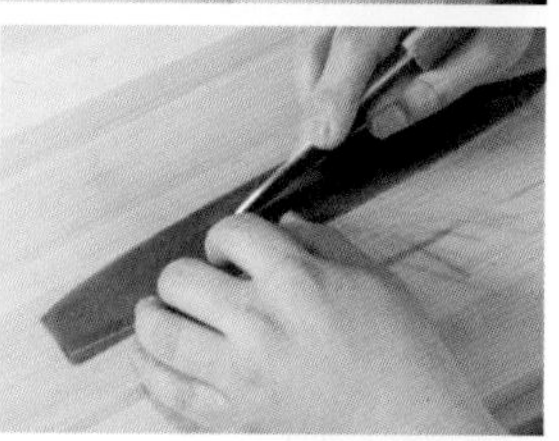

3
가장 바깥쪽 부분을 곡선으로 자른다. 이때 조릿대의 전체 폭이 결정되므로 주의한다.(①)

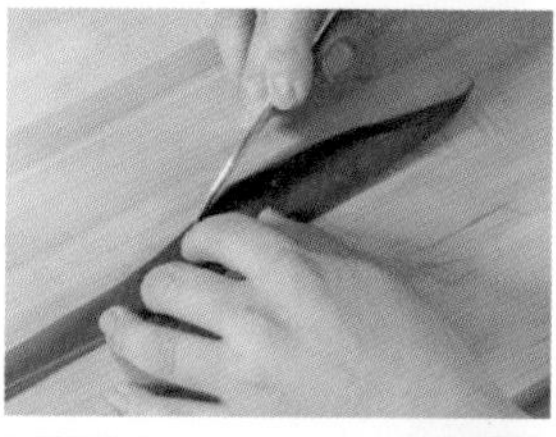

4
그다음 바깥쪽의 두 줄을 곡선으로 자른다.(②)

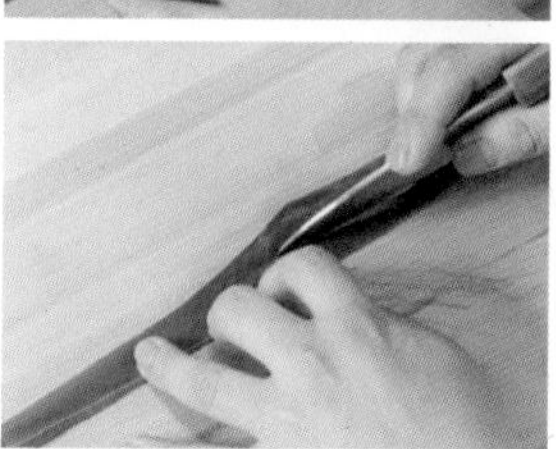

5
중앙의 아치 부분을 자른다. 조릿대를 곡선으로 돌려가며 아치형으로 자른다.(③)

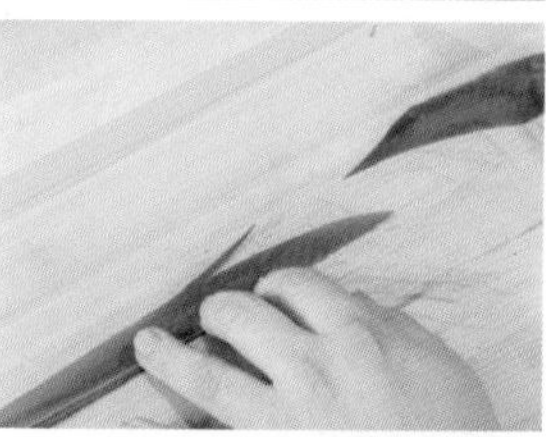

6
아치형으로 잘랐으면, 잘라낸 부분을 떼어내고, 모양을 확인한다.

7
바깥쪽 곡선을 따라 아치 안쪽을 자른다. 그다음 안쪽의 세밀한 부분도 자른다.(④, ⑤, ⑥)

8
다 잘랐으면 마지막으로 잎 아래 부분을 적당한 길이로 산 모양을 정리한다.(⑦)

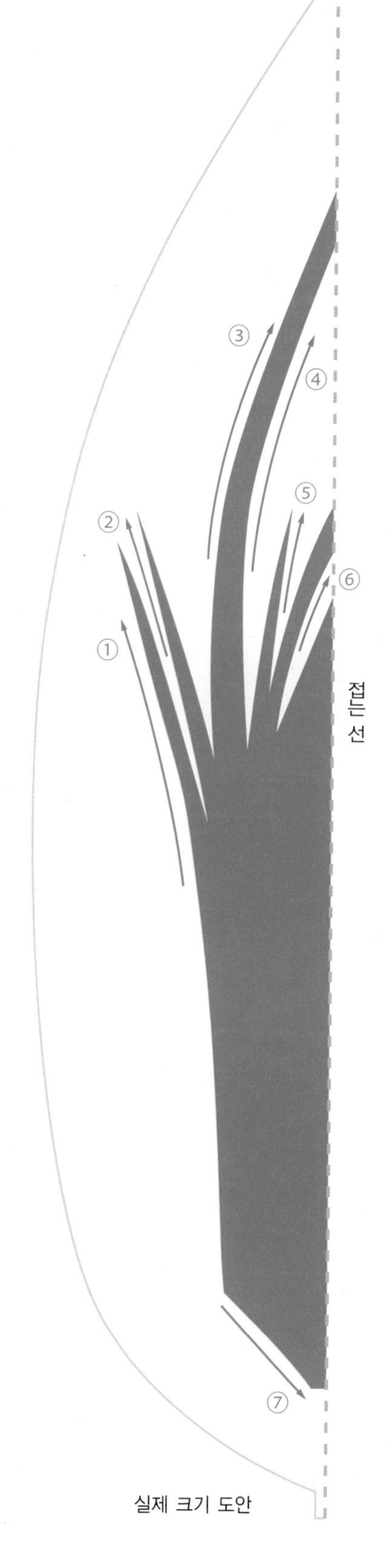

실제 크기 도안

학 모양 게쇼자사 자르는 법

게쇼자사는 화조풍월이나 학, 거북이 등 동식물의 모습을 디자인화해 조릿대를 잘라 표현한 것이다. 스시를 장식해 화려함을 연출하는데, 단순한 것에서부터 섬세한 칼집이 예술적인 것까지 수준 높은 칼솜씨가 필요한 게쇼자사는 종류가 매우 다양하다. 자신만의 게쇼자사를 자유자재로 디자인해보자.

실제 크기 도안

학 모양 게쇼자사는 날개 부분을 꽃잎처럼 잘랐기 때문에 '꽃학(하나쓰루)'이라 고도 부른다. 날개의 꽃잎 모양은 벚꽃이나 도라지처럼 계절감을 담아 연출할 수도 있다.

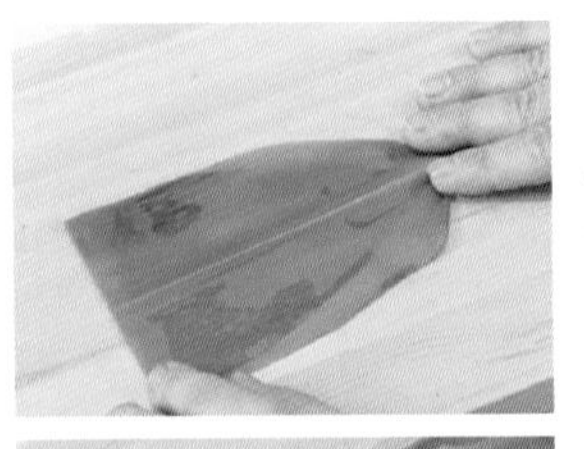

1
깨끗하게 씻은 조릿대를 준비하고, 딱딱한 줄기 부분이 위로 오도록 가로로 접는다.

2
제일 처음 자른 아치 형태의 꽁지 바깥쪽을 떼어낸다.(①, ②, ③)

3
아치 형태로 자른 안쪽의 세밀한 부분을 자른다.(④)

4
2번째 날개의 바깥쪽을 자르고, 그대로 끝까지 쭉 잘라낸다. (⑥)

5
2번째 날개 안쪽을 자른다.(⑦)

6
그다음, 3번째 날개를 자른다.(⑧, ⑨, ⑩)

7
마지막 날개 부분을 약간 수평으로 자른다. 학의 목 부분을 주의 깊게 자른다.(⑪)

8
1번 접은 뒤, 학의 목 윗부분까지만 잘라낸다.(⑫)

9
접었던 조릿대를 펼치지 않으면 학의 머리가 2개 달리기 때문에, 오른쪽 아래 부분만 학의 목처럼 자른다.(⑬)

10
오른쪽에 학의 머리를 완성하고, 왼쪽의 불필요한 부분은 잘라 버린다. 가운데 1장, 좌우로 3장씩 총 7장의 날개가 달린 학이 완성된다.

조릿대 장식 사용법

조릿대 장식은 미리 여러 장 만들어 두고, 물을 담은 용기 속에 보관해 두었다가 접시나 오리즈메 상자 등에 스시를 담을 때 적재적소에 사용한다. 만능으로 쓰이는 겐자사나 심플한 모양의 세키쇼는 여러 장 잘라 미리 준비해두면 쓰기 편하다.

오리즈메

스시를 오리즈메 상자에 담을 때에는, 안쪽 테두리와 바닥에 조릿대를 깔고, 스시가 상자에 닿지 않도록 한다. 스시와 스시 사이를 조릿대로 구분하고, 니쓰메 소스를 바른 스시 위에는 세키쇼나 게쇼자사를 올린다.

1인분 스시

마키즈시와 날 재료 사이를 구분하기 위해 겐자사(혹은 세키쇼)를 사용한다.

다인용 스시

마키즈시와 날 재료 사이를 구분하지만, 이 경우에는 조릿대 장식을 3~4곳에 사용해 균형을 잡고, 조릿대 장식 앞에 놓인 스시를 돋보이게 만든다. 용기가 클 때에는 조릿대 장식을 2~3장 사용하는 것이 정석이다.

사이쿠마키·사이쿠즈시 기술

사이쿠마키, 사이쿠즈시의 예
스시 기술 콩쿠르에서 우수상을 수상한 작품. 수국과 학, 거북이, 송죽매, 변형 사면 바다 등의 다양한 사이쿠즈시를 한데 담았다. 고도의 기술이 나무랄 데 없이 발휘되었다.

정교한 칼 기술을 선보일 수 있는 사이쿠마키와 사이쿠즈시다. 스시를 담을 때 사이쿠마키와 사이쿠즈시를 함께 내면 스시가 돋보일 뿐만 아니라, 계절감이나 정취, 화려한 색채, 즐거움을 더할 수 있다. 자신만의 개성을 살린 창작 스시를 연구해 기술을 연마하면 좋다.

사이쿠마키

평범한 스시에 운치가 다른 사이쿠마키를 조합하면 손님의 눈을 즐겁게할 수 있다. 이 책에서는 일본 전통 문양을 기본으로 하여 변화를 주는 방법을 소개한다.

엽전

에도 시대의 동전 모양을 모방한 사이쿠마키. 뱀의 눈처럼 만든 마키즈시를 반으로 자른 것을 4개 준비해, 심지 주위에 거꾸로 놓고 김으로 말았다.

매화

매화 꽃을 표현했다. 가운데의 노란색 심지에 붉은색을 입힌 좀 더 두꺼운 고마키 5줄을 조합해 김으로 말았다.

삼태극

동양의 전통적인 문양. 호소마키 3줄의 끝을 눌러 얇게 만든 뒤 원이 될 때까지 한데 모아 김으로 만다.

산수

기모노의 무늬로도 유명한 국화꽃에 흐르는 물을 배치한 문양은 예로부터 불로장생을 표현하는 행운의 상징으로 인기가 높다.

변형 사면 바다

사면의 바다 모양을 표현한 마키는 p.231처럼 만드는데, 네 모서리 끝에 오이를 넣고, 가운데에는 참치와 달걀구이를 바둑판 무늬로 연출했다.

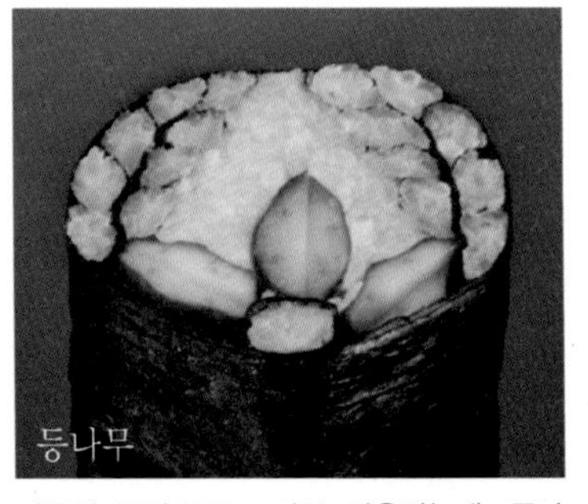

등나무

가문의 문양으로도 자주 사용하는데, 등나무 꽃과 잎을 도안화한 것이다. 잎은 오이 껍질로 표현하고, 아주 얇게 만 호소마키를 겹쳐 등나무 꽃을 표현했다.

꽃

호소마키를 삼각형 모양으로 만들어 6개로 잘라 꽃모양을 만든 사이쿠마키. 재료는 오이, 붉은색과 노란색 오보로를 사용했다.

■ 도쿄 도 아사쿠사 「긴타로스시」

사이쿠즈시(꽃과 과일)

사이쿠즈시의 정석은 꽃이다. 계절감을 표현할 수 있고, 화려함 또한 무시할 수 없다. 칼솜씨를 살려 평범한 재료가 환골탈태한다는 장점과 함께 손님들도 좋아하므로, 적재적소에 활용하면 좋다.

겹벚꽃

벚꽃잎처럼 보이게 손질한 오징어를 2줄로 겹쳐 겹벚꽃을 표현했다. 최대한 꽃잎을 얇게 자르는 것이 예쁘게 만드는 포인트다.

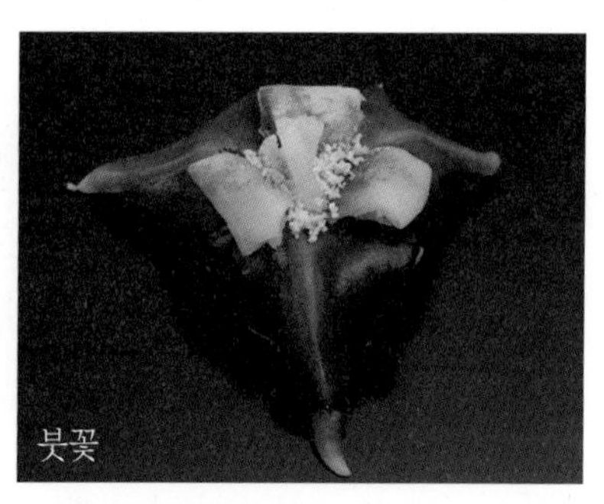

붓꽃

새조개의 검보라색을 살린 사이쿠즈시. 꽃 심지 주변에는 노란 오보로를 꽃가루처럼 보이게 뿌렸다.

수국

오징어와 연어알로 꽃잎을 만들어, 샤리 위에 겹쳐 올린다. 오징어에 색을 입히면 색깔도 바꿀 수 있다. 계절감이 느껴지는 인기 많은 사이쿠즈시다.

국화

잘게 자른 오징어를 젓가락이나 꼬치로 정성스레 샤리 위에 올린다. 칼솜씨와 섬세한 세공 기술이 필요하다. 오징어 외에 다른 재료를 사용해도 좋다.

선인장

새우 꼬리의 물총 부분 살을 발라내 만든 사이쿠즈시. 많은 양이 필요해 인내심이 필요하다. 기술을 선보일 수 있는 사이쿠즈시다.

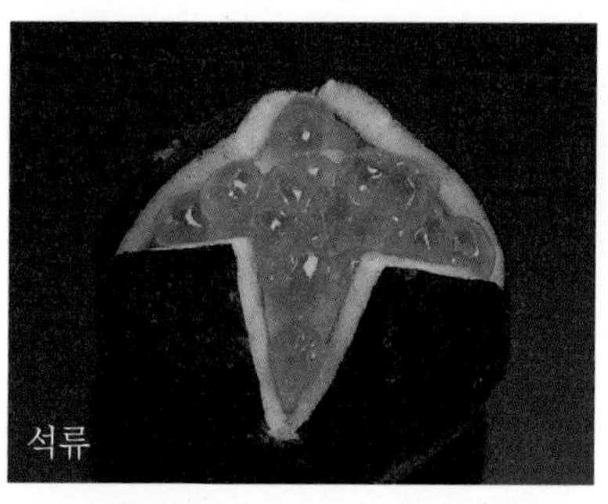

석류

김과 달걀구이로 샤리를 싸서 석류의 껍질을 표현하고, 십자로 칼집을 넣었다. 과육은 연어알을 사용해 표현했다.

도라지

단무지를 슬라이스하고, 두꺼운 부분은 반으로 자른 뒤 펼쳐서 꽃잎의 모양을 표현해, 마키즈시 위에 올렸다. 장례식 등에 어울린다.

코스모스

꽃잎 끝에 잔 칼집을 내 특징을 살렸다. 꽃잎의 수는 8장을 사용한다. 꽃잎은 스시 위에 장식한 다음 품격 높은 핑크색으로 물들였다.

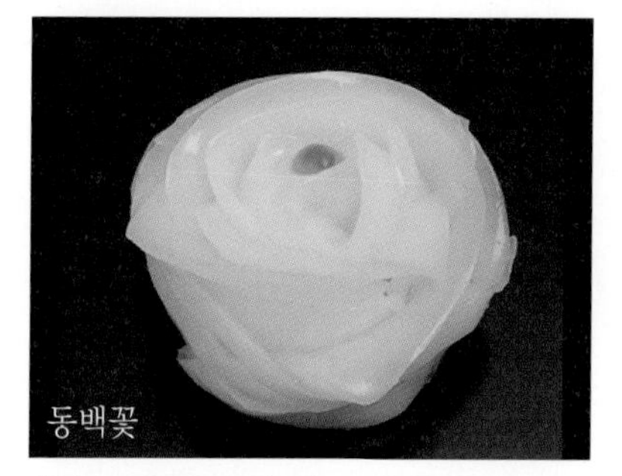

동백꽃

얇게 썬 재료를 꽃잎처럼 보이도록 겹쳐서 샤리 위에 감아올린다. 여기서는 오징어를 사용했지만, 다랑어를 사용하면 붉은색 동백꽃을 만들 수 있다.

나팔꽃

샤리를 나팔꽃 모양처럼 오각형으로 만들고, 데친 새우의 색을 살려 나팔꽃 꽃잎처럼 보이게 샤리 위에 올린다.

홍매화

다랑어로 아주 작은 스시를 5개 만들어 매화 꽃잎을 표현한다. 심지는 노란색 오보로를 사용했다. 오징어로 만들면 백매화가 된다.

사이쿠즈시(동물)

축하하는 자리에 꼭 따라붙는 학과 거북이를 비롯해, 행운을 상징하는 동물들을 표현한 사이쿠즈시를 소개한다. 섬세한 작업이 많아 집중력과 뛰어난 칼솜씨를 발휘해야 한다.

오징어에 오이와 김을 넣어 얇게 썰고, 껍질처럼 샤리 위에 쌓는다. 다리는 오이, 눈은 검은깨를 사용했다.

김, 물들인 샤리, 오이를 오징어로 싸서 날개를 만들고, 하나씩 부채꼴 모양으로 올려 화려한 공작의 자태를 연출한다.

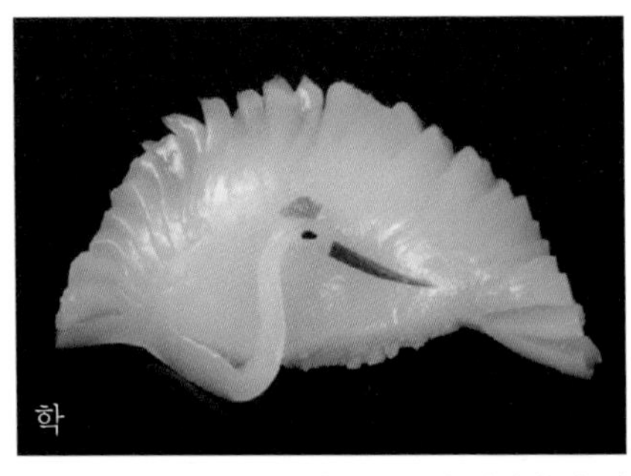

우아하게 날개를 펼친 학은 경사스런 자리에 잘 어울리는 스시다. 오징어 아래에 옅은 핑크로 물들인 오보로를 두어 고급스런 색을 연출한다.

샤리로 잉어 모양을 만들고, 참치와 김으로 무늬를 만들어 얇게 자른 오징어로 감싸 물속에서 헤엄치는 비단잉어를 표현했다. 눈은 문어 다리의 빨판을 붙여 만들었다.

경사, 행사, 절기에 어울리는 사이쿠즈시

일본의 명절, 각 절기에 따른 행사, 축제의 관습은 지금까지도 그 흔적이 곳곳에 남아 있다. 그럴 때 사이쿠즈시를 내놓으면 축제의 분위기가 한껏 달아오른다.

사면 바다 마키즈시 만드는 법

■ 재료

달걀구이, 김, 김가루 섞은 샤리, 오보로 섞은 샤리

김을 준비한다

김 1장을 반으로 자르고(C), 나머지 절반을 1 대 2 비율로 자른다(A, B). 다른 1장은 2번 잘라 4장을 만든다.

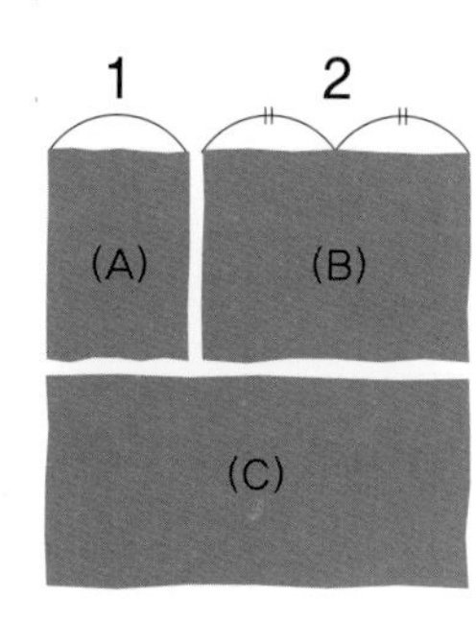

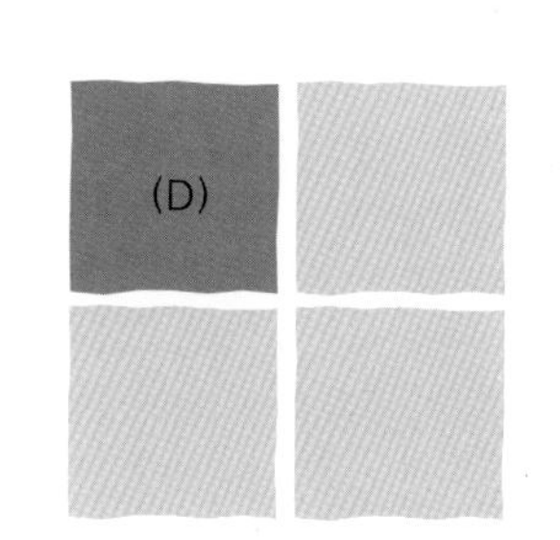

1
김(A)으로 심지가 되는 달걀구이를 싸서 마키즈시를 작게 만든다.

2
김(D)에 김가루 섞은 샤리를 얇게 펼치고 달걀구이 마키즈시를 올린다.

3
달걀구이 마키즈시를 말아, 끝부분은 잘라낸다.

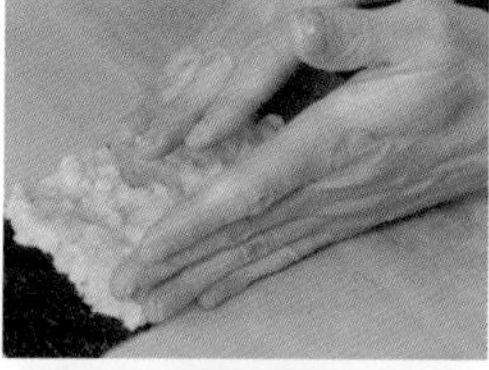

4
김(B)에 오보로를 섞은 샤리를 펼친다.

5
그(B) 위에 달걀구이와 김가루 샤리를 올리고 만다.

6
완성한 뒤, 튀어나온 밥알을 정리한다.

7
3겹 마키즈시를 세로로 자른다.

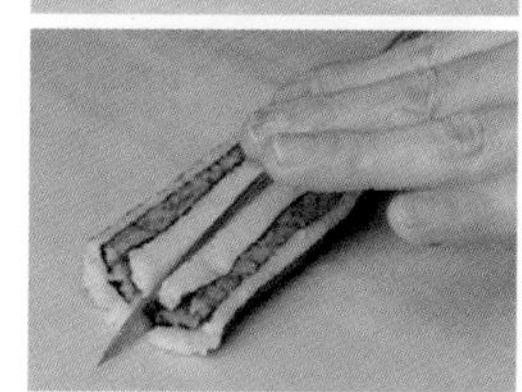

8
반으로 자른 마키즈시를 다시 반으로 잘라 4등분한다.

9
심지를 중심으로, *8*에서 자른 마키즈시의 단면을 바깥으로 두고, 김(C) 위에 올린다.

10
형태가 망가지지 않도록 눌러가며 김을 만다.

11
김발로 정사각형이 되도록 누르며 각을 만들어 준다.

12
각이 무너지지 않도록 적당한 폭으로 자른다.

벚꽃 마키즈시 만드는 법

■ 재료

오징어, 오이, 노란색 오보로, 연어알, 김, 샤리

1
1. 오징어는 양 끝을 아래 그림처럼 잘라준다.

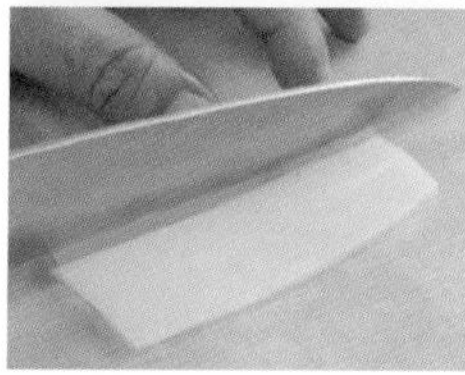

2
뒤집어서 아래 그림처럼 뒷면에 칼집을 낸다.

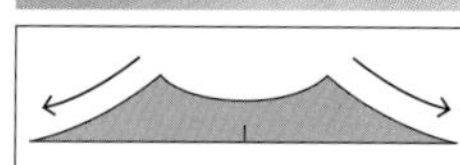

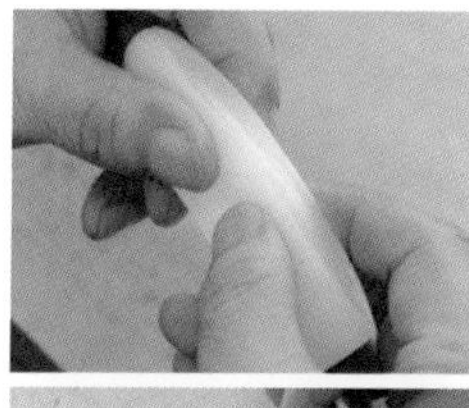

3
칼집 낸 부분이 바깥으로 오도록 가볍게 접어 모양을 만든다.

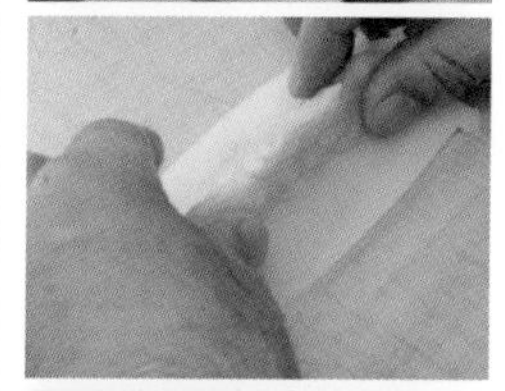

4
오보로 단면이 꽃 형태가 되도록 오징어로 감싸준다.

5
슬라이스해 꽃잎을 만들어 얇게 자른 오이로 만다.

6
토대가 되는 샤리를 김으로 둥글게 만다.

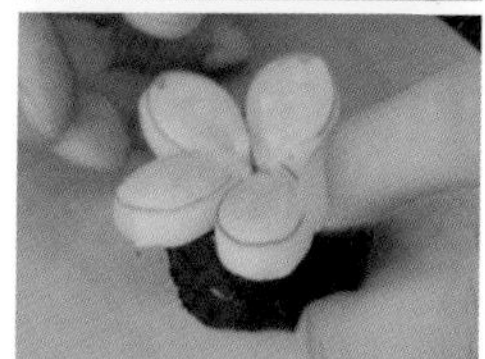

7
토대로 만든 샤리 위에 오징어 꽃잎을 5장 올린다.

8
꽃 심지로 작게 둥글린 노란색 오보로와 연어알을 올린다.

새우 모양 세키쇼 [응용]

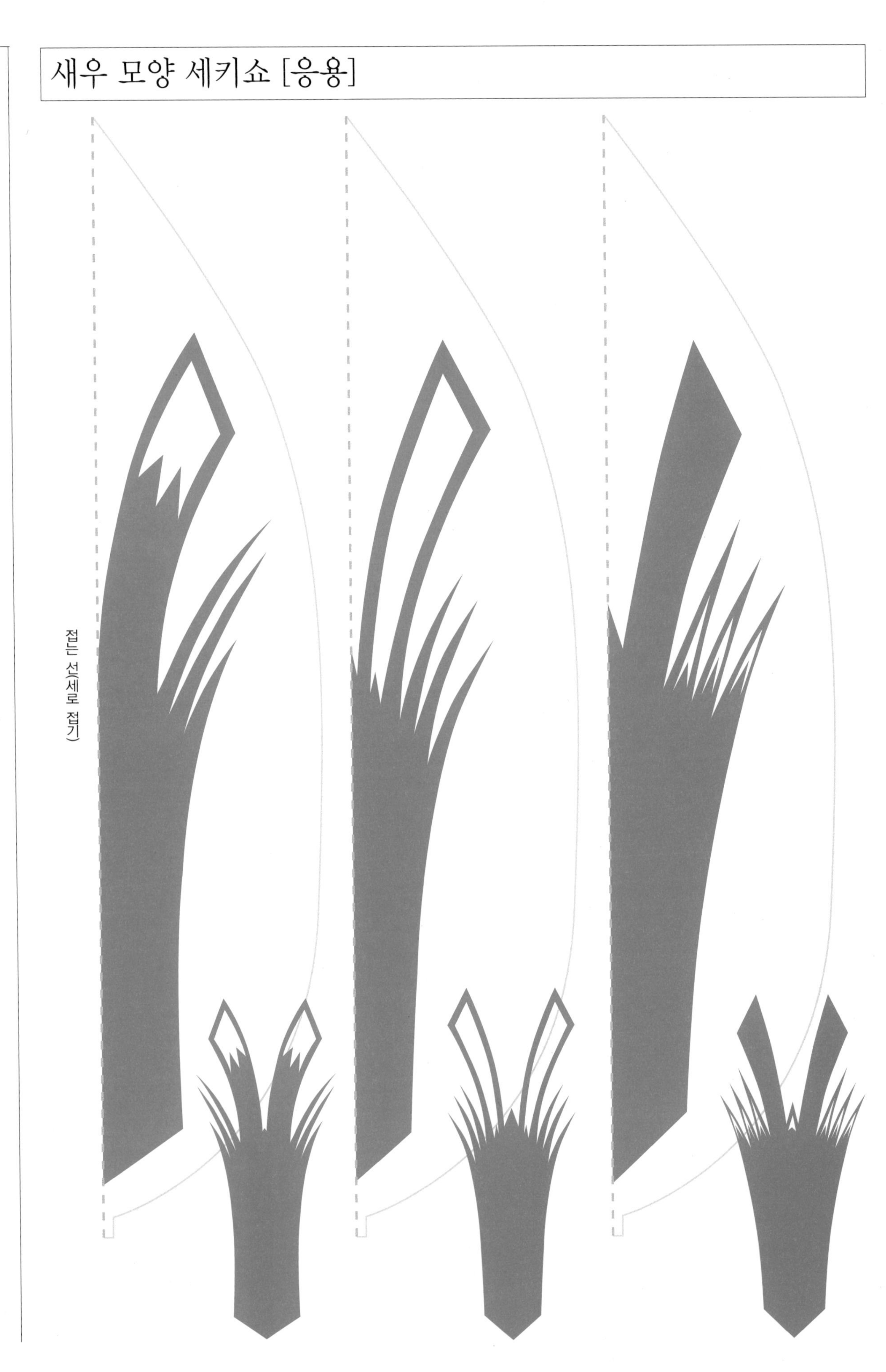

소나무 모양 세키쇼 [응용]

〈부록〉 조릿대 장식 실제 크기 도안

게쇼자사 [학, 나비]

접는 선(가로 접기)

도라지 학

후지산 학

나비

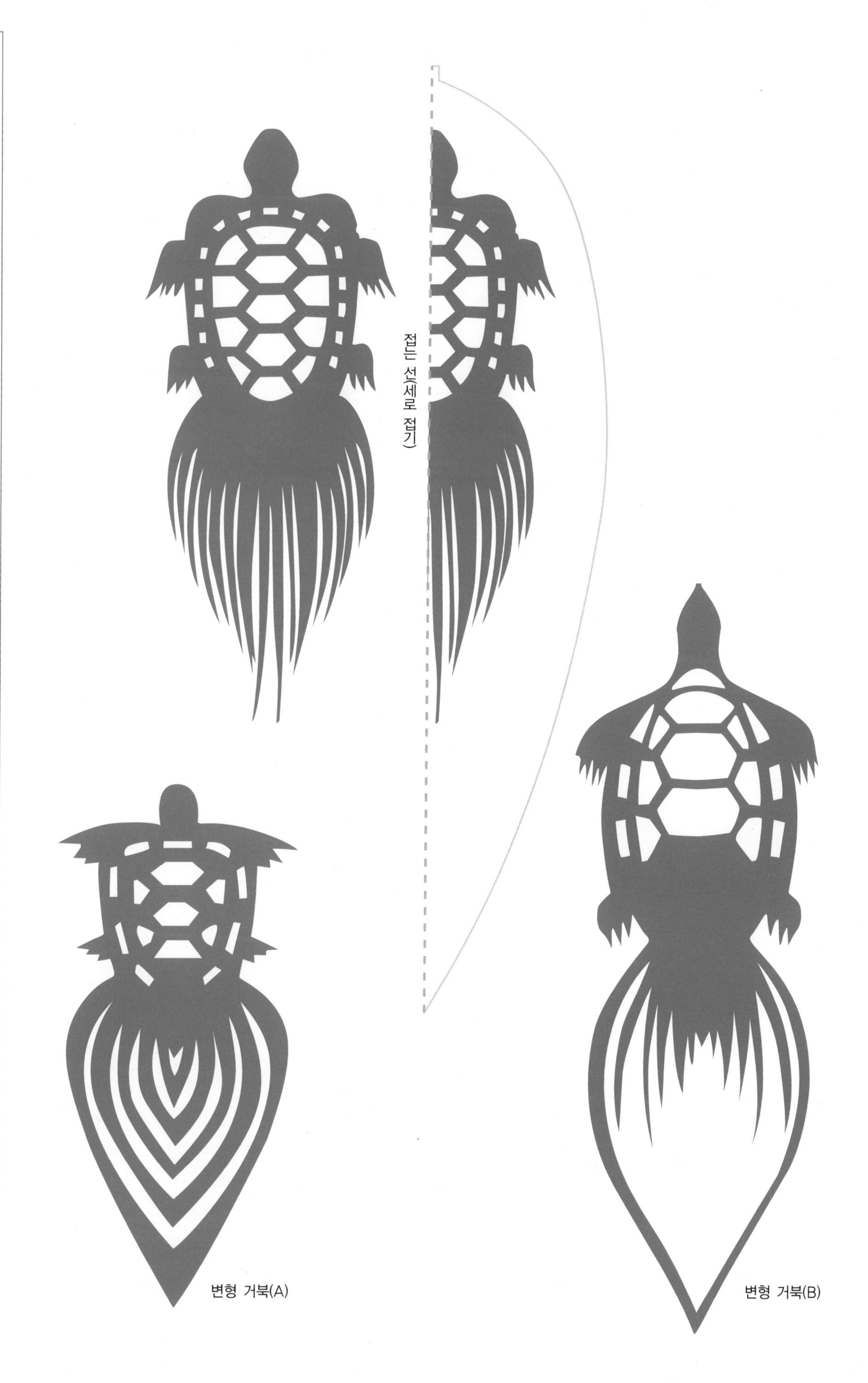
접는 선(세로 접기)
변형 거북(A)
변형 거북(B)

게쇼자사 [명자나무, 마름모]

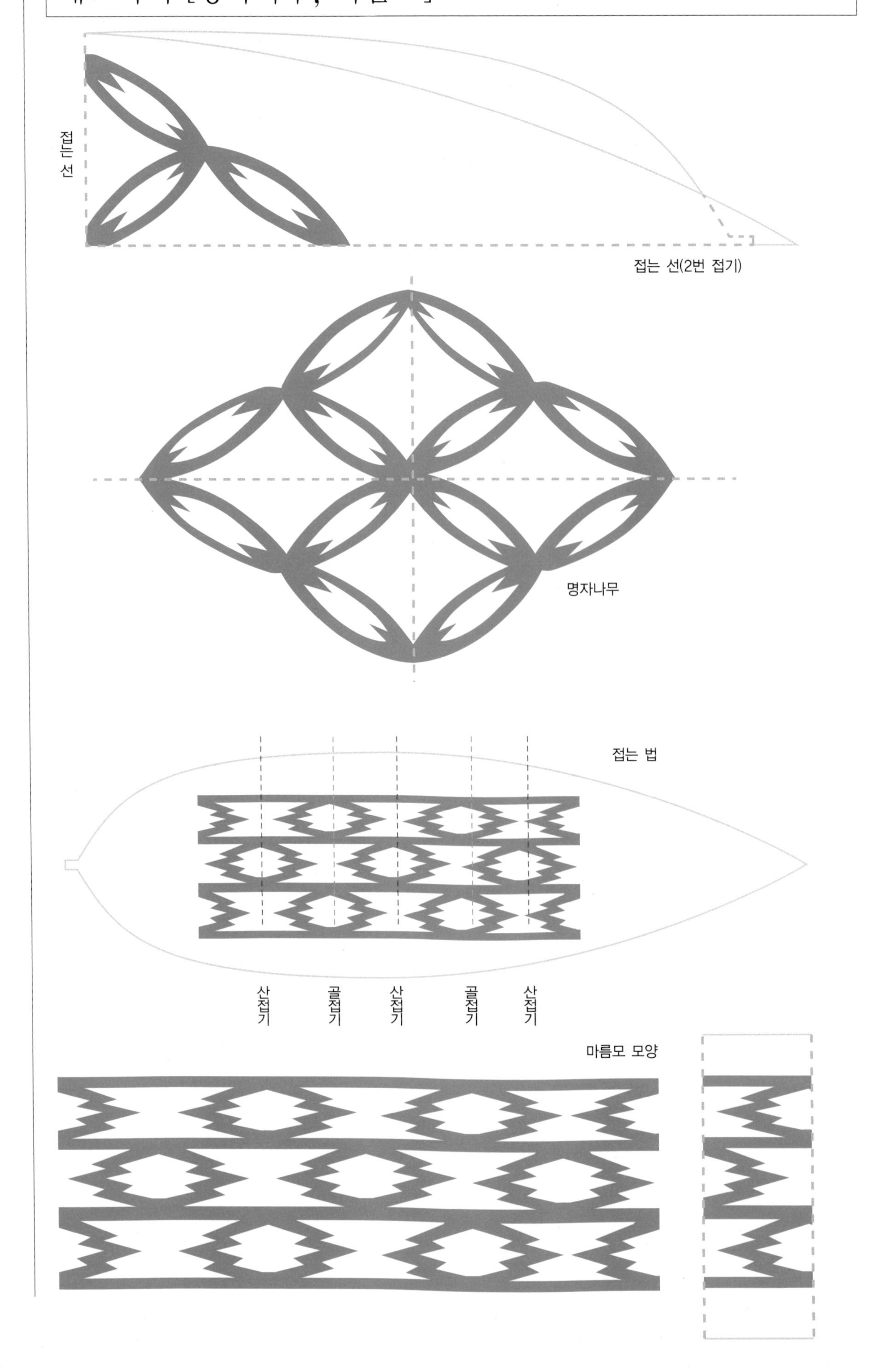

게쇼자사 [여러 가지 새우]

◎ 일본 식당에서 자주 쓰이는 '어(魚)' 관련 단어 모음

魴(かがみたい, 카가미타이) 도미의 일종
魳(かます, 카마스) 꼬치고기
魬(いなだ/はまち, 이나다/하마치) 마래미. 새끼 방어(하마치는 간사이지방 말)
鮃(ひらめ, 히라메) 넙치, 광어
鮓(すし, 스시) 초밥
鮎(あゆ, 아유) 은어
鮗(このしろ, 고노시로) 전어(錢魚)
鮒(ふな, 후나) 붕어
鮑(あわび, 아와비) 전복
鮪(まぐろ, 마구로) 참치, 다랑어
鮭(さけ/しゃけ, 사케/샤케) 연어
鮟鱇(あんこう, 앙코) 아귀
鮫(さめ, 사메) 상어
鮠(はや/はえ, 하야/하에) 피라미
鮹(たこ, 타코) 문어, 낙지
鮨(すし, 스시) 초밥
鯒(こち, 고치) 양태
鯆(いるか, 이루카) 돌고래
鯉(こい, 코이) 잉어
鯊(はぜ, 하제) 망둥이
鯑(かずのこ, 카즈노코) 말린 청어알. *설날이나 결혼 축하연에 사용함.
鯏(あさり, 아사리) 모시조개
鯨(くじら, 쿠지라) 고래
鯛(たい, 타이) 도미
鯖(さば, 사바) 고등어
鯥(むつ, 무쯔) 게르치
鯱①(しゃち, 샤치) 범고래 ②(しゃちほこ, 샤치호코) 용마루 양쪽 끝에 다는 장식용 동물상.
    *머리는 호랑이이고, 등에는 가시가 돋친 상징적인 물고기임.
鯣(するめ, 스루메) 말린 오징어
鯰(なまず, 나마즈) 메기
鯡(にしん, 니싱) 청어
鰐(わに, 와니) 악어
鰓(えら, 에라) 아가미
鰈(かれい, 카레이) 가자미
鰌(どじょう, 도죠) 미꾸라지
鰍(かじか, 카지카) 둑중개
鰭(ひれ, 히레) 지느러미
鰊(にしん, 니싱) 청어
鰕(えび, 에비) 새우
鰆(さわら, 사와라) 삼치
鰒①(ふぐ, 후구) 복. 복어 ②(あわび, 아와비) 전복
鰉(ひがい, 히가이) 중고기 *한국에서는 먹지 않으나 메이지천황(明治天皇)이 즐겨 먹었다 하여 '魚+皇=鰉'가 되었음.
鯔(ぼら, 보라) 숭어
鰯(いわし, 이와시) 정어리
鰰(はたはた, 하타하타) 도루묵
鰤(ぶり, 부리) 방어
鰾(ふえ, 후에) 부레
鱈(たら, 타라) 대구
鰶(このしろ, 고노시로) 전어(錢魚)
鰺(あじ, 아지) 전갱이
鰻(うなぎ, 우나기) 뱀장어
鱒(ます, 마스) 송어
鱚(きす, 키스) 보리멸
鱏(えい, 에이) 가오리
鱝(えい, 에이) 가오리
鱓①(ごまめ, 고마메) 말린 멸치 새끼 ②(うつぼ, 우쯔보) 곰치
鱛(えそ, 에소) 매퉁이
鱠(なます, 나마스) 생선회
鱮(たなご, 타나고) 납자루
鱗(うろこ, 우로코) 비늘
鱰(しいら, 시이라) 만새기
鱧(はも, 하모) 갯장어
鱶(ふか, 후카) 큰 상어류의 속칭. *鮫(さめ)의 딴이름
鱸(すずき, 스즈키) 농어

◎ 취재 협력업체 리스트

寿し割烹 葵寿し(石川·金沢)	076-221-8822	石川県金沢市長田1-5-46
鮨 青木(東京·銀座)	03-3289-1044	東京都中央区銀座6-7-4 銀座タカハシビル2階
あさひ鮨本店(宮城·気仙沼)	0226-23-2566	宮城県気仙沼市南町1-2-2気仙沼復興商店街 ホ1-2
穴子の魚竹寿し(静岡·草薙)	054-345-8268	静岡県静岡市清水区草薙122
伊勢鮨(北海道·小樽)	0134-23-1425	北海道小樽市稲穂3-15-3
一八寿し(青森·青森市)	017-722-2639	青森県青森市新町1-10-11
いろは鮨(東京·浜田山)	03-3313-6770	東京都杉並区浜田山3-35-10
梅丘寿司の美登利総本店(東京·梅丘)	03-3429-0066	東京都世田谷区梅丘1-20-7
寿司処 江戸翔(東京·荒川)	03-3806-3299	東京都荒川区荒川2-1-6
鮨匠 岡部(東京·白金台)	03-5420-0141	東京都港区白金台5-13-14
鮨 おじま(東京·銀座)	03-6228-5957	東京都 中央区銀座6-6-19 新太炉ビル地下2階
金澤玉寿司 本店(石川·金沢)	076-221-2644	石川県金沢市片町2-21-19
かほる寿司(東京·武蔵新田)	03-3757-1288	東京都大田区矢口2-17-7
河庄本店(福岡·博多)	092-761-0269	福岡市中央区西中洲5-13
鮨 㐂奈古(東京·八王子)	0426-25-2008	東京都八王子市元本郷町1-1-2
金寿司(北海道·札幌)	011-221-2808	北海道札幌市中央区北二条東7
金太楼鮨本店(東京·浅草)	03-3873-3075	東京都台東区東浅草1-21-7
金太楼鮨 錦糸町店(東京·錦糸町)	03-3624-5965	東京都墨田区太平1-27-9
魚治 湖里庵(滋賀·海津)	0740-28-1011	滋賀県高島市マキノ町海津2307
さかえ寿司(千葉·千葉市)	043-246-8126	千葉県千葉市美浜区高洲1-16-25
桜すし本店(愛知·名古屋)	052-931-9427	愛知県名古屋市東区赤塚町3-9
鮨 さゝ木(東京·銀座)	03-3571-1261	東京都中央区銀座6-5-13 銀座美術館ビル8階
寿司割烹 清水(福岡·博多)	092-271-7161	福岡市博多区住吉1-2-82 キャナルシティ博多グランドハイアット福岡5階(日本料理なだ万内)
鮨処 蛇の目(東京·巣鴨)	03-3941-3490	東京都豊島区巣鴨1-26-2
鮨 しらはた(宮城·塩釜)	022-364-2221	宮城県塩釜市海岸通り2-10
末廣鮨(静岡·清水)	054-366-6083	静岡県静岡市清水区江尻東2-5-28
末広寿司(埼玉·三郷)	048-955-4378	埼玉県三郷市戸ケ崎2219 - 4
鮨九(北海道·札幌)	011-531-8023	北海道札幌市中央区南5条西2丁目 TONFU0502ビル1階
寿司幸本店(東京·銀座)	03-3571-1968	東京都中央区銀座6-3-8 数寄屋通り
九段下 寿司政(東京·九段南)	03-3261-0621	東京都千代田区九段南1-4-4
寿司·割烹 寿司安(兵庫·尼崎)	06-6488-1036	兵庫県尼崎市長洲中通1-12-18
すし屋の花勘(東京·葛飾)	03-3838-3938	東京都葛飾区お花茶屋1-19-11
割烹 大喜(三重·伊勢)	0596-28-0281	三重県伊勢市岩淵2-1-48
博多 太兵衛鮨(福岡·博多)	092-271-1845	福岡県福岡市博多区古門戸町2-6
築地玉寿司(東京·築地)	03-3541-0001	東京都中央区築地2-11-26 築地MKビル3階
東京青山大寿司(三重·津)	059-234-5129	三重県津市雲出本郷町1641-1
奈可田(東京·銀座)	03-3503-6026	東京都千代田区内幸町1-1-1 帝国ホテル地階
六本木 奈可久(東京·六本木)	03-3475-0252	東京都港区六本木7-8-4 銀嶺ビル地下1階
日本橋本店(北海道·小樽)	0134-33-3773	北海道小樽市稲穂1-1-4
すし 乃池(東京·谷中)	03-3821-3922	東京都台東区谷中3-2-3
弘寿司(宮城·仙台)	022-213-8255	宮城県仙台市太白区越路16-1
富貴寿司(宮城·仙台)	022-222-6157	宮城県仙台市青葉区一番町4-4-6
弁天山美家古寿司(東京·浅草)	03-3844-0034	東京都台東区浅草2-1-16
鮨·割烹 丸伊(新潟·新潟市)	025-228-0101	新潟市中央区東堀通8-1411
丸萬(滋賀·大津)	077-545-1427	滋賀県大津市大江3-21-9
名月寿司(愛知·名古屋)	052-322-5775	名古屋市中区橘1-24-10
寿司 もり田(福岡·小倉)	093-531-1058	福岡県北九州市小倉北区魚町2-5-17 インクスポットビル2階
弥助寿司(和歌山·和歌山市)	073-422-4806	和歌山県和歌山市本町4-31
弥助寿司(鹿児島·鹿児島市)	099-254-0221	鹿児島県鹿児島市荒田1-15-3
つるべすし弥助(奈良·吉野)	0747-52-0008	奈良県吉野郡下市町下市533
よし寿司(岩手·宮古)	0193-62-1017	岩手県宮古市保久田4-27
与志乃(東京·京橋)	03-3561-3676	東京都中央区京橋3-6-5
吉野鮨本店(東京·日本橋)	03-3274-3001	東京都中央区日本橋3-8-11
すし 與兵衛(東京·大島)	03-3682-3805	東京都江東区大島2-24-5 コーポ高橋1階

• 일본 스태프 •

촬영 고토 히로유키, 요시다 카즈유키, 난도 레이코, 오카모토 노부히로
아트 디렉션 쿠니히로 마사아키
디자인 사토 마사미, 야나기사와 유키에
편집 이나가와 미에코, 오카모토 히토미

기본 기술부터
유명 점포의 기술과 비법까지!
스시 기술 교본

2019. 5. 31. 초 판 1쇄 인쇄
2019. 6. 7. 초 판 1쇄 발행

감 수 | 일본전국스시상생활위생동업조합연합회
감 역 | 이성희
옮긴이 | 홍희정
펴낸이 | 이종춘
펴낸곳 | BM (주)도서출판 **성안당**
주소 | 04032 서울시 마포구 양화로 127 첨단빌딩 3층(출판기획 R&D 센터)
10881 경기도 파주시 문발로 112 출판문화정보산업단지(제작 및 물류)
전화 | 02) 3142-0036
031) 950-6300
팩스 | 031) 955-0510
등록 | 1973. 2. 1. 제406-2005-000046호
출판사 홈페이지 | **www.cyber.co.kr**
ISBN | 978-89-315-8781-4 (13590)
정가 | 25,000원

이 책을 만든 사람들
책임 | 최옥현
진행 | 김해영
교정 · 교열 | 홍희정, 김해영
본문 디자인 | 김인환
표지 디자인 | 임진영
홍보 | 김계향, 정가현
국제부 | 이선민, 조혜란, 김혜숙
마케팅 | 구본철, 차정욱, 나진호, 이동후, 강호묵
제작 | 김유석

■ 도서 A/S 안내

성안당에서 발행하는 모든 도서는 저자와 출판사, 그리고 독자가 함께 만들어 나갑니다.
좋은 책을 펴내기 위해 많은 노력을 기울이고 있습니다. 혹시라도 내용상의 오류나 오탈자 등이 발견되면 "좋은 책은 나라의 보배"로서 우리 모두가 함께 만들어 간다는 마음으로 연락주시기 바랍니다. 수정 보완하여 더 나은 책이 되도록 최선을 다하겠습니다.
성안당은 늘 독자 여러분들의 소중한 의견을 기다리고 있습니다. 좋은 의견을 보내주시는 분께는 성안당 쇼핑몰의 포인트(3,000포인트)를 적립해 드립니다.
잘못 만들어진 책이나 부록 등이 파손된 경우에는 교환해 드립니다.